苜蓿根瘤菌种质创新与共生育种

师尚礼 康文娟 等 著

科学出版社

北京

内 容 简 介

本书是关于紫花苜蓿基因型（品种）与根瘤菌生物型（根瘤菌株）共生种质创新构建和共生效应代际传递的系统性研究成果论著，按照两类生物共生进化和促进苜蓿生长的需要及变异、遗传、选择的思路，将苜蓿与根瘤菌的共生表型性状直接作为选择对象，强化和固定对苜蓿提质增产有利的共生性状变异，培育共生效应代际"可遗传性"组合品种。具体内容包括苜蓿与根瘤菌共生研究现状和共生育种概念、苜蓿与根瘤菌共生遗传学基础、功能型根瘤菌资源筛选、特异根瘤菌种质创新、苜蓿与根瘤菌高效共生匹配性选择机制、种子内生根瘤菌共生体构建调控、内生根瘤菌种子贮藏方法与条件、内生根瘤菌种子共生效应代际传递与检测等。

本书适合草学、植物学和微生物学等学科领域的科研和教学人员阅读，可供草业、农业和林业领域技术人员参考。

图书在版编目（CIP）数据

苜蓿根瘤菌种质创新与共生育种/师尚礼等著. —北京：科学出版社，2022.11
ISBN 978-7-03-072480-9

Ⅰ. ①苜… Ⅱ. ①师… Ⅲ. ①苜蓿根瘤菌–种质资源 ②苜蓿根瘤菌–育种 Ⅳ. ①Q939.11

中国版本图书馆 CIP 数据核字（2022）第 099710 号

责任编辑：李秀伟 / 责任校对：郑金红
责任印制：吴兆东 / 封面设计：无极书装

科学出版社 出版
北京东黄城根北街 16 号
邮政编码：100717
http://www.sciencep.com

北京建宏印刷有限公司印刷
科学出版社发行　　各地新华书店经销
*
2022 年 11 月第 一 版　　开本：787×1092 1/16
2023 年 1 月第二次印刷　　印张：23 1/2
字数：554 000

定价：258.00 元
（如有印装质量问题，我社负责调换）

《苜蓿根瘤菌种质创新与共生育种》
著者名单

师尚礼 　甘肃农业大学

康文娟 　甘肃农业大学

祁　娟 　甘肃农业大学

苗阳阳 　黑龙江八一农垦大学

刘　畅 　甘肃农业大学

张淑卿 　贵州师范学院

李剑峰 　贵州师范学院

霍平慧 　岭南师范学院

张运婷 　甘肃农业大学

陈力玉 　甘肃农业大学

杨晓玫 　中国科学院西北生态环境资源研究院

前　言

　　氮素供应不足是农业生产中普遍存在的问题。依靠化学肥料解决农作物缺氮问题，在提高我国作物产量方面做出了巨大贡献。目前，我国已进入高质量发展阶段，树立绿水青山就是金山银山的发展理念，走可持续发展之路，仅依靠化学氮解决农业提质增产既不现实，也不经济。共生固氮体系是指固氮微生物与植物紧密生活在一起，两者共生状态下可直接将大气分子态氮转化成化合态氮的生物结构与功能体系。由共生体系的固氮作用产生的促进共生生物双方生长及改良共生环境的效应，为共生固氮效应。豆科植物与根瘤菌（*Rhizobium*）共生体系每年从空气中固定的总氮量达到 200～400 kg/hm²，可较大程度地减少化学肥料的使用，具有良好的经济和生态效益。因此，根瘤菌与豆科植物共生固氮体系的研究成为各国学者长期关注的焦点。

　　目前，人工接种根瘤菌是利用共生体系的固氮效应提高豆科作物和饲草产量及品质的重要措施之一。然而由于根瘤菌株与宿主的匹配性差异、自然环境差异、土著根瘤菌竞争及多种生物与非生物胁迫等因素的影响，人工接种根瘤菌的固氮效应并不稳定，外界环境影响苜蓿基因型与根瘤菌生物型间专一性识别过程，限制了根瘤菌固氮潜力的充分发挥。

　　著者研究发现苜蓿种子中内生大量根瘤菌，随着种子的萌发和幼苗的生长，内生根瘤菌会优先结瘤，不断地运移并定植在苜蓿植株的不同部位，最后经由种子垂直传播到下一代植株。与土壤根瘤菌相比，种子内生根瘤菌受外部自然环境及土著根瘤菌的影响较小，在竞争结瘤方面有明显优势。此外，苜蓿种子内生根瘤菌可有效提高苜蓿抗生物胁迫和非生物胁迫的能力。因此，在苜蓿种子内生根瘤菌如此多样且又容易获得的基础上，著者团队多年研究了苜蓿与根瘤菌的共生育种理论与技术方法，通过向苜蓿植株导入特异性人工内生根瘤菌，将苜蓿与内生根瘤菌的共生性状直接作为选择对象，培育共生效应代际"可遗传性"组合品种，由此，提出了"苜蓿种子内生根瘤菌共生育种"方法。

　　苜蓿种子内生根瘤菌共生育种是指以苜蓿与内生根瘤菌互利共生的生命形式为基础，以选育的优良苜蓿基因型品种和高效精准匹配的固氮根瘤菌生物型为种质材料，通过将目的根瘤菌导入亲属关系密切的苜蓿品种的植物组织中，利用根瘤菌在苜蓿植株体内的运移和定植特性，建构内生根瘤菌种子，并使高效共生固氮特性通过种子在代际间稳定续传的育种方法，是推进草地生态农业可持续发展的有效措施。

　　实现苜蓿种子内生根瘤菌共生育种的关键在于明确二者互利共生的具体方式。苜蓿与根瘤菌的共生方式主要包括：①结瘤共生，即根瘤菌在苜蓿植株上结瘤并在根瘤内与苜蓿进行互利共生；②组织内栖共生（简称内生），即根瘤菌以内生菌的方式生活在苜蓿植株体内，并随着植株的生长不断运移和定植到苜蓿植株的各个部位；③联合共生，有些根瘤菌为自由生活的类群，他们定植于植物根表和近根土壤中，依靠根系分泌物生存、繁衍、固氮，供给植物利用，与植物根系关系密切，但与宿主植物并不形成特异分化的结构；④种子内生，即根瘤菌通过人工接种侵染根部、运移定植在种子内部，在种子内环境中生存，优先与种子实生苗根系结瘤共生，并发挥其固氮促生作用的一种方式，是构建苜蓿与根瘤菌共生体、创制高效固氮共生新种质的主要方式。

共生育种就是通过两种密切接触的不同生物之间形成的互利关系创造两种生物互利的变异，改良互利的遗传特性，以培育具有稳定遗传的优良共生生物新组合的技术。两种不同生物的共生育种有别于单种生物育种，是生物育种的新技术，是对生物育种理论与技术的创新。

长期以来，甘肃农业大学苜蓿根瘤菌共生研究团队和实验室、试验站的同事们及研究生们为了苜蓿与根瘤菌共生育种这一共同的目标而努力探索，依托草业生态系统教育部重点实验室（甘肃农业大学）研究平台开展了深入的研究工作，他们艰苦而出色的工作及勤奋钻研的科学精神为苜蓿与根瘤菌共生育种铺垫了一块块基石，也培养了共生育种方面的人才，其中，张淑卿博士、李剑锋博士已毕业就职于贵州师范学院，苗阳阳博士已毕业就职于黑龙江八一农垦大学，杨晓玫博士已毕业就职于中国科学院西北生态环境资源研究院，等等。研究工作先后得到了科技部奶业攻关专项"优质饲草生产关键技术研究与示范"（2002BA518A03）、甘肃省"苜蓿根瘤菌生态分布特征及高效固氮溶磷菌株的筛选研究"（2005）、国家自然科学基金"苜蓿植株体内根瘤菌运移及种带根瘤菌携带机理"（31060326）和"生殖生长期苜蓿植株体内根瘤菌运移及定殖动力学过程及机理"（31560666）、国家牧草产业技术体系（CARS-34，2008-2021）等项目的持续资助。在本书完成之际，笔者谨向参与研究工作的团队成员、同事们及项目资助者致以衷心的感谢。

受著者水平所限，不足在所难免，恳请读者不吝指正。

师尚礼

2022 年 8 月 10 日于兰州

目　　录

第一章　苜蓿与根瘤菌共生研究现状

第一节　苜蓿根瘤菌

根瘤菌（*Rhizobium*）是与豆科植物共生形成根瘤，将大气中的无机氮固定转化为有机氮，从而供给植物营养的一类有益细菌。根瘤菌既可在土壤中生存，又能在植物组织内定植，增强植株的生物抗性（Pavlo et al.，2011）和非生物抗性（Miliute et al.，2015）。豆科植物与根瘤菌的共生固氮体系是自然界中效率最高的固氮系统，不仅能提高豆科植物产量和品质，而且能改善土壤结构和提升土壤肥力。

苜蓿与根瘤菌的共生固氮作用对苜蓿产量和品质的提升至关重要，草地畜牧业发达国家播种苜蓿普遍进行根瘤菌接种。为了满足苜蓿播种对根瘤菌的需要，各国十分重视根瘤菌资源的采集与保藏，许多苜蓿品种都配备有与之相适应的优良根瘤菌种，菌种资源与苜蓿种质资源同样得到长期有效的保护和利用。

我国对根瘤菌的研究始于 1950 年（王卫卫等，2002），起初以引进国外根瘤菌剂应用为主，而苜蓿等豆科牧草根瘤菌的大面积应用研究，是 20 世纪 80 年代初我国开展大面积飞机播种豆科牧草之后才开始的，也是从那时起，我国开始立项进行豆科牧草根瘤菌筛选与利用研究。中国农业微生物菌种保藏管理中心根瘤菌实验室与全国各有关基层草原站协作从 20 个省份的 60 多个县采集根瘤及土样 1000 多份，获得原始分离物 3000 多份，经鉴定和筛选获得共生固氮性能优良根瘤菌菌种 561 株，其中苜蓿根瘤菌有 252 株，分别来自内蒙古、黑龙江、甘肃、青海、新疆、河北、山东 7 个省（自治区）的 30 个紫花苜蓿（*Medicago sativa*）品种、2 个扁蓿豆（*Medicago ruthenica*）品种、5 个草木樨（*Melilotus officinalis*）品种等宿主植物，而且来自不同地区、不同土壤和不同品种的根瘤菌生理生化特征间的差异很大。

中国农业大学生物学院陈文新院士研究团队对全国 27 省的豆科植物结瘤情况进行了全面调查研究，从根瘤中分离出与豆科植物共生的根瘤菌 4000 多株，是目前国际上菌株数量最大、宿主最多样的根瘤菌库，并对其中 1000 多株菌进行了性状分析和分类研究，发表过 2 个新属，7 个新种，并发现了一批抗逆性强（抗酸、抗碱、抗盐、耐高温或低温）的重要根瘤菌种质资源。王卫卫等（2002）对甘肃、宁夏部分地区根瘤菌资源进行了调查，调查豆科植物 36 属 99 种，获得根瘤菌 360 株，44 株是从尚未报道结瘤的 30 种豆科植物中分离得到的，其中，调查的苜蓿属（*Medicago*）植物 5 种，菌株数 33 株；草木樨属（*Melilotus*）植物 4 种，菌株数 18 株。

上述菌种资源被根瘤菌剂生产厂、农业院校和科研单位广泛利用，国家 863 计划项目也采用其中一些菌株（ACCC17512、ACCC17513、ACCC17517、ACCC17518、ACCC17519）开展基因工程菌的研究，这些菌种成为我国苜蓿共生固氮研究及接种剂生产的主要菌种来源，并在中国农业微生物菌种保藏管理中心保藏，其中有一部分以ACCC 编号编入 1991 年出版的《中国农业菌种目录》和 1992 年出版的《中国菌种目录》。根瘤菌菌种资源目前的保藏方法主要有真空冷冻干燥保藏、琼脂斜面石蜡油覆盖保藏和液氮超低温保藏。

根瘤菌在苜蓿植株上的结瘤和固氮受多种因素的影响，其中包括内在因素和外在因素。内在因素主要包括苜蓿品种和根瘤菌种（基因型），只有专一匹配的苜蓿品种与根瘤菌组合才能顺利结瘤，构成高效固氮体系。外在因素主要包括土壤理化因子、草地种植年限、播种方式、根瘤菌剂接种方式和土著根瘤菌等，因此筛选或创制优良的高竞争性苜蓿根瘤菌和研究根瘤菌接种技术非常重要。内生根瘤菌的发现为根瘤菌资源的开发和根瘤菌应用技术的提升开辟了新的方向。

第二节　苜蓿内生根瘤菌

植物内生菌（endophyte），是指从表面消毒的植物组织中分离获得，能够定植在健康植物细胞间隙或细胞内，并未对宿主植物引起明显感染症状的一类微生物群（邓墨渊等，2006）。内生菌在植物体内的分布具有普遍性和多样性，几乎所有植物的根、茎、叶、花、果实等器官和组织细胞内都含有内生菌。植物内生菌主要包括真菌和细菌（Kumar and Hyde，2004；张雷鸣等，2014；郑有坤等，2014）。植物内生菌与其宿主之间存在着相互依存及互惠的关系，如内生细菌在植物体内不仅积极地生存着，而且还可以起到固氮、促进植物生长、防治病虫害等多种生物学作用（Fiore and Gallo，1995）。

1992 年，Khush 和 Bennett 研究发现埃及尼罗河三角洲地区三叶草和水稻长期轮作后的水稻根内可检测到三叶草根瘤菌，反复的实验室和大田试验证明根瘤菌作为内生菌与水稻有着天然的联合作用（Khush et al.，1992）。近些年来，全球对根瘤菌作为内生菌的研究越来越广泛，美国、英国、德国、法国、澳大利亚、意大利、西班牙、加拿大、菲律宾、摩洛哥、塞内加尔、墨西哥、肯尼亚、印度等的研究都表明根瘤菌也可侵入非豆科植物根内，在根的皮层细胞和细胞间隙及维管束中定植，外观上没有引起宿主植物的病理反应，但具有明显的促生作用（Yanni et al.，2001）。

内生根瘤菌不仅可侵染豆科植物，还可侵染包括玉米、水稻、莴苣、烟草在内的多种非豆科作物（Gutierrez-Zmaora and Martinez-Romero，2001），并可定植于植物的表皮、皮层及维管系统的细胞间隙和细胞内（迟峰，2006）。迟峰（2006）将携带绿色荧光蛋白（green fluorescent protein，GFP）的标记根瘤菌分别接种于水稻和烟草中，观察绿色荧光标记根瘤菌在植株体内的侵染规律和定植动态。结果发现，根瘤菌对水稻和烟草的侵染具有动态性，绿色荧光标记根瘤菌首先定植于植物根表皮及根毛中，然后逐渐定植于侧根裂隙处的表皮中，并由此大量进入根皮层，在细胞间隙和通气组织内大量繁殖。同时，定植于根内的荧光标记根瘤菌可向上迁移至茎，并在茎的细胞间隙中定植；根瘤菌还可定植于烟草叶片的叶肉细胞及细胞间隙且能够从烟草叶的气孔溢出到叶表，具有附生—内生—附生生活方式的转换（Chi et al.，2005）；在烟草的生殖生长阶段，根瘤菌仍可保持活性，可进入子房壁、胎座和胚珠内（迟峰，2006）。

这些结果暗示内生根瘤菌与植物的共生作用较复杂，具有动态的侵染能力，包括内生根瘤菌在植物地下和地上部分的定植和分布，且具有通过种子垂直传递给子代的能力（Chi et al.，2005）。

陈丹明等（2002）在筛选紫花苜蓿共生根瘤菌时发现对照（不接菌处理）出现结瘤现象，许建香（2004）在芸豆高效根瘤菌的筛选及分子标记研究中发现未接种的两个芸豆品种对照都结瘤，并且有少数菌株接种效果反而不如对照。以上两个发现说明苜蓿和芸豆种子中存在内生根瘤菌且具有一定的结瘤固氮能力。种子内生根瘤菌的研究与开发利用，既开创了根瘤菌资源研究的新途径，又开创了根瘤菌应用技术的新途径。但目前关于苜蓿植株内生根瘤菌及其数量动态规律、结瘤专一性、结瘤能力、种子内生根瘤菌垂直传递给子代的能力、固氮酶活性、固氮量缺乏系统性研究。

第三节　共　生　效　应

氮素供应不足是农业生产中普遍存在的问题，自从我国进入高质量发展阶段后，可持续发展强烈要求遵从绿水青山就是金山银山的发展理念，仅依靠化学氮解决作物提质增产既不现实，也不经济。

1886 年，德国植物化学家 H. Hellriegel 和 H. Wilfarth 研究证明豆科植物能固定空气口的氮。1888 年，荷兰学者 M. W. Beijerinck 从豆科植物根瘤中第一次分离出固氮细菌纯培养物，并命名为根瘤菌（*Rhizobium*）。从此，关于根瘤菌与豆科植物共生固氮的研究逐渐成为各国学者关注的焦点。共生固氮是指微生物与植物紧密生活在一起，由固氮微生物在与植物共生的状态下直接将大气中的分子态氮转化成化合态氮的远程。由共生体系的固氮作用产生的对共生双方生长的促进作用及对共生环境的改良作用即为共生固氮效应。苜蓿与根瘤菌共生固氮体系从空气中固定的总氮量达到 $200 \sim 400 kg/hm^2$，极大程度上减少了化学肥料的使用，具有良好的经济和生态效益。

目前，人工接种根瘤菌是利用共生体系的固氮效应提高豆科作物和牧草产量及品质的重要方法之一，主要是指通过播种前拌种或制成包衣种子等方法人为将适宜的根瘤菌剂接种于豆科作物或饲料作物的一种技术措施。1895 年，Nobbe 和 Hiltner 首次开始进行豆科作物商业根瘤菌剂的生产，随后美国、加拿大和澳大利亚等国也在种植豆科作物时接种商业根瘤菌剂。我国从 1980 年开始进行豆科牧草根瘤菌资源的采集、鉴定、保藏、评价及利用研究，研制出多种商业根瘤菌剂产品。然而由于根瘤菌株与宿主的匹配性、自然环境差异、土著根瘤菌竞争及多种生物与非生物胁迫等因素的存在影响了目标根瘤菌在豆科植物根部侵染的成功率，所以目前人工接种根瘤菌剂的效果并不稳定。而且，单纯地通过"优良植物品种选育—匹配根瘤菌株筛选—根瘤菌剂研制—根瘤菌剂接种"的程序利用根瘤菌固氮，淡化了苜蓿基因型与根瘤菌生物型间的精准结合或专一识别过程，弱化了共生固氮体系中豆科植物与根瘤菌的微协调互作过程，限制了根瘤菌固氮潜力的充分发挥。

第四节 共 生 育 种

一、共生育种的概念

共生是两种密切接触的不同生物之间形成的互利关系。有的生物之间进化为要借助共生关系来维系生命，属于专性共生（obligate symbiosis）；有的生物之间的共生关系只是提高了共生生物的生存概率，但并不是必需的，属于兼性共生（facultative symbiosis）。共生关系有时是不对称的，很可能出现一种生物是专性共生而另一种生物是兼性共生的现象。植物与微生物的共生体系主要包括蓝藻共生体系（蓝藻与真菌、苔藓、蕨类、裸子植物和被子植物）、豆科植物共生体系（根瘤菌与豆科植物）、非豆科植物共生体系［根瘤菌与榆科植物及弗兰克氏放线菌属（*Frankia*）与桤木属、杨梅属、美洲茶属等植物］及丛枝菌根真菌共生体系（丛枝菌根与禾本科植物等）。

育种是通过创造变异、改良遗传特性，以培育优良生物新品种的技术。育种以遗传学为理论基础，需综合应用生态、生理、生化、病理和生物统计等多学科知识。植物育种又被称为以高产、稳产、优质、高效为目标的植物品种创制。目前的植物育种方法主要包括诱变育种、杂交育种、单倍体育种、多倍体育种、基因工程（转基因）育种、细胞工程育种和植物激素育种等。这些植物育种方法均是建立在植物种单独改造的原理之上，以植物自身的遗传基础或基因为研究对象，以植物变异群体（基因或基因组发生变化的群体）为材料，人工选择获得农艺性状优良稳定的植物品种。

共生育种是通过两种密切接触的不同生物之间形成的互利关系创造两种生物互利的变异，改良互利的遗传特性，以培育具有稳定遗传基础的优良共生生物新组合的技术。两种不同生物的共生育种有别于单种生物育种，是生物育种的新技术，对生物育种理论与技术的拓展具有十分重要的意义。

二、苜蓿与根瘤菌共生育种的理论基础

苜蓿与根瘤菌的共生育种以选育的优良苜蓿基因型品种和高效精准匹配的固氮根瘤菌生物型为材料，通过接种将目的根瘤菌生物型导入亲属关系密切的苜蓿基因型品种的植物组织中，利用根瘤菌在苜蓿植株体内的运移和定植特性建构内生根瘤菌种子，并使高效共生固氮特性通过种子在代际间稳定传递的育种方法。

实现苜蓿与根瘤菌共生育种的关键在于明确二者互利共生的具体方式。苜蓿与根瘤菌的共生方式主要包括：①结瘤共生，即根瘤菌在苜蓿植株上结瘤并在根瘤内与苜蓿进行的互利共生；②组织内生，即根瘤菌以内生菌的方式生活在苜蓿植株体内，并随着植株的生长不断运移和定植到苜蓿植株的不同部位；③联合共生，主要是指根瘤菌与土壤及根际中的丛枝菌根真菌等微生物联合起来，共同发挥固氮、促生、抗逆和土壤修复等作用（迟峰，2006）；④种子内生，即根瘤菌通过人工接种浸染侵入、内生共生并定植在苜蓿种子内部，形成苜蓿与根瘤菌共生体贮主——种子，在种子内环境中栖居生存，

随种子萌发形成次代植株体结瘤共生，并发挥其固氮促生能力的一种方式，是培育苜蓿与根瘤菌共生体贮主、创制高效固氮共生体新种质和选育共生品种的主要方式。

已有研究表明苜蓿种子中存在大量内生根瘤菌，随着种子的萌发和幼苗的生长，内生根瘤菌会优先结瘤，不断地运移并定植在苜蓿植株的不同部位，最后经由繁殖器官垂直传播到下一代植株（迟峰，2006；Chi et al.，2005）。与外源接种的根瘤菌相比，内生根瘤菌受外部自然环境及土著根瘤菌的影响较小，在竞争结瘤方面有明显优势。此外，苜蓿内生根瘤菌可有效提高苜蓿植物抗生物胁迫和非生物胁迫的能力。因此，在内生根瘤菌如此多样又较容易获得的基础上，利用共生育种的思想，通过向苜蓿植株导入特异性功能内生根瘤菌，可将苜蓿与特异性功能内生根瘤菌的共生体性状直接作为选择对象，强化对共生苜蓿性状有利的遗传变异，培育苜蓿植物与目的根瘤菌的共生组合品种。目前以植物和微生物共生性状为直接选择目标的育种有带花纹（感染碎锦花叶病毒）的郁金香和高抗虫抗逆的草坪草等。冷季型禾本科植物的麦角菌类内生真菌大部分依赖于活体植物生存，并随种子进行垂直传播（程飞飞等，2013）。鹅观草和小颖羊茅等禾本科植物的内生真菌也能够通过种子垂直传播给下一代，这种类似于"可遗传性"的特征是植物内生菌用于植物育种手段为人类所利用的必要保障（申靖等，2009）。

三、苜蓿与根瘤菌共生育种的步骤

著者经过多年的苜蓿与根瘤菌专一性共生理论研究与实践，凝练提出了苜蓿内生根瘤菌种子共生育种方法及具体操作的一般步骤。

（1）优良根瘤菌种质筛选或创制；

（2）苜蓿品种和根瘤菌生物型高效共生组合选择；

（3）目的生物型根瘤菌内生苜蓿繁殖体形成共生体贮主——种子；

（4）内生根瘤菌苜蓿种子稳定保藏条件选择；

（5）种子内生根瘤菌代际续传能力和共生效应检验；

（6）内生根瘤菌苜蓿种子后代群体主要性状特异性、稳定性、一致性检验。

第二章 苜蓿与根瘤菌共生的遗传学基础

第一节 苜蓿与根瘤菌共生体系建立的基础

苜蓿与根瘤菌共生固氮体系的建立和发展是一个多阶段的过程，包括苜蓿与根瘤菌之间大量的信号协调交换和监管途径。对于以结瘤共生和联合共生方式固氮的苜蓿–根瘤菌系统，其建立是从苜蓿植株根部向根际土壤分泌类黄酮（2-苯基-1,4-并吡喃酮类衍生物）等物质开始的，这些物质能够被根瘤菌产生的赖氨酸转录调控因子 NodD 蛋白识别（Cooper，2007），NodD 蛋白通过与特定的序列结合激活根瘤菌中结瘤基因（*nod*、*nol*、*noe*）的转录（Cooper，2004），从而编码合成和输出脂质几丁寡糖（lipochitooligosaccharide，LCO），即为结瘤因子（nod factor，NF）。植物细胞的溶解酶基序受体激酶（lysin motif receptor-like kinase，LysM-RLK）能够识别根瘤菌 NF 并启动，刺激根毛卷曲，诱导侵染线和根瘤原基形成（Lee and Hirsch，2006）。当根瘤菌沿侵染线到达根瘤原基后，根瘤菌便会聚集并不断增殖和分化。以（种子）内生方式传递固氮功能的根瘤菌会随着苜蓿种子萌发和植株生长优先到达根瘤原基或者在自身信号分子的刺激下诱导苜蓿根部形成根瘤原基。与此同时，由于根瘤菌信号分子的刺激，植物皮层细胞会受到内皮层特异表达–中柱特异表达（shortroot-scarecrow，SHR-SCR）干细胞分子模块的诱导而持续分裂，最终形成根瘤（Dong et al.，2021）。在苜蓿属植株的根瘤内部，宿主植物细胞会在自身基因组多次复制（不含胞质分裂）以容纳数千个根瘤菌细胞的过程中慢慢变大，定植在宿主植物细胞内的根瘤菌会被来源于植物的膜包围，形成一种类似细胞器的结构，被称为共生体。共生体内的根瘤菌经过各种代谢活动和形态变化，最终在植物多肽 NCR（nodule-specific cysteine-rich）的作用下分化成能够将 N_2 转化为豆科植物可利用氮的共生形式，即类菌体（van de Velde et al.，2010）。在根瘤形成和固氮过程中，植物光合作用产生的碳水化合物不断为根瘤菌生长提供营养。

第二节 苜蓿与根瘤菌专一性共生决定因子

在不断进化的过程中，豆科植物形成了复杂的识别机制，不仅能区分有益菌和致病菌，还能区分与其匹配和不匹配的根瘤菌（Lorite et al.，2018；Pandey et al.，2018）。这种对共生伙伴的选择性表明豆科植物与根瘤菌的共生具有专一性，而专一性最终体现在植株结瘤后生物量的积累效应上。当二者专一性强时，豆科植株产生的根瘤能高效固氮，为植物生长提供氮素营养，产生正向促生效应。当二者专一性弱时，豆科植株产生的根瘤不能高效固氮，共生体维持生长消耗的能量较大，致使苜蓿生物量积累增量小或不积累，表现出"平衡"或类似"寄生"的现象，产生无效应或负向促生效应（Schumpp and

Deakin，2010；Crook et al.，2012）。专一性结瘤促生效应的差异受到共生双方基因型的影响，只有特定根瘤菌生物型与特定苜蓿基因型品种共生才能产生正向结瘤促生效应。根据豆科植物基因型和根瘤菌种质资源的多样性，以及植物–微生物互作过程中的专一性和宿主选择性，可以描绘出一个豆科植物与根瘤菌之间的关系网。

一、宿主植物专一性共生决定因子

（一）类黄酮信号因子

研究表明，由植物根系响应结瘤因子（NF）而产生的类黄酮信号因子是专一性共生的主要植物决定因子（Roy et al.，2019）。虽然来自不同根瘤菌的结瘤调控蛋白 NodD 响应不同种类的类黄酮，但在根瘤菌种或生物变型中可诱导 nod 基因的类黄酮数量与根瘤菌的宿主范围之间似乎没有一致的相关性（Cooper，2007）。例如，Rhizobium sp. NGR234 具有非常广的宿主范围，能够响应多种类黄酮类诱导物，而 R. leguminosarum bv. vicice 虽然也对许多诱导物有反应，但它的宿主范围很窄。

（二）植物免疫响应因子

根瘤菌的侵染会激发宿主植物的免疫反应（Cao et al.，2017），与依赖于 NF、表面多糖和分泌蛋白的专一性共生相似，植物免疫系统通过排除豆科植物根部的其他微生物，选择与其高度匹配专一的根瘤菌进行共生（Zipfel and Oldroyd，2017）。在侵染初期阶段，植物 LRR-RLK（transmembrane leucine-rich repeat receptor-like kinase）家族基因会识别入侵的根瘤菌，启动免疫反应（Halter et al.，2014）。宿主植物根表皮产生的 LysM-RLK 也能先后感受和识别特定类型和混合物的 NF 和 LPS/EPS，使根瘤菌在特定宿主植物上结瘤。这种由受体调控的两阶段识别机制决定了植物–根瘤菌的匹配性及根瘤菌向豆科植物根的趋向（Kawaharada et al.，2015）。MtNFP 和 MtLYK3 是编码蒺藜苜蓿（Medicago truncatula）LysM-RLK 的基因家族成员之一，能够诱导钙激化、根瘤原基形成和根瘤菌定植（Girardin et al.，2019），对于决定宿主范围至关重要。据报道，Mt-NS1 基因可能与 M. truncatula 和 Sinorhizobium meliloti（又名 Ensifer meliloti）共生体系的专一性有关（Liu et al.，2014）。在共生后期，植物利用免疫反应严格控制根瘤菌的定植和分化，避免侵染过程中断。M. truncatula 突变体 NAD1（nodule with activated defense）（Wang et al.，2016；Ágota et al.，2017）、SymCRK（symbiotic cysteine-rich receptor kinase）（Berrabah et al.，2014）、DNF2（defective in nitrogen fixation 2）（Bourcy et al.，2013）和 RSD（regulator of symbiosome differentiation）（Sinharoy et al.，2013）能在根瘤中激发强烈的免疫反应从而使共生细胞提前衰老或死亡（Yu et al.，2019）。

（三）苜蓿多肽 NCR

植物多肽 NCR（nodule-specific cysteine-rich）在体外具有抗菌特性，能够以植物免疫反应效应因子的方式抑制细菌生长，控制共生过程（van de Velde et al.，2010）。NCR 亦能够响应 NF 或 LPS/EPS，诱导类菌体的不可逆分化（Montiel et al.，2017）。M. truncatula

基因组包含至少 700 个可以编码 NCR 的基因，在 *S. meliloti* 侵染 *M. truncatula* 产生的根瘤细胞内，NCR 高度表达并通过调控 *S. meliloti* 的最终分化（terminal bacterial differentiation，TBD）提高植物的共生固氮能力（van de Velde et al.，2010）。NCR 能够特异地促进类菌体分化并且固氮，通过排除"寄生性"的根瘤菌优化对植物的氮供应过程，是 *M. truncatula* 及 *M. sativa* 专一性共生的宿主植物决定因子（Lindström and Mousavi，2019）。基于其功能、作用方式和在类杆菌成熟不同阶段细菌靶标的多样性，不同的 NCR 库以一种菌株特异的方式使植物能够识别和调控各种根瘤菌，这为苜蓿–根瘤菌的专一性共生和结瘤效率提供了额外的控制水平（Maróti and Kondorosi，2014；Nallu et al.，2014）。由 *NFS2* 基因编码的 NCR 能够以菌株专一的方式促进 *Ensifer meliloti* 类菌体细胞裂解，负面调控共生体的持久性（Wang et al.，2017）。在宿主植物利用 NCR 提高自身共生能力的同时，根瘤菌也进化出了能够降解 NCR 的 NCR 肽酶。肽酶可通过阻止类菌体的 TBD 过程，降低植物固氮能力，促进根瘤内非共生态根瘤菌的增殖，改变宿主植物–根瘤菌的匹配性（Checcucci et al.，2017；Pricea et al.，2015；Yang et al.，2017）。*E. meliloti* 中的宿主范围限制肽酶（host range restriction peptidase，Hrrp）能够降解 NCR，使根瘤菌不能分化成类菌体从而表现出更多的"寄生"特性，如不能为宿主植物提供氮、不断消耗植物营养、产生共生无效应甚至负效应等（Pricea et al.，2015）。例如，编码 NCR 肽酶 Hrrp 的 *hrrp* 等基因存在于细菌质粒中（Crook et al.，2012），这些基因对固氮能力的抑制作用与宿主植物和根瘤菌的基因型密切相关（Pricea et al.，2015），在决定苜蓿与根瘤菌专一性共生中发挥重要作用。

二、根瘤菌专一性共生决定因子

从根瘤菌的角度来看，结瘤因子、表面多糖和分泌蛋白通过抑制植物免疫反应促进根瘤菌对宿主植物的侵染，Hrrp 可通过扰乱植物 NCR 功能限制根瘤菌固氮的宿主范围，这些因素都是决定专一性共生匹配的主要根瘤菌信号分子（Pandey et al.，2018）。

（一）结瘤因子

结瘤因子（NF）是由植物根分泌的类黄酮等物质诱导产生的根瘤菌信号分子，这些分子由一种被不同附属团体修饰的保守结构组成，非还原末端是酰基脂肪酸长链。不同的根瘤菌种或生物型菌株产生的 NF 在骨架、侧链和取代基团方面存在显著差异（Lorite et al.，2018），这种特定结构的 NF 是专一性共生的第一个根瘤菌结瘤决定因素（Pandey et al.，2018）。

（二）表面多糖

根瘤菌表面多糖（脂多糖、胞外多糖、荚膜多糖和环葡糖）通过抑制植物免疫反应、修饰一些表面抗原或直接作为共生信号的方式与宿主植物正确组合（Busset et al.，2016），建立成功的共生关系，它们是专一性共生的第二个根瘤菌决定因子（Gage，2004）。表面多糖不仅能改变根瘤菌的菌落形态、生物膜形成、抗逆性和对植物根的趋向性

（Primo et al.，2019；Lipa et al.，2018），而且能影响侵染线形成、NCR 诱导的 TBD 过程及根瘤菌在根瘤内的存活（Montiel et al.，2017）。

　　脂多糖（lipopolysaccharide，LPS）是革兰氏阴性细菌外膜的主要成分，在一些根瘤菌与豆科植物的互作过程中起着重要作用（Fraysse et al.，2003；Carlson et al.，2010）。LPS 由脂质 A（lipid A）、核心低聚糖（core oligosaccharide）和 *O*-抗原（*O*-antigen）侧链三部分结构组成。脂质 A 可与一个藿烷类分子结合，增强根瘤菌外膜稳定性、硬度及保证侵染线的形成（Busset et al.，2016）。尽管同种根瘤菌产生的脂质 A 的一般结构比较保守，但是从个体根瘤菌株中分离出的脂质 A 在糖链和脂质含量方面具有异质性。脂质 A 的显著结构多样性是根瘤菌用来逃避或减弱宿主植物免疫反应、促进结瘤的一种策略（Di Lorenzo et al.，2017）。*O*-抗原侧链在共生作用过程中直接与宿主植物接触，是根瘤菌中变异程度最大的结构（Cartson et al.，2010）。与脂质 A 的作用相似，*O*-抗原的侧链也具有丰富的结构多样性，其无致免疫作用在侵染和结瘤固氮过程中发挥着重要作用（Carlson et al.，2010；Di Lorenzo et al.，2017）。据推测，在 *O*-抗原缺失的情况下，核心低聚糖成为最易与宿主植物直接接触的外部结构，它也能发挥一种非致免疫作用（Silipo et al.，2014）。根据 *O*-抗原的存在与否，LPS 被分为光滑型或粗糙型，*O*-抗原的缺失或改变会造成根瘤菌菌落外形不规则、边界粗糙（Busset et al.，2016）。*E. meliloti* 菌株 LPS 的 *O*-抗原在抑制苜蓿属植物免疫方面发挥着重要作用（Berrabah et al.，2018），而光合 *Bradyrhizobium* 菌株中 *O*-抗原结构的缺失并未影响其在 *Aeschynomene* 植物上的有效共生（Busset et al.，2016；Silipo et al.，2011）。

　　胞外多糖（exopolysaccharide，EPS）是一种单糖或多糖类物质，它既可被分泌到胞外环境中，也可作为荚膜多糖保留在根瘤菌表面，具有与豆科植物结合对菌种特异或对菌株特异的效应（Lorite et al.，2018）。根瘤菌 EPS 是诱导植物侵染线形成和伸长的必需信号因子（Lipa et al.，2018），在产生有效根瘤的共生系统中发挥着重要作用（Lorite et al.，2018）。EPS 亦能主动减轻植物的防御反应，保护根瘤菌免受不断变化的渗透条件或来自宿主植物 ROS（relative oxygen species）的压力（Wielbo et al.，2004）。*E. meliloti* 菌株能产生两种 EPS，即 EPS-I（琥珀酰聚糖）和 EPS-II（半乳葡聚糖）（Primo et al.，2019）。*E. meliloti* Rm1021 菌株必须依赖 EPS-I 才能侵染苜蓿，EPS-I 合成受损的菌株会产生无效根瘤（Mendis et al.，2016）。在低磷或 *mucR* 基因突变（*E. meliloti* Rm1021）或存在完整 *expR* 基因序列（*E. meliloti* Rm8530）的条件下，根瘤菌会产生 EPS-II，促进菌株自身聚集、黏性表型和生物膜形成（Primo et al.，2019）。EPS-I 包括两种反映亚基聚合程度的组分，即高分子量（长链）EPS-I 和低分子量（短链）EPS-I（Rinaudi and González，2009），促使根瘤菌成功侵染的关键特征是 EPS-I 中丁二酸化学基团的附着，而链长对其功能的影响要小得多（Mendis et al.，2016）。

　　LPS 和 EPS 可以相互协调作用于共生结瘤固氮过程。根瘤菌 EPS 合成受阻会影响其 LPS 结构及生物膜的完整性，改变菌株对洗涤剂、乙醇和抗生素等的敏感性（Wielbo et al.，2004）。HR 质粒是 *E. meliloti* 中能够影响宿主植物共生范围的特异性附属质粒，这类质粒竞争性强，可损害根瘤菌的固氮能力，使其从有益的共生模式转化为更具剥削性的生活方式（Crook et al.，2012）。HR 质粒可通过改变 LPS 或 EPS-I 信号而影响 *E. meliloti* 与 *M. truncatula* 的匹配性（Simsek et al.，2007）。LPS 与 EPS-II 的互作在 *E. meliloti* 对生物和非生物表面的吸附性方面发挥重要作用（Sorroche et al.，2018）。

（三）分泌蛋白

除上文所述的非蛋白质类宿主专一性决定因子（NF 和表面多糖类）外，还有第三类影响专一性共生的根瘤菌信号为分泌蛋白。根瘤菌分泌蛋白系统一般包括 I 型分泌系统（type I secretion system，T1SS），以及特殊的宿主–靶向分泌系统，如 III 型、IV 型和 VI 型分泌系统（分别为基因 T3SS、T4SS 和 T6SS）。其中至少有 3 种机制对影响宿主范围的根瘤菌分泌蛋白负责。有些根瘤菌采用 I 型分泌系统，由类黄酮和 NodO 诱导 *nodO* 基因编码并释放钙结合蛋白 NodO。根瘤菌对 *nodO* 基因的识别程度可以影响宿主结瘤范围，而且该基因在一定程度上还可以弥补 *nodEFL* 缺失突变体 *R. leguminosarum* bv. *viciae* 的结瘤缺陷。大多数根瘤菌采用由 hrp（hypersensitive response and pathogenicity）基因编码的 III 型分泌系统（Buttner and He，2009）。T3SS 基因分泌产生结瘤外蛋白（Nops），并通过细菌菌毛将其传递到宿主植物细胞中，诱导侵染过程。在一些宿主（*Vigna unguiculata*）中，T3SS 的存在不会影响结瘤，另一些宿主（*Pachyrhizus tuberosus*）中 T3SS 基因缺失会产生有益的效果，而在第三组宿主（*Tephrosia vogelii*）中，T3SS 是有效的共生关系所必需的基因。目前已发现 3 个助手蛋白（helper protein）：NopA、NopB 和 NopX（Saad et al.，2008），以及 3 个效应蛋白（effectors）：NopL、NopP 和 NopT（Dai et al.，2008），这些蛋白质都在不影响其他 Nops 分泌的前提下以通过影响宿主专一性的方式影响共生。

（四）宿主范围限制肽酶

研究发现自然界 20% 的中华根瘤菌（*Sinorhizobium meliloti*）群中存在限制根瘤发育和固氮能力提升的 *hrrp* 基因，这些基因存在于 *S. meliloti* 辅助质粒上，能够编码一种宿主范围限制肽酶（Hrrp）。Hrrp 在根瘤的任何区域都能表达，可通过不同程度地降解 NCR 及其他可能的刺激共生固氮的植物信号，在根瘤发育晚期引发分化类菌体的过早变性甚至根瘤的过早衰老，改变根瘤菌–宿主植物的专一性共生（Crook et al.，2012；Pricea et al.，2015；Checcucci et al.，2017；Yang et al.，2017）。表达 *hrrp* 基因的根瘤菌株往往能够逃脱宿主植物对其产生的 TBD 控制，表现出更多的"寄生"特性，如不能为宿主植物提供氮、通过根瘤内非共生态根瘤菌的增殖不断消耗植物营养、影响共生产出等（Pricea et al.，2015；Sinclair et al.，2009）。*hrrp* 基因对固氮能力的阻遏效应与宿主植物和根瘤菌的基因型密切相关，不同根瘤菌株 *hrrp* 基因表达引起的固氮阻遏效应因苜蓿品种不同而异（Pricea et al.，2015）。例如，根瘤菌株 *S. meliloti* B800 中 *hrrp* 基因的表达使 *M. truncatula* A20 只能结瘤不能固氮，*M. truncatula* A17 的结瘤固氮能力虽然没有受到显著抑制，但菌株在根瘤内的增殖能力提高了 4.5 倍。因此即使是亲缘关系非常近、能被根瘤菌大量定植的宿主植物，对相同根瘤菌 *hrrp* 基因表达引起的固氮阻遏效应的响应存在差异（Roy et al.，2020）。

第三节　苜蓿与根瘤菌高效共生体构建

苜蓿与根瘤菌高效共生体构建的最终目的是构建内生根瘤菌的种子，要求根瘤菌侵入植株体内、运移并大量定植于苜蓿种子，因此提高根瘤菌在植物体内的运移和定植能力是苜蓿与根瘤菌共生体构建的关键。荧光蛋白基因标记根瘤菌的构建是观察根瘤菌在植株体内运移和定植动态的关键手段，而促进荧光标记根瘤菌在苜蓿体内运移和定植的因素除了要筛选高效专一匹配的苜蓿与根瘤菌共生组合外，还要求添加适宜的外源刺激物质、采用合适的根瘤菌接种方法和种子贮藏方法进行调控。

一、外源干预物质调控

具有刺激根瘤菌侵入并在苜蓿植株体内运移和定植的外源调控物质有以下几种。

（一）氯化镧

革兰氏阴性细菌的细胞壁内膜由磷脂链、蛋白质构成，其外膜由脂多糖（LPS）、肽聚糖和周质构成。足够的 Ca^{2+} 可维持脂多糖的稳定性，否则脂多糖会解体。根瘤菌在侵入植物体内时，菌体表面不能被植物细胞识别的寡聚糖类物质会诱发宿主细胞产生抗性信号物质，并激活植物的防御反应体系。在这一过程中，Ca^{2+} 作为植物体主要的信使离子，与钙调蛋白在信号转导中起着关键作用（Zong et al.，2000）。稀土离子与 Ca^{2+} 半径接近，可作为 Ca^{2+} 拮抗剂，并取代 Ca^{2+} 在细菌中的结合位点，使细菌核心中形成更为稳定的配合物（Liu et al.，2004）。已知氯化镧（$LaCl_3$）是植物细胞中 Ca^{2+} 通道的竞争型拮抗剂，可以阻遏钙离子/钙调蛋白的信号转导，从而影响植物的防御反应（刘慧媛等，2006）。La^{3+} 等稀土离子能改变或部分改变肽聚糖或磷壁酸的构象，便于入侵微生物进入细胞（左玉萍等，1996）。

La^{3+} 等稀土离子能与细胞膜上的转运蛋白结合使蛋白质活性发生改变，或与膜代谢蛋白相互作用从而改变细胞膜通道的大小，以提高细胞膜主动或被动运移的能力。La^{3+} 等稀土离子还可与氨基酸形成配合物，并与多种蛋白质相结合。生理条件下，高浓度的稀土严重阻碍 DNA 的自我复制，并使 DNA 分子上的磷酸键断裂，使 DNA 分子水解。La^{3+} 等稀土离子对微生物的生长表现出"低促高抑"效应，即低浓度的 La^{3+} 等稀土离子可刺激微生物的生长，高浓度的 La^{3+} 等稀土离子抑制微生物的生长。

（二）生长素

生长素（IAA，3-吲哚乙酸）能够增大植物细胞壁的空隙、刺激入侵菌体的增殖，并具有加快植物体内物质运移的作用。但 IAA 增大根系根瘤菌侵入空间是通过增加细胞壁的可塑性，同时抑制植物防御系统的细胞壁降解酶（如几丁质酶、1,3-葡聚糖酶）的酶活，使入侵菌体易定植于植物组织（Remirez，1993），而这并不会破坏宿主细胞壁的完整性，也不会对侵入的菌体造成生理伤害。分离自植物根际，能进入根表细胞或细胞间隙与植物联合共生的多数固氮菌都有分泌 IAA 的能力。李剑峰等（2009b）也指出很多根瘤菌株在纯培养条件下会分泌生长素，在宿主体内也会通过自身分泌或经由菌体与宿主间的信号识别诱导宿主植物分泌提高宿主体内的激素水平，而这种激素水平的变化对宿主植物的生长也有积极的作用。Thakuria 等（2004）认为外源生长素能刺激植物细胞壁释放大量单糖和低聚糖，这类物质可作为养分提供给内生细菌，为细菌附生于植物提供更佳的营养环境。

（三）胞外多糖

根瘤菌在其生长繁殖过程中会产生如胞外多糖（EPS）、荚膜多糖（capsular polysaccharide，CPS/KPS）、脂多糖（LPS）及环葡聚糖（cyclic glucan）在内的多种多糖类物质，胞外多糖可分泌到细胞表面，并抵御外来侵害等（Becker and Puhler，1998），是参与共生固氮的重要物质；荚膜多糖附着在细胞表面，具有保护细胞免受根际干燥环境伤害与噬菌体吞噬的作用；脂多糖位于细胞膜外膜，可维持细胞膜稳定、抵御植物抗生素对细胞的伤害（Kannenberg et al.，1998）；环葡聚糖主要存在于细胞周质空间中，在低渗透压时对细胞进行自我保护（Miller et al.，1986）。

根瘤菌产生的胞外多糖能富集土壤中的营养成分，并作为信号分子参与根瘤菌与宿主植物之间的交流。胞外多糖还能改变植物根毛的细胞骨架结构，协助根瘤菌侵染宿主植物，并对宿主结瘤的专一性起决定性作用。通过显微技术和生化分析发现，根瘤菌在侵染宿主时会使宿主产生防御反应，而低分子量 EPS-I 可占据参与防御应答的受体位点，使植物不再产生防御反应。豆科植物有其调节自身根部固氮根瘤菌数目的方式，宿主可通过特定的方式使正在侵染的细菌、被侵染的细胞及附近的一些细胞同时坏死（徐亚军和赵龙飞，2008）。这样，共生体系就可以看作是根瘤菌的侵染过程和植物的防御反应过程相互作用的动态平衡过程，在这一过程中，EPS 特别是低分子量的 EPS-I 通过调节宿主类黄酮和异类黄酮等物质的合成起到控制动态平衡的作用（徐亚军和赵龙飞，2008）。

根瘤菌胞外多糖是根瘤菌与其宿主间用于细胞识别的信息分子，在不确定根瘤的形成过程中起到不可或缺的作用。有研究认为 EPS 能通过其他非特异性功能促成根瘤菌的侵入和根瘤的形成，如通过表面包被减少菌体与宿主细胞的直接接触，以规避或减弱宿主植物的防御性反应，或在侵染过程中诱导菌体和宿主合成水解酶，引起宿主细胞壁的结构变化（徐亚军和赵龙飞，2008）。Yanni 等（2001）的研究进一步证明，根瘤菌能产生羧甲基纤维素酶和聚半乳糖醛酶，水解植物细胞壁的糖苷键，这一过程很可能参与了内生根瘤菌的入侵和在根内的散播。

（四）硼

硼（Boron，B）是植物所需微量元素之一，是维护根瘤细胞壁结构所必需的物质，全程参与共生过程。早期的相互作用（Redondo-Nieto et al.，2001）、侵染和细胞侵袭（Bolaños et al.，1996）、共生体的形成（Bolaños et al.，2001；Redondo-Nieto et al.，2007）、根瘤的形成（Reguera et al.，2009），都会因硼的缺乏而受到极大影响。硼元素不是根瘤菌生长所必需的，因此硼对豆科植物–根瘤菌共生的影响常与植物–衍生物的结构和稳定性有关，而这些衍生物对于根瘤形成很重要（Reguera et al.，2010）。

根瘤菌与宿主间成功共生的关系主要取决于其对宿主防御反应的阻碍或抵御能力（Soto et al.，2009）。根瘤菌分泌的表面多糖与豆科植物受体间的相互作用，是抑制植物防御反应机理和影响根瘤菌在根瘤形成过程中生存能力的关键因素（Kannenberg and Brewin，1994；Mithöfer，2002；Jones et al.，2007）。硼对根瘤菌细胞表面多糖的形成很重要，是建立共生关系和形成固氮的豆科根瘤必不可少的。缺硼影响了根瘤菌表面多糖 EPS 和 LPS 的产生或结构的形成，而 EPS 和 LPS 对根瘤菌侵染植物时所遇到的防御反应具有减弱作用。根瘤菌在侵染宿主植物时，菌体表面那些不能被植物细胞识别的寡聚糖类物质就会诱发宿主植物细胞产生抗性信号物质，缺硼时 EPS 的形成减弱，而 EPS 可产生 Ca^{2+}，Ca^{2+} 作为植物体主要的信使离子，与钙调蛋白在信号转导中起着关键作用（宗会等，2000）。因此硼的缺乏将减弱根瘤菌的定植能力、根瘤形成的数量和固氮的能力（Redondo-Nieto et al.，2001；2003；Abreu et al.，2012）。添加适宜浓度的硼有助于促进根瘤菌在植物体内的运移和定植。

（五）赤霉素

赤霉素（gibberellic acid，GA_3）可促进豆科植物结瘤，豌豆（*Pisum sativum*）突变株根部因失去合成赤霉素的能力而不能结瘤，加入外源赤霉素后，可正常结瘤。Lieven 等（2005）在根瘤菌侵入前 2 天加入外源赤霉素合成抑制剂时阻断了田菁（*Sesbania rostrata*）根瘤的形成，而加入外源赤霉素后减弱了这种阻碍作用，由此表明赤霉素与根瘤菌侵入有关。赤霉素可以提高植物体内吲哚乙酸（IAA）的含量（吴建明等，2010），而 IAA 可促进根瘤菌在苜蓿体内的运移和定植（李剑峰等，2015）。魏宝东等（2014）发现 GA_3 能有效提高发酵液中纳他霉素的产量，推测出现该现象的原因可能是 GA_3 能够有效地促进细胞生长和分裂，导致菌体数量增加，进而提高纳他霉素的产量；也可能在微生物生长过程中加入适量的 GA_3，促进细胞新陈代谢，加速微生物分裂和增殖，进而可促进菌体旺盛生长并产酶（聂延富，1988）。

（六）苦参碱

苦参碱（matrine）是从苦参（*Sophora flavescens*）等植物根部提取到的一种低毒的水溶性总碱，已广泛应用于医疗事业，且具有很好的农药活性（Zhang et al.，2007）。苦参碱是植物源类抑菌剂中的一种，其复杂的活性抑菌成分不易导致微生物抗药性的产生，且环境友好、无毒害。苦参碱对不同菌种的抑制效果并不一致，主要取决于菌种类型。苦参碱对枯梢病菌（*Sphaeropsis sapinea*）的 EC_{50} 浓度（半最大效应浓度）为 428μg/mL（杨雪云等，2008），对金黄色葡萄球菌（*Staphylococcus aureus*）和白色念珠菌（*Candida albicans*）的最小抑菌浓度均为 25mg/mL，而对大肠杆菌（*Escherichia coli*）的最小抑菌浓度为 12.5mg/mL（张爱军等，2011）。郑伟（2014）研究了苦参碱对土壤中固氮菌、真菌和放线菌的生长均有一定促进作用，可见，苦参碱对于土壤环境较为安全。

吲哚乙酸（IAA）和赤霉素（GA）是促进植物茎伸长的主要激素（Santner et al.，2009），所以推测苦参碱类生物碱处理可能刺激番茄中 IAA 和 GA 的含量升高，进而促进细胞的伸长生长，同时有可能刺激细胞分裂素（CTK）含量的升高，从而促进细胞体积的横向扩大，增加茎粗（熊鑫，2015）。而 IAA 能增强细胞壁膜的透性，促进养分的释放与根系根瘤菌的入侵，同时减弱植物防御系统的细胞壁的降解酶活性，使入侵微生物易于定植在植物组织内（李剑峰等，2015；Fuentes-Ramirez et al.，1993；吴瑛和席琳乔，2007）。

（七）磷酸二氢钾

磷酸二氢钾（KH$_2$PO$_4$）在农业上被用作高效磷钾复合肥，广泛用于作物栽培。苗淑杰等（2006）研究表明磷是影响豆科作物结瘤固氮的一个非常重要的因素。姚玉波（2012）在对大豆根瘤固氮特性的研究中发现，磷素营养对大豆根瘤固氮有明显影响，大豆的根瘤固氮能力随着磷素水平的提高先升高后降低。李富宽（2004）研究发现，基施磷肥和接种根瘤菌显著改善了紫花苜蓿根瘤的结瘤，施磷后，紫花苜蓿结瘤率明显提高，单株根瘤数和根瘤重均显著增加，根瘤共生固氮的效果提高。刘崇彬等（2002）、王清湖和秦娥月（1996）、郝凤等（2015）认为，增施磷钾肥料和接种根瘤菌均可提高豆科作物根瘤固氮能力。众多研究发现，磷元素可使根瘤增大（师尚礼等，2007），提高根瘤菌活性（周可等，2014），刺激根瘤菌繁殖，促使根瘤菌鞭毛运动，有利于根瘤菌接近和侵入根毛，形成根瘤（董钻，2000）。

（八）黄腐酸

黄腐酸（fulvic acid，FA）是一种广谱性的植物生长调节剂（董钻，2000），可明显促进植物生长，提升种子活力（栾白等，2010；回振龙等，2013），促使种子萌发，提高种子中酶的活性和呼吸强度。例如，韩玉竹等（2009）对 4 个品种紫花苜蓿进行 FA 浸种处理，发现 FA 对 4 个品种苜蓿的种子活力均有明显的促进作用。FA 可提高叶片叶绿素含量，促进植物对营养元素的吸收，使苗期的植物株色鲜艳、长势旺盛（朱京涛等，2003；高同国等，2009）。FA 促进了小麦幼苗生长，使小麦株高、鲜重、干重均显著提高（Tahir et al.，2011）。适宜用量的 FA 也显著促进了玉米幼苗生长，可使玉米幼苗的株高、地上部分干重和根干重均高出对照（Yang and Dou，2002），FA 还可提高农作物产量和品质（Zhang et al.，2010；于萍和刁桂荣，2008）。例如，FA 可使番茄增产 20% 左右，且品质明显改善（朱京涛等，2009）。FA 还可提高枣的一等品比例；增加西兰花中蛋白质、可溶性糖含量，并可提高产品中出口级产品的数量及比例，显著提高产品经济效益（姜峰，2012）。FA 还可促进根瘤菌生长繁殖（周可等，2014），提高根瘤菌存活时间和竞争力，提高豆科植物结瘤固氮能力（许原原和袁红莉，2013）。许原原等（2014）和许原原（2016）在 FA 对苜蓿生长和结瘤固氮影响的研究中发现，FA 单独喷施和与根瘤菌液共同喷施均可提高苜蓿结瘤固氮及生长能力。FA 促进植物生长的作用机理还未明确，有一种看法是酚–醌的氧化还原体系决定了 FA 既是氧的活化剂，又是氢的载体，故影响着植物的呼吸强度、细胞膜透性和渗透压，以及多种酶的生物活性，从而影响植物对物质的吸收、转运，调节植物代谢系统（Canellas et al.，2015；Chen et al.，2004；Nardis et al.，2002；成绍鑫，2007）。

二、根瘤菌侵入植株体内的接种方法调控

有学者认为内生菌来自宿主植物体外，或者通过天然的开放通道如气孔、根系分叉的间隙进入宿主体内（Chi et al.，2005）；或者通过外力伤口如昆虫取食后的破口、刈割残茬、机械损伤后的创面等进入宿主体内（Barbara and Christensen，2005）。有的内生菌还可以通过种子或其他繁殖体进行不同世代宿主间的垂直传播（姚领爱等，2010）。一般认为这些微生物是通过土壤中侧根与主根连接处的表层裂隙侵入组织，进而迅速扩展到根细胞间隙并在宿主植物体内定植（Zong et al.，2000）。李强等（2006）研究发现很多内生菌能够分解并以纤维素作为唯一碳源，这表明至少有部分植物内生菌可能通过分解宿主细胞壁来获得侵入路径，并以植物组织中的纤维素为碳源维持生存。尽管存在多种可能的侵染路径，如植株表面的气孔、由害虫或机械损伤造成的伤口（McCully，2001；Hardoim and van Overbeek，2008），就目前的研究结果来看，根系裂隙仍然是微生物侵染植物并成功定植的主要途径之一（Hardoim and van Overbeek，2008）。因此，采用不同方法在植株不同部位接种根瘤菌，可通过调节根瘤菌的侵染方式影响其在植株体内的运移和定植能力。

三、内生根瘤菌种子的贮藏条件

紫花苜蓿的主要繁殖方式是种子繁殖，种子的质量直接影响到牧草的产量（张丽辉等，2016）。长期保存种子的关键因素之一是温度，直接影响着种子的发芽、质量、生理变化（于洪柱等，2007），新陈代谢（惠文森，2012），呼吸酶活性等。贮藏温度是种子在贮存期间保持活力和生活力的关键因素之一，种子活力决定种子发芽和出苗期间种子活力强度等种子特性的综合表现（林梦倩等，2014）。张远兵等（2005）发现冰箱内湿藏后的牡丹（*Paeonia suffruticosa*）种子萌发率最高。孔祥辉和张海英（1999）比较了冰冻干燥和硅胶干燥贮藏种子的方法，认为硅胶干燥为首选。邢力梅（2019）发现大豆种子的发芽率与贮藏时间密切相关。王琰等（2017）在测定不同温度贮藏苜蓿种子的发芽指标时，发现当贮藏温度在25℃时，发芽指数、根长达到最大值。王伟等（2012）研究发现扁蓿豆（*Medicago ruthenica*）在−4℃下贮藏时的发芽率可达到最大。不同种子的最佳贮藏温度不同（江晓峰等，2001），温度对调控种子休眠起着重要作用（管博等，2010）。

适宜的贮藏温度不但可延长种子的寿命，提高发芽力，还利于体内根瘤菌的繁殖。已报道苜蓿种子内携带根瘤菌，但贮藏温度及贮藏方式等常常会影响到种带根瘤菌数量。温度可直接影响细菌的生理生化代谢途径（Delille and Perret，1989；Rutter and Nedwell，1994；Knoblauch and Jirgensen，1999），即温度主要通过影响微生物细胞内容物大分子的活性来影响微生物的生命活动。低温会减缓或停止微生物的代谢过程，温度低于冰点时，可使原生质内的水分结冰，导致细胞死亡（施邑屏，1982）。程飞飞等（2013）将收获的鹅观草种子装入信封中风干后室温避光贮藏3个月后保存于4～10℃，半个月

后进行发芽状况的测定，发现发芽率可达 98%，说明该方法适于鹅观草种子的贮藏。高温高湿的贮藏条件往往会引起多年生黑麦草和苇状羊茅种子中的 *Neotyphodium* 属内生真菌的死亡。因此，禾本科草坪种子的贮藏条件直接关乎其内生真菌的稳定性和种子的质量（Hill and Roach，2009）。苜蓿种子携带有大量真菌，其中有些具有较强的致病性（Wang and Hampton，1991），随着贮藏温度的升高，苜蓿种子携带真菌检出率逐渐增高（李春杰等，2002）。

四、荧光蛋白标记根瘤菌构建示踪菌株

根瘤菌标记技术即利用分子生物学手段将标记基因引入目的根瘤菌中，从而利用所导入根瘤菌的特殊标记基因所编码的酶能够作用于多种底物而产生颜色反应或发光现象，从而能够比较直观地跟踪所要研究的目的根瘤菌。荧光蛋白基因标记技术在根瘤菌与豆科植物的互作研究中有非常广泛的应用。绿色荧光蛋白（green fluorescent protein，GFP）为一种发光蛋白，最初在维多利亚多管水母（*Aequorea victoria*）中被发现（Shimumura et al.，1962），因 Ca^{2+} 与发光蛋白相结合使荧光素被氧化而释放出蓝光，进而激发 GFP 发出绿色荧光。GFP 吸收光谱的最大峰值为 395nm，为紫外光；发射光谱的最大峰值为 509nm，呈现出绿色荧光，同时 GFP 分子量小，对细胞无毒，只编码 238 个氨基酸，不干扰标记蛋白的功能和定位，由于这些特点和性质，GFP 在细菌的分子标记研究中的应用非常广泛。Matz 等（1999）从印度洋、太平洋地区的珊瑚虫中分离出与绿色荧光蛋白同源的荧光蛋白，通过对光谱性质的鉴定发现来源于 *Discosoma* sp.。红色荧光蛋白（red fluorescent protein，RFP）在紫外线的照射下可发射红色荧光，其最大吸收波长为 558nm，最大发射波长为 583nm。发射波长较长，灵敏度与信噪比均比 GFP 高，为基于 GFP 的体内研究提供了一个很好的互补工具。黄色荧光蛋白（yellow fluorescent protein，YFP）可以看作是绿色荧光蛋白的一种突变体，最初来源于维多利亚多管水母。相对于绿色荧光蛋白，其荧光向红色光谱偏移，而这主要是由于蛋白质 203 位苏氨酸变为酪氨酸。其最大激发波长为 514nm，最大发射波长为 527nm。

荧光基因作为标记具有许多优点：荧光特性稳定，只有过热（>65℃）、过碱（pH 为 12~13）、过酸（pH<4）及其他变性剂存在时荧光蛋白基因所产生的荧光才会消失，而这种变化是可逆的，若除去变性剂或恢复中性 pH 环境，其荧光就可恢复（Zimmer，2002），检测极为方便。荧光蛋白基因的检测仅需紫外光激发，不需要任何外源介质，对要检测的细胞不需要预处理、固定和染色，可用荧光显微镜直接观察。史巧娟（2001）应用 GFP 基因在华癸中生根瘤菌中的异源表达，以 GFP 为报道基因原位活体监测华癸中生根瘤菌侵染紫云英的早期结瘤过程。于彦华等（1999）利用基因标记技术使绿色荧光蛋白 GFP 与根瘤菌蛋白基因相结合，导入根瘤菌侵染紫云英。

荧光蛋白基因标记一般采用三亲本杂交的方法，即通过供体菌、辅助菌和受体菌的混合培养，借助含有转移基因的辅助菌，将目的质粒 DNA 从供体菌转移到受体菌中。Nambiar 等（1990）通过三亲本杂交法，成功构建了一种具有固氮和杀虫双重功能的工程菌株。邢达等（1993）采用转座子 Tn5-Mob 介导转移荧光标记基因到快生型大豆根

瘤菌（*Rhizobium fredii*）USDA191 中，获得转移接合子，有 3 个接合子能结瘤固氮，提高了根瘤菌的抗盐能力。郭先武（1998）通过三亲本接合转移，将 Tn5（sacB-luxAB）插入华癸根瘤菌 7653R 菌株基因组中，通过质粒检测发现突变株的共生质粒均有不同程度的缺失甚至消除。常慧萍等（2009）采用三亲本杂交法将发光酶基因 *luxAB* 转入具有固氮能力的小麦根际促生菌 Azotobacter N2106 中，获得标记菌株，追踪标记在小麦根圈的定植动态。戴溦等（2001）将由人表皮生长因子（hEGF）构建的载体通过三亲本杂交方法导入两种蓝藻——海水单细胞藻聚球藻 *Synechococcus* sp. PCC7002 和淡水丝状藻鱼腥藻 *Anabaena* sp. PCC7120 中，且该基因在两种蓝藻中均得到了表达。

第四节　种子内生根瘤菌的传代

菌株的传代有两种形式，分别为体外传代和体内传代（魏榕，2016），体外传代是在培养基中进行连续传代培养（章琳等，2019），体内传代一般是在动物体内增殖，通过不同的接种途径，使细菌感染动物，而后在其体内增殖（魏榕，2016）。汤晓和朱建华（2010）从银杏（*Ginkgo biloba* L.）根与茎中分离出能够稳定产生黄酮的菌株可以传代至第二代或第三代，邢志国（2007）研究表明中华稻蝗内生菌 SDLH-II 菌株的遗传特性具有稳定性，杨春平（2008）通过分离卫矛科植物内生菌时表明了不同菌株传代性能不同。

Liu 等（2012）报道了水稻和玉米中的特定内生菌可以进行多代传代，内生细菌可以从种子垂直传代到幼苗（Anderson et al.，2008）。赵霞（2019）发现种子内生菌可以通过根和茎在种子间垂直传代，推测子代种子内生细菌主要来源于其亲代种子的内生细菌，证明了水稻植株内生菌存在体内传代。不同种子的内生菌群落不同，但都可以在植物组织内定植，并再一次进入种子中（Liu et al.，2012；Rodrigo et al.，2011；David et al.，2011），随着植物的种子进行垂直传代，菌株的生活和传播完全依赖宿主植物（王志伟等，2015）。Gagne-Bourgue 等（2012）发现保存 1 年后的种子中与种植后新收获的次代种子中均可检测到同样的芽孢杆菌和微杆菌，证明了菌株可以传代，但菌株来源不能确定是否均为植物体内传代或由外界进入的非种传微生物。

植物器官携带大量的细菌群落，它们可以在花粉等各种器官中被检测到（Junker and Keller，2015），在花粉内或花粉上的细菌可以向种子和幼苗转移，构成垂直传播（刘迎雪等，2020）。Ambika 等（2016）证明从松属（*Pinus*）上分离得到的来源于花粉内部的内生细菌是通过垂直传代的，但花粉内生菌定植的来源可能是蜜蜂（Vásquez and Olofsson，2009）、空气、植物材料（Ambika et al.，2016）、生长环境微生物（Vanessa et al.，2014）等，对其溯源仍需进一步深入研究。

在植物营养体中，只有极少种类的微生物可以进入种子中，成为"种传微生物"，随植物世代交替而繁衍和进化（王志伟等，2015）。研究发现内生菌可以通过种子传代（Ewald，2010），种子内生菌是随着种子的萌发，通过种子的垂直传播将内生菌从亲本传到后代（龙锡等，2016），从一代植物垂直传代到下一代植物（Adam et al.，2018；Nelson，2018；Shade et al.，2017）。David 等（2011）证明了内生菌是从种子进入根和根际，再运输到植物的其他组织，证明了内生菌可能会在整个植物中进行传递，Kaga等（2009）研究表明种子内生菌会通过植物生长传播或在植物组织内移动。虽然种子是多种微生物的载体，但这并不一定意味着种子传代的微生物可以在幼苗上定居。这些种子传播的微生物必须表现出强大的生理适应能力，以适应种子发芽期间不断变化的条件（Bewley，1997）。种子内生菌是来自植物体内或是从土壤、水、空气中进入植物的非种传微生物尚未可知（刘迎雪等，2020）。

第三章　干旱生境根瘤菌资源调查与功能型菌株筛选

功能型根瘤菌种质筛选是苜蓿植物与根瘤菌共生育种的基础。优良根瘤菌种质资源主要是指高效结瘤固氮促进生长的根瘤菌株和抗逆性根瘤菌株或生物型。

第一节　苜蓿根瘤菌资源调查及影响因子分析

一、苜蓿根瘤菌资源的调查、菌株分离及回接鉴定

（一）材料与方法

1. 苜蓿根瘤菌资源调查方法

选择干旱生境的典型区域（甘肃省）设置了 5 个植被–气候类型生态区，每个区域选取典型采样县（市、区）：①中温半湿润森林草原区——西峰区；②暖温湿润落叶阔叶林区——清水县；③中温干旱半干旱草原区——安定区；④中温干旱荒漠区——凉州区；⑤寒温潮湿高寒草甸区——夏河县（师尚礼等，2015）。

每个采样县(市、区)选取种植 2 年并未人工接种根瘤菌的陇东苜蓿（*Medicago sativa* 'Longdong'）和阿尔冈金苜蓿（*M. sativa* 'Algonquin'）草地，分春（返青期）、夏（7 月 20～30 日）、秋（10 月 10～20 日）三季调查采样，每个采样县（市、区）每季节选取 3 个采样点，每个采样点每品种 3 次重复，每重复 10 株，每株按长×宽×深＝30cm×30cm×30cm 挖取苜蓿完整根系，记录总根瘤数、有效根瘤数（粉红色或浅粉红色根瘤）及根瘤着生部位、颜色、大小，然后装入冷藏瓶带回室内称取总根瘤重、有效根瘤重，并采取耕作层 20cm 处根际土壤样品，立即称重后封闭带回室内分析土壤理化指标。同时调查记录采样点的水分条件（降雨量、蒸发量）、海拔、土壤类型、坡向、灌溉条件、灌溉制度和地点、生态植被及其他农业措施等。

2. 根瘤菌资源菌株的分离与纯化

从新鲜根瘤中选取个大、粉红色的根瘤 8～10 个，冲洗干净，先用 70%乙醇浸泡 0.5min，用水冲洗 3～4 次，用 0.1% $HgCl_2$ 浸泡 5min，用水冲洗 5～6 次，置于无菌研钵中磨碎，将研磨液采用划线法或涂抹法接入刚果红 YMA 平板培养基（0.5g 磷酸二氢钾，1.0g 酵母粉，10.0g 甘露醇，0.2g 硫酸镁，0.1g 氯化钠，pH 6.8～7.2）上，28℃培养。选取大小、颜色、形状一致的菌落，在刚果红 YMA 平板培养基上多次划线培养，直至根瘤菌菌落生长的大小、颜色、形状一致，经菌落形态、菌体形态检查后，接入试管斜面保存。

根瘤菌回接鉴定：将分离纯化后保存的根瘤菌，取出先接入 YMA 固体平板培养基

活化培养，再转入 YMA 液体培养基，置于转速 120r/min、温度 28℃摇床中培养，测定根瘤菌悬浮液光密度值（OD_{600nm} 值），OD_{600nm} 值达到一定浓度后，全部供试菌株配制成光密度值一致的菌悬液，用光密度值一致的菌悬液浸泡发芽种子 0.5h，植入试管蛭石中，剩余菌液加入试管中，加盖棉塞，置于培养室中培养 8～10 天，去掉棉塞，自然培养。每个菌株 3 个试管，每个试管植入 3 粒种子作为重复。同时以不接种根瘤菌，但培养条件与供试菌株相同的试管苗为对照。培养条件：光照度 7000～8000lx，每昼夜照射12h，有光照温度 21～25℃，无光照温度 16～20℃，相对湿度 50%～70%。

（二）调查结果与分析

1. 苜蓿根瘤菌资源调查结果

2004 年 4～10 月，对甘肃省庆阳、天水、定西、武威、甘南 5 个县（市、区）的阿尔冈金苜蓿和陇东苜蓿根瘤菌进行春、夏、秋三季调查，采集根瘤样品 135 份，采集土样 45 份，计数并归纳整理和分析化验，得出一般土壤疏松、湿度大时，根系根瘤数多；湿润时间越长，总根瘤数和有效根瘤数越多，根瘤个体越大；湿润时间越短，有效根瘤数越少，根瘤个体越小；不同地区之间苜蓿根瘤形态差异较大，不同区域、不同季节的根瘤菌有椭圆形、指状、掌状等形状，大小、数量不同，甘南地区苜蓿根系出现掌状和复掌状，其他地区出现椭圆形和指状。

2. 根瘤菌株分离与回接筛选

从采集的 135 份根瘤样品中，分离获得根瘤菌纯培养物 730 个，经原宿主回接结瘤试验，接种 6 天、10 天和 20 天后分别有 3%～4%、20%～25%和 90%～95%的苜蓿苗根系结瘤。生长 45 天后，100%的菌株均可结瘤。因种子携带内生根瘤菌，对照试管苗也结瘤，以对照苗结瘤数和生长量为参照，参考内生根瘤菌结瘤的影响，以接种菌株的生物量、结瘤数、有效根瘤数（粉红色或浅粉红色根瘤）为主要权重指标，初步筛选出促生能力好、结瘤能力强、有效根瘤率高的 31 株根瘤菌。初步筛选出的菌株名称及来源见表 3-1。

表 3-1　初步筛选的菌株名称及来源

编号	菌株名称	菌株来源	编号	菌株名称	菌株来源
1	DA10	定西（阿尔冈金苜蓿）	13	GL21	甘南（陇东苜蓿）
2	DA42	定西（阿尔冈金苜蓿）	14	GL24	甘南（陇东苜蓿）
3	DA53	定西（阿尔冈金苜蓿）	15	GL65	甘南（陇东苜蓿）
4	DA99	定西（阿尔冈金苜蓿）	16	QA33B	庆阳（阿尔冈金苜蓿）
5	DL15	定西（陇东苜蓿）	17	QA46A	庆阳（阿尔冈金苜蓿）
6	DL58	定西（陇东苜蓿）	18	QA50A	庆阳（阿尔冈金苜蓿）
7	DL67	定西（陇东苜蓿）	19	QL20B	庆阳（陇东苜蓿）
8	DL81	定西（陇东苜蓿）	20	QL31B	庆阳（陇东苜蓿）
9	GA26	甘南（阿尔冈金苜蓿）	21	QL36B	庆阳（陇东苜蓿）
10	GA28	甘南（阿尔冈金苜蓿）	22	TA34	天水（阿尔冈金苜蓿）
11	GA66	甘南（阿尔冈金苜蓿）	23	TL18	天水（陇东苜蓿）
12	GL16	甘南（陇东苜蓿）	24	TL22A	天水（陇东苜蓿）

续表

编号	菌株名称	菌株来源	编号	菌株名称	菌株来源
25	TL47	天水（陇东苜蓿）	29	WL47	武威（陇东苜蓿）
26	WA24	武威（阿尔冈金苜蓿）	30	WL53	武威（陇东苜蓿）
27	WA32	武威（阿尔冈金苜蓿）	31	WL68	武威（陇东苜蓿）
28	WA62A	武威（阿尔冈金苜蓿）			

苜蓿根瘤菌在刚果红 YMA 培养基上 28℃培养 24h，菌落小而少，2～3 天渐多，4～5 天后菌落大小为 3～7mm，菌落圆形、乳白色、半透明、边缘整齐，有少量黏质，菌落不吸色。

3. 分析

苜蓿种子携带内生根瘤菌，回接试验发现，经严格表面消毒的苜蓿种子，不接种任何根瘤菌，无菌条件下培养，苜蓿苗根系仍有较少根瘤形成，说明种子内部存在内生根瘤菌，并有形成根瘤的能力，这对新的苜蓿种植地在未进行人工接种根瘤菌剂的条件下，形成根瘤菌群和根瘤奠定了基础，但这一问题需要进一步深入研究确定。

调查区域大部分属干旱半干旱地区，影响紫花苜蓿根瘤菌结瘤数量的最主要因素是水分因子。不论是旱作区的长期干旱，还是灌溉区的间歇性干旱，均对根瘤菌的结瘤性能造成较大影响，进而影响了固氮量，表现出紫花苜蓿草地的干旱胁迫缺氮。

苜蓿根瘤在不同生态区域，表现出不同的形状、数量差异，不同季节也表现出数量差异，苜蓿根瘤的形状和数量与环境的相关性极为显著，根瘤的数量与季节的相关性亦极为显著。

从新鲜苜蓿根瘤中分离根瘤菌，可以快速地获得纯培养分离物。一般在分离纯化培养时，培养 2～3 天菌落出现，4～5 天形成菌落，有些根瘤菌菌落形成的时间略长。

分离物回接结瘤试验是鉴定根瘤菌的根本方法，能结瘤即可证明分离物为根瘤菌，结瘤能力和固氮能力强的菌株，结瘤多且促生作用好。回接试验选择原宿主接种，培养期间适时添加培养液并通过培养室内加湿措施提高培养室湿度。

二、苜蓿根瘤菌结瘤能力影响因子分析

（一）材料与方法

1. 抽样与数据采集

抽样调查方法同前文"苜蓿根瘤菌资源调查方法"。在抽样计数、称量和土壤取样分析的基础上，对样点观察值按苜蓿品种，春、夏、秋季节和 5 个生态区域主要土壤类型进行数据归纳。

2. 影响因子分析方法

从根瘤菌的宿主植物、土壤类型和苜蓿生长季节 3 个层面，采用大系统多层次权重分析法研究影响苜蓿根瘤菌结瘤能力的因子及诸因子的有效程度，并因地制宜地提出管

理对策和增产措施。大系统多层次权重分析法是一种新的、定性与定量分析相结合的方法，它将对复杂对象的决策思维过程数学化（王莲芬，1990）。将这种方法运用于苜蓿根瘤菌结瘤能力研究，通过各因素之间的比较判断和计算，得出不同影响因子的权重（或组合权重），从而为最佳方案的选择提供依据。该方法的主要步骤如下所述。

1）确定苜蓿根瘤菌结瘤能力系统管理目标 C，根据目标及问题的性质，将系统区分为若干个管理层次及因素。

2）从第二层次开始，逐层次确定判断矩阵，计算各种因素的权重值。

确定判断矩阵的方法是：首先同一层内逐对比较基本因素 F_i 和 F_j 对目标贡献的大小，给出它们之间的相对比重 a_{ij}；一般通过分析对比认为，当 F_i 和 F_j 对目标有大致相等的贡献时，可取 $a_{ij}=1$；当 F_i 比 F_j 贡献稍大时，取 $a_{ij}=3$；当 F_i 比 F_j 贡献大时，取 $a_{ij}=5$；当 F_i 比 F_j 贡献较大时，取 $\alpha_{ij}=7$；当 F_i 贡献远远大于 F_j 时，取 $a_{ij}=9\cdots$；当 F_i 比 F_j 贡献小时，令 $a_{ij}=1/a_{ij}$。在此基础上进一步分析、计算、对比，就可以确定 a_{ij} 的值，得出判断矩阵 $\boldsymbol{A}$：

$$\boldsymbol{A} = \begin{cases} a_{11} & a_{12} & \cdots & a_{1n} \\ a_{21} & a_{22} & \cdots & a_{2n} \\ \vdots & \vdots & \vdots & \vdots \\ a_{n1} & a_{n2} & \cdots & a_{nn} \end{cases}$$

为了应用方便，将该判断矩阵改写成表 3-2 的判断矩阵形式。

表 3-2　判断矩阵

目标	F_1	F_2	$\ldots F_j \ldots$	F_k	权重值
F_1	a_{11}	a_{12}	$\cdots$	a_{1n}	a_1
F_2	a_{21}	a_{22}	$\cdots$	a_{2n}	a_2
F_i	a_{i1}	a_{i2}	$\cdots$	a_{in}	a_i
$\vdots$	$\vdots$	$\vdots$	$\vdots$	$\vdots$	$\vdots$
F_n	a_{n1}	a_{n2}	$\cdots$	a_{nn}	a_n

表 3-2 中，a_i 是因素 F_i 对目标 C 的权重值，它表示诸因素中 F_i 对目标贡献的相对大小，a_i 的计算公式如下：

$$\begin{cases} b_i = \left(\prod_{i=1}^{n} a_{ij} \right)^{\frac{1}{n}} \\ a_i = \dfrac{b_i}{\sum\limits_{i=1}^{n} b_i} \end{cases} \quad (i=1,2,\cdots,n；\ j=1,2,\cdots,k) \tag{3-1}$$

3）向量 $V = [a_1, a_2, \cdots, a_n]^{\mathrm{T}}$ 称为权重向量。在逐层次计算中，若系统的第 L 层次有 n 个元素，第 $L+1$ 层次有 m 个元素，第 $L+1$ 层次对于第 L 层次 n 个元素的相对权重向量分别为 $V_1, V_2, \cdots, V_n$，其中，$V_1 = (V_{11}, V_{12}, \cdots, V_{1n})^{\mathrm{T}}$，第 L 层次元素的组合权重为 $U = (u_1^L, u_2^L, \cdots, u_n^L)^{\mathrm{T}}$，那么，第 $L+1$ 层次元素的组合权重向量 $U^{L+1} = (u_1^{L+1}, u_2^{L+1}, \cdots, u_m^{L+1})^{\mathrm{T}}$ 为

$$U^{rL+1} = \sum_{i=1}^{n} U_{Li} \times V_i \qquad (3\text{-}2)$$

计算方法：从第二层开始递阶逐层向下计算，直到算得最下层元素的组合权重。组合权重反映系统最下层诸因素对总体目标的贡献。

（二）结果与分析

1. 苜蓿根瘤菌有效性差异性分析

不同苜蓿品种间根瘤菌的有效性差异明显，其中阿尔冈金苜蓿总根瘤数比陇东苜蓿总根瘤数高 115.87%，但总根瘤重却低 76.56%；阿尔冈金苜蓿有效根瘤数比陇东苜蓿有效根瘤数高 45.41%，有效根瘤重高 23.68%。表明根瘤菌在阿尔冈金苜蓿中的有效性比在陇东苜蓿中高（表 3-3）。原因可能是：①宿主苜蓿品种对根瘤菌有一定的选择性；②宿主苜蓿品种基因型可抑制一些低效土著根瘤菌的结瘤能力，选择高效根瘤菌并增强结瘤能力（Cregan et al.，1989）。

表 3-3　两个宿主苜蓿品种的根瘤数与根瘤重比较

根瘤	阿尔冈金苜蓿	陇东苜蓿	t 测验
总根瘤数（个/株）	12.65**	5.86	t=4.5116 P=0.0005
总根瘤重（g/株）	0.0015	0.0064 *	t=2.4353 P=0.0288
有效根瘤数（个/株）	3.17	2.18	t=1.9175 P=0.0758
有效根瘤重（g/株）	0.0047	0.0038	t=0.7958 P=0.4394

*表示 t 测验差异 5% 显著，**表示 t 测验差异 1% 显著

春、夏、秋 3 个季节内，根瘤指标差异程度不同，总根瘤数和有效根瘤数均以春季最多（表 3-4），与夏、秋两季差异极显著（$P<0.01$），而夏、秋季节之间差异均不显著（$P>0.05$）。春季总根瘤重与夏、秋季差异显著（$P<0.05$），且春、夏季总根瘤重差异达极显著水平（$P<0.01$）；夏、秋季之间则无显著差异性；春、夏季有效根瘤重差异显著（$P<0.05$），夏、秋季有效根瘤重差异不显著（$P>0.05$）。苜蓿总根瘤数、有效根瘤数和总根瘤重的季节差异，实质上是由光、温、水、土等自然资源的季节分配差异所致。

表 3-4　春、夏、秋季苜蓿根瘤数与根瘤重比较

季节	平均数	差异显著性		季节	平均数	差异显著性	
		0.05	0.01			0.05	0.01
总根瘤数（个/株）				有效根瘤数（个/株）			
春	17.58	a	A	春	4.50	a	A
夏	6.09	b	B	夏	1.88	b	B
秋	4.08	b	B	秋	1.65	b	B
总根瘤重（g/株）				有效根瘤重（g/株）			
春	0.0142	a	A	春	0.0063	a	A
秋	0.0077	b	AB	秋	0.0040	ab	A
夏	0.0049	b	B	夏	0.0024	b	A

进一步对各季节根瘤数、根瘤重、平均温度、平均日照时数、平均降雨量进行比较发现：①春季的光、温、水及其组合是苜蓿结瘤的最适宜环境条件；②随着各季节平均温度的递增，根瘤数、根瘤重指标参数均呈递减趋势；③夏季高温不利于根瘤菌共生结瘤；④据估计，根瘤菌结瘤的适宜温度可能与根系生长温度相一致，但这需要进一步研究确定。

如表 3-5 所示，对于总根瘤数，除褐土和亚高山草甸土、黑垆土和灰钙土、灰钙土和灌淤土之间无明显差异外，其余各类土壤之间差异显著（$P<0.05$），且黑垆土明显高于其他土壤；对于总根瘤重，亚高山草甸土高于其他各类土，而灰钙土、黑垆土和灌淤土之间无显著差异；有效根瘤数各土类之间无显著差异；有效根瘤重，除亚高山草甸土与各类土壤之间差异显著外（$P<0.05$），其余无显著差异。可见，不同土壤类型对根瘤菌的有效性有不同程度的影响（表 3-5）：①庆阳黑垆土对苜蓿根瘤菌的有效性较高，尽管有效根瘤率最低，但总根瘤数较多，保证了有效根瘤数；②甘南亚高山草甸土和天水褐土对苜蓿根瘤菌的有效性较低，尽管有效根瘤率较高，但总根瘤数最少或较少，因而有效根瘤数较少或最少；③武威灌淤土和定西灰钙土对苜蓿根瘤菌的有效性高，根瘤各项参数值居中。

表 3-5 不同土壤类型苜蓿根瘤数与根瘤重比较

根瘤	土壤类型	平均数	差异显著性	
			0.05	0.01
总根瘤数（个/株）	黑垆土（庆阳）	14.59	a	A
	灰钙土（定西）	12.12	ab	AB
	灌淤土（武威）	9.37	b	BC
	褐土（天水）	5.12	c	C
	亚高山草甸土（甘南）	5.07	c	C
总根瘤重（g/株）	亚高山草甸土（甘南）	0.0166	a	A
	灰钙土（定西）	0.0108	ab	AB
	黑垆土（庆阳）	0.0088	bc	AB
	灌淤土（武威）	0.0064	bc	AB
	褐土（天水）	0.0021	c	B
有效根瘤数（个/株）	灌淤土（武威）	3.63	a	A
	黑垆土（庆阳）	3.27	a	A
	灰钙土（定西）	2.82	a	A
	亚高山草甸土（甘南）	2.27	a	A
	褐土（天水）	1.40	a	A
有效根瘤重（g/株）	亚高山草甸土（甘南）	0.0103	a	A
	灰钙土（定西）	0.0046	b	AB
	灌淤土（武威）	0.0033	b	B
	黑垆土（庆阳）	0.0022	b	B
	褐土（天水）	0.0008	b	B

2. 苜蓿根瘤菌有效性管理目标及影响因子的权重分析

（1）苜蓿根瘤菌有效性管理目标

苜蓿根瘤菌有效性管理目标是：采用一系列管理及技术措施，使固氮效率高的根瘤菌株在根系上形成根瘤，以增强共生固氮作用；为苜蓿和根瘤菌创造共同适宜的环境条件，以求能互相促进、保持正常代谢，建立良好的共生关系，进行旺盛的固氮作用。为此，设定苜蓿根瘤菌有效性管理目标为 C，其管理系统可用如图 3-1 所示结构模式表示。

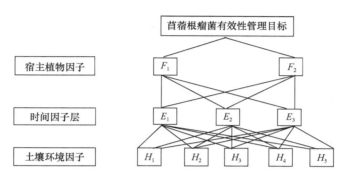

图 3-1　苜蓿根瘤菌有效性管理目标层次结构

（2）苜蓿根瘤菌影响因子的权重分析

从反映根瘤菌有效性的指标中，选择最具有代表性的有效根瘤数作为测度值，进行权重分析。

阿尔冈金苜蓿根瘤菌对总体目标的贡献率为 54.65%，而陇东苜蓿根瘤菌对总体目标的贡献率为 45.35%；春季对阿尔冈金苜蓿和陇东苜蓿根瘤菌贡献率最大，对苜蓿结瘤效益最好，其次为夏季和秋季；对于阿尔冈金苜蓿，灌淤土的组合权重值最大（36.84%），根瘤菌的有效性最好；其次为黑垆土（26.13%），褐土的组合权重值最小（8.45%），有效性最差；对于陇东苜蓿，灌淤土的组合权重值也最大（37.93%），其次为黑垆土（27.36%），褐土（7.87%）和灰钙土（10.53%）分别处于最小和较小位置，反映各类土壤对陇东苜蓿和阿尔冈金苜蓿根瘤菌具有大致相似的有效性，只是有效程度略有差异。

苜蓿根瘤菌有效性管理目标分为 3 个层次（图 3-1），包括：第一层次：宿主植物因子层，F_1 为阿尔冈金苜蓿，F_2 为陇东苜蓿；第二层次：时间因子层，E_1 为春季，E_2 为夏季，E_3 为秋季；第三层次：土壤环境因子层，H_1 为庆阳黑垆土，H_2 为天水褐土，H_3 为定西灰钙土，H_4 为武威灌淤土，H_5 为甘南亚高山草甸土。

（三）小结

通常豆科植物共生固氮最适宜温度与结瘤要求的适宜温度相差不多，并与植株生长最适宜的温度相一致，一般为 20～22℃，热带为 28～32℃。耿华珠等（1995）所著的《中国苜蓿》中提到"苜蓿植株生长有利温度为 15～21℃，根生长的适宜温度为 15℃"。在甘肃 5 个苜蓿产区调查结果表明，苜蓿根瘤菌的结瘤主要发生在春季，然而这一时期月平均温度普遍偏低，如 3 月月平均气温为–1.5（甘南）～6.5℃（天水），4 月平均气温为 3.6（甘南）～11.5℃（天水），5 月平均气温为 7.2（甘南）～15.8℃（天水），即使在根瘤数和根瘤重较高的庆阳、武威和定西，5 月平均温度也只有 10～15℃。据此推测有利于根瘤菌结瘤的适宜温度可能比文献资料所记载的数据还要低，即甘肃区域苜蓿根瘤菌适宜的结瘤温度低于 22℃。当然，研究区域春季土壤墒情较好，水分、光照、温度组合条件可能处于最佳时期，是综合因素影响的结果，其具体原因还需要进一步探讨。

不同土壤苜蓿根瘤菌的有效性分析发现，在 N、P、K、pH 和有机质基本相似的条件下，根瘤数和根瘤重表现出一定的差异性，褐土的 N、P、K 和有机质含量相对较高，但根瘤数和根瘤重都比较低，造成这种结果的原因除了土壤本身黏重、易板结、通气性差和气温、地温、农艺技术等原因外，土壤中根瘤菌数量的多少可能也是重要的影响因素之一，对此需要做进一步的定性、定量专题研究。

关于外源激素（lectin）对根瘤菌的识别和侵染问题：阿尔冈金苜蓿和陇东苜蓿虽然同种，但毕竟是两个不同品种，根据文献资料和调查试验结果推测，它们的根瘤菌有效性的差异可能与外源激素和不同根瘤菌结瘤基因的选择性影响有关，这将是后续研究的重要内容。

在庆阳黑垆土区种植苜蓿，应注意利用春季结瘤能力强的优势，结合农艺措施，促进苜蓿根系生长，以充分挖掘根瘤菌有效性潜力；在天水褐土区种植苜蓿注意采用农艺措施提高土壤通气性，同时施用根瘤菌剂，以提高土壤的载菌量和根瘤菌的有效性；在甘南亚高山草甸土区种植苜蓿，应选择向阳、避风的土地，并采取保温、增温等延长苜蓿生长期的措施，有利于提高苜蓿根瘤菌的有效性。

本小节具体分析获得的结论：

1）供试的两个苜蓿品种，阿尔冈金苜蓿根瘤菌的有效性高于陇东苜蓿。

2）研究区域苜蓿根瘤菌适宜的结瘤温度低于文献资料所记载的 22℃。

3）苜蓿结瘤主要发生于春季，研究区域春季土壤墒情较好，光照、温度也处于最佳条件。春季平均总根瘤数占春、夏、秋 3 季总根瘤数的 63.34%，平均总根瘤重占 52.98%，平均有效根瘤数占 56.06%，平均有效根瘤重占 49.61%，因而春季苜蓿根瘤菌的有效性比夏季和秋季高。

4）综合考虑各项根瘤指标，则苜蓿根瘤菌在不同土类中的有效性以庆阳黑垆土最好，武威灌淤土和定西灰钙土、甘南亚高山草甸土和天水褐土次之。

5）组合权重分析表明，阿尔冈金苜蓿对根瘤菌总体目标的贡献率为 54.65%；春季对阿尔冈金苜蓿总体目标的贡献率为 54.11%，春季对陇东苜蓿总体目标的贡献率为 58.81%，春季对黑垆土、灌淤土总体目标的贡献率分别为 39.06% 和 37.00%；夏季对灌淤土总体目标的贡献率为 59.14%；秋季对亚高山草甸土总体目标的贡献率为 49.09%。

三、苜蓿种子内生根瘤菌资源筛选

（一）材料与方法

1. 供试苜蓿品种

供试苜蓿品种以菌株英文第一个字母和宿主第一个字母拼音及分离次序编号，品种编号与菌株编号相同（表 3-6）。

表 3-6　供试苜蓿种子

品种编号	宿主及学名	种子产地	贮藏年限	收种年份
SL01	陇东苜蓿 3 Medicago sativa 'Longdong' No.3	甘肃	3	2001
SF02	菲尔兹苜蓿 Medicago sativa 'Fields'	美国	5	2000
SS03	三德利苜蓿 Medicago sativa 'Sanditi'	荷兰	2	2003
SL04	里奥苜蓿 Medicago sativa 'Reward'	美国	5	2000
SJ05	金皇后苜蓿 Medicago sativa 'Golden Empress'	加拿大	2	2003
SM06	苜蓿王 Medicago Sativa 'Alfaking'	加拿大	2	2003
SA07	阿尔冈金苜蓿 3 Medicago sativa 'Algonquin' No.3	甘肃	3	2002
SA08	阿尔冈金苜蓿 1 Medicago sativa 'Algonquin' No.1	甘肃	1	2004
SG09	甘农 1 号 Medicago sativa 'Gannong No.1'	甘肃	3	2002
SX10	新疆大叶苜蓿 Medicago sativa 'Xinjiangdaye'	新疆	3	2002
SZ11	朝阳苜蓿 Medicago sativa 'Jacklin'	加拿大	5	2000
SL12	陇东苜蓿 2 Medicago sativa 'Longdong' No.2	甘肃	2	2002
SC13	长武苜蓿 Medicago sativa 'Changwu'	甘肃	6	1999
SR14	瑞西丝苜蓿 Medicago sativa 'Resis'	美国	3	2002
SG15	甘谷苜蓿 Medicago sativa 'Gangu'	甘肃	1	2004
SY16	游客苜蓿 Medicago sativa 'Eureka'	美国	2	2002
SL17	陇东苜蓿 4 Medicago sativa 'Longdong'	甘肃	4	2004
SD18	多叶苜蓿 Medicago sativa 'Multifoliator'	美国	2	2002
SD19	德福苜蓿 1 Medicago sativa 'Defi'	美国	2	2003
SL20	陇东苜蓿 1 Medicago sativa 'Longdong'	甘肃	1	2003
ST21	天水苜蓿 Medicago sativa 'Tianshui'	甘肃	1	2004
SZ22	中兰 1 号 Medicago sativa 'Zhonglan No.3'	甘肃	2	2003
SG27	甘农 3 号 Medicago sativa 'Gangnong No.3'	甘肃	3	2002
ST26	天蓝苜蓿 Medicago sativa 'Tianlan'	甘肃	0	2005
SD23	德福苜蓿 2 Medicago sativa 'Defi'	美国	7	1998
SX24	新疆禾田苜蓿 Medicago sativa 'Xinjianghetian'	新疆	10	1995
SH25	荷兰苜蓿 Medicago sativa 'Helan'	甘肃	14	1991

2. 培养基和营养液

YMA 培养基：0.5g 磷酸二氢钾，1.0g 酵母粉，10.0g 甘露醇，0.2g 硫酸镁，0.1g 氯化钠，pH 6.8～7.2。

低氮营养液：0.178g 磷酸二氢钾，0.075g 氯化钾，0.1026g 柠檬酸铁，0.0432g 硝酸钙，0.582g 硫酸钙，1ml 微量元素（2.86g 硼酸，1.81g 硫酸锰，0.8g 硫酸铜，0.02g 钼酸）。

催化剂和指示剂：40% NaOH 溶液、混合催化剂（硫酸铜与硫酸钾混合，其比例为 1∶10）、硫酸、甲基红–溴甲酚绿混合指示剂、1% 硼酸溶液和 0.05mol/L 盐酸标准溶液。

3. 代时测定

接种根瘤菌于 YMA 液体培养基内，28℃摇床培养 10h 后，每隔 2h 用分光光度计测定光密度值，以光密度值倍增的时间为菌株代时（曹燕珍等，1986）。

4. 种子处理

种子表面消毒：每个苜蓿品种选取纯净种子 1.0g，用 70%乙醇浸泡 15min，无菌水清洗 4～5 次，再用 0.1%升汞溶液浸泡 5min，无菌水清洗 6～8 次，最后在无菌条件下镜检是否灭菌彻底。

种子发芽试验：在干净培养皿里垫入滤纸，适量清水将滤纸湿润，将 100 粒无菌种子整齐排列在滤纸上，种子间保持一定距离，以防带病种子在发病后菌丝蔓延。每组重复 3 次，试验时间为 7 天，每天用清水冲洗种子 1 次，每天统计发芽数并计算发芽率。

5. 苜蓿种子内生根瘤菌分离及数量测定

根瘤菌的分离：用无菌研钵研磨消毒种子，配制成 10^{-1}～10^{-6} 种子稀释液，离心后取上清液 0.2ml 涂抹至 YMB 培养基上，28℃生化培养箱中培养，每稀释梯度 3 次重复。

根瘤菌数量测定：培养 2～3 天后，记录每培养皿中根瘤菌单个菌落数量。选择每个平板上菌落均匀、以 30～300 个菌落的稀释度计算每毫升根瘤菌数（林稚兰和黄秀梨，2000）。

分离方法和计数：分离采用特殊培养基法，计数用稀释平板法，详细方法见参考文献（陈丹明等，2002；Okeny et al.，1997；韩瑞宏和毛凯，2003）。计算公式：每毫升菌数=菌落平均数×稀释倍数×5。

根瘤菌纯化和保存：选取大小、颜色、形状一致的菌落，在刚果红 YMA 平板培养基上多次划线培养，直至根瘤菌菌落生长的大小、颜色、形状一致，经菌落形态、菌体形态检查后，接入试管斜面保存。

6. 种子内生根瘤菌筛选

基质准备：选用新鲜蛭石装入 30mm×300mm 的大试管中，蛭石约占试管 1/3 体积，高压灭菌 2h 后，在无菌条件下加入灭菌低氮培养液至蛭石饱和。

接种及培养：将分离纯化后保存的根瘤菌用 YMA 液体培养基活化、培养至 OD_{600nm} 为 0.5 左右。用菌悬液浸泡发芽种子 0.5h，植入试管蛭石中，剩余菌液加入试管中，加盖棉塞，培养 8～10 天后去掉棉塞。每个菌株 3 个试管，每试管 3 粒种子作为重复。以不接种根瘤菌为对照。培养条件：光照度 7000～8000lx，每昼夜照射 12h，有光照温度 21～25℃，无光照温度 16～20℃，相对湿度 50%～70%。

（二）结果与分析

1. 内生根瘤菌菌落特征及数量测定

在 YMB 培养基上，28℃培养 1.5～2 天菌苔开始出现，2 天后菌落大小为 2～7mm、圆形、乳白色、半透明、边缘整齐，有黏质。在含刚果红的 YMB 培养基上，菌落不吸收色素或吸收色素较少，革兰氏阴性（G⁻），镜检为有鞭毛的小杆菌。菌落具有根瘤菌典型的个体形态和特征（图 3-2）。

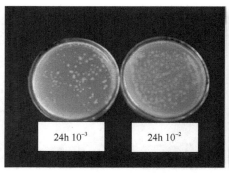

彩图请扫二维码

图 3-2 金黄后根瘤菌分离物（左）和纯化后的根瘤菌颜色及形状（右）（师尚礼等，2005）

2. 根瘤菌的生长速度

大多数种子内生根瘤菌 1.5～2 天能在 YMA 培养基上形成良好的菌落群，菌株倍增时间在 2～4h，初步认为供试种子内生根瘤菌具有快生型根瘤菌的特征（图 3-3 和图 3-4）。由图 3-4 看出，供试菌株培养基颜色均变黄，说明产酸，这与快生型根瘤菌产酸一致（靖孝元和莫熙穆，1994），根据颜色判断出不同菌株分泌酸碱的能力不等。

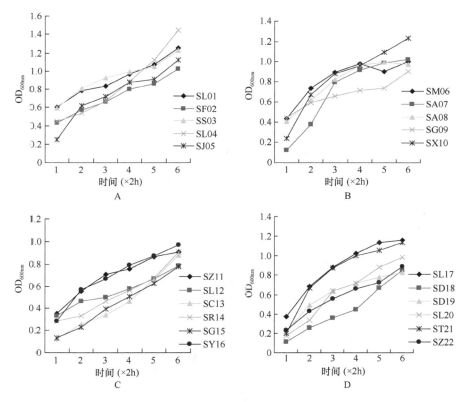

彩图请扫二维码

图 3-3 OD$_{600nm}$ 值曲线图

图 3-4 分离根瘤菌繁殖速度（师尚礼等，2015）

3. 种子内生根瘤菌筛选

22 株纯化菌株（图 3-3）回接原宿主植物均能结瘤，证明所分离的菌株是根瘤菌（图 3-5～图 3-7）。从出苗后第 10 天左右开始结瘤，瘤为粉白色，直径为 1～2mm，随后根瘤不断增多变大。根瘤多在侧根，侧根越发达，有效根瘤就越多且饱满，试管苗生物量也越高。

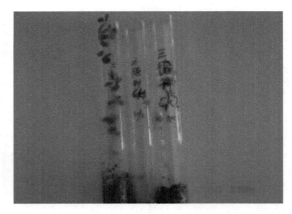

图 3-5 回接接种试管苗（左一）与对照苗（中间和右一）（师尚礼等，2015）

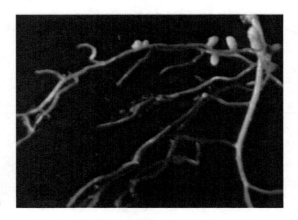

图 3-6 试管苗根部根瘤（师尚礼等，2015）

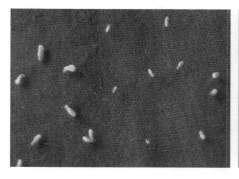

图 3-7　试管苗根瘤形状（师尚礼等，2015）

　　内生根瘤菌回接不同品种后，根瘤数量（图 3-8）、根瘤重（图 3-9）和促生能力（图 3-10）差异较大。接种 45 天后，部分对照有结瘤现象，但结瘤数很少或大多为无效根瘤。接种苗平均结瘤数（4.969 个）比对照（0.454 个）高 994.5%，平均单株瘤重比对照高 445.6%，植株生物量比对照提高 129.7%。种子内生根瘤菌的结瘤能力和促生能力较好，其中根瘤数和根瘤鲜重相关性不显著，根瘤多生长在侧根上。

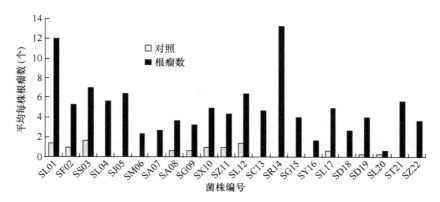

图 3-8　接种对根瘤数量的影响

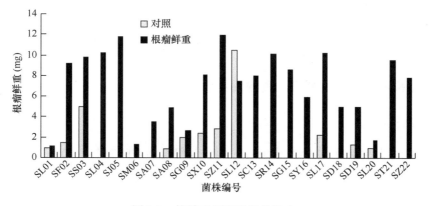

图 3-9　接种对根瘤鲜重的影响

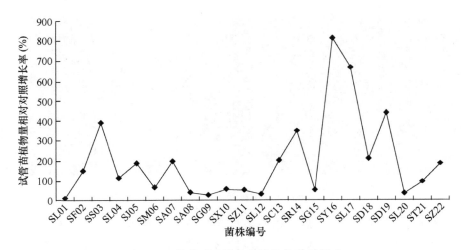

图 3-10　接种对试管苗植株生物量的影响

（三）小结

种子内生根瘤菌回接，供试苜蓿品种结瘤率、根瘤鲜重和试管苗植株生物量差异较大，表明品种和产地不同，内生根瘤菌的结瘤能力、根瘤成熟速度和固氮能力也会不同。供试种子在试验过程中虽然经过严格消毒，不接种对照出现结瘤且个别对照结瘤较好，进一步说明苜蓿种子存在内生根瘤菌，并且种子内生根瘤菌与根系根瘤菌相比繁殖速度更快，更易形成根瘤菌群。由于对种子内生根瘤菌的研究报道很少，也未见有影响内生根瘤菌相关因子的研究报道，因此深入研究种子内生根瘤菌的影响因子及它们之间的相互关系，才能进一步了解其促生机理。

本小节研究获得：从种子内分离的根瘤菌具有典型的根瘤菌菌落特征，不同的菌落在生长速度、菌落特征等方面存在显著差异。试管苗回接中，平均结瘤率为 66.67%；接种植株平均结瘤数为 4.969 个，对照为 0.454 个，接种比对照提高 994.5%；植株生物量平均每株 243.71mg，对照为 106.09mg，接种比对照提高 129.7%。试管苗综合促生效果较好的菌株有 SJ05、SL12、SR14 和 SL17。

第二节　高效结瘤固氮根瘤菌株筛选

一、苜蓿根瘤菌固氮能力研究及高效固氮菌株筛选

（一）材料与方法

以表 3-1 列出的 31 株促生作用较好的苜蓿根瘤菌及陇东苜蓿和阿尔冈金苜蓿为供试材料。

1. 试验设计

根瘤菌接种采用原宿主接种，每个菌株设 3 次重复，每重复采用口径 25cm 的花盆，

装入 5kg 混匀土壤。选择非固氮植物黑麦草为参考植物作为固氮系统的对照 1（CK1），另设原宿主不接种根瘤菌为对照 2（CK2）。CK1、CK2 除不接种任何根瘤菌株外，其他与陇东苜蓿、阿尔冈金苜蓿接种处理相同。

2. 播种与接种

种子处理与播种：按播量为 0.44g/盆进行种子催芽，露白后在培养皿中用等量标准悬浮菌液（OD_{600nm}=0.5）浸泡 4h，菌液和种子一起均匀播种于花盆中，播种深度 1.5～2cm。CK1、CK2 用相同播种量种子播种。

^{15}N 溶液的施入及接种：齐苗后以尿素 $CO(^{15}NH_2)_2$（10.12%）溶液形式向每个花盆中加入 200mg 氮，同时向 31 个供试菌株盆中加入 5ml 对应的标准菌株悬浮液，遮光 1 天后进行正常管理。

3. 苜蓿生长和固氮量测定

苜蓿生长期间定期测定株高、分枝数、叶片叶绿素含量。

苜蓿生长约 75 天后，观察根形态，毛根、侧根数目，并利用直尺测量株高、根长，分离地上、地下部分，在 70℃恒温下烘干，用电子天平称量植株干重，利用半微量凯氏定氮仪和 $^{15/14}$N 同位素测定仪（$^{15/14}$N Emission Spectrometer NOI7）测定每个样品的植物全氮量和 ^{15}N 含量，计算供试菌株固氮百分率和固氮量等。

$$样品含氮量（\%N）= [(V_1 - V_0) \times n \times 0.014]/W \times 100$$

式中，V_1 为滴定样品时盐酸的用量（ml）；V_0 为空白滴定时盐酸的用量（ml）；n 为滴定样品时盐酸的当量浓度；W 为样品干重（g）。

$$固氮效率（\%N_{dfa}）= (1 - \%^{15}N_{dfF}/\%^{15}N_{dfNF}) \times 100$$

式中，$\%^{15}N_{dfF}$ 为样品中 ^{15}N 原子百分超；$\%^{15}N_{dfNF}$ 为 CK1 中 ^{15}N 原子百分超。

$$固氮量（N_{fixed}）= N_t \times \%N_{dfa}$$

式中，N_t 为全氮量。

（二）结果与分析

1. 供试菌株对紫花苜蓿全氮量和固氮量的影响

菌株固氮效率与苜蓿生物量回归方程的数据拟合曲线为多项式（6 阶）拟合模型，菌株固氮效率与苜蓿生物量呈中强正相关关系，相关系数 r=0.6738（$P<$0.05），说明固氮效率是影响苜蓿生物量的最直接因子之一（图 3-11 和图 3-12）。所有供试菌株的固氮效率均明显高于未接菌处理 CK2，固氮效率 $\%N_{dfa}$ 最高的菌株为 WA32，其次为 WL47、QA33B、WA62A。

不同菌株对苜蓿全氮含量的影响有差异，全氮含量 $\%N$ 范围为 2.2732～3.6150（图 3-13）。供试菌株接种苜蓿的 $\%N$ 均明显高于 CK2，具有提高苜蓿含氮量的能力。苜蓿 $\%^{15}$N 含量与固氮量呈中强负相关关系（图 3-14 和图 3-15），表明苜蓿植株从土壤中吸收的 ^{15}N 比率越大，根瘤菌从空气中固定的 ^{14}N 比率越小。苜蓿植株 $\%^{15}$N 含量为 0.425%

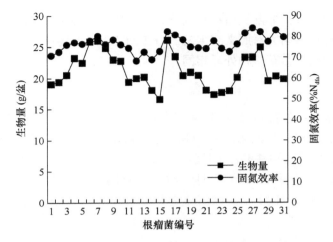

图 3-11　根瘤菌固氮效率对苜蓿生物量的影响

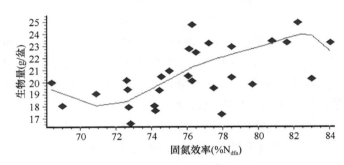

图 3-12　根瘤菌株固氮效率与生物量的数据拟合曲线

以下时，%^{15}N 含量指标可作为接种根瘤菌株固氮能力的直接衡量指标，以避免选用非固氮系统参考植物作对照计算固氮百分率%N$_{dfa}$带来较大误差。

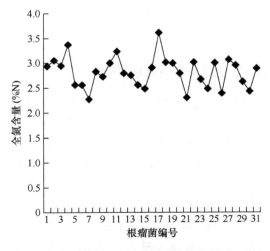

图 3-13　根瘤菌对苜蓿全氮量的影响

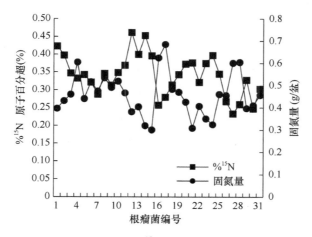

图 3-14　根瘤菌对%^{15}N 含量和固氮量的影响

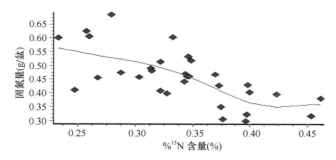

图 3-15　苜蓿%^{15}N 含量与根瘤菌固氮量的数据拟合曲线

2. 供试菌株对紫花苜蓿生长量的影响

供试根瘤菌株对苜蓿生物量的影响差异较大，生物量变异在 16.5938～26.0720g/盆（图 3-16 左）。促生作用较好的菌株对苜蓿地上、地下生物量的积累均较高，对苜蓿地上、地下和总生物量均有较高的促进生长作用（图 3-16 右，图 3-17 左）。菌株影响的地上与地下生物量之间为中强正相关关系（r=0.6371）。

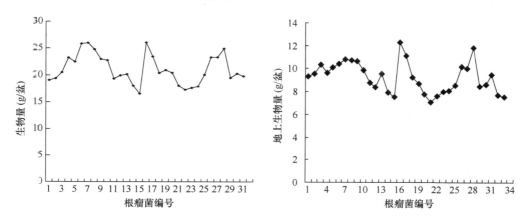

图 3-16　根瘤菌对苜蓿生物量（左）和地上生物量（右）的影响

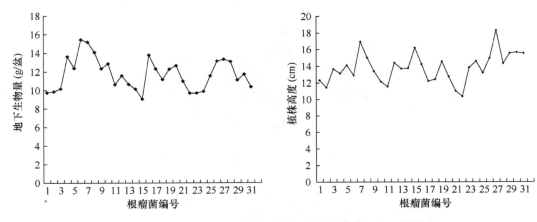

图 3-17　根瘤菌对地下生物量（左）和植株高度（右）的影响

　　根瘤菌株对苜蓿株高的影响大致可分为 3 类（图 3-17 右）：①生物量高（23.00g/盆以上），株高也相对较高（株高大于 14cm），生物量高低变化与株高变化一致；②生物量高（23.00g/盆以上）但株高偏低（小于 13.0cm）；③生物量较小（20.50g/盆以下）但株高相对较高（大于 14.5cm）。株高与生物量之间存在弱正相关关系（$r=0.2688$）。

　　供试菌株对苜蓿植株分枝期叶绿素含量的影响差异也较大（图 3-18），叶绿素含量在 5.6722～12.2576mg/dm² 。曲线趋势表明，菌株对苜蓿植株叶绿素含量、生物量、株高影响的变化趋势一致性较差，相关性均较低。

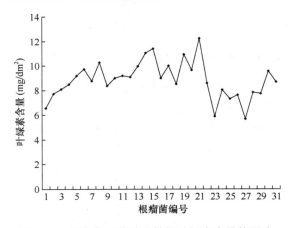

图 3-18　根瘤菌对苜蓿分枝期叶绿素含量的影响

　　通过分析菌株对苜蓿生物量、全氮量、¹⁵N 含量及固氮量地上地下分布的影响发现，接种处理与 CK2 植株生物量主要分布在地下，这是多年生苜蓿播种当年以根生长为主所致。植株体内氮素大量分布在地上茎叶中，根系中含量较少；而苜蓿植株从土壤中吸收的 ¹⁵N 主要存在于根系中，茎叶中含量较少。根瘤菌固氮量主要分布在地上茎叶中，地下根系中含量较少，而结瘤后菌株固氮效率是一定的，不受植株地上、地下器官的影响。

3. 不同来源菌株对紫花苜蓿全氮量和固氮量的影响

来源于不同苜蓿品种的菌株与原宿主结瘤共生对全氮量、%^{15}N 含量、固氮百分含量和固氮量有极显著的影响，不同品种之间差异性较大，进一步证明了高效固氮根瘤菌与苜蓿植物组合之间的紧密关系。来源于阿尔冈金苜蓿品种的菌株固氮能力显著优于陇东苜蓿根瘤菌株。

来源于不同地区苜蓿菌株的平均固氮能力差异性较大，庆阳、武威菌株平均固氮能力最强，定西菌株次之，天水、甘南菌株平均固氮能力较差。平均固氮能力强的菌株，生物量积累多。固氮量的差异通过生物量的变异而实现苜蓿植物群体全氮含量的平衡。

4. 土壤理化因子对苜蓿根瘤菌株固氮能力影响的多元逐步回归与通径分析

供试菌株固氮能力存在生态区域之间的差异，表明菌株固氮能力与区域土壤因子有关。①土壤全磷是对菌株固氮百分含量%N_{dfa} [$r= -0.8603$（$P<0.05$）] 和菌株影响苜蓿 %^{15}N 含量 [$r=0.8442$（$P<0.05$）] 变异起主要作用的因子，即土壤低磷水平有利于提高苜蓿对 ^{15}N 的吸收，从而降低根瘤菌的固氮能力。②甘肃土壤有机质、土壤全氮、土壤全磷三因子是对菌株固氮量变异起主要作用的因子 [$r=0.9996$（$P<0.05$）]，且重要性依次减弱，土壤有机质和土壤低磷水平有降低菌株固氮量的作用，乏氮土壤氮素水平有提高菌株固氮量的作用。因此在甘肃各生态区域乏氮和低磷土壤营养条件下，适度增加土壤氮素和磷素含量有利于促进植物根系生长，有利于提高结瘤效率，增加固氮量。

5. 供试菌株固氮能力综合分析

综合供试菌株的固氮效率、全氮量、固氮量、%^{15}N 含量和对生长量的影响，筛选高效固氮促生菌株（表 3-7）。其中，复合作用最多的菌株为来自于武威和庆阳阿尔冈金苜蓿的 WA32 和 QA46A，具有高%N_{dfa}－高固氮量＋苜蓿高%N＋苜蓿高生长量 4 种作用；其次为来自于庆阳阿尔冈金苜蓿的 QA33B 菌株，具有高%N_{dfa}＋高固氮量＋苜蓿高生长量 3 种作用；来自于武威阿尔冈金苜蓿和定西陇东苜蓿的 WA62A、WA24、DL67 三个菌株具有高%N_{dfa}＋苜蓿高生长量两种作用；来自于定西阿尔冈金苜蓿的 DA99

表 3-7　苜蓿优良固氮菌株目录及作用分类表

作用	菌株功能	菌株名称	
		阿尔冈金苜蓿菌株	陇东苜蓿菌株
单一作用	菌株高%N_{dfa}		WL47
	苜蓿高%N	GA66、DA42、TA34	TL47
	菌株高固氮量	GA28	
复合作用	菌株高%N_{dfa}＋菌株高固氮量＋苜蓿高%^{15}N＋苜蓿高生长量	WA32、QA46A	
	菌株高%N_{dfa}＋菌株高固氮量＋苜蓿高生长量	QA33B	
	菌株高%N_{dfa}＋苜蓿高生长量	WA62A、WA24	DL67
	菌株高固氮量＋苜蓿高%N	DA99	
	菌株高固氮量＋苜蓿高生长量		DL81、DL58

菌株具有高固氮量＋苜蓿高%N 两种作用；来自于定西陇东苜蓿的 DL81、DL58 菌株具有高固氮量+苜蓿高生长量两种作用。

单一作用的优良固氮菌株为来自于武威陇东苜蓿的 WL47 菌株，具有较高的%N$_{dfa}$；来自于甘南阿尔冈金苜蓿的 GA66、天水阿尔冈金苜蓿的 TA34、定西阿尔冈金苜蓿的 DA42 和天水陇东苜蓿的 TL47 菌株，能提高苜蓿氮含量；来自于甘南阿尔冈金苜蓿的 GA28 菌株，能提高固氮量。

筛选的优良固氮菌株，分布在采样的 5 个区域，但武威、庆阳、定西菌株大多数具有复合作用，个别菌株具有单一作用；甘南、天水菌株仅具有单一作用，而无复合作用。其中固氮效率较高的菌株主要来自于武威，如 WL47、WA32、WA62A、WA24。

（三）小结

影响根瘤菌固氮和促生能力的因素很多，试验过程中发现，采样点的生态条件除本研究列入的因子之外，还有许多因子影响根瘤菌固氮和促生能力，所以，生态区域影响因子的范围及其重要性仍需进一步探讨。此外，各区域根瘤菌采样易受不同年份、温度、水分和苜蓿生育期的影响，不同区域之间根瘤菌固氮和促生能力及其影响因素作用的重要性仍需连续多年研究方可得出更为准确的结论。

本小节研究获得：供试品种阿尔冈金苜蓿根瘤菌的有效性和固氮能力明显高于陇东苜蓿，为甘肃苜蓿种植选择高固氮型品种提供了依据。研究区域春季苜蓿根瘤菌有效性比夏季和秋季高，这是春季土壤水分、光照、温度等因素综合影响的结果，为甘肃区域苜蓿栽培应用根瘤菌剂选择施用时期提供了依据。研究解决干旱胁迫缺氮是实现苜蓿高产优质的关键技术之一。不同苜蓿品种、不同季节、不同区域土壤根瘤菌的贡献率不同，可通过农艺措施改善影响因子环境来提高上述地区根瘤菌的有效性。适度提高研究区域氮素、磷素含量会提高苜蓿根瘤菌的结瘤效率和固氮效率。来源于不同地区苜蓿菌株的平均固氮能力差异性较大，庆阳、武威菌株平均固氮能力最强，定西菌株次之，天水、甘南菌株平均固氮能力差。

二、苜蓿种子内生根瘤菌结瘤固氮能力及高效菌株筛选

（一）材料与方法

1. 供试菌株

供试菌株为分离自苜蓿种子的 22 株纯化根瘤菌株，分别为 SL01、SF02、SS03、SL04、SJ05、SM06、SA07、SA08、SG09、SX10、SZ11、SL12、SC13、SR14、SG15、SY16、SL17、SD18、SD19、SL20、ST21 和 SZ22。

2. 供试土样

供试土样来自甘肃农业大学草业学院牧草实训基地。土样取自地表下 5～30cm。盆栽土壤分析结果如下：有机质 13.68g/kg，全氮 1.72g/kg，全钾 16.53g/kg，全磷 0.294g/kg，速效氮 0.13g/kg，速效磷 0.0169g/kg，速效钾 0.168g/kg，pH 7.76。

3. 试验地概况

试验地在甘肃农业大学草业学院牧草实训基地。海拔 1525m，无霜期 196 天，年日照时数 2440～2640h，年辐射量 546kJ/cm²，年均温 9.1℃，年降水量 327.7mm，年蒸发量 1468mm，大气相对湿度 59%。

4. 盆栽方法

风干土样过 2mm 筛，与底肥（P_2O_5，0.5g/kg 土）混匀后装入 26cm×30cm 花盆（4kg/盆）。用培养至对数期的根瘤菌液浸泡消过毒的苜蓿种子大约 4h 后均匀播种，每盆中浇注 5ml（菌数约 $1×10^8$ 个）菌液，每菌株接种 3 盆，设清水浸泡种子不接种为对照（CK）。种好后将其移入甘肃农业大学草业学院牧草实训基地，进行大田管理，每盆保留健壮苗 30 株。3 个月后起苗（地上与地下部分分别装在信封里），收获全部生物量。植物样品先在 105℃下杀青 10min，然后在 60℃下烘干至恒重。

5. 接种根瘤菌后盆栽苗指标测定

按常规方法称量地上和地下生物量干重。用植物样品粉碎机粉碎，采用凯氏定氮法测定全氮含量；采用乙炔还原法测定固氮酶活性。

（1）固氮酶活性的测定

固氮酶活性采用乙炔还原法。在收获植株的同时，采摘待测植株的所有新鲜根瘤，立即装入 20ml 血清瓶，加盖橡皮塞，吸出 2μl 空气，注入 2μl 乙炔，28℃下反应 2h 后，用微量进样器吸取反应后气体 50μl 测定乙烯峰值，根据标准曲线计算根瘤菌的固氮酶活性。按下式计算固氮酶活性：

$$N=\frac{h_x \times C \times V}{h_s \times 24.9 \times t}$$

式中，h_x 为样品峰值；h_s 为标准 C_2H_4 峰值；C 为标准 C_2H_4 浓度（nmol/ml）；V 为培养容器体积（ml）；t 为培养时间（h）；N 为产生的 C_2H_4 浓度 [nmol/(ml·h)]。

（2）全氮含量测定

精确称取风干样品 1g 左右，装入 100ml 凯氏瓶中，在凯氏瓶中加入混合催化剂约 3g 及浓硫酸 10ml。将凯氏瓶放置在毒气柜中的万用电炉上，徐徐加热，待溶液呈浅蓝色澄清后定容至 100ml，然后进行蒸馏和滴定。

$$含氮量 (\%)=\frac{(V_1-V_0) \times M \times 0.014}{W\left(\dfrac{100-r}{100}\right)} \times \frac{V_2}{V_3} \times 100$$

式中，V_0 为空白滴定时盐酸的用量（ml）；V_1 为样品滴定时盐酸的用量（ml）；V_2 为消化液定容的体积（ml）；V_3 为蒸馏时吸取消化液的体积（ml）；M 为盐酸的物质的量浓度（mol/L）；W 为样品的风干重量（g）；r 为风干样品的含水百分率（%）；0.014 为氮的毫克当量；$(100-r)/100$ 为风干样换算成烘干样的系数。

（二）结果与分析

1. 接种对苜蓿植株生物量、固氮酶活性和全氮量的影响

接种盆栽苗每盆平均产量均高于不接种对照（表3-8），但产量提高的程度差异很大（图3-19～图3-21），其中SR14（362%）增长率最大，SC13（51%）最小，两者相差约7.1倍。表明种子内生根瘤菌对植株生长有很大的促进作用。

表3-8　接种根瘤菌对盆栽宿主植物生物量的影响

菌株	地上干物质（g/盆）	总干物质（g/盆）	比对照增量（%）	菌株	地上干物质（g/盆）	总干物质（g/盆）	比对照增量（%）
SL01	9.304	15.613	87	SL12	9.259	19.613	91
SF02	11.611	22.675	97	SC13	5.964	11.711	51
SS03	6.325	12.223	65	SR14	10.317	20.472	362
SL04	14.875	27.233	136	SG15	12.318	21.310	124
SJ05	8.628	13.689	113	SY16	10.088	17.242	100
SM06	8.373	15.016	69	SL17	13.215	24.267	205
SA07	10.430	20.843	78	SD18	11.737	23.350	148
SA08	10.598	19.450	240	SD19	6.0130	9.418	112
SG09	7.105	16.602	116	SL20	11.039	19.786	82
SX10	9.321	15.316	94	ST21	10.618	18.642	156
SZ11	11.075	17.347	104	SZ22	6.121	12.324	56

彩图请扫二维码

A. 接种不同菌株盆栽苗

B. 同一菌株接种苗与对照（左边为对照）

图3-19　种子内生根瘤菌接种盆栽苗（师尚礼等，2015）

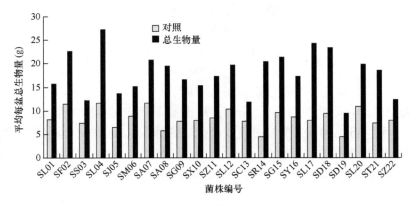

图3-20　接种对盆栽苗总生物量的影响

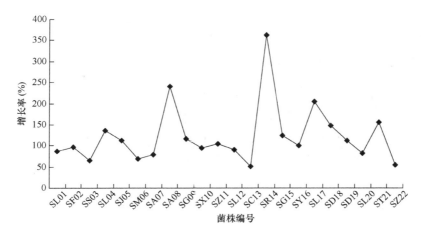

图 3-21 接种盆栽苗总生物量相对对照的增长率

各苜蓿品种回接根瘤菌后根瘤固氮酶活性相差较大，最高达 9004nmol/(g·h)，最低为 450nmol/(g·h)，两者相差约 20 倍（图 3-22）。对照与接种处理之间差异较大，SR14 接种后固氮酶活性比对照高 2.5 倍，且生长速度快的根瘤菌，固氮能力强、固氮酶活性高。未灭菌土壤中土著菌的存在，也使得部分对照的固氮酶活性高于接种处理。

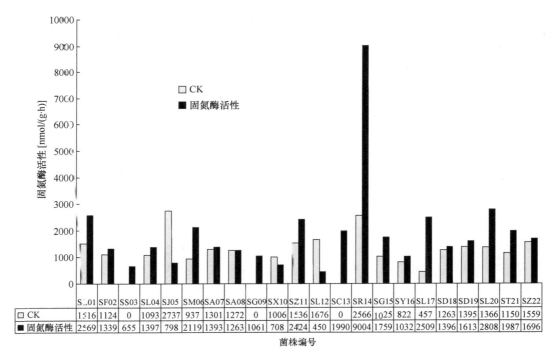

菌株编号	SL01	SF02	SS03	SL04	SJ05	SM06	SA07	SA08	SG09	SX10	SZ11	SL12	SC13	SR14	SG15	SY16	SL17	SD18	SD19	SL20	ST21	SZ22
□ CK	1516	1124	0	1093	2737	937	1301	1272	0	1006	1536	1676	0	2566	1025	822	457	1263	1395	1366	1150	1559
■ 固氮酶活性	2569	1339	655	1397	798	2119	1393	1263	1061	708	2424	450	1990	9004	1759	1032	2509	1396	1613	2808	1987	1696

图 3-22 种子内生根瘤菌的固氮酶活性

种子内生根瘤菌回接盆栽苗能明显提高植株含氮量，地上部分含氮量和植株全氮量都表现出较大的差异（图 3-23），其中 SD18 接种对全氮量提高幅度最大，比对照增长867.6%，SL01 最小，增长率仅为 99.7%（图 3-23）。

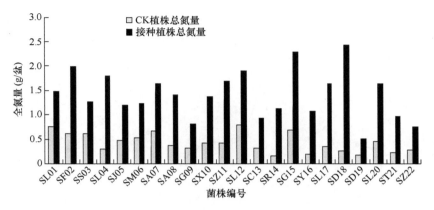

图 3-23　接种对盆栽苗全氮量的影响

2. 植株生物量、固氮酶活性和全氮含量的相关性分析

植株全氮折线走势与植株生物量折线走势基本相似（图 3-24），通过相关性分析得出两者之间的相关系数为 $r=0.737$（$P<0.05$），说明植株生物量近似地反映了植株的全氮量。固氮酶活性与植株生物量、全氮量折线走势不一致，相关性分析得出相关系数分别为 0.053（图 3-25）和 0.298（图 3-26），固氮酶活性与全氮量、植株生物量相关性不显著（$P>0.05$）。SR14 固氮酶活性［9004nmol/(g·h)］和植物量增长率（362%）最高，但其固氮量次之。SL12 固氮酶活性最低［450nmol/(g·h)］，但其植株生物量和全氮量却不是最低。这是因为固氮酶活性主要是取样瞬间酶活性，所以其只能作为一个参考指标。

（三）小结

供试苜蓿品种回接结瘤率、根瘤菌鲜重和试管苗生物量差异较大，这也表明品种不同，产地不同，内生根瘤菌的结瘤能力、根瘤成熟速度、固氮能力不同。试验过程中，虽然供试种子经过严格消毒，但发现不接种处理（对照）出现结瘤，且个别对照结瘤较好，更进一步说明苜蓿种子存在内生根瘤菌，并且种子内生根瘤菌与根系根瘤菌相比较

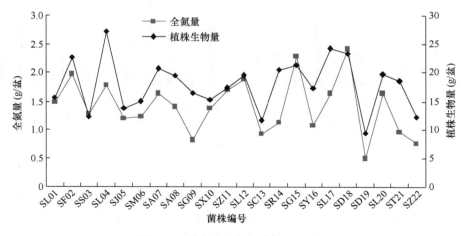

图 3-24　盆栽苗全氮与生物量相关性

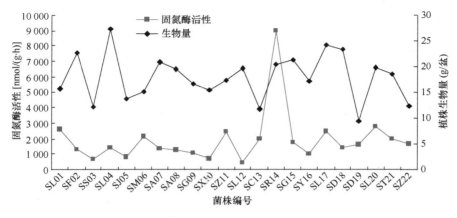

图 3-25 固氮酶活性与植株生物量相关性

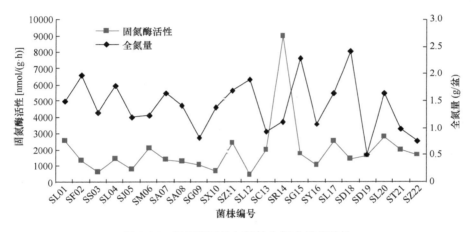

图 3-26 固氮酶活性与植株全氮含量相关性

繁殖速度较快，易形成根瘤菌群。由于对种子内生根瘤菌的研究报道很少，也未见有影响内生根瘤菌相关因子的研究报道，所以深入研究种子内生根瘤菌的影响因子及它们之间的相互关系，才能进一步了解其促生机理。

本小节研究获得：接种根瘤菌能明显提高苜蓿植株生物量、固氮酶活性和固氮量。通过对种子内生根瘤菌固氮酶活性和生物量、全氮量的测定，发现固氮酶活性与生物量、全氮量之间无显著的相关性。筛选出高效固氮种子内生根瘤菌株 SL04、SR14 和 SL17。

第三节 苜蓿根瘤菌的其他促进生长功能

一、苜蓿根瘤菌溶磷和分泌生长素能力

（一）材料与方法

以表 3-1 列出的 31 株促生作用较好的苜蓿根瘤菌为材料。

1. 溶磷能力测定

采用有机磷（蛋黄卵磷脂 EYPC）和无机磷［$Ca_3(PO_4)_2$］固体培养基溶磷圈法测定根瘤菌的溶磷能力，即测定根瘤菌菌落溶磷透明圈直径（D）与菌落直径（d）的比值（D/d）。点接种法接种供试菌株，培养 11 天后测量并计算比值。

有机磷溶解能力测定培养基采用蒙金娜培养基，配方（g/L）：10g 葡萄糖；0.5g $(NH_4)_2SO_4$；0.3g NaCl；0.3g KCl；0.03g $FeSO_4·7H_2O$；0.03g $MnSO_4·4H_2O$；0.2g 卵磷脂；5g $CaCO_3$；0.4g 酵母膏；20g 琼脂；1000ml 蒸馏水；pH=7.0～7.2，其中卵磷脂用 75% 的乙醇加热溶解，单独灭菌，温度降至 70℃后与培养基混合（姚拓，2002）。

无机磷溶磷测定培养基采用 PKO 培养基，配方（g/L）：10g 葡萄糖、5.0g $Ca_3(PO_4)_2$、0.5g $(NH_4)_2SO_4$、0.2g NaCl、0.2g KCl、0.03g $MgSO_4·7H_2O$、0.03g $MnSO_4$、0.003g $FeSO_4$、0.5g 酵母膏、20g 琼脂、1000ml 蒸馏水、pH=6.8～7.0，其中 $Ca_3(PO_4)_2$ 过筛并单独灭菌后与培养基混合（姚拓，2002；冯月红等，2003）。

2. 分泌生长素能力测定

采用比色法测定根瘤菌分泌生长素（IAA）的能力，培养基采用改良的刚果红液体培养基，培养基组成：0.5g $K_2HPO_4·3H_2O$、0.2g $MgSO_4·7H_2O$、0.1g NaCl、1g 酵母膏、10g 甘露醇、10ml 0.25%刚果红、1g NH_4NO_3、100mg/L 色氨酸、1000ml 蒸馏水、pH=7.0。

比色液配方：0.5mol/L $FeCl_3$ 1ml、H_2SO_4 30ml、蒸馏水 50ml。

取 28℃、125r/min 培养 12 天的根瘤菌悬浮液 100μl 置于白色塑料比色板上，加 100μl 的比色液，15min 后观察颜色变化，每一菌株 3 次重复。粉红色为阳性，表示菌株能够分泌 IAA，粉红色颜色越深表示分泌 IAA 能力越大；无色为阴性，表示菌株不能分泌 IAA。在比色液中分别加入 10ppm[①]、30ppm、50ppm IAA 作对照进行粉红色颜色深度的比较（姚拓，2002）。

（二）结果与分析

1. 溶磷能力

31 个供试菌株都能够溶解有机磷，但 5 个不同生态区域的苜蓿根瘤菌溶磷能力差异较大，D/d 值范围为 1.01～1.82（图 3-27）；然而所有供试菌株均不能溶解无机磷（图 3-28）。陇东苜蓿（D/d 平均值为 1.346）和阿尔冈金苜蓿（D/d 平均值为 1.318）两个品种菌株溶解有机磷能力无显著差异（$P>0.05$），但从不同区域菌株 D/d 值总平均数来看，溶解有机磷能力依次为天水＞武威＞庆阳＞甘南＞定西。

多元逐步回归和通径分析表明，速效磷、速效钾对菌株溶磷能力的变异起主要作用［$r=0.9508$（$P<0.01$）］，占总变异的 90.41%。速效磷对菌株溶磷能力的作用最大（促进），速效钾次之（抑制）。速效钾含量的增加会降低速效磷对菌株溶磷能力的促进作用，速效磷含量的增加会降低速效钾对菌株溶磷能力的抑制作用。

---

① 1 ppm=10^{-6}。

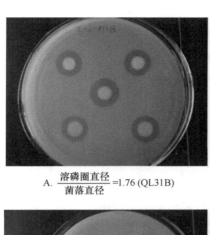
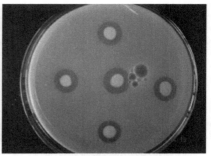

A. $\dfrac{溶磷圈直径}{菌落直径}$=1.76 (QL31B)　　　　B. $\dfrac{溶磷圈直径}{菌落直径}$=1.63 (GA66)

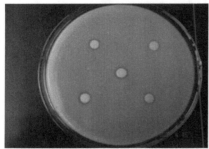
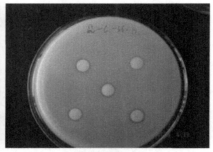

C. $\dfrac{溶磷圈直径}{菌落直径}$=1.31 (DL67)　　　　D. $\dfrac{溶磷圈直径}{菌落直径}$=1.21 (QL36B)

彩图请扫二维码

图 3-27　菌株在蛋黄卵磷脂（EYPC）有机磷固体培养基上的溶磷圈（师尚礼等，2015）

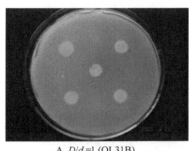
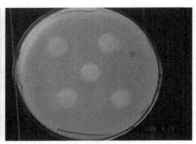

A. D/d=1 (QL31B)　　　　B. D/d=1 (GA66)

彩图请扫二维码

图 3-28　菌株在磷酸钙［$Ca_3(PO_4)_2$］无机磷固体培养基上的溶磷圈（师尚礼等，2015）

2. 分泌生长素能力

31 个菌株都能够分泌 IAA，其中，12 个菌株比色反应为深粉色，分泌 IAA 能力较强；16 个菌株为粉色，分泌能力中强；3 个菌株为浅粉色，分泌能力弱（图 3-29 和图 3-30）。多元逐步回归和通径分析表明土壤 pH、全磷、速效氮对菌株分泌 IAA 能力的变异起主要作用［r=0.9475（P<0.01）］，占总变异的 89.78%。土壤速效氮对菌株分泌 IAA 能力影响的作用最大，其次为土壤 pH，二者均表现为抑制作用；土壤全磷作用最弱（促进）。说明在中性土壤 pH 下，提高土壤全磷含量、降低土壤速效氮含量有利于提高菌株分泌 IAA 的能力。

图 3-29　营养液加比色液的变色反应（空白试验）（师尚礼等，2015）

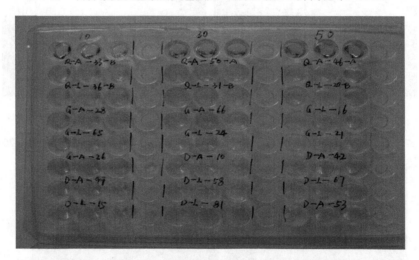

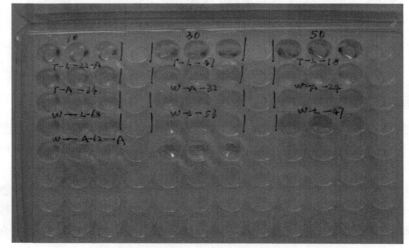

图 3-30　31 个供试菌株悬浮液加比色液的变色反应（师尚礼等，2015）

3. 菌株溶磷和分泌生长素能力综合分析

表 3-9 显示，部分菌株具有溶磷或分泌生长素的单一功能。溶磷能力单一功能较强的菌株有 GL16（D/d=1.82），溶磷能力强的菌株（D/d=1.54～1.63）有 QL20B、GL21和 WA62A；分泌生长素能力单一功能较强的菌株有 TL22A、DL81、DA10、WL47、WA24、QA46A、GA26 和 GA28。溶磷和分泌生长素能力复合功能强的菌株有 QL31B、GA66、TL47 和 QA50A。筛选出溶磷能力和分泌生长素能力单一功能或复合功能优良的菌株见表 3-10。

表 3-9　苜蓿根瘤菌株溶磷和分泌生长素能力综合表

采样地区	陇东苜蓿菌株			阿尔冈金苜蓿菌株		
	菌株	溶磷圈直径/菌落直径	分泌生长素	菌株	溶磷圈直径/菌落直径	分泌生长素
庆阳	QL31B	1.76	—++	QA46A	1.32	+++
	QL20B	1.60	++	QA33B	1.14	++
	QL36B	1.21	++	QA50A	1.55	+++
天水	TL47	1.59	—++	TA34	1.42	++
	TL22A	1.22	—++			
	TL18	1.14	++			
定西	DL67	1.31	++	DA10	1.43	+++
	DL81	1.20	+++	DA42	1.17	++
	DL15	1.18	++	DA99	1.12	++
	DL58	1.02	++	DA53	1.12	+
武威	WL47	1.19	+++	WA62A	1.60	++
	WL53	1.11	—+	WA24	1.32	+++
	WL68	1.11	—+	WA32	1.28	++
甘南	GL16	1.82	—+	GA66	1.63	+++
	GL21	1.54	—+	GA26	1.02	+++
	GL65	1.43	+	GA28	1.01	+++
	GL24	1.30	+			

注："+"浅粉色；"++"粉色；"+++"深粉色；下同

表 3-10　溶磷、分泌生长素功能菌株名录

菌株功能	陇东苜蓿菌株			阿尔冈金苜蓿菌株		
	菌株名称	溶磷圈直径/菌落直径	分泌生长素	菌株	溶磷圈直径/菌落直径	分泌生长素
溶磷功能	GL16	1.82	++	WA62A	1.60	++
	QL20B	1.60	++			
	GL21	1.54	++			
分泌生长素功能	TL22A	1.22	+++	GA26	1.02	+++
	DL81	1.20	+++	QA46A	1.32	+++
	WL47	1.19	+++	DA10	1.43	+++
				WA24	1.32	+++
				GA28	1.01	+++
溶磷和分泌生长素复合功能	QL31B	1.76	+++	GA66	1.63	+++
	TL47	1.59	+++	QA50A	1.55	+++

（三）小结

本试验供试菌株分离自苜蓿根瘤，对根际环境游离状态下的根瘤菌溶磷和分泌 IAA 的能力进行了研究。根瘤菌结瘤和非结瘤状态虽然不影响根瘤菌菌种的变化，但对菌株促进生长功能的影响尚不清楚，故结瘤和非结瘤状态的影响需要进一步探讨。此外，苜蓿根瘤菌具有固氮作用，本研究又证明了苜蓿根瘤菌具有分泌植物生长素（IAA）和溶磷能力，其单独作用是促进或刺激植物生长，但各促生功能间的交互作用或互作效应的相关研究未见报道，因此对苜蓿根瘤菌的促生机理需要做进一步的探讨。

本小节研究获得：苜蓿根瘤菌溶解有机磷能力较强，暂未发现溶解无机磷的能力；31 个供试菌株均能分泌 IAA，其中 90%的菌株分泌能力中强以上。筛选根瘤菌株中未出现固氮、溶磷、分泌生长素能力三者均较强的复合功能菌株，具有其中两项较强功能的菌株较多。此结果拓展了根瘤菌的促生功能范畴，明确了根瘤菌促进生长的其他生物学效应和作用。

二、苜蓿种子内生根瘤菌的溶磷和分泌生长素能力

（一）材料与方法

供试菌株为分离自苜蓿种子的 22 株纯化根瘤菌株（图 3-3）。
溶磷和分泌生长素能力测定方法同前。

（二）结果与分析

种子内生根瘤菌溶有机磷的能力差异较大，63.6%的菌株能够溶解有机磷（图 3-31；表 3-11），SL01（2.567）和 SM06（1.662）溶磷能力最强（$D/d > 1.5$），菌株 SJ05、SA07、SA08、SR14、SY16、SD18、SD19 和 SL20 溶磷能力中等（1.437～1.206），菌株 SF02、SS03、SG09 和 SX10 溶磷能力较弱（1.194～1.117）。所有菌株都在 PKO 培养基上生长良好，但除 SL01 外其他菌株都不能溶解无机磷。

16 株菌株均能分泌生长素，但分泌生长素能力强弱不一（表 3-12）。其中，SS03 和 SX10 分泌 IAA 能力较强，SL01、SA07、SC13、SR14、SG15、SY16、SL17 和 ST21 分泌能力中等，SF02、SL04、SM06、SZ11、SL12 和 SZ22 分泌能力弱。

（三）小结

分离的 22 株菌株大多数能溶解有机磷，除 SL01 外其他菌株都不能溶解无机磷，这可能是苜蓿根瘤菌的共生特性使之倾向于与有机体结合，强化了溶解吸收有机体营养元素的能力，这与吴瑛和席琳乔（2007）报道的禾本科植物根际促生菌倾向于溶解无机磷的结果相反。另外，本研究溶解无机磷试验仅采用了无机磷酸钙，而对其他无机磷未做研究，对苜蓿种子内生根瘤菌能否溶解其他无机磷及其溶磷机理目前尚不清楚，有待深入研究。苜蓿种子内生根瘤菌具有较强的分泌生长素的能力，结瘤的苜蓿苗根系普遍

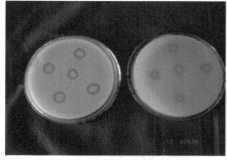 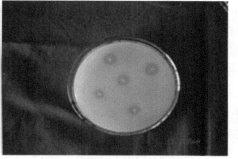

A. 两个不同菌株溶磷圈　　　　　　B. 最大溶磷圈SL01 (*D/d*=2.567)　　彩图请扫二维码

图 3-31　菌株在蛋黄卵磷脂（EYPC）有机磷固体培养基上的溶磷圈（师尚礼等，2015）

表 3-11　苜蓿种子内生根瘤菌溶磷能力

菌株	有机磷 （溶磷圈直径/菌落直径）	无机磷 （溶磷圈直径/菌落直径）	菌株	有机磷 （溶磷圈直径/菌落直径）	无机磷 （溶磷圈直径/菌落直径）
SL01	2.567aA	2.31aA	SL12	1.00dD	1.00bB
SF02	1.173cdCD	1.00bB	SC13	1.00dD	1.00bB
SS03	1.194cdCD	1.00bB	SR14	1.256cdCD	1.00bB
SL04	1.00dD	1.00bB	SG15	1.00dD	1.00bB
SJ05	1.346bcBCD	1.00bB	SY16	1.300cdBCD	1.00bB
SM06	1.662bB	1.00bB	SL17	1.00dD	1.00bB
SA07	1.219cdCD	1.00bB	SD18	1.206cdCD	1.00bB
SA03	1.319cdBCD	1.00bB	SD19	1.437bcBC	1.00bB
SG09	1.181cdCD	1.00bB	SL20	1.273cdCD	1.00bB
SX10	1.117cdCD	1.00bB	ST21	1.00dD	1.00bB
SZ11	1.00dD	1.00bB	SZ22	1.00dD	1.00bB

注：小写字母表示 5% 差异显著性水平，大写字母表示 1% 差异显著性水平

表 3-12　种子内生根瘤菌分泌生长素（IAA）能力

菌株	分泌生长素能力	菌株	分泌生长素能力
SL01	++	SL12	+
SF02	+	SC13	++
SS03	+++	SR14	++
SL04	+	SG15	++
SJ05	−	SY16	++
SM06	+	SL17	++
SA07	++	SD18	−
SA08	−	SD19	−
SG09	−	SL20	
SX10	+++	ST21	++
SZ11	+	SZ22	+

注："−"不变色；"＋"浅粉色；"＋＋"粉色；"＋＋＋"深粉色

比较发达，这是否与根瘤菌分泌植物生长素有直接关系需进一步研究。本试验对苜蓿种子内生根瘤菌分泌植物生长素只进行了定性测定，对其分泌植物生长素的种类和数量有待进一步研究。

本小节研究获得：

1）22 个菌株在有机磷培养基上除 SL04、SZ11、SL12、SC13、SG15、SL17、ST21 和 SZ22 不能形成透明圈外，其他都能形成透明圈。其中 $D/d>1.5$ 的是 SL01（2.567）和 SM06（1.662），这两个菌株之间及与其他菌株间差异都较大，具有中等溶磷能力（1.437～1.206）的菌株有 SJ05、SA07、SA08、SR14、SY16、SD18、SD19 和 SL20，具有较弱溶磷能力（1.194～1.117）的菌株有 SF02、SS03、SG09 和 SX10。溶解无机磷的结果表明，除 SL01 外其他菌株都不能溶解无机磷。但所有菌株在 PKO 培养基上生长良好。

2）22 个菌株，除 SJ05、SA08、SG09、SD18、SD19 和 SL20 培养基颜色不变外，其他均能分泌生长素，分泌生长素能力强弱不一。其中，培养基颜色深粉色的有 SS03 和 SX10，分泌 IAA 能力较强；粉色的有 SL01、SA07、SC13、SR14、SG15、SY16、SL17 和 ST21，分泌能力中等；浅粉色的有 SF02、SL04、SM06、SZ11、SL12 和 SZ22，分泌能力弱。

3）综上所述，溶解有机磷和分泌生长素能力均较强的菌株有 SL01、SA07、SR14 和 SY16。

第四节　苜蓿根瘤菌抗逆菌株筛选

一、苜蓿根瘤菌抗逆能力及抗逆性菌株筛选

（一）材料与方法

以表 3-1 列出的 31 株促生作用较好的苜蓿根瘤菌为材料。

1. NaCl、HCl、NaOH 浓度梯度处理和高低温处理 YMA 培养液的制备

以 YMA 为基础培养基，进行不同浓度梯度配置。
NaCl：0.2%、0.4%、1.0%、1.2%、1.5%、2.5%、3.5%、4.5%、5.0%、5.5%；
pH：3.5、4.0 和 5.0（用 HCl 调制），9.0、10.0 和 12.0（用 NaOH 调制）；
高温：40℃、45℃、50℃；低温：0℃、5℃。

2. 菌株抗盐性、抗酸碱性、耐高低温能力测定

将 31 个供试菌株接入灭菌 YMA 培养液中，稀释制成标准 OD_{600nm} 值的悬浮菌液。将标准菌液取 1ml 回接至不同 NaCl、HCl、NaOH 浓度梯度处理的 YMA 培养基溶液中，28℃、120r/min 培养（80±6）h，测定其 OD_{600nm} 值。将标准菌液取 1ml 回接至 YMA 基本培养基中，低温处理培养 240h，高温处理（80±6）h 后，测定 OD_{600nm} 值。每个处理 3 次重复。

采用 DPS 软件进行 Duncan's 全复距多重比较、多元逐步回归和通径系数法统计分析。

（二）结果与分析

1. 苜蓿根瘤菌株抗盐性

由表 3-13 可以看出，31 个苜蓿根瘤菌株均可在 2.5% NaCl 浓度培养基上生长，OD_{600nm} 值为 0.128～0.486；有 30 个菌株可在 3.5% NaCl 浓度培养基上生长，OD_{600nm} 值为 0.143～0.680，占 96.8%；有 23 个菌株可在 4.5% NaCl 浓度培养基上生长，OD_{600nm} 值为 0.100～0.587，占 74.2%；有 4 个菌株可在 5.0% NaCl 浓度培养基上生长，OD_{600nm} 值为 0.102～0.302，占 12.9%；只有 1 个菌株可在 5.5% NaCl 浓度培养基上生长，OD_{600nm} 值为 0.101，占 3.2%。WA24 的抗盐性最好，能耐受 5.5% 的 NaCl 盐浓度。GL16、QA33B 和 WA62A 的抗盐性较好，能耐受 5.0% 的 NaCl 盐浓度。大多数菌株能耐受 4.5% 以下的 NaCl 盐浓度，分别是定西 DA10、DA99、DL15、DL58、DL67、DL81 六个菌株，甘南 GA66、GL21、GL24、GL65 四个菌株，庆阳 QA46A、QA50A、QL31B、QL36B 四个菌株，天水 TL18、TL22A、TL47 三个菌株。武威菌株 WA32 和 WL53 抗盐性好。定西菌株 DA42 和 DA53、甘南菌株 GA28、庆阳菌株 QL20B、天水菌株 TA34、武威菌株 WL47 和 WL68 能耐受 3.5% 的 NaCl 盐浓度。

表 3-13　氯化钠对苜蓿根瘤菌生长的影响（光密度值 OD_{600nm}）

菌株	NaCl 浓度									
	0.2%	0.4%	1.0%	1.2%	1.5%	2.5%	3.5%	4.5%	5.0%	5.5%
DA10	0.573	0.460	0.435	0.335	0.395	0.313	0.245	0.218	—	—
DA42	0.668	0.443	0.611	0.179	0.380	0.246	0.247	—	—	—
DA53	0.681	0.477	0.66	0.228	0.356	0.306	0.348	—	—	—
DA99	0.638	0.417	0.580	0.235	0.386	0.272	0.440	0.104	—	—
DL15	0.458	0.502	0.584	0.191	0.338	0.236	0.309	0.140	—	—
DL58	0.790	0.397	0.774	0.471	0.371	0.299	0.402	0.130	—	—
DL67	0.462	0.442	0.321	0.275	0.242	0.168	0.224	0.113	—	—
DL81	1.015	0.476	0.332	0.253	0.229	0.260	0.744	0.187	—	—
GA26	0.704	0.575	0.375	0.324	0.184	0.128	—	—	—	—
GA28	0.918	0.484	0.404	0.343	0.258	0.235	0.214	—	—	—
GA66	0.513	0.445	0.956	0.505	0.361	0.330	0.615	0.190	—	—
GL16	0.658	0.444	0.556	0.352	0.339	0.188	0.401	0.474	0.144	—
GL21	0.609	0.490	0.508	0.401	0.355	0.295	0.411	0.133	—	—
GL24	0.594	0.471	0.438	0.343	0.195	0.208	0.495	0.106	—	—
GL65	0.597	0.460	0.761	0.399	0.342	0.443	0.515	0.162	—	—
QA33B	0.608	0.402	0.652	0.382	0.394	0.342	0.541	0.436	0.102	—
QA46A	0.519	0.406	0.550	0.224	0.374	0.208	0.474	0.151	—	—

续表

菌株	NaCl 浓度									
	0.2%	0.4%	1.0%	1.2%	1.5%	2.5%	3.5%	4.5%	5.0%	5.5%
QA50A	0.693	0.637	0.597	0.466	0.368	0.285	0.630	0.419	—	—
QL20B	0.917	0.452	0.484	0.320	0.325	0.255	0.303	—	—	—
QL31B	0.605	0.531	0.376	0.616	0.305	0.298	0.570	0.100	—	—
QL36B	0.731	0.489	0.292	0.433	0.458	0.341	0.396	0.101	—	—
TA34	0.749	0.533	0.731	0.518	0.372	0.287	0.432	—	—	—
TL18	0.749	0.441	0.457	0.269	0.349	0.325	0.143	0.132	—	—
TL22A	0.717	0.417	3.053	0.458	0.415	0.250	0.499	0.174	—	—
TL47	0.630	0.448	1.049	0.400	0.360	0.486	0.455	0.407	—	—
WA24	0.925	0.796	0.517	0.463	0.335	0.327	0.524	0.362	0.302	0.101
WA32	0.790	0.628	0.672	0.260	0.270	0.291	0.531	0.130	—	—
WA62A	0.630	0.397	0.394	0.369	0.395	0.243	0.643	0.587	0.105	—
WL47	0.532	0.433	0.559	0.293	0.339	0.314	0.384	—	—	—
WL53	0.974	0.823	0.585	0.506	0.509	0.381	0.680	0.271	—	—
WL68	0.596	0.452	0.629	0.273	0.348	0.253	0.583	—	—	—

不同地区苜蓿菌株的抗盐能力依次为武威＝定西＝庆阳≥甘南＞天水（表 3-14）。武威苜蓿菌株的抗盐性最好，对盐渍环境的耐受能力强，可能是因为武威地区土壤长期灌溉，蒸发量大，地表土壤盐碱化程度高，形成了苜蓿根瘤菌在抗盐性方面特有的耐受能力。而定西、庆阳、甘南苜蓿根瘤菌抗盐性较好，这与该地区土壤含盐量普遍偏高有关。天水土壤含盐量最低，苜蓿根瘤菌抗盐能力最差。苜蓿品种阿尔冈金（3.73%）与陇东（4.10%）菌株的抗盐性差异不显著（$P>0.05$）。在不同苜蓿品种根瘤菌抗盐性比较中，地区间差异是主要影响因素。

表 3-14　不同苜蓿品种根瘤菌株的抗盐性比较

品种	区域	菌株耐受 NaCl 浓度均值 Ⅰ（%）	菌株耐受 NaCl 浓度均值 Ⅱ（%）
阿尔冈金	武威	4.83aA	3.73aA
	庆阳	4.50aA	
	定西	4.00bB	
	甘南	3.50cC	
	天水	1.79dD	
陇东苜蓿	武威	4.50aA	4.10aA
	甘南	4.25abAB	
	定西	4.25abAB	
	天水	3.83bcB	
	庆阳	3.67cB	

注：小写字母为 5%差异显著水平，大写字母为 1%差异显著水平

2. 苜蓿根瘤菌株抗酸碱性

由表 3-15 可以看出，酸性处理中，有 3 个菌株可以在 pH=3.5 的酸性培养基上生长，OD_{600nm} 值为 0.102~0.108，占 9.7%；有 7 个菌株可以在 pH=4.0 的酸性培养基上生长，OD_{600nm} 值为 0.104~0.553，占 22.6%；31 个菌株均可在 pH=5.0 的酸性培养基上生长，OD_{600nm} 值为 0.143~1.322。耐受 pH=3.5 的 3 个菌株为 DA53、QL31B 和 TL47，抗酸能力最强；耐受 pH=4.0 酸性的 7 个菌株为 DA42、DL81、GL16、GL21、GL24、TA34 和 WA32，抗酸能力较强；其余菌株均能耐受 pH=5.0 的酸性，抗酸能力一般。

表 3-15　酸碱处理对苜蓿根瘤菌株生长的影响（OD_{600nm}）

菌株名称	酸性梯度下的光密度 OD_{600nm} 值			中性条件下光密度 OD_{600nm} 值	碱性梯度下的光密度 OD_{600nm} 值		
	pH=3.5	pH=4.0	pH=5.0	pH=7.0	pH=9.0	pH=10.0	pH=12.0
DA10	—	—	0.178	0.986	0.367	0.349	
DA42	—	0.553	0.563	1.253	0.690	0.839	0.101
DA53	0.108	0.292	0.798	1.898	0.656	0.377	—
DA99	—	—	0.440	0.983	0.739	0.310	
DL15	—	—	0.181	0.674	0.422	0.334	
DL58	—	—	0.879	1.085	0.375	0.306	
DL67	—	—	0.628	0.997	0.383	0.260	0.202
DL81	—	0.228	0.238	0.879	0.657	0.161	
GA26	—	—	0.361	0.982	0.400	0.212	0.109
GA28	—	—	0.321	0.652	0.422	0.229	—
GA66	—	—	0.633	1.112	1.040	0.797	
GL16	—	0.111	0.440	0.964	0.508	0.407	
GL21	—	0.394	1.322	2.000	1.211	0.672	0.168
GL24	—	0.104	0.321	1.785	1.070	0.351	—
GL65	—	—	0.195	0.736	0.626	0.386	
QA33B	—	—	0.651	1.021	0.725	0.419	0.152
QA46A	—	—	1.163	1.934	0.713	0.567	—
QA50A	—	—	0.200	1.303	0.937	0.376	
QL20B	—	—	0.143	0.547	0.375	0.229	
QL31B	0.102	0.465	0.726	1.438	0.627	0.606	
QL36B	—	—	0.383	1.320	0.896	0.665	
TA34	—	0.167	0.348	2.000	1.407	0.392	
TL18	—	—	0.916	1.473	0.790	0.319	—
TL22A	—	—	0.903	1.023	0.591	0.439	
TL47	0.104	0.228	0.765	0.927	0.589	0.565	
WA24	—	—	0.987	1.569	0.728	0.550	—
WA32	—	0.383	0.627	0.917	0.782	0.358	0.166
WA62A	—	—	0.462	1.002	0.820	0.331	—
WL47	—	—	0.145	0.874	0.566	0.355	
WL53	—	—	0.571	1.638	1.005	0.808	
WL68	—	—	0.742	0.929	0.438	0.264	

碱性处理中,有 6 个菌株可以在 pH=12.0 的碱性培养基中生长,OD_{600nm} 值为 0.101~0.202,占 19.4%;31 个菌株均可在 pH=10.0 的碱性培养基中生长,OD_{600nm} 值为 0.161~0.839。6 个耐受 pH=12.0 强碱性的菌株是 DA42、DL67、GA26、GL21、QA33B 和 WA32。分析得出,甘肃复杂的生态气候条件,形成了苜蓿菌株较好耐受酸碱的能力和抗酸碱功能的多样性,既具有很好抗酸性或抗碱性单一功能的菌株,又具有抗强酸强碱复合功能的菌株,武威苜蓿菌株 WA32 能耐受的酸碱范围为 pH=4.0~12.0,抗酸碱能力强,适应范围很广。

不同地区间苜蓿根瘤菌株抗酸程度由大到小依次为天水>定西=甘南>庆阳=武威,而天水菌株的抗碱程度显著小于其他 4 个区域($P<0.05$)。阿尔冈金苜蓿(pH=10.30)和陇东苜蓿(pH=10.27)两个宿主品种菌株间抗碱性差异不显著($P>0.05$)。苜蓿根瘤菌株抗碱性强弱与生态区域有关,而与两个供试苜蓿品种无关(表 3-16)。

表 3-16　两个苜蓿品种菌株抗酸碱差异性比较

宿主品种	地区	抗酸 pH 均值 I	抗酸 pH 均值 II	抗碱 pH 均值 I	抗碱 pH 均值 II
阿尔冈金苜蓿	甘南	5.00aA		10.67aA	
	庆阳	5.00aA		10.67aA	
	武威	4.67bB	4.62aA	10.17bB	10.30aA
	定西	4.42cC		10.00bB	
	天水	4.00dD		10.00bB	
陇东苜蓿	武威	5.00aA		10.50aA	
	定西	4.75bB		10.50aA	
	天水	4.50cC	4.63aA	10.17abA	10.27aA
	庆阳	4.50cC		10.17abA	
	甘南	4.42cC		10.00bA	

注:小写字母为 5% 差异显著水平,大写字母为 1% 差异显著水平

3. 苜蓿根瘤菌株耐热抗寒能力

从表 3-17 可以看出,高温处理培养下,31 个苜蓿根瘤菌株均可在 40℃高温下生长,OD_{600nm} 值为 0.132~0.563;有 24 个菌株可在 45℃高温下生长,OD_{600nm} 值为 0.102~0.280,占 77.4%;有 3 个菌株可在 50℃高温下生长,OD_{600nm} 值为 0.102~0.121,占 9.7%。能耐受 50℃高温的菌株是 GA66、GL16、GL24,这 3 个菌株均来自甘南夏河亚高山草甸草原气候区。低温处理培养下,31 个苜蓿根瘤菌株也均能在 5℃低温下生长,OD_{600nm} 值为 0.100~0.398;有 5 个菌株能在 0℃低温下生长,OD_{600nm} 值为 0.101~0.215,占 16.1%,5 个能抗 0℃低温生长的菌株是来自定西安定区的 DA10、DL58,来自天水清水县的 TL22A、TL47 和来自武威凉州区的 WA32。

干旱生境苜蓿菌株普遍存在既抗寒又耐热的能力(表 3-18),平均抗 5℃以下低温、耐受 40℃以上高温,可能是苜蓿根瘤菌适生温度幅度较大的原因。各区域菌株之间平均抗寒能力差异不显著($P>0.05$),耐高温能力差异明显。就苜蓿品种而言,阿尔冈金苜蓿菌株(44.50℃、4.17℃)与陇东苜蓿菌株(44.33℃、4.08℃)平均耐热和抗寒能力差异不显著($P>0.05$)。

表 3-17　高温、低温对苜蓿根瘤菌株生长的影响（OD_{600nm}）

菌株	温度				
	0℃	5℃	40℃	45℃	50℃
DA10	0.189	0.342	0.359	—	
DA42	—	0.188	0.457	0.128	—
DA53	—	0.131	0.352	0.126	—
DA99	—	0.201	0.132	—	
DL15		0.168	0.142		
DL58	0.215	0.316	0.563	0.117	
DL67	—	0.246	0.253		
DL81		0.196	0.468	0.166	
GA26	—	0.217	0.377	0.178	
GA28	—	0.398	0.254	—	
GA66	—	0.154	0.465	0.117	0.102
GL16	—	0.132	0.482	0.123	0.121
GL21	—	0.174	0.463	0.177	—
GL24	—	0.147	0.392	0.167	0.104
GL65	—	0.322	0.280	0.168	
QA33B	—	0.145	0.253	0.148	
QA46A	—	0.234	0.213	0.169	
QA50A	—	0.128	0.324	0.165	
QL20B	—	0.205	0.214	—	
QL31B	—	0.243	0.132	—	
QL36B	—	0.134	0.562	0.102	
TA34	—	0.100	0.483	0.131	
TL18	—	0.115	0.497	0.203	
TL22A	0.198	0.305	0.324	0.265	
TL47	0.172	0.166	0.394	0.280	
WA24	—	0.140	0.308	0.127	
WA32	0.101	0.176	0.467	0.252	
WA62A	—	0.232	0.492	0.244	
WL47	—	0.176	0.219	0.110	
WL53	—	0.193	0.372	0.164	
WL68	—	0.139	0.395	0.102	

4. 苜蓿根瘤菌株抗逆能力综合分析

31 个供试菌株中，有 16 个菌株抗逆能力较强（表 3-19），其中 9 个菌株有较强的单一抗性：WA24 菌株能在 5.5% NaCl 盐的培养基上生长，DA53、QL31B 菌株能在 pH=3.5 的 HCl 培养基上生长，DL67、GA26 菌株能在 pH=12 的 NaOH 培养基上生长，GA66 菌株能耐受 50℃ 高温生长，DA10、DL58、TL22A 菌株能抗 0℃ 低温生长。7 个菌株有较强的多抗性：QA33B 菌株既能抗 5.0% NaCl 盐，又能抗 pH=12 的 NaOH；TL47 既能抗

表 3-18　不同苜蓿品种根瘤菌株耐热、抗寒能力比较

品种	地区	耐受极限高温均值 I（℃）	耐受极限高温均值 II（℃）	抗极限低温均值 I（℃）	抗极限低温均值 II（℃）
阿尔冈金苜蓿	天水	45.00aA		5.00aA	
	庆阳	45.00aA		5.00aA	
	武威	45.00aA	44.50aA	3.33aA	4.17aA
	甘南	45.00aA		3.75aA	
	定西	42.50bA		3.75aA	
陇东苜蓿	甘南	47.50aA		5.00aA	
	武威	45.00aA		5.00aA	
	天水	45.00aA	44.33aA	1.67aA	4.08aA
	定西	42.50bB		3.75aA	
	庆阳	41.67bB		5.00aA	

注：小写字母为 5%差异显著水平，大写字母为 1%差异显著水平

表 3-19　抗逆性苜蓿根瘤菌株名录及抗逆能力

功能	菌株名称	抗 NaCl（%）			抗 HCl（pH）		抗 NaOH（pH）		抗寒（℃）		耐热（℃）	
		4.5	5.0	5.5	3.5	4.0	10.0	12.0	0	5	45	50
单抗性菌株	WA24（抗盐）	+	+	+	–	–	+	–	–	+	+	–
	DA53（抗酸）	–	–	–	+	+	+	–	–	+	+	–
	QL31B（抗酸）	+	–	–	+	+	+	–	–	+	+	–
	DL67（抗碱）	+	–	–	–	–	+	+	–	+	+	–
	GA26（抗碱）	–	–	–	–	–	+	+	–	+	+	–
	GA66（耐热）	+	–	–	–	–	+	–	–	+	+	+
	DA10（抗寒）	+	–	–	–	–	+	–	+	+	+	–
	DL58（抗寒）	+	–	–	–	–	+	–	+	+	+	–
	TL22A（抗寒）	+	–	–	–	–	+	–	+	+	+	–
多抗性菌株	QA33B（抗盐、抗碱）	+	+	–	–	–	+	+	–	+	+	–
	TL47（抗酸、抗寒）	+	–	–	+	+	+	–	+	+	+	–
	DA42（抗酸、抗碱）	–	–	–	+	+	+	+	–	+	+	–
	GL21（抗酸、抗碱）	+	–	–	+	+	+	+	–	+	+	–
	GL16（抗酸、耐热）	+	+	–	+	+	+	–	–	+	+	+
	GL24（抗酸、耐热）	+	–	–	+	+	+	–	–	+	+	+
	WA32（抗酸、抗碱、抗寒）	+	–	–	+	+	+	+	+	+	+	–

注："+"表示菌株能够生长，"–"表示菌株不能生长

pH=3.5 的 HCl，又能抗 0℃低温；DA42、GL21 既能抗 pH=4.0 的 HCl，又能抗 pH=12 的 NaOH 碱；GL16、GL24 菌株既能抗 pH=4.0 的 HCl，又能耐受 50℃高温；WA32 菌株既能抗 pH=4.0 的 HCl，又能抗 pH=12 的 NaOH 碱和抗 0℃低温而生长。

总体来说，16 个抗性菌株中，武威、天水、庆阳菌株各 2 个（12.5%），定西、甘南菌株各 5 个（31.25%）；阿尔冈金苜蓿和陇东苜蓿菌株各 8 个（50%）；9 个单一抗性菌株中，武威、天水、庆阳菌株各 1 个（11.1%），定西菌株 4 个（44.4%），甘南菌株 2

个（22.2%）；7 个多抗性菌株中，武威、定西、天水、庆阳菌株各 1 个（14.3%），甘南菌株 3 个（42.9%）。各生态区域都有抗逆性较强的苜蓿根瘤菌株，但定西、甘南抗逆能力突出的菌株较多，定西菌株大多数表现出突出的单一抗性，且抗性功能多样，而甘南菌株大多数具有突出的多抗性，即根瘤菌株兼备抗酸、抗碱、耐热能力。

（三）小结

参试的两个苜蓿品种菌株间抗盐、抗酸、抗碱、耐热、抗寒能力差异均不显著，然而因参试苜蓿品种数量较少，苜蓿品种菌株之间抗逆能力有无差异有待进一步研究。此外，土壤有机质对根瘤菌耐热能力和抗寒能力均有促进作用，同时甘南苜蓿根瘤菌平均耐受高温能力达 46.25℃，筛选出的 3 个能耐受 50℃高温的菌株均来自甘南亚高山草甸草原气候区，亚高山草甸土有机质含量高是其主要原因。5 个能抗 0℃低温的菌株来自定西、天水干旱半干旱区和武威荒漠区，土壤有机质含量低是其主要原因。这一结论因目前无文献资料支持，有待今后进一步验证。

本小节研究获得：西北干旱生境苜蓿根瘤菌不仅抗逆性普遍较强，而且表现出抗逆能力、抗逆功能和分布区域的多样性，扩大了菌株的应用范围，提高了菌株的应用价值。

二、苜蓿种子内生根瘤菌抗逆能力及抗逆菌株筛选

（一）材料与方法

供试菌株为分离自苜蓿种子的 22 株纯化根瘤菌株（图 3-3）。

1. 根瘤菌的抗盐能力测定

以 0.1%盐浓度 YMA 培养基为基础，配置 NaCl 浓度梯度为 0.1%、1.5%、2%、3%、4%、5%、6%、7%、8%、9%、10%和 11%的 YMA 培养液。将供试菌株接入灭菌 YMA 培养液中，稀释制成标准 OD_{600nm} 值的悬浮菌液。将标准菌液取 1ml 接种至含不同 NaCl 浓度的培养液中，28℃、120r/min 培养 3～5 天后测定 OD_{600nm} 值（张玉发，1994），以下相同。

2. 抗酸碱能力测定

pH 梯度为 4、5、6、7、8、9、10、11 和 12，配置、培养和测定方法见本章第四节一、苜蓿根瘤菌抗逆能力及抗逆性菌株筛选中抗酸碱性能力测定。

3. 根瘤菌耐高低温能力测定

设 9 个温度处理梯度：4℃、10℃、15℃、20℃、25℃、30℃、35℃、40℃、60℃。将供试菌株接种于 YMA 平板培养基上，分别在不同温度下培养。耐高温处理在接种后先放在 60℃恒温处理 10min，再置于 28℃培养，以 28℃为对照，除 4℃和 10℃处理 2 周后观察外，其余处理 5～7 天后观察记录菌落生长情况。

（二）结果与分析

内生根瘤菌具有较高的耐受 NaCl 特性，供试菌株均可在 4% NaCl 浓度培养基上生长（表 3-20），59%的菌株能耐受 9%的 NaCl，最高抗盐量可达 10%（40%）。分离自甘肃和新疆苜蓿品种的菌株抗盐性都较强，这可能与甘肃和新疆土壤盐碱化有关。

表 3-20　氯化钠对种子内生根瘤菌生长的影响（光密度值 OD_{600nm}）

菌株	NaCl 浓度										
	1.5%	2%	3%	4%	5%	6%	7%	8%	9%	10%	11%
SL01	1.038	0.786	0.692	0.299	0.291	0.198	—	—	—	—	—
SF02	0.652	0.463	0.357	0.245	0.139	—	—	—	—	—	—
SS03	0.663	0.652	0.607	0.450	0.528	0.420	0.331	0.604	0.409	0.229	—
SL04	0.707	0.384	0.416	0.286	0.283	0.248	0.201	—	—	—	—
SJ05	0.319	0.392	0.413	0.267	0.195	—	—	—	—	—	—
SM06	0.519	0.375	0.657	0.391	0.346	0.387	0.385	0.324	0.231	0.225	—
SA07	0.689	0.478	0.679	0.322	0.345	0.363	0.337	0.331	0.304	0.101	—
SA08	0.646	0.258	0.542	0.341	0.412	0.597	0.609	0.351	0.240	0.287	—
SG09	0.495	0.532	0.537	0.208	0.162	0.325	0.317	0.389	0.251	0.212	—
SX10	0.584	0.718	0.543	0.413	0.366	0.401	0.342	0.485	0.428	0.314	—
SZ11	0.359	0.273	0.386	0.153	—	—	—	—	—	—	—
SL12	0.454	0.321	0.397	0.124	—	—	—	—	—	—	—
SC13	0.265	0.145	0.474	0.153	0.172	0.149	0.127	—	—	—	—
SR14	0.598	0.482	0.605	0.319	0.280	—	—	—	—	—	—
SG15	0.759	0.526	0.601	0.592	0.403	0.377	0.306	0.554	0.336	—	—
SY16	0.543	0.669	0.457	0.455	0.376	0.452	0.349	0.418	0.234	—	—
SL17	0.849	0.425	0.787	0.624	0.542	0.351	0.435	0.52	0.356	0.235	—
SD18	0.555	0.192	0.616	0.321	0.289	0.214	0.287	—	—	—	—
SD19	0.379	0.854	0.389	0.426	0.313	0.227	0.232	0.201	0.196	—	—
SL20	0.569	0.253	0.597	0.369	0.296	0.448	0.346	0.469	0.269	0.101	—
ST21	0.453	0.387	0.509	0.440	0.313	0.342	0.668	0.62	0.355	0.323	—
SZ22	0.363	0.548	0.494	0.284	0.266	0.363	0.433	0.371	0.209	—	—

不同品种苜蓿种子内生根瘤菌抗酸碱范围不一样（表 3-21），供试菌株大多在酸性环境中生长不好，这与关于大多数根瘤菌抗酸碱性的报道一致。63.6%的供试菌株能抗 pH 为 12 的环境，其他菌株均能在 pH 为 5~11 时很好生长。说明种子内生根瘤菌适合在微酸、中性或碱性环境中生长繁殖，这对于在碱性土壤中种植苜蓿接种抗碱性的根瘤菌具有重要的意义。大部分菌株最适生长温度为 20~35℃（表 3-22），11 株菌株抗 4℃低温，15 株菌株耐 40℃高温，且所有菌株都能耐短时的高温。

（三）小结

土壤盐碱化是国内外普遍存在的问题，因此筛选抗盐碱性强的根瘤菌菌株对盐碱地

表 3-21　酸碱处理对种子内生根瘤菌株生长的影响（OD$_{600nm}$）

菌株名称	酸性梯度下的 OD$_{600nm}$ 值			中性条件下 OD$_{600nm}$ 值	碱性梯度下的光密度 OD$_{600nm}$ 值		
	pH=4.0	pH=5.0	pH=6.0	pH=7.0	pH=9.0	pH=11.0	pH=12.0
SL01	—	0.314	0.726	1.162	0.629	0.602	—
SF02	—	0.349	0.456	0.907	0.634	0.904	0.119
SS03	—	0.272	0.443	0888	0.507	0.509	—
SL04	—	0.303	0.567	0.928	0.384	0.586	—
SJ05	—	0.269	0.359	0.91	0.446	0.314	—
SM06	0.110	0.150	0.318	0.981	0.520	0.344	0.104
SA07	0.125	0.392	0.572	1.059	0.610	0.661	0.116
SA08	0.101	0.139	0.279	0.927	0.520	0.350	0.108
SG09	—	0.285	0.439	0.826	0.465	0.425	0.105
SX10	0.102	0.300	0.498	1.055	0.674	0.517	0.101
SZ11	—	0.419	0.374	0.874	0.733	0.841	—
SL12	—	0.299	0.607	0.862	0.551	0.656	—
SC13	0.111	0.526	0.646	1.098	0.724	0.632	0.140
SR14	—	0.593	0.609	0.91	0.510	0.568	0.115
SG15	—	0.379	0.507	1.055	0.694	0.633	0.13
SY16	—	0.258	0.276	0.927	0.497	0.318	—
SL17	—	0.464	0.636	1.042	0.679	0.687	0.108
SD18	—	0.323	0.516	0.905	0.541	0.755	—
SD19	0.152	0.242	0.309	0.708	0.441	0.466	0.118
SL20	0.114	0.224	0.328	0.845	0.384	0.272	0.121
ST21	—	0.221	0.503	0.982	0.692	0.518	0.113
SZ22		0.181	0.341	0.886	0.661	0.329	0.122

表 3-22　不同温度对苜蓿种子内生根瘤菌生长的影响

菌株	温度								
	4℃	10℃	15℃	20℃	25℃	30℃	35℃	40℃	60℃
SL01	+	+	+ +	+ + +	+ + +	+ + +	+ +	—	+
SF02	—	+	+ +	+ +	+ + +	+ + +	+ +	+	+
SS03	+	+	+ +	+ +	+ +	+ +	+ +	+	+
SL04	—	+	+ +	+ + +	+ + +	+ + +	+ +	+	+
SJ05	+	+	+ +	+ +	+ +	+ +	+ +	—	+
SM06	+	+	+ +	+ +	+ +	+ +	+ +	+	+
SA07	+	+	+ +	+ +	+ +	+ +	+ +	+	+
SA08	+	+	+ +	+ +	+ +	+ +	+ +	+	+
SG09	—	+	+ +	+ + +	+ + +	+ + +	+ +	—	+
SX10	+	+	+ +	+ + +	+ + +	+ + +	+ +	+	+
SZ11	—	+	+ +	+ +	+ +	+ +	+ +	+	+
SL12	—	+	+ +	+ +	+ +	+ +	+ +	+	+
SC13	—	+	+ +	+ +	+ +	+ +	+ +	+	+

菌株	温度								
	4℃	10℃	15℃	20℃	25℃	30℃	35℃	40℃	60℃
SR14	－	＋	＋＋	＋＋	＋＋	＋＋	＋＋	－	＋
SG15	－	＋	＋＋	＋＋＋	＋＋＋	＋＋＋	＋＋	－	＋
SY16	＋	＋	＋＋	＋＋	＋＋	＋＋	＋＋	－	＋
SL17	－	＋	＋＋	＋＋	＋＋	＋＋	＋＋	＋	＋
SD18	－	＋	＋＋	＋＋＋	＋＋＋	＋＋＋	＋＋	＋	＋
SD19	＋	＋	＋＋	＋＋	＋＋	＋＋	＋＋	＋	＋
SL20	＋	＋	＋＋	＋＋＋	＋＋＋	＋＋＋	＋＋	＋	＋
ST21	－	＋	＋＋	＋＋	＋＋＋	＋＋＋	＋＋	＋	＋
SZ22	＋	＋	＋＋	＋＋	＋＋	＋＋	＋＋	－	＋

注："＋＋＋"生长良好；"＋＋"生长较好；"＋"生长一般；"－"不生长

的改良利用有积极的作用。供试的 22 株根瘤菌表现出不同的抗盐性，最高抗盐量可达
10%，占所试验菌株的 40%。除了康金华等（1996）曾报道菌株 R346 能抗 10% NaCl、
王卫卫（2003）分离的根瘤菌能在 10%～15%盐浓度下很好地生长外，未见其他菌株抗
盐浓度达 10%的报道。种子内生根瘤菌有很强的抗盐性，它与从根际分离的根瘤菌在抗
盐性上有很大的差别。不同种子内生根瘤菌在对酸碱的耐受性及耐温性等方面也存在着
一定的差异。由于适应当地独特的自然环境和气候条件，种子能孕育大量具有独特抗性
的优良菌株。对这些抗性很强的根瘤菌种质资源进行发掘、研究和保存，将为合理利用
和开发这些性状优良的根瘤菌奠定基础。另外，产自西北地区特殊生态环境中的种子内
生根瘤菌在其长期适应环境的过程中会启动其抗逆性基因，研究并利用这些抗性相关基
因，培育出既具抗性又适应干旱荒漠环境的宿主植物，具有广阔前景。

本小研究获得：

1）22 个菌株均可在 4%的 NaCl 浓度培养基上生长，根瘤菌最高抗盐量达 10%，占
所试验菌株的 40%，分别为 SS03、SM06、SA07、SA08、SG09、SX10、SL17、SL20
和 ST21，59%的内生根瘤菌能抗 9%的盐。试验结果还发现甘肃和新疆的苜蓿品种抗盐
性都较强。

2）不同品种种子内生根瘤菌抗酸碱度范围不一样，供试的菌株大多在酸性环境中
生长不好，这与大多数关于根瘤菌抗酸碱性的报道相一致，除 SM06、SA07、SA08、
SX10、SC13、SD19 和 SL20 在 pH=4.0 能生长但长势不好外，其他均不能生长。在本研
究中，抗酸性较强（pH=4）的菌株分别为 SM06、SA07、SA08、SX10、SC13、SD19
和 SL20；抗碱性较强（pH=12）的菌株分别为 SF02、SM06、SA07、SA08、SG09、SX10、
SC13、SR14、SG15、SL17、SD19、SL20、ST21 和 SZ22，占供试菌株的 63.6%，并且
其他菌株均能在 pH 为 5～11 很好地生长。

3）试验发现大部分菌株的最适生长温度为 15～35℃。抗低温（4℃）的菌株有 11
株，分别为 SL01、SS03、SJ05、SM06、SA07、SA08、SX10、SY16、SD19、SL20 和
SZ22；耐高温（40℃）的菌株有 15 株，分别为 SF02、SS03、SL04、SM06、SA07、SA08、
SX10、SZ11、SL12、SC13、SL17、SD18、SD19、SL20 和 ST21，且所有菌株都能耐

短时的高温。

4）通过对一部分种子内生根瘤菌的研究，筛选出具有综合抗性强的菌株，其中抗盐、碱、低温和高温的菌株 6 株，分别为 SM06、SA07、SA08、SX10、SD19 和 SL20。

第五节 复合功能根瘤菌种质资源筛选

一、复合功能苜蓿根瘤菌

苜蓿根瘤菌具有固氮、溶磷、分泌 IAA、抗逆等多种功能，见表 3-23。大多数根瘤菌株的固氮、促生和抗逆单一功能突出，也有部分菌株具备较强的复合促生功能。分离自甘肃寒旱区不同紫花苜蓿品种的 19 株根瘤菌中，未出现固氮、溶磷、分泌生长素能力三者均较强的复合功能菌株。菌株 WA62A 具有较高的固氮效率（%N_{dfa}=82.17）和较强的溶解有机磷能力（D/d=1.60），但该菌株未表现出突出的抗逆能力。菌株 QA46A、WL47、WA24 具有较高固氮效率（%N_{dfa}=80.76～82.99）和较强的分泌 IAA 能力，其中菌株 WA24 具有较强的抗盐碱能力，而 QA46A 和 WL47 无突出的抗逆能力。具有较强分泌 IAA 能力和较强溶解有机磷能力（D/d=1.55～1.76）两项功能的菌株有 QL31B、QA50A、TL47、GA66，其中菌株 QA50A 无突出抗逆能力，QL31B 和 TL47 具有较强

表 3-23 19 株根瘤菌的复合功能测定值

菌株	固氮效率 %N_{dfa}	溶磷 D/d 值	IAA 分泌 能力	抗 NaCl （%）	抗 HCl （pH）	抗 NaOH （pH）	抗寒 （℃）	耐热 （℃）
QL20B	—	1.6	—	—	—	—	—	—
QL31B	—	1.76	+++	4.5	3.5	10	5	—
QA33B	82.39	—	—	5		12	5	45
QA46A	80.76	—	+++					
QA50A	—	1.55	+++					
TL22A	—	—	+++	4.5		10		45
TL47	—	1.59	+++	4.5	3.5	10		45
DL67	80.26	—	—	4.5		12	5	
DL81	—	—	+++					
DA10	—	—	+++	4.5		10		
WL47	82.99	—	+++					
WA24	81.57	—	+++	5.5		10	5	45
WA32	84.03	—	—	4.5	4	12		45
WA62A	82.17	1.6	—					
GL21	—	1.54	—	4.5	4	12	5	45
GL16	—	1.82	—	5	4	10	5	50
GA28	—	—	+++					
GA66	—	1.63	+++	4.5		10	5	50
GA26	—	—	+++			12	5	45

注："+++" 表示菌株分泌 IAA 能力比色反应为深红色，"—" 表示不变色

的抗酸、抗盐碱和抗寒能力，GA66 具有较强的抗盐碱和耐热能力。除以上菌株外的其余菌株固氮、溶磷、分泌生长素能力单一功能突出，其中 WA32（%N$_{dfa}$=84.03）、QA33B（%N$_{dfa}$=82.39）和 DL67（%N$_{dfa}$=80.26）为固氮效率较高的菌株，WA32 具有较强的抗盐碱、抗酸和耐热能力，QA33B 具有极强的抗盐碱能力，DL67 具有较强的抗盐碱能力。

二、复合功能苜蓿种子内生根瘤菌

综合苜蓿种子内生根瘤菌适应性，抗酸碱、分泌生长素和溶磷能力，以及盆栽苗促生效果发现，具有综合抗盐、酸、碱、低温和高温的菌株有 6 株，分别为 SM06、SA07、SA08、SX10、SD19 和 SL20。溶解有机磷和分泌生长素能力均较强的菌株有 SL01、SA07、SR14 和 SY16。盆栽苗综合促生效果好的有 SL04、SR14 和 SL17。试管苗和盆栽苗出现 SR14 和 SL17 促生效果均较好，SR14 还表现出较强的溶解有机磷和分泌生长素能力，但在生长适应性方面未表现出较强的优势，SL17 在生长适应性和溶磷方面均未表现出较强的优势。未出现试管苗回接、生长适应性、溶解有机磷能力、分泌生长素能力和盆栽苗综合促生效果均较好的菌株（表 3-24）。

表 3-24　苜蓿种子内生根瘤菌的复合功能测定值

菌株	盆栽苗总干物质（g/盆）	溶解有机磷 D/d 值	IAA 分泌能力	抗 NaCl（%）	抗 HCl（pH）	抗 NaOH（pH）	抗寒（℃）	耐热（℃）
SR14	20.472	1.256	++	5	5.0	12	10	60
SL17	24.267	—	++	10	5.0	12	10	60
SL04	27.233	—	+	7	5.0	11	10	60
SL01	15.613	2.567	++	6	5.0	11	4	60
SA07	20.847	1.219	++	10	4.0	12	4	60
SY16	17.242	1.300	++	9	5.0	11	4	60
SM06	15.016	1.662	+	10	4.0	12	4	60
SA08	19.45	1.319	—	10	4.0	12	4	60
SX10	15.316	1.117	+++	10	4.0	12	4	60
SD19	9.418	1.437	—	9	4.0	12	4	60
SL20	19.786	1.273	—	10	4.0	12	4	60

注："+++"表示菌株分泌 IAA 能力比色反应为深红色，"++"表示粉色，"+"表示浅粉色，"—"表示不变色

苜蓿根瘤菌存在菌株、促生功能和环境分布的多样性，三者之间的协同是苜蓿根瘤菌存在与发展的必然趋势。通过扩大研究的品种和区域范围，有可能筛选出固氮、促生、抗逆单个功能更加强大或多个功能兼得、促生效应更加突出的优良菌株资源。因此，优良根瘤菌种质资源的筛选应综合考虑根瘤菌生态分布特征与根瘤菌固氮、促生、抗逆能力的影响因子及其重要性，采用区域分类→田间调查→分离→初筛选→多功能复筛选，以及实验室→温室→田间的筛选程序。

第四章　苜蓿根瘤菌种质创新

苜蓿与根瘤菌专一性共生种质的定位研究需在根瘤菌标记示踪基础上进行，以便观察研究。

第一节　荧光蛋白标记根瘤菌的构建

一、荧光质粒导入大肠杆菌及其稳定性表达

（一）材料与方法

1. 质粒载体

绿色荧光蛋白 GFP104、黄色荧光蛋白 YFP69、红色荧光蛋白 RFP123 质粒 DNA 均由新西兰梅西大学合作赠予，具氨苄霉素抗性。

2. 培养基和主要试剂

LB 液体培养基：胰蛋白胨 10g/L，酵母提取物 5g/L，NaCl 10g/L。

LB 固体培养基：LB 液体培养基，琼脂（13～15g/L）。

Ex *Taq* 酶、PrimeSTAR™ HS DNA polymerase、QuickCut™ SmaI、QuickCut™ XbaI、T₄ DNA Ligase 均购自宝生物工程（大连）有限公司。试验所用试剂还包括 DNAMarker、Kanε、Amp 等。

3. 仪器与设备

PCR 仪、水平电泳仪、超净工作台、水浴锅、离心机、恒温培养振荡器 ZHWY-200H、培养箱、凝胶成像系统、高压蒸汽灭菌锅、制冰机（SANYO 生产）、–80℃冰箱（Forma Scientific 公司）、–20℃冰箱（SANYO 生产）。

4. 绿、红、黄三种颜色质粒 DNA 转化大肠杆菌感受态细胞

1）取 50μl 刚刚化冻的 DH5α 感受态细胞，加入 1μl 的过夜摇床质粒稀释液或未稀释的质粒，轻轻混匀，在冰浴中静置 30min；

2）42℃水浴中热激 45s，然后快速平稳地转移离心管于冰浴中 2min，此过程尽量避免剧烈摇动离心管；

3）然后向离心管中加入 500μl 的常温 LB 液体培养基（不含任何抗生素），混匀，37℃条件下，200r/min 振荡培养 1h，使细胞复苏；

4）振荡培养结束后，5000r/min 离心 2min 左右，然后倒掉大部分上清液，留下 100～150μl 菌液，用移液枪轻轻吸打混匀；

5）将混匀的菌液均匀涂于已制好的 LB 固体平板（含 Amp），正面朝上放置 30min 左右，待培养基完全吸收菌液后，倒置平板，37℃静止培养 12～16h；

6）平板转至 4℃，仍然倒置保存。

5. 菌落生长情况及测序

选择过夜培养的白色菌落，挑取单菌落于 LB 液体培养基中（含 Amp），37℃、230r/min 恒温摇床培养 13h 左右，将测序结果正确的单菌落于含有 Amp 的 LB 液体培养基中扩大培养，并用 30%的甘油保存于–80℃，剩余的菌液可做 PCR 检测。

6. 引物设计与合成

根据转化后甘油中保存的 3 种颜色质粒重复多次保存的情况，随机挑选 3 管送测序，OFFDER 软件确定开放空间，获得三类颜色质粒完整序列。根据测序结果获得 GFP104、YFP69、RFP123 的基因序列，设计上下游引物，序列均由生工生物工程（上海）股份有限公司合成。

1）绿色 GFP104 引物序列为

上游引物：5'AAAGGAGAAGAACTTTTCACTGGAG3'

下游引物：5'GTTTGCTGCAGGCCTTTTGTATAG3'

2）黄色 YFP69 引物序列为

上游引物：5'GTCCGCCATGCCCGAAGGCTACGTC3'

下游引物：5'CTTGTACAGCTCGTCCATGCCGAGA3'

3）红色 RFP123 引物序列为

上游引物：5'ATGGTGAGCGGCCTGCTGAAGGAGA3'

下游引物：5'CTCGGGCAGGTCGCTGTACCGGGCC3'

7. 目的基因的克隆

（1）扩增目的片段

以热激法转化的菌液为模板进行 PCR 扩增。

（2）红色质粒菌液的 PCR 扩增

RFP123 PCR 扩增程序依次为，首先 94℃预变性 4min，然后 94℃ 30s，50～60℃ 30s，72℃ 45s，进行 35 个循环，最后 72℃延伸 8min，结束后 4℃保存产物，待 1.0%琼脂糖凝胶电泳检测。RFP123 PCR 扩增体系参考马玲珑（2015）的方法如下：ddH$_2$O 17.3μl，dNTP Mix 2μl，上游引物（RFP123S）1μl，下游引物（RFP123A）1μl，模板 RFP123 菌液 1μl，10×Ex *Taq* Buffer 2.5μl，Ex *Taq* 0.2μl。

（3）黄色质粒菌液的 PCR 扩增

YFP69 PCR 扩增程序依次为，首先 94℃预变性 4min，然后 94℃ 30s，52℃ 30s，72℃ 45s，进行 35 个循环，最后 72℃延伸 8min，结束后 4℃保存产物，待 1.0%琼脂糖凝胶电泳检测。YFP69 PCR 扩增体系参考马玲珑（2015）的方法如下：ddH$_2$O 17.3μl，dNTP Mix 2μl，上游引物（YFP69S）1μl，下游引物（YFP69A）1μl，模板 YFP69 菌液

1μl，10×Ex *Taq* Buffer 2.5μl，Ex *Taq* 0.2μl。

（4）绿色质粒菌液的 PCR 扩增

GFP104 PCR 扩增程序依次为，首先 94℃预变性 4min，然后 94℃ 30s，52～64℃ 30s，72℃ 45s，进行 35 个循环，最后 72℃延伸 8min，结束后 4℃保存产物，待 1.0%琼脂糖凝胶电泳检测。GFP104 PCR 扩增体系参考马玲珑（2015）的方法如下：ddH₂O 17.3μl，dNTP Mix 2μl，上游引物（GFP104S）1μl，下游引物（GFP104A）1μl，模板 GFP104 菌液 1μl，10×Ex *Taq* Buffer 2.5μl，Ex *Taq* 0.2μl。

（5）琼脂糖凝胶电泳

1）根据 DNA 片段的大小，选择制备 1% 浓度的琼脂糖凝胶，加入适量 TAE 缓冲液；

2）在 PCR 反应液中，加入 1/10 体积的电泳指示剂；

3）将含电泳指示剂的 PCR 反应液点入凝胶的加样孔，加样量控制在 10～30μl，并以标准 DNA（1000Marker）作对照；

4）指示剂离胶前沿 1/3 处，电泳完毕，紫外灯下观察、照相。

（二）结果与分析

1. 不同浓度稀释液对红、黄、绿三种颜色蛋白质粒菌落生长的影响

质粒稀释浓度的大小反映了荧光蛋白质粒转导能力的强弱，转导能力强的蛋白质粒因其单菌落太过密集需稀释转导。黄色和绿色蛋白质粒转导能力均高于红色蛋白质粒，其中，红色蛋白质粒原液热激转化后 LB 平板上长出密度适中的单一白色菌落（图 4-1A），原液稀释 10 倍液和原液稀释 100 倍液热激转化后 LB 平板上均无单一的白色菌落（表 4-1），表明红色蛋白质粒需原液热激转化；黄色蛋白质粒（YFP）原液热激转化后

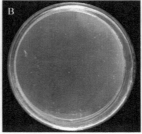

彩图请扫二维码

图 4-1　红、黄、绿三种颜色蛋白质粒热激转化培养的单菌落

A. RFP123 热激培养的单菌落；B. YFP69 热激培养的单菌落；C. GFP104 热激培养的单菌落

表 4-1　不同浓度下红、黄、绿三种颜色蛋白质粒单菌落生长情况

不同颜色质粒	原液	原液稀释 10 倍液	原液稀释 100 倍液
红色质粒	+	−	−
黄色质粒	−	+	−
绿色质粒	−	+	−

注："+"表示涂板上能长出白色单菌落，"−"表示涂板上不能长出白色单菌落

LB 平板上未长出白色菌落，原液稀释 10 倍液热激转化后 LB 平板上长出密度适中的单一白色菌落（图 4-1B），原液稀释 100 倍液热激转化后 LB 平板上未长白色菌落（表 4-1），表明黄色蛋白质粒需原液稀释 10 倍热激转化；绿色蛋白质粒原液热激转化后 LB 平板上未长出白色菌落，原液稀释 10 倍液热激转化后 LB 平板上长出单一的白色菌落（图 4-1C），原液稀释 100 倍液热激转化后 LB 平板上未长白色菌落（表 4-1），表明绿色蛋白质粒需原液稀释 10 倍热激转化。

2. 不同退火温度对红、黄、绿三种颜色蛋白质粒 PCR 扩增的影响

探索三种颜色蛋白质粒扩增复性的最适温度，红色蛋白质粒扩增的最适温度为 50～54℃，选择性较高，以红色质粒 RFP123 过夜单菌落摇床菌液为模板，参考使用高保真酶进行 PCR，扩增结果如图 4-2 所示。图 4-2A 中 1～7 分别表示 50～62℃的条件，每隔 2℃设置一个梯度值，在该条件下复性，持续 35 个循环。图 4-2A 中的 50℃、52℃、54℃温度条件下菌液能看到很亮的单一条带，56℃条件下菌液条带较暗，58℃、60℃、62℃条件下菌液均无条带（表 4-2），可知红色蛋白质粒 PCR 适宜温度为 50～54℃。黄色蛋白质粒扩增的最适温度为唯一定值 50℃，以黄色质粒 YFP69 过夜单菌落摇床菌液为模板，使用高保真酶进行 PCR，扩增结果如图 4-2 所示。图 4-2B 中 1～7 分别表示 50～62℃条件，每隔 2℃设置一个梯度值，在该条件下复性，持续 35 个循环。图 4-2B 中 50℃温度条件下菌液能看出很明显很亮的单一条带，52℃、54℃、56℃、58℃、60℃、62℃温度条件下菌液均无条带（表 4-2），可知黄色蛋白质粒 PCR 最适温度为 50℃。

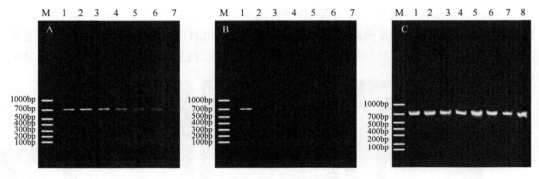

图 4-2 RFP123、YFP69、GFP104 菌液 PCR 鉴定

M. 1000Marker；A. RFP123 菌液 PCR 鉴定；B. YFP69 菌液 PCR 鉴定；C. GFP104 菌液 PCR 鉴定

表 4-2 不同温度下红、黄、绿三种颜色蛋白质粒 PCR 鉴定

不同颜色质粒	不同温度菌液 PCR 鉴定情况							
	条带 1 （50℃）	条带 2 （52℃）	条带 3 （54℃）	条带 4 （56℃）	条带 5 （58℃）	条带 6 （60℃）	条带 7 （62℃）	条带 8 （64℃）
红色质粒	+	+	+	−	−	−	−	/
黄色质粒	+	−	−	−	−	−	−	/
绿色质粒	+	+	+	+	+	+	+	+

注："+"表示 PCR 鉴定清楚看见明显很亮的单一条带；"−"表示不能清楚看见明显很亮的单一条带；"/"表示未在此温度下进行 PCR 扩增实验

绿色蛋白质粒扩增的最适温度为 50～64℃，选择性较高，以绿色质粒 GFP104 过夜单菌落摇床菌液为模板，使用高保真酶进行 PCR，扩增结果如图 4-2 所示。图 4-2C 中 1～8 分别代表 50～64℃条件，每隔 2℃为一个梯度，在该条件下进行复性，持续 35 个循环，图 4-2C 中的 50℃、52℃、54℃、56℃、58℃、60℃、62℃、64℃温度条件均可以清楚地看到很亮的单一条带（表 4-2），可知绿色蛋白质粒 PCR 适宜温度为 50～64℃。

3. 红、黄、绿三种颜色蛋白质粒的碱基序列基因库比对

随机挑选热激转化后的菌液保存至 30%甘油管，重复 3 次测序比对，测序结果理想，同源序列完全相同，其菌液均扩出大小一致的片段，均获得了大小接近 780bp 的产物。红色蛋白质粒 RFP123 重复 3 次测序结果与基因库比对匹配率达 98%，表明红色蛋白质粒 RFP123 成功转导至大肠杆菌。黄色蛋白质粒 YFP69 重复 3 次测序结果与基因库比对匹配率达 96%，表明黄色蛋白质粒 YFP69 成功转导至大肠杆菌。绿色蛋白质粒 GFP104 重复 3 次测序结果与基因库比对匹配率达 98%，表明绿色蛋白质粒 GFP104 成功转导至大肠杆菌。

1）红色蛋白质粒 RFP123 的测序序列：

ATGGTGAGCGGCCTGCTGAAGGAGAGTATGCGCATCAAGATGTACATGGAGG
GCACCGTGAACGGCCACTACTTCAAGTGCGAGGGCGAGGGCGACGGCAACCCCT
TCGCCGGCACCCAGAGCATGAGAATCCACGTGACCGAGGGCGCCCCCCTGCCCTT
CGCCTTCGACATCCTGGCCCCCTGCTGCGAGTACGGCAGCAGGACCTTCGTGCAC
CACACCGCCGAGATCCCCGACTTCTTCAAGCAGAGCTTCCCCGAGGGCTTCACCT
GGGAGAGAACCACCACCTACGAGGACGGCGGCATCCTGACCGCCCACCAGGACA
CCAGCCTGGAGGGCAACTGCCTGATCTACAAGGTGAAGGTGCACGGCACCAACTT
CCCCGCCGACGGCCCCGTGATGAAGAACAAGAGCGGCGGCTGGGAGCCCAGCAC
CGAGGTGGTGTACCCCGAGAACGGCGTGCTGTGCGGCCGGAACGTGATGGCCCTG
AAGGTGGGCGACCGGCACCTGATCTGCCACCACTACACCAGCTACCGGAGCAAGA
AGGCCGTGCGCGCCCTGACCATGCCCGGCTTCCACTTCACCGACATCCGGCTCCA
GATGCTGCGGAAGAAGAAGGACGAGTACTTCGAGCTGTACGAGGCCAGCGTGGC
CCGGTACAGCGACCTGCCCGAGAAGGCCAACTGA

2）黄色蛋白质粒 YFP69 的测序序列：

ATGAAGCAGCACGACTTCTTCAAGTCCGCCATGCCCGAAGGCTACGTCCAGG
AGCGCACCATCTTCTTCAAGGACGACGGCAACTACAAGACCCGCGCCGAGGTGAA
GTTCGAGGGCGACACCCTGGTGAACCGCATCGAGCTGAAGGGCATCGACTTCAAG
GAGGACGGCAACATCCTGGGGCACAAGCTGGAGTACAACTACAACAGCCACAAC
GTCTATATCATGGCCGACAAGCAGAAGAACGGCATCAAGGTGAACTTCAAGATCC
GCCACAACATCGAGGACGGCAGCGTGCAGCTCGCCGACCACTACCAGCAGAACA
CCCCCATCGGCGACGGCCCCGTGCTGCTGCCCGACAACCACTACCTGAGCTACCA
GTCCGCCCTGAGCAAAGACCCCAACGAGAAGCGCGATCACATGGTCCTGCTGGAG
TTCGTGACCGCCGCCGGGATCACTCTCGGCATGGACGAGCTGTACAAGTAATAA

3）绿色蛋白质粒 GFP104 的测序序列：

ATGCGTAAAGGAGAAGAACTTTTCACTGGAGTTGTCCCAATTCTTGTTGAATT
AGATGGTGATGTTAATGGGCACAAATTTTCTGTCAGTGGAGAGGGTGAAGGTGAT

GCAACATACGGAAAAACTTACCCTTAAATTTATTTGCACTACTGGAAAACTACCTGTT
CCATGGCCAACACTTGTCACTACTTTCGGTTATGGTGTTCAATGCTTTGCGAGATAC
CCAGATCATATGAAACAGCATGACTTTTTCAAGAGTGCCATGCCCGAAGGTTATGT
ACAGGAAAGAACTATATTTTTCAAAGATGACGGGAACTACAAGACACGTGCTGAA
GTCAAGTTTGAAGGTGATACCCTTGTTAATAGAATCGAGTTAAAAGGTATTGATTTT
AAAGAAGATGGAAACATTCTTGGACACAAATTGGAATACAACTATAACTCACACAA
TGTATACATCATGGCAGACAAACAAAAGAATGGAATCAAAGTTAACTTCAAAATTA
GACACAACATTGAAGATGGAAGCGTTCAACTAGCAGACCATTATCAACAAAATACT
CCAATTGGCGATGGCCCTGTCCTTTTACCAGACAACCATTACCTGTCCACACAATCT
GCCCTTTCGAAAGATCCCAACGAAAAGAGAGACCACATGGTCCTTCTTGAGTTTG
TAACAGCTGCTGGGATTACACATGGCATGGATGAACTATACAAAAGGCCTGCAGCA
AACGACGAAAACTACGCTGCAGGAGCTTAA

4. 红、黄、绿三种颜色蛋白质粒转导的稳定性

三种颜色蛋白质粒均用荧光显微镜压片单菌落，观察有无荧光，均能明显地看到红色、黄色和绿色的荧光（表 4-3），如图 4-3 所示，表明红、黄、绿三种颜色蛋白质粒已被成功导入大肠杆菌中，并均能稳定表达。

表 4-3　红、黄、绿三种颜色蛋白质粒荧光显微镜下不同荧光情况

不同颜色质粒	红色质粒	黄色质粒	绿色质粒
荧光显微镜观察荧光情况	+	+	+

注："+"表示荧光显微镜下可以看到明显的有颜色荧光

彩图请扫二维码

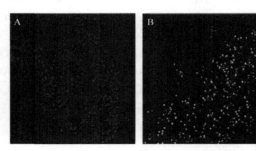

图 4-3　红、黄、绿三种颜色蛋白质粒显微镜下观察到的荧光颜色
A. 荧光显微镜观察 RFP123；B. 荧光显微镜观察 YFP69；C. 荧光显微镜观察 GFP104

（三）小结

国内外对荧光蛋白质粒的研究已取得多项成果（杨杰等，2010），但是基于对大肠杆菌基因表达的研究，以大肠杆菌作为辅助菌研究荧光质粒的基因转导报道很少。本研究通过划分不同的浓度和温度，研究红、黄、绿荧光蛋白质粒转导大肠杆菌的条件，确定稳定性好并携带荧光蛋白质粒的大肠杆菌。转导大肠杆菌目前有热激转化和电激转化两种方法，但是目前关于荧光蛋白质粒转化大肠杆菌的研究鲜少报道，对比韩颖等（2016）、李晶等（2012）、孙彦等（2012）研究的热激转化方法条件与宋诗铎等（1993）研究的电激转化方法条件，本研究通过大肠杆菌 DH5α 热激法转导，与王萍等（2007）

研究表明的大肠杆菌转化最适温度和大肠杆菌感受态细胞最适保存温度一致，已将外源红黄绿荧光质粒 DNA 成功地转化至大肠杆菌中，大肠杆菌异源表达高分子量型性质与能力（张晓欢等，2016），传代稳定，外源基因在其中的表达产物稳定性不变。研究结果表明不同颜色荧光质粒 DNA 均能进行异源转导，能按照规定成功转化至大肠杆菌，作为后续三亲本杂交研究的供体菌株，对苜蓿植株进行荧光标记，更加直观简便地观察根瘤菌移动情况。荧光报道质粒的转化，为进一步研究荧光基因的功能和表达提供了一个有效的前提。目前，我们正利用青色荧光基因检测苜蓿的根瘤情况，颜色种类越多越具有多元化，对比较分析不同颜色在苜蓿中的生存差异及最适部位具有重要研究意义。

对荧光蛋白质粒产生的荧光蛋白自主发光作用已经进行过广泛的研究。郭永明等（2015）研究表明使用荧光显微镜对有荧光的转导结果可以进行直观的观察，本研究结果均已用显微镜直观清晰地看到三种颜色荧光的特定颜色。鉴于实践及理论研究的目的，青色荧光蛋白（绿色荧光的变异）已成功和大肠杆菌通过三亲本杂交并转导根瘤菌，在转导荧光质粒的研究中发现，红、黄、绿三种颜色和大肠杆菌结合，条件略有不同，黄色对温度要求较高，黄色和绿色在原质粒 DNA 稀释 10 倍的条件下转化，红色直接可以对原质粒 DNA 进行转化。正常条件下质粒通常会保存到大肠杆菌里，直接进行三亲本杂交试验，基于实验材料是新西兰梅西大学合作赠予的三种颜色质粒 DNA，要成功地进行三亲本杂交试验，质粒 DNA 不能直接进行杂交试验，必须要借助大肠杆菌才可以进行杂交，本研究成功地运用热激转化将荧光质粒 DNA 转导到大肠杆菌 DH5α 中，将为整个荧光蛋白质粒转化提供一定的方法学基础，为后续杂交试验奠定了基础。

本小节研究获得：在三种颜色的荧光蛋白质粒的热激转化研究中，红色蛋白质粒需原液热激转化，黄色蛋白质粒和绿色蛋白质粒均需原液稀释 10 倍才能成功热激转化；三种颜色荧光蛋白质粒在 PCR 扩增复性研究中，红色蛋白质粒 PCR 适宜退火温度为 50～54℃，黄色蛋白质粒 PCR 适宜退火温度为 50℃，而绿色蛋白质粒 PCR 适宜退火温度为 50～64℃；在三种颜色荧光蛋白质粒转导稳定性研究中，利用荧光显微镜压片观察，均能明显看到荧光，说明红色蛋白、黄色蛋白和绿色蛋白均能在大肠杆菌中稳定表达。

二、三亲本杂交法构建荧光标记根瘤菌

（一）材料与方法

1. 供试菌株

供体菌株 1：E. coli RFP123（RFP，Amp^r），新西兰梅西大学合作赠予红色荧光质粒 DNA，实验室转导大肠杆菌–80℃保存。

供体菌株 2：E.coli YFP69（YFP，Amp^r），新西兰梅西大学合作赠予黄色荧光质粒 DNA，实验室转导大肠杆菌–80℃保存。

供体菌株 3：E. coli GFP104（GFP，Amp^r），新西兰梅西大学合作赠予绿色荧光质粒 DNA，实验室转导大肠杆菌–80℃保存。

供体菌株 4：E.coli pMp4517（CFP，Gm^r），E. coli GFP104 的营养缺陷型菌株，含

绿色荧光质粒 DNA，荧光青色。保存于草业生态系统教育部重点实验室（甘肃农业大学）。

辅助菌株：*E. coli* pRK2073（tra，Spe^r）为营养缺陷型菌株，无法在 SM 培养基上生长，保存于草业生态系统教育部重点实验室（甘肃农业大学）。

受体菌株 1：*Sinorhizobium meliloti* LZgn5［苜蓿根瘤菌，分离自甘农 5 号紫花苜蓿（简称甘农 5 号苜蓿）种子，由中国科学院微生物研究所菌种保藏中心鉴定生化特性并测定 16S RNA 序列，现由草业生态系统教育部重点实验室保存（甘肃农业大学）］。

受体菌株 2：*S. meliloti* 12531（苜蓿根瘤菌标准菌，购自中国科学院微生物研究所菌种保藏中心）。

受体菌株 3：*S. meliloti* LH3436［苜蓿根瘤菌，由中国科学院微生物研究所菌种保藏中心鉴定生化特性并测定 16S RNA 序列，现由草业生态系统教育部重点实验室保存（甘肃农业大学）］。

2. 培养基

（1）酵母甘露醇（yeast mannitol，YEM）液体培养基

K_2HPO_4：0.5g；$MgSO_4\cdot7H_2O$：0.2g；NaCl：0.1g；甘露醇：10g；酵母粉：1.0g；pH 6.8～7.2。

（2）酵母甘露醇琼脂（yeast mannitol agar，YMA）固体培养基

YEM 培养基添加 10ml/L 0.5%刚果红溶液及 15g/L 琼脂。用于根瘤菌的分离和纯化。

（3）TY 培养基（Sambrook et al.，1989）

胰蛋白胨：5g；酵母粉：5g；$CaCl_2\cdot6H_2O$：0.1g；pH：7.0。TY 固体培养基用于根瘤菌的活化、三亲本杂交和接合子的筛选。

（4）LB 培养基（周俊初和张克强，1990）

胰蛋白胨：10g；牛肉膏：5g；NaCl：5g；pH：7.4～7.6。LB 培养基用于三种不同荧光蛋白质粒供体菌和辅助菌 *E.coli* pRK2073 的培养。

（5）SM 培养基（Hashidoko et al.，2002）

甘露醇：10g；K_2HPO_4：0.5g；$CaCl_2\cdot6H_2O$：0.1g；KNO_3：0.5g；$MgSO_4\cdot7H_2O$：0.2g；NaCl：0.1g；*根瘤菌转化用微量元素液：4ml；**混合维生素液：1ml；pH：7.0。

*根瘤菌转化用微量元素液：H_3BO_3：5g；Na_2MoO_4：5g。

**混合维生素液：硫胺素：10mg；烟酰胺：10mg；泛酸钙：10mg；生物素：1mg。蒸馏水定容至 100ml，0.22μm 滤膜过滤除菌后 4℃保存。

SM 培养基用于筛选荧光标记后的根瘤菌接合子。

（6）无氮培养基（Winogradsky's N_2-freemedium）（张淑卿，2012）

KH_2PO_4：50g；$Na_2MoO_4\cdot2H_2O$：1g；$MgSO_4\cdot7H_2O$：25g；$MnSO_4\cdot4H_2O$：1g；NaCl：25g；$FeSO_4\cdot7H_2O$：1g；甘露醇：10g；$CaCO_3$：0.1g；pH：7.0～7.2。无氮培养基用于接合子的筛选。

SM、LB、YMA、TY 和无氮培养基除特殊说明外，配制时按需要用蒸馏水定容至所需体积，配制固体培养基时只需在相应的液体培养基的基础上加入 15g/L 的琼脂粉，121℃灭菌 26min。

3. 选择平板的制备

庆大霉素（Gm）：40μg/mL，氨苄（Amp）：20μg/mL。

抗生素溶液的制备：称取庆大霉素（Gm）0.04g，氨苄（Amp）0.02g，分别溶解于10ml 去离子水中，并以 0.22μm 的无菌滤膜过滤，制成 100 倍的无菌氨苄溶液与庆大霉素溶液的浓缩液，4℃贮存备用。

含抗生素固体平板的制备：待 LB 和 SM 固体培养基冷却至 40℃左右时，加入 100 倍的无菌氨苄溶液与庆大霉素溶液的浓缩液 10ml/L，配制成含有 40μg/ml 的 LB（含庆大霉素）、SM 和 20μg/ml 的 LB（含氨苄青霉素）固体平板培养基。

4. 接合转移流程

参照并结合莫才清和周俊初（1992）及 Wilson 等（1995）的方法，设置接合转移流程如下。

步骤 1：在含 40μg/ml 庆大霉素和 20μg/ml 氨苄的 LB 固体培养基上分别划线活化供体菌 E. coli RFP123、E. coli YFP69、E. coli GFP104、E. coli pMp4517 和辅助菌 E. coli pRK2073；在 TY 固体培养基上活化受体菌。

步骤 2：取已活化的供体菌 E. coli RFP123、E. coli YFP69、E. coli GFP104、E. coli pMp4517 分别转接到含有 40μg/ml 氨苄和庆大霉素的 50ml LB 液体培养基中，辅助菌 E. coli pRK 2073 转接到含有 20μg/ml 庆大霉素的 50ml LB 液体培养基中，均 37℃、120r/min 培养至对数期（OD_{600nm}=0.3～0.5）。受体菌接入 50ml TY 液体培养基 28℃、120r/min 培养至对数期（OD_{600nm}=0.5～0.8）。

步骤 3：将受体菌、辅助菌和供体菌按 1：1：1 的体积比混合，摇匀，8000r/min 离心 5min 后弃去上清，向沉淀中加入不含抗生素的 TY 液体 1ml，上下抽吸洗脱菌体，8000r/min 离心 5min，弃上清，重复 2 次。

步骤 4：用无菌镊子将无菌微孔滤膜（ϕ25mm，孔径 0.22μm）贴于 TY 平板表面，用 200μL 的无菌枪头将菌体打散，并吸取打散的浓菌液置于滤膜中央；待滤膜上的液体被平板吸收后，倒置放于培养箱，28℃培养 24h。

步骤 5：向无菌西林瓶中加 5ml 无菌水；用无菌镊子揭下 TY 平板上的有混合菌体的微孔滤膜并放入西林瓶中，打散菌体，依浓度梯度将打散后的混合菌液分别稀释至 10^{-1}～10^{-6} 倍；

步骤 6：吸取已稀释的菌液 200μl 分别涂布于（SM+Gm）平板和 SM 平板，同时涂抹供体菌和受体菌作阴阳对照，28℃培养一周。

步骤 7：从（SM+Gm）培养基上挑取 100 个单菌落，分别点接在不加抗生素的 TY 培养基上和无氮培养基上，28℃培养并观察菌落生长情况，综合这两种培养基上的 100 个单菌落的生长状况，筛选出接合子，再进行分离纯化。

5. 接合子筛选

本试验供体菌 E. coli RFP123、E. coli YFP69、E. coli GFP104、E.coli pMp4517 和辅助菌 E coli pRK2073 在 SM 平板上不能生长，受体根瘤菌（S.12531、S.LH3436、S.LZgn5）

不具有庆大霉素（Gm）抗性，因此，理论上在 SM 平板上，受体菌及接合子均能正常生长，而在（SM+Gm）平板上，仅接合子能正常生长。但现实中许多革兰氏阴性杆菌在链霉素、庆大霉素、卡那霉素等抗生素的选择压力下有一定概率产生耐药突变株，通过分泌氨基酸糖苷类抗生素灭活酶、改变代谢途径或改变胞壁透性产生抗药性，也可在选择培养基上生长，即受体根瘤菌在抗性选择压力下，在（SM+Gm）平板上会有耐药突变株的产生。供体菌 E.coli pMp4517 和辅助菌 E.coli pRK2073 为营养缺陷型菌株，在（SM+Gm）平板上不能生长，也不具备自身固氮能力，为排除产生的根瘤菌耐药突变株与在（SM+Gm）平板上发生营养缺陷型回复突变而能生长的供体菌 E.coli pMp4517 和辅助菌 E.coli pRK2073，同时筛选固氮能力较强的荧光标记根瘤菌，本研究尝试 TY 培养基和无氮培养基对（SM+Gm）平板上的单菌落进行交替培养的方式进行接合子的筛选，在这两种培养基上均能正常生长，并在 TY 平板上表达荧光的单菌落即为接合子。

6. 试验处理

以滤膜为杂交载体，在步骤 1 中，将红色荧光蛋白供体菌（E.coli RFP123）、黄色荧光蛋白供体菌（E.coli YFP69）、绿色荧光蛋白供体菌（E.coli GFP104）、青色荧光蛋白供体菌（E.coli pMp4517）分别与辅助菌和处于感受态的受体菌（S.12531、S.LH3436、S.LZgn5）按 1∶1∶1 的体积比混合离心，弃上清，将沉淀菌体打散后加到无菌滤膜（ϕ25mm，孔径 0.22μm）上 28℃培养 24h，其他操作同上。

7. 转移接合率的计算

转移接合率计算方法如下（陈力玉，2013）：

$$转移接合率 = \frac{接合子数 \times (SM+Gm)平板涂抹的稀释倍数}{SM平板上的单菌落数 \times SM平板涂抹的稀释倍数} \times 100\%$$

8. 标记根瘤菌的遗传稳定性检测

在各处理下获得的根瘤菌–荧光质粒接合子中，选择在无氮培养基上生长速度快，且在 TY 培养基上荧光表达强度高的最优菌株各 4 个，分别在不加抗生素的 TY 培养基上点接 4 皿（25 接点/皿），分别编号并培养 48h 后，根据编号对应转接，48h 后重复操作作为一代，连续转接 20 代。在暗室中荧光显微镜下（336nm）观察各代菌株菌落的发光情况，计数并计算出外源荧光质粒的丢失率。

（二）结果与分析

1. 不同颜色荧光蛋白供体菌株标记不同苜蓿根瘤菌的转移接合率

由图 4-4 可以得出，不同颜色荧光菌株的转移接合率高低不同，图 4-4A 为红色荧光菌株接种三种不同的苜蓿根瘤菌的转移接合率大小，但三种标记菌的转移接合率均无显著差异，R.3436 的转移接合率稍高于 R.12531 和 R.gn5 4%和 4.3%，图 4-4B 为黄色荧光菌株接种三种不同的苜蓿根瘤菌的转移接合率，三种标记菌的转移接合率并无显著的差异，其中，Y.3436 的转移接合率稍高于 Y.12531 和 Y.gn5 3%和 2%。图 4-4C 为绿色荧光菌株接种三种不同的苜蓿根瘤菌的转移接合率,三种根瘤菌的转移接合率并无显著的差异,其中,G.3436 的转移接合率稍高于 G.12531 和 G.gn5 3%和 1.5%,但 GFP 和 RFP 的转移接合率高出 YFP 15%和 10%,差异显著($P<0.05$),GFP 菌株的接合率最高,为 7.86×10^{-6}。图 4-4D 为青色荧光菌株接种三种不同的苜蓿根瘤菌的转移接合率,S.LZgn5 菌株的接合率为 7.6×10^{-7},分别高出 S.LH3436 菌株和 S.12531 菌株 3.8%和 4.8%,S.12531 菌株的接合率最低,为 7.25×10^{-7}。表明荧光质粒的导入对苜蓿根瘤菌没有显著的影响,可作为后续示踪检测的荧光蛋白选择。

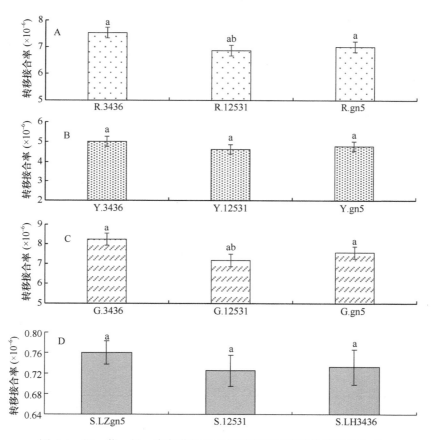

图 4-4 红、黄、绿、青色荧光蛋白标记苜蓿根瘤菌的转移接合率

1:A. 红色荧光菌株标记不同苜蓿根瘤菌的转移接合率;B. 黄色荧光菌株标记不同苜蓿根瘤菌的转移接合率;C. 绿色荧光菌株标记不同苜蓿根瘤菌的转移接合率;D. 青色荧光菌株标记不同苜蓿根瘤菌的转移接合率;2:图 A、B、C、D 坐标横轴分别为用红、黄、绿、青色荧光蛋白颗粒标记的 S.LH3436、S.12531、S.LZgn5 根瘤菌;3:柱形图上不同小写字母表示 5%差异显著性,下同

2. 不同颜色荧光蛋白供体菌株标记不同苜蓿根瘤菌的接合子遗传稳定性

供体菌中的目的基因经接合作用转移到受体菌细胞中,细胞分裂时质粒的不均等分配或目的质粒不进行复制都会造成质粒的丢失,质粒丢失率的高低反映了质粒导入后受体细胞维持自身正常生命活动的能力。由图 4-5 可知,三种颜色荧光蛋白质粒接种三种不同的苜蓿根瘤菌的丢失率均低于 10%,表明传代 20 次时,荧光质粒仍能保持稳定的

自我复制和荧光表达。图 4-5A 为红色荧光供体菌株标记不同苜蓿根瘤菌的传代丢失率，其中，R.3436 的丢失率最高，接近 10%，R.12531 和 R.gn5 的丢失率较低，为 6% 和 7%。图 4-5B 为黄色荧光供体菌株标记不同苜蓿根瘤菌的传代丢失率，其中，Y.gn5 的丢失率最高，接近 10%，Y.3436 的丢失率为 9%，Y.12531 的丢失率最低，为 5%。图 4-5C 为绿色荧光供体菌株标记不同苜蓿根瘤菌的传代丢失率，其中，G.3436 的丢失率最高，接近 4.5%，G.12531 和 G.gn5 的丢失率较低，为 3% 和 2%。传代 5 次时，三种颜色

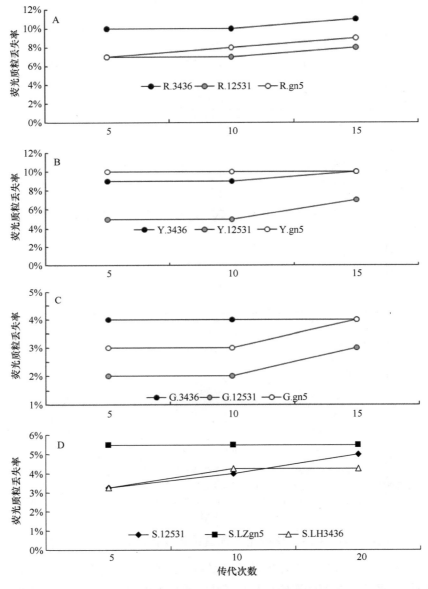

图 4-5　红、黄、绿、青色荧光蛋白标记苜蓿根瘤菌的接合子遗传稳定性

A. 红色荧光蛋白标记不同苜蓿根瘤菌传代次数的丢失率；B. 黄色荧光蛋白标记不同苜蓿根瘤菌传代次数的丢失率；
C. 绿色荧光蛋白标记不同苜蓿根瘤菌传代次数的丢失率；D. 青色荧光蛋白标记不同苜蓿根瘤菌传代次数的丢失率

荧光质粒丢失率最高，差异显著，GFP 丢失率均小于 RFP（4.5%）和 YFP（5%），传代10 次时丢失率变小，传代 20 次时三种颜色荧光质粒都趋于稳定。图 4-5D 为青色荧光供体菌株标记不同苜蓿根瘤菌的传代丢失率，S.LZgn5 的接合子在传代 5 次到传代 20次时，荧光质粒的丢失率一直最高；S.12531 的接合子在传代过程中，荧光质粒丢失率不断增加，说明该接合子荧光质粒稳定性较差；S.LH3436 的接合子在传代次数少于 10次时，荧光质粒丢失率随传代次数增加而不断增加，但在传代 10 次之后丢失率趋于稳定。

（三）小结

受体根瘤菌标记后会产生抗性，能筛选荧光标记根瘤菌，通过 TY 培养基和无氮培养基接合子的筛选，可得到固氮能力较强的荧光标记菌株。本研究中，相同条件不同颜色荧光菌株分别接种不同的苜蓿根瘤菌，由此可知，绿色荧光蛋白对苜蓿根瘤菌的转移接合率和接合子的遗传稳定性均有显著影响，转移接合率达到 $7.34×10^{-6}$。张淑卿（2012）以甘农 5 号苜蓿植株体液为介质培养细菌发现，内生菌株的生长和增殖与植物体液有紧密的关联性，表明不同根瘤植株对植物体液的亲和性有一定差异，在本研究中，RFP、YFP、GFP、CFP 的转移接合率差异显著（$P<0.05$），以 GFP 的转移接合率最高，说明绿色荧光质粒对不同菌株的接合效果均较好。

不同颜色荧光质粒菌株的差异性尚处于初步探索阶段，具体机理有待进一步研究。在传代 5 次到 20 次时，荧光质粒没有增加，可能是由于在滤膜的多层膜结构转移荧光质粒时，对受体细胞膜的损伤较少，接合子不能及时修复导致 5 次传代的荧光质粒丢失，细胞膜修复之后，将不再丢失，并能在根瘤菌细胞内稳定表达。

本小节研究获得：不同颜色荧光蛋白质粒均能成功导入苜蓿根瘤菌中，且均能观察到荧光信号，这说明它们都能作为示踪检测根瘤菌的荧光蛋白；在不同荧光蛋白质粒转化不同根瘤菌株的实验研究中，绿色荧光蛋白质粒的转移接合率明显高于红色荧光供体菌株、黄色荧光供体菌株和青色荧光供体菌株的转移接合率；不同颜色荧光质粒传代，绿色荧光质粒稳定性高于其他颜色荧光质粒。

三、荧光标记根瘤菌对苜蓿幼苗生长的影响

（一）材料与方法

1. 供试材料

1）出发菌 S.LZgn5 及其荧光标记菌 S.LZgn5-RFP3、S.LZgn5-RFP4、S.LZgn5-RFP2，S.LZgn5-YFP1、S.LZgn5-YFP3、S.LZgn5-YFP2，S.LZgn5-GFP2、S.LZgn5-GFP4、S.LZgn5-GFP1，S.LZgn5-CFP6、S.LZgn5-CFP16、S.LZgn5-CFP28。

2）出发菌 S.12531 及其荧光标记菌 S.12531-RFP3、S.12531-RFP4、S.12531-RFP2，S.12531-YFP1、S.12531-YFP3、S.12531-YFP2、S.12531-YFP4，S.12531-GFP2、S.12531-GFP4、S.12531-GFP1、S.12531-GFP3，S.12531-CFP2、S.12531-CFP13、S.12531-CFP26。

3）出发菌 S.LH3436 及其荧光标记菌 S.LH3436-RFP5、S.LH3436-RFP4、S.LH3436-RFP3，S.LH3436-YFP1、S.LH3436-YFP3、S.LH3436-YFP2，S.LH3436-GFP2、S.LH3436-GFP4、S.LH3436-GFP3，S.LH3436-CFP1、S.LH3436-CFP2、S.LH3436-CFP6。

2. 供试种子及表面处理药剂

供试种子：甘农 5 号苜蓿（*Medicago sativa* 'Gannong No.5'）种子和根瘤菌株 S.12531（*Sinorhizobium meliloti* '12531'）均由草业生态系统教育部重点实验室提供（甘肃农业大学）。

表面处理药剂：75%乙醇、0.1%HgCl$_2$。

3. Hoagland 无氮营养液和培养基

1）TY 培养基（Sambrook et al.，1989）。胰蛋白胨：5g；酵母粉：5g；CaCl$_2$·6H$_2$O：0.1g；pH：7.0。

2）酵母甘露醇（yeast mannitol，YEM）液体培养基。

K$_2$HPO$_4$：0.5g；MgSO$_4$·7H$_2$O：0.2g；NaCl：0.1g；甘露醇：10g；酵母粉：1.0g；pH：6.8～7.2。

酵母甘露醇琼脂（yeast mannitol agar，YMA）固体培养基为 YEM 培养基添加 10ml/L 0.5%刚果红溶液及 15g/L 琼脂。

3）参照并改进 Hoagland 和 Arnon（1938）的方法配制 Hoagland 无氮营养液。

大量元素：CaCl$_2$：1417mg/L；KCl：607mg/L；MgSO$_4$：493mg/L；NaH$_2$PO$_4$：115mg/L。

微量元素：H$_3$BO$_3$：2.86mg/L；MnCl$_2$·4H$_2$O：1.81mg/L；ZnSO$_4$·7H$_2$O：0.22mg/L；CuSO$_4$·5H$_2$O：0.08mg/L；Na$_2$MoO$_4$·H$_2$O：0.02mg/L。

铁盐溶液：FeSO$_4$：50mg/L；EDTA：37.3mg/L，以去离子水将营养液稀释至 1/4 浓度，用 1mol/L NaOH 溶液或 1mol/L HCl 溶液调节营养液 pH 至 7.0±0.1。

4. 种子表面灭菌处理

取适量甘农 5 号苜蓿种子，置于已灭菌的三角瓶内，用无菌水洗涤 2 次后，加入 75%的乙醇浸泡 3min，无菌水清洗 4 次，每次 2min，再用 0.1%的 HgCl$_2$ 浸泡 3min，无菌水清洗 4 次，每次 2min。将表面灭菌后的种子置于 YMA 培养基中，观察是否有菌长出，检测表面灭菌是否彻底。

5. 苜蓿种子的发芽及播种

将培养皿和滤纸 121℃灭菌 26min，然后在无菌培养皿中放入双层无菌滤纸（Vertucci et al.，1994），将表面灭菌的甘农 5 号苜蓿种子均匀地置于滤纸上，加入 5ml 无菌水，置于人工培养箱中 28℃避光培养，每天补充适量水分。将河沙洗净后 121℃灭菌 3h，再在 150℃高温持续烘干 5h，待冷却后装入 75%乙醇处理过的塑料杯（直径 6cm、高 7.5cm），每杯 250g，杯底扎有网眼，Hoagland 无氮营养液由杯底自下而上浸湿（石德成和赵可夫，1997）。将发芽种子（胚根长度 2mm 左右）均匀置于杯中，每杯 20 粒，表面覆沙 20g。

6. 制备菌液及接种

将苜蓿根瘤菌及其荧光标记菌，分别转接到装有 100ml YMA 液体培养基的三角瓶中，将三角瓶置于摇床，28℃、120r/min 培养至在 600nm 下吸光度达到 0.5～0.8。

待幼苗长出第一片真叶时，将盆栽放于 Hoagland 无氮营养液，使营养液由杯底向上渗透。在苜蓿苗生长的第 20 天，将培养好的菌液（$OD_{600nm}=0.5$）转移至 50ml 的无菌离心管中，5000r/min 离心 5min，弃上清，留沉淀，加入等体积的无菌水，在漩涡振荡器上充分打散菌体，制成菌悬液，浇于盆栽表面，20ml/杯。在幼苗生长过程中及时补充 Hoagland 无氮营养液和水。

7. 测定指标和方法

地上、地下干鲜重：苜蓿苗生长至第 46 天，将苗和河沙从杯中整体取出，用水冲洗，至苜蓿苗根系完全冲洗干净，在水中将苜蓿苗根系分开，尽量保持根的完整性。用滤纸吸干植株表面水分，称量地上鲜重、根鲜重，每处理 3 次重复，称鲜重后置于烘箱中，105℃处理 20min，再 80℃连续烘干 12h 后称其干重。

植物学指标：株高、根长、单株叶片数、叶面积和叶绿素含量（邹琦，1995）；

结瘤指标：单株结瘤数、根瘤鲜重、根瘤等级、固氮酶活性和荧光标记菌占瘤率。

根瘤等级的划分参照李剑峰等（2010）的方法：采用 5 分制进行根瘤等级的划分；1 分：根瘤为中空无内容物的死亡根瘤；2 分：根瘤为切面灰白色的无效根瘤；3 分：根瘤切面略呈粉红色，但直径<0.5mm；4 分：根瘤切面呈粉红色，1mm>直径≥0.5mm；5 分：根瘤切面呈粉红色，直径≥1mm。

固氮酶活性［$μmol/(h·g)$］：参照谭志远等（2009）的方法计算植株根瘤的固氮酶活性。

荧光标记菌占瘤率：选取各处理植株生长良好的根瘤，从根瘤两端根系 0.5cm 处将根瘤切下（Somasegaran and Hoben，1985），各称取 0.01g，用无菌水冲洗 2 次，再以 75% 的乙醇处理 5～10s，破除表面张力，去除组织上的气泡，无菌水冲洗 4 次；以碘伏浸泡 2min，用无菌水冲洗干净；将根瘤转移至无菌研钵中，加入 4ml 无菌水研磨充分后转移至 5ml 无菌离心管中，5000r/min 离心 5min；再吸取 0.2ml 上清液涂抹于 TY 平板，每处理 3 次重复，待菌落长出后，以手提式紫外灯（336nm）照射，计数并拍照。

（二）结果与分析

1. 荧光标记根瘤菌及其出发菌株接种对苜蓿幼苗生物量形成的影响

（1）红色荧光标记根瘤菌及其出发菌株接种对苜蓿幼苗生物量形成的影响

植物积累物质能力的强弱通过生物量的大小来反映。从表 4-4 可以看出，接种标记根瘤菌的苜蓿幼苗的根鲜重和干重、地上部分鲜重和干重均高于未接种的处理；其中，S.LH3436、S.12531、S.LZgn5、S.LH3436-RFP3、S.12531-RFP4 和 S.LZgn5-RFP2 接种苜蓿幼苗的根鲜重高出对照 100%～200%，根干重高出对照 468%～584%，地上鲜重高出对照 19.23%～34.62%，地上干重高出对照 89.09%～167.27%，均具有显著差异（$P<$

0.05），表明红色荧光标记根瘤菌及其出发菌均具有一定的促生作用。S.LH3436-RFP3、S.12531-RFP4 和 S.LZgn5-RFP2 接种后甘农 5 号苜蓿幼苗的根鲜重、根干重、地上鲜重和地上干重分别比出发菌 S.LH3436、S.12531 和 S.LZgn5 高出−33.33%～25%、−12.88%～5.56%、−3.13%～6.06%和−1.64%～27.88%，说明红色荧光标记菌接种与出发菌相比没有显著影响，而与未接种对照相比明显促进了生物量的增加，以 S.12531-RFP4 表现较好。

表 4-4　甘农 5 号苜蓿幼苗接种红色荧光标记菌及其出发菌的根鲜重和干重及地上部分鲜重和干重

编号	根鲜重（g）	根干重（g）	地上鲜重（g）	地上干重（g）
CK	0.02±0.65b	0.0025±0.02b	0.26±0.58b	0.055±0.05b
S.LH3436	0.05±0.01a	0.0162±0.02a	0.32±0.06ab	0.104±0.09ab
S.12531	0.06±0.02a	0.0164±0.02a	0.34±0.02a	0.132±0.03a
S.LZgn5	0.04±0.01ab	0.0163±0.03a	0.33±0.04a	0.122±0.03a
S.LH3436-RFP3	0.05±0.03a	0.0171±0.01a	0.31±0.11ab	0.133±0.06a
S.12531-RFP4	0.04±0.03ab	0.0147±0.03ab	0.33±0.06a	0.147±0.13a
S.LZgn5-RFP2	0.05±0.03a	0.0142±0.02ab	0.35±0.03a	0.120±0.02ab

注：CK 表示未进行接种处理，同列不同小写字母表示差异显著（$P<0.05$），下同

　　从表 4-5 可看出，接种提高了 S.343 紫花苜蓿幼苗的生物量；其中，根鲜重、根干重、地上鲜重和干重分别高出对照 100%～275%、1233.33%～5366.67%、66.67%～133.33%和 466.67%～766.67%。与出发菌 S.LH3436、S.12531 和 S.LZgn5 相比，S.LH3436-RFP3 接种的苜蓿幼苗的根鲜重、根干重、地上鲜重和地上干重分别增加了 16.67%、18.52%、34.29%和 33.85%，而 S.12531-RFP4 和 S.LZgn5-RFP2 接种的苜蓿幼苗的根鲜重、根干重、地上鲜重和地上干重相应有减少，但无显著差异，可见红色荧光标记根瘤菌接种于 S.343 苜蓿幼苗后，不同标记根瘤菌的表现无显著差异，以 S.LH3436-RFP3 表现较好。

表 4-5　紫花苜蓿 S.343 幼苗接种红色荧光标记菌及其出发菌的根鲜重和干重及地上部分鲜重和干重

编号	根鲜重（g）	根干重（g）	地上鲜重（g）	地上干重（g）
CK	0.04±0.16b	0.0030±0.04c	0.21±0.02b	0.021±0.12c
S.LH3436	0.12±0.06a	0.108±0.04a	0.35±0.09ab	0.130±0.18b
S.12531	0.09±0.01ab	0.040±0.02b	0.44±0.03a	0.182±0.12a
S.LZgn5	0.15±0.03a	0.164±0.06a	0.46±0.12a	0.173±0.08ab
S.LH3436-RFP3	0.14±0.02a	0.128±0.04a	0.47±0.10a	0.174±0.32ab
S.12531-RFP4	0.08±0.09ab	0.040±0.02b	0.43±0.05a	0.175±0.02ab
S.LZgn5-RFP2	0.09±0.03ab	0.064±0.06b	0.49±0.05a	0.119±0.20b

　　（2）黄色荧光标记根瘤菌及其出发菌株接种对苜蓿幼苗生物量形成的影响

　　从表 4-6 可以看出，接种标记根瘤菌的苜蓿幼苗的根鲜重和干重、地上部分鲜重和干重均高于未接种的处理；其中，S.LH3436、S.12531、S.LZgn5、S.LH3436-YFP1、S.12531-YFP3 和 S.LZgn5-YFP2 接种的苜蓿幼苗的根鲜重高出对照−8.79%～4.40%，根干重高出对照 14.29%～30.61%，地上鲜重高出对照 93.33%～126.67%，地上干重高出

对照 4.17%～191.67%，均具有显著差异（$P<0.05$），表明黄色荧光标记根瘤菌及其出发菌具有一定的促生作用。S.LH3436-YFP1、S.12531-YFP3 和 S.LZgn5-YFP2 接种后甘农 5 号苜蓿幼苗的根鲜重、根干重、地上鲜重和地上干重分别比出发菌 S.LH3436、S.12531 和 S.LZgn5 高出-7.78%～2.38%、-12.50%～-1.59%、-11.76%～0% 和-58.33%～16.67%，但无显著差异，说明不同黄色荧光标记根瘤菌的接种与没有荧光标记根瘤菌相比不影响苜蓿幼苗生物量的积累，而与未接种对照相比促进了生物量的增加，以 S.LZgn5-YFP2 表现较好。

表 4-6　甘农 5 号苜蓿幼苗接种黄色荧光标记菌及其出发菌的根鲜重和干重及地上部分鲜重和干重

编号	根鲜重（g）	根干重（g）	地上鲜重（g）	地上干重（g）
CK	0.91±0.65b	0.49±0.02b	0.15±0.58b	0.048±0.05c
S.LH3436	0.90±0.01a	0.62±0.02a	0.32±0.06a	0.14±0.09a
S.12531	0.95±0.02a	0.64±0.02a	0.34±0.02a	0.12±0.03a
S.LZgn5	0.84±0.01a	0.63±0.03a	0.31±0.04a	0.12±0.03a
S.LH3436-YFP1	0.83±0.01ab	0.60±0.01ab	0.29±0.01ab	0.10±0.08ab
S.12531-YFP3	0.94±0.01a	0.56±0.03ab	0.30±0.03a	0.05±0.19b
S.LZgn5-YFP2	0.86±0.04a	0.62±0.02a	0.31±0.07a	0.10±0.04ab

从表 4-7 可以看出，接种标记根瘤菌的苜蓿幼苗的根鲜重和干重、地上部分鲜重和干重均高于未接种的处理；其中，进行 S.LH3436、S.12531、S.LZgn5、S.LH3436-YFP1、S.12531-YFP3 和 S.LZgn5-YFP2 接种的苜蓿幼苗的根鲜重高出对照 32.43%～75.68%，根干重高出对照 200%～500%，地上鲜重高出对照 123.81%～223.81%，地上干重高出对照 170%～410%，除根鲜重和根干重外均差异显著（$P<0.05$），表明黄色荧光标记菌及其出发菌对紫花苜蓿 S.343 有促生作用。S.LH3436-YFP1、S.12531-YFP3 和 S.LZgn5-YFP2 接种后 S.343 苜蓿幼苗的根鲜重、根干重、地上鲜重和地上干重分别比出发菌 S.LH3436、S.12531 和 S.LZgn5 高出-23.44%～3.23%、-40%～50%、-4.41%～17.02% 和 -22.85%～10.87%，但无显著差异，说明黄色荧光标记根瘤菌的接种与没有标记根瘤菌相比不影响苜蓿幼苗生物量的积累，与未接种对照相比促进了生物量的增加，以 S.LZgn5-YFP2 表现较好。

表 4-7　紫花苜蓿 S.343 幼苗接种黄色荧光标记菌及其出发菌的根鲜重和干重及地上部分鲜重和干重

编号	根鲜重（g）	根干重（g）	地上鲜重（g）	地上干重（g）
CK	0.37±0.02b	0.01±0.65b	0.21±0.02c	0.10±0.12c
S.LH3436	0.62±0.02a	0.05±0.01a	0.53±0.18b	0.35±0.09a
S.12531	0.64±0.02a	0.04±0.02a	0.68±0.12a	0.34±0.03a
S.LZgn5	0.63±0.03a	0.04±0.01a	0.47±0.08b	0.46±0.12a
S.LH3436-YFP1	0.64±0.08a	0.03±0.01ab	0.58±0.28ab	0.27±0.04ab
S.12531-YFP3	0.49±0.05ab	0.04±0.01a	0.65±0.22a	0.28±0.02ab
S.LZgn5-YFP2	0.65±0.05a	0.06±0.04a	0.55±0.08b	0.51±0.07a

（3）绿色荧光标记根瘤菌及其出发菌株的接种对苜蓿幼苗生物量形成的影响

从表 4-8 可以看出，接种标记根瘤菌的苜蓿幼苗的根鲜重和干重、地上部分鲜重和干重均明显高于未接种的处理；其中，进行 S.LH3436、S.12531、S.LZgn5、S.LH3436-GFP1、S.12531-GFP3 和 S.LZgn5-GFP2 接种的苜蓿幼苗的根鲜重高出对照 733.33%～933.33%，根干重高出对照 266.67%～400%，地上鲜重高出对照 52.48%～111.35%，地上干重高出对照 42.86%～119.05%，均具有显著差异（$P<0.05$），表明绿色荧光标记根瘤菌及其出发菌与未接种相比对甘农 5 号苜蓿有明显的促生作用。

表 4-8 甘农 5 号苜蓿幼苗接种绿色荧光标记菌及其出发菌的根鲜重和干重及地上部分鲜重和干重

编号	根鲜重（g）	根干重（g）	地上鲜重（g）	地上干重（g）
CK	0.03±0.04b	0.03±0.16b	1.41±0.12b	0.21±0.02b
S.LH3436	0.28±0.04a	0.12±0.06a	2.53±0.18a	0.35±0.09a
S.12531	0.31±0.02a	0.11±0.01ab	2.68±0.12a	0.34±0.03a
S.LZgn5	0.25±0.06ab	0.15±0.03a	2.17±0.08ab	0.46±0.12a
S.LH3436-GFP1	0.30±0.09a	0.12±0.03a	2.58±0.28a	0.30±0.04ab
S.12531-GFP3	0.29±0.06a	0.13±0.01a	2.98±0.22a	0.33±0.02a
S.LZgn5-GFP2	0.28±0.03a	0.14±0.01a	2.15±0.08ab	0.31±0.07a

S.LH3436-GFP1、S.12531-GFP3 和 S.LZgn5-GFP2 接种后甘农 5 号苜蓿幼苗的根鲜重、根干重、地上鲜重和地上干重分别比出发菌 S.LH3436、S.12531 和 S.LZgn5 高出 −6.45%～12%、−6.67%～18.18%、−0.92%～11.19%和−32.61%～−2.94%，但无显著差异，说明绿色荧光标记根瘤菌的接种与没有荧光标记根瘤菌相比不影响苜蓿幼苗生物量的积累，而与未接种对照相比促进了生物量的增加，以 S.LH3436-GFP1 表现较好。

从表 4-9 可以看出，接种标记根瘤菌的苜蓿幼苗的根鲜重和干重、地上部分鲜重和干重均高于未接种的处理；其中，进行 S.LH3436、S.12531、S.LZgn5、S.LH3436-GFP1、S.12531-GFP3 和 S.LZgn5-GFP2 接种的苜蓿幼苗的根鲜重高出对照 220%～290%，根干重高出对照 26.53%～36.73%，地上鲜重高出对照 200%～308.33%，地上干重高出对照 566.67%～670.83%，均具有显著差异（$P<0.05$），表明绿色荧光标记根瘤菌及其出发菌对紫花苜蓿 S.343 也具有一定的促生作用，以 S.LH3436-GFP1 表现较好。

表 4-9 紫花苜蓿 S.343 幼苗接种黄色荧光标记菌及其出发菌的根鲜重和干重及地上部分鲜重和干重

编号	根鲜重（g）	根干重（g）	地上鲜重（g）	地上干重（g）
CK	0.20±0.65b	0.49±0.02b	0.24±0.58b	0.048±0.05c
S.LH3436	0.68±0.01a	0.62±0.02ab	0.84±0.09a	0.32±0.06ab
S.12531	0.66±0.02a	0.64±0.02a	0.92±0.03a	0.33±0.02a
S.LZgn5	0.64±0.01ab	0.63±0.03a	0.82±0.03a	0.32±0.04ab
S.LH3436-GFP1	0.78±0.02a	0.62±0.02ab	0.88±0.17a	0.37±0.06a
S.12531-GFP3	0.68±0.02a	0.66±0.01a	0.72±0.10ab	0.33±0.06a
S.LZgn5-GFP2	0.65±0.02ab	0.67±0.01a	0.98±0.06a	0.35±0.03a

（4）青色荧光标记根瘤菌及其出发菌株的接种对苜蓿幼苗生物量形成的影响

从表 4-10 可以看出，接种的苜蓿幼苗根鲜重和干重、地上部分鲜重和干重均高于未接种处理；其中，S.LZgn5、S.LZgn5-CFP6、S.LZgn5-CFP16 和 S.LZgn5-CFP28 接种苜蓿幼苗的根鲜重高出对照 164.4%～208.9%，根干重高出对照 168.8%～227.1%，地上鲜重高出对照 48.9%～108.6%，地上干重高出对照 90.5%～104.8%，均具有显著差异（$P<0.05$），表明 S.LZgn5 及其青色荧光标记菌具有一定的促生作用。

表 4-10　苜蓿幼苗接种 S.LZgn5 及其青色荧光标记菌的根鲜重和干重及地上部分鲜重和干重

编号	根鲜重（g）	根干重（g）	地上鲜重（g）	地上干重（g）
CK	0.045±0.003b	0.0048±0.001b	0.221±0.01b	0.021±0.002b
S.LZgn5	0.119±0.004a	0.0129±0.001a	0.329±0.04a	0.040±0.005a
S.LZgn5-CFP6	0.139±0.03a	0.0157±0.002a	0.461±0.02a	0.041±0.001a
S.LZgn5-CFP16	0.122±0.007a	0.0136±0.001a	0.410±0.003a	0.043±0.006a
S.LZgn5-CFP28	0.129±0.01a	0.0139±0.001a	0.405±0.008a	0.042±0.002a

S.LZgn5-CFP6、S.LZgn5-CFP16、S.LZgn5-CFP28 接种后苜蓿幼苗的根鲜重、根干重、地上鲜重和干重分别比出发菌 S.LZgn5 高出 2.52%～16.81%、5.43%～21.71%、23.10%～40.12% 和 2.50%～7.50%，说明 S.LZgn5 的青色荧光标记菌的接种并没有影响苜蓿幼苗生物量的积累，而是促进了生物量的增加，以 S.LZgn5-CFP6 表现较好。

从表 4-11 可看出，S.12531 及其青色荧光标记菌的接种提高了苜蓿幼苗生物量；其中，根鲜重、根干重、地上鲜重和干重分别高出对照 175.6%～215.6%、150%～233.3%、90.0%～113.6% 和 71.4%～100%，差异均显著（$P<0.05$）。

表 4-11　紫花苜蓿幼苗接种 S.12531 及其青色荧光标记菌的根鲜重和干重及地上部分鲜重和干重

编号	根鲜重（g）	根干重（g）	地上鲜重（g）	地上干重（g）
CK	0.045±0.003b	0.0048±0.001b	0.221±0.01b	0.021±0.002b
S.12531	0.141±0.03a	0.015±0.002a	0.457±0.02a	0.039±0.001a
S.12531-CFP2	0.131±0.02a	0.013±0.001a	0.426±0.02a	0.038±0.002a
S.12531-CFP13	0.142±0.01a	0.016±0.004a	0.472±0.04a	0.042±0.002a
S.12531-CFP26	0.124±0.01a	0.012±0.002a	0.42±0.01a	0.036±0.004a

与出发菌 S.12531 相比，S.12531-CFP13 接种的苜蓿幼苗的根鲜重、根干重、地上鲜重和干重分别增加了 0.71%、6.7%、3.3% 和 7.7%，而 S.12531-CFP2 和 S.12531-CFP26 接种的苜蓿幼苗的根鲜重、根干重、地上鲜重和干重却有所减少，但无显著差异，可见青色荧光标记菌接种于苜蓿幼苗后，不同标记菌的表现有差异，以 S.12531-CFP13 表现较好。

如表 4-12 所示，S.LH3436 及其青色荧光标记菌接种幼苗的根鲜重、根干重、地上鲜重和干重分别高出对照 195.6%～206.7%、171%～183.3%、91.4%～110.9% 和 43.8%～61.9%，差异显著（$P<0.05$）。

表 4-12   紫花苜蓿 S.LH3436 幼苗接种青色荧光标记菌的根鲜重和干重及地上部分鲜重和干重

编号	根鲜重（g）	根干重（g）	地上鲜重（g）	地上干重（g）
CK	0.045±0.003b	0.0048±0.001b	0.221±0.01b	0.021±0.002b
S.LH3436	0.134±0.007a	0.0133±0.001a	0.423±0.02a	0.034±0.002a
S.LH3436-CFP1	0.137±0.006a	0.0135±0.003a	0.427±0.01a	0.0306±0.001a
S.LH3436-CFP2	0.133±0.005a	0.013±0.001a	0.427±0.03a	0.0302±0.001a
S.LH3436-CFP6	0.138±0.006a	0.0136±0.003a	0.466±0.02a	0.0307±0.002a

与出发菌 S.LH3436 相比，S.LH3436-CFP2 接种的苜蓿幼苗的根鲜重和干重、干重均不同程度地减少，而 S.LH3436-CFP1 和 S.LH3436-CFP6（除地上干重外）却有所增加，但差异不显著，可见，S.LH3436 的青色荧光标记菌 S.LH3436-CFP1、S.LH3436-CFP2 和 S.LH3436-CFP6 的接种没有影响苜蓿幼苗生物量的积累，以 S.LH3436-CFP6 表现较好。

2. 荧光标记根瘤菌及其出发菌株接种对苜蓿幼苗植物学特征的影响

（1）红色荧光标记根瘤菌及其出发菌株接种对苜蓿幼苗植物学特征的影响

根长、株高、叶片数及叶面积是影响植株生物量的重要因素。由表 4-13 可得出，红色荧光标记菌及其出发菌的接种促进了根长、株高、叶片数及叶面积的增加，分别高出未接种对照 62.17%～92.62%、76.27%～115.18%、32.33%～51.69%和 87.50%～109.38%，差异显著（$P<0.05$）。S.LH3436-RFP3、S.12531-RFP3 和 S.LZgn5-RFP2 接种后甘农 5 号苜蓿幼苗的根长、株高、叶片数和叶面积分别比出发菌 S.LH3436、S.12531 和 S.LZgn5 高出 2.07%～12%、−2.68%～13.17%、−10.66%～11.93%和−9.09%～6.35%，没有明显差异，其中，S.12531-RFP3 表现较好，接种苜蓿幼苗的根长高出未接种处理 81.63%，差异显著（$P<0.05$）。

表 4-13   甘农 5 号苜蓿幼苗接种出发菌及红色荧光标记菌的根长、株高、叶片数和叶面积

编号	根长（cm）	株高（cm）	叶片数	叶面积（cm²）
CK	6.37±0.32b	5.73±1.99c	10.33±2.40c	0.32±0.02c
S.LH3436	11.73±1.11a	10.10±2.10b	14.00±1.15a	0.62±0.02ab
S.12531	10.33±0.17ab	11.13±1.68a	15.67±0.67a	0.63±0.02a
S.LZgn5	11.10±0.62a	12.33±1.77a	13.67±3.71ab	0.66±0.04a
S.LH3436-RFP1	12.27±0.15a	11.43±4.96a	15.67±2.91a	0.65±0.12a
S.12531-RFP3	11.57±0.54a	11.03±1.92ab	14.00±3.06a	0.67±0.03a
S.LZgn5-RFP2	11.33±0.75a	12.00±1.53a	15.00±0.01a	0.60±0.03ab

由表 4-14 可得出，红色荧光标记菌及其出发菌的接种促进了根长、株高、叶片数及叶面积的增加，分别高出对照 50.48%～76.84%、76.27%～144.33%、137.71%～181.43%和 154.55%～195.45%，差异显著（$P<0.05$）。S.LH3436-RFP1、S.12531-RFP3 和 S.LZgn5-RFP2 接种后 S.343 紫花苜蓿幼苗的根长、株高、叶片数和叶面积分别比出发菌 S.LH3436、S.12531 和 S.LZgn5 高出−2.92%～15.63%、−0.08%～23.07%、4.79%～10.50%

和-5.52%～7.14%，其中，S.12531-RFP3 表现较好，接种苜蓿幼苗的根长高出出发菌15.63%，差异不显著（$P>0.05$）。

表 4-14　紫花苜蓿 S.343 幼苗接种红色荧光标记菌及其出发菌的根长、株高、叶片数和叶面积

编号	根长（cm）	株高（cm）	叶片数	叶面积（cm²）
CK	9.37±0.32c	5.73±1.99c	5.33±2.40c	0.22±0.02c
S.LH3436	15.73±1.11a	10.10±2.10b	14.00±1.15a	0.62±0.02a
S.12531	14.33±0.17ab	13.13±1.68a	12.67±0.67b	0.63±0.02a
S.LZgn5	14.10±0.62b	12.33±1.77a	13.67±3.71ab	0.56±0.04b
S.LH3436-RFP1	15.27±0.15a	12.43±4.96a	14.67±2.91a	0.65±0.12a
S.12531-RFP3	16.57±0.54a	13.03±1.92a	14.00±3.06a	0.57±0.03b
S.LZgn5-RFP2	15.33±0.75a	14.00±1.53a	15.00±0.01a	0.60±0.03a

（2）黄色荧光标记根瘤菌及其出发菌株接种对苜蓿幼苗植物学特征的影响

由表 4-15 可得出，黄色荧光标记菌及其出发菌的接种促进了根长、株高、叶片数及叶面积的增加，分别高出对照 6.7%～25.61%、76.27%～123.91%、25.85%～51.69%和 159.09%～195.45%，差异显著（$P<0.05$）。S.LH3436-YFP1、S.12531-YFP3 和S.LZgn5-YFP2 接种后甘农 5 号苜蓿幼苗的根长、株高、叶片数和叶面积分别比出发菌S.LH3436、S.12531 和 S.LZgn5 高出-0.99%～4.26%、0.69%～6.29%、-17.04%～6.82%和-12.31%～0%，其中，S.12531-YFP3 表现较好，接种苜蓿幼苗的根长高出出发菌4.26%，差异不显著（$P>0.05$）。

表 4-15　甘农 5 号苜蓿幼苗接种黄色荧光标记菌及其出发菌的根长、株高、叶片数和叶面积

编号	根长（cm）	株高（cm）	叶片数	叶面积（cm²）
CK	9.37±0.32ab	5.73±1.99b	10.33±2.40c	0.22±0.02c
S.LH3436	11.73±1.11a	10.10±2.10ab	14.00±1.15a	0.62±0.02a
S.12531	10.33±0.17a	11.13±1.68a	14.67±0.67a	0.63±0.02a
S.LZgn5	10.10±0.62ab	12.33±1.77a	15.67±3.71a	0.65±0.04a
S.LH3436-YFP1	11.77±0.18a	10.17±2.19ab	14.33±0.67a	0.62±0.04a
S.12531-YFP3	10.77±0.90a	11.83±1.08a	15.67±0.67a	0.59±0.01ab
S.LZgn5-YFP2	10.00±1.15a	12.83±2.52a	13.00±3.06b	0.57±0.06ab

由表 4-16 可得出，黄色荧光标记菌及其出发菌的接种促进了根长、株高、叶片数及叶面积的增加，分别高出对照 54.34%～67.35%、43.54%～75.06%、44.42%～61.08%和 115.79%～178.95%，差异显著（$P<0.05$）。S.LH3436-YFP1、S.12531-YFP3 和S.LZgn5-YFP2 接种后紫花苜蓿 S.343 幼苗的根长、株高、叶片数和叶面积分别比出发菌S.LH3436、S.12531 和 S.LZgn5 高出-0.41%～6.03%、-7.63%～21.96%、-10.35%～1.85%和-16.98%～9.76%，其中，S.LZgn5-YFP2 表现较好，接种苜蓿幼苗的根长高出出发菌6.03%，差异显著（$P<0.05$）。

表 4-16　紫花苜蓿 S.343 幼苗接种黄色荧光标记菌及其出发菌的根长、株高、叶片数和叶面积

编号	根长（cm）	株高（cm）	叶片数	叶面积（cm²）
CK	18.90±8.67c	7.90±8.67c	12.00±1.15b	0.19±0.03b
S.LH3436	31.63±3.11a	12.45±3.11a	18.33±0.88a	0.49±0.05a
S.12531	30.60±4.31a	11.34±4.31ab	18.33±0.33a	0.53±0.01a
S.LZgn5	29.17±2.95ab	12.17±2.95a	19.33±0.33a	0.41±0.02ab
S.LH3436-YFP1	31.50±0.58a	11.50±0.58ab	18.67±1.33a	0.45±0.02a
S.12531-YFP3	30.83±0.60a	13.83±0.60a	18.00±1.00a	0.44±0.02a
S.LZgn5-YFP2	30.93±4.37a	12.93±4.37a	17.33±0.88ab	0.45±0.01a

（3）绿色荧光标记根瘤菌及其出发菌株接种对苜蓿幼苗植物学特征的影响

由表 4-17 可得出，绿色荧光标记菌及其出发菌的接种明显促进了根长、株高、叶片数及叶面积的增加，分别高出对照 9.61%～25.19%、76.27%～113.44%、22.65%～42.01% 和 75%～103.13%，差异显著（$P<0.05$）。S.LH3436-GFP1、S.12531-GFP3 和 S.LZgn5-GFP2 接种后甘农 5 号苜蓿幼苗的根长、株高、叶片数和叶面积分别比出发菌 S.LH3436、S.12531 和 S.LZgn5 高出−9.89%～9.68%、−14.01%～21.09%、2.36%～10.50% 和−13.85%～4.84%，其中，S.12531-GFP3 表现较好，接种苜蓿幼苗的根长高出出发菌 9.68%，差异显著（$P<0.05$）。

表 4-17　甘农 5 号苜蓿幼苗接种绿色荧光标记菌及其出发菌的根长、株高、叶片数和叶面积

编号	根长（cm）	株高（cm）	叶片数	叶面积（cm²）
CK	9.37±0.32b	5.73±1.99b	10.33±2.40b	0.32±0.02b
S.LH3436	11.73±1.11a	10.10±2.10ab	14.00±1.15a	0.62±0.02a
S.12531	10.33±0.17ab	12.13±1.68a	13.67±0.67a	0.63±0.02a
S.LZgn5	11.10±0.62a	11.33±1.77a	12.67±3.71ab	0.65±0.04a
S.LH3436-GFP1	10.57±0.35ab	12.23±4.31a	14.33±1.33a	0.65±0.02a
S.12531-GFP3	11.33±2.11a	10.43±1.09ab	14.67±1.76a	0.61±0.10a
S.LZgn5-GFP2	10.27±0.96ab	11.57±1.53a	14.00±0.01a	0.56±0.04ab

由表 4-18 可得出，绿色荧光标记根瘤菌及其出发菌的接种明显促进植物根长、株高、叶片数及叶面积的增加，分别高出对照 8.72%～16.25%、37.97%～57.59%、36.08%～61.08% 和 37.93%～68.97%，差异显著（$P<0.05$）。S.LH3436-GFP1、S.12531-GFP3 和

表 4-18　紫花苜蓿 S.343 幼苗接种绿色荧光标记菌及其出发菌的根长、株高、叶片数和叶面积

编号	根长（cm）	株高（cm）	叶片数	叶面积（cm²）
CK	8.37±0.32b	7.90±8.67c	12.00±1.15c	0.29±0.03b
S.LH3436	9.73±1.11a	12.45±3.11a	18.33±0.88a	0.49±0.05a
S.12531	9.33±0.17a	11.34±4.31ab	18.33±0.33a	0.49±0.01a
S.LZgn5	9.10±0.62ab	12.17±2.95a	16.33±0.33ab	0.41±0.02a
S.LH3436-GFP1	9.57±0.35a	10.90±1.07ab	18.67±0.67a	0.40±0.01ab
S.12531-GFP3	9.33±2.11a	11.67±3.66ab	17.67±0.33ab	0.42±0.02a
S.LZgn5-GFP2	9.27±0.96a	12.07±3.39a	19.33±0.33a	0.41±0.01a

S.LZgn5-GFP2 接种 S.343 紫花苜蓿后，幼苗的根长、株高、叶片数和叶面积分别比出发菌 S.LH3436、S.12531、S.LZgn5 高出 -1.64%～1.87%、-12.45%～2.91%、-3.60%～18.37% 和 -18.37%～0%，其中 S.LZgn5-GFP2 表现较好，幼苗根长比出发菌高 1.87%。

（4）青色荧光标记根瘤菌及其出发菌株接种对苜蓿幼苗植物学特征的影响

根长、株高、叶片数及叶面积是影响植株生物量的重要因素。由表 4-19 可得出，S.LZgn5 及其荧光标记菌的接种促进了根长、株高、叶片数及叶面积的增加，分别高出对照 13.9%～22.5%、25.1%～55.7%、17.5%～22.2% 和 28.9%～42.2%，差异显著（$P<0.05$）。

表 4-19　苜蓿幼苗接种 S.LZgn5 及其青色荧光标记菌的根长、株高、叶片数和叶面积

编号	根长（cm）	株高（cm）	叶片数	叶面积（cm²）
CK	12.33±0.17c	7.97±0.26c	15.75±0.49b	0.45±0.03b
S.LZgn5	14.05±0.25b	9.97±0.54b	18.5±0.87a	0.58±0.01a
S.LZgn5-CFP6	15.10±0.40a	12.41±0.51a	19.25±0.63a	0.64±0.02a
S.LZgn5-CFP16	14.40±0.42ab	10.96±0.58ab	19.00±0.82a	0.60±0.03a
S.LZgn5-CFP28	14.80±0.3ab	12.06±0.53a	19.25±0.75a	0.64±0.01a

S.LZgn5-CFP6、S.LZgn5-CFP16 和 S.LZgn5-CFP28 接种的苜蓿幼苗的根长、株高、叶片数和叶面积分别高出出发菌 2.5%～7.5%、9.9%～24.5%，2.7%～4.1% 和 3.4%～10.3%，其中，S.LZgn5-CFP6 表现较好，接种苜蓿幼苗的根长高出出发菌 7.5%，差异显著（$P<0.05$）。

由表 4-20 可得出，S.12531 及其荧光标记菌的接种促进了苜蓿幼苗的生长，荧光标记菌 S.12531-CFP2、S.12531-CFP13 和 S.12531-CFP26 接种的苜蓿幼苗的根长、株高、叶片数和叶面积分别高出对照 9.8%～25.2%、29.7%～38.3%、27%～39.2% 和 28.9%～50.7%，差异显著（$P<0.05$）。

表 4-20　苜蓿幼苗接种 S.12531 及其青色荧光标记菌的根长、株高、叶片数和叶面积

编号	根长（cm）	株高（cm）	叶片数	叶面积（cm²）
CK	12.3±0.17c	7.97±0.26b	15.8±0.49b	0.450±0.03b
S.12531	15.3±0.3a	10.75±0.76a	21.2±0.3a	0.672±0.01a
S.12531-CFP2	14.0±0.7ab	10.50±0.7a	20.5±0.9a	0.669±0.017a
S.12531-CFP13	15.4±0.5a	11.02±0.57a	22.0±0.7a	0.678±0.016a
S.12531-CFP26	13.5±0.4bc	10.34±0.3a	20.0±0.7a	0.580±0.05a

青色荧光标记菌 S.12531-CFP2、S.12531-CFP13、S.12531-CFP26 接种苜蓿幼苗的株高、叶片数和叶面积与出发菌 S.12531 无显著差异；S.12531-CFP26 接种苜蓿幼苗的根长比出发菌 S.12531 减少 11.8%，差异显著（$P<0.05$），比较根长、株高、叶片数和叶面积，以 S.12531-CFP13 表现较好。

由表 4-21 可得出，S.LH3436 及其青色荧光标记菌 S.LH3436-CFP1、S.LH3436-CFP2、S.LH3436-CFP6 的接种促进了苜蓿幼苗的生长，根长、株高、叶片数和叶面积

分别比对照高出 13.0%～20.3%、51.4%～56.7%、14.3%～27%和 28.9%～37.8%，差异
显著（$P < 0.05$）。

表 4-21　苜蓿幼苗接种 S.LH3436 及其青色荧光标记菌的根长、株高、叶片数和叶面积

编号	根长（cm）	株高（cm）	叶片数	叶面积（cm²）
CK	12.3±0.17b	7.97±0.26b	15.75±0.49b	0.45±0.03b
S.LH3436	14.1±0.23a	12.39±0.41a	19.00±0.4a	0.59±0.02a
S.LH3436-CFP1	14.2±0.16a	12.4±0.25a	19.30±0.8a	0.6±0.01a
S.LH3436-CFP2	13.9±0.55a	12.07±0.13a	18.00±0.4a	0.58±0.01a
S.LH3436-CFP6	14.8±0.19a	12.49±0.24a	20.00±0.7a	0.62±0.01a

与其出发菌 S.LH3436 相比，青色荧光标记菌 S.LH3436-CFP1、S.LH3436-CFP6 接
种的苜蓿幼苗的根长、株高、叶片数和叶面积有所增加，S.LH3436-CFP2 有所减少，但
均无显著差异，以 S.LH3436-CFP6 表现较好。

3. 荧光标记根瘤菌及其出发菌株接种对苜蓿叶绿素含量的影响

叶绿素含量的高低反映了光合作用的强弱，也体现了植株利用氮素能力的强弱，
如图 4-6 所示，RFP、YFP 和 GFP 荧光标记菌分别接种的甘农 5 号苜蓿的叶片叶绿素
含量分别比对照高出 40.2%～51.2%、32.1%～38%及 58.4%～71.2%，差异显著（$P <$
0.05），绿色荧光标记菌的叶绿素含量与红色和黄色荧光标记菌无明显差异，而各荧光
标记根瘤菌与出发菌相比，无显著差异。图 4-6A 中，出发菌和黄色荧光标记根瘤菌的
叶绿素含量显著高于未接种苜蓿，而出发菌和黄色荧光标记根瘤菌之间叶绿素含量无显
著差异。图 4-6B 中，出发菌和红色荧光标记根瘤菌的叶绿素含量显著高于未接种苜蓿，

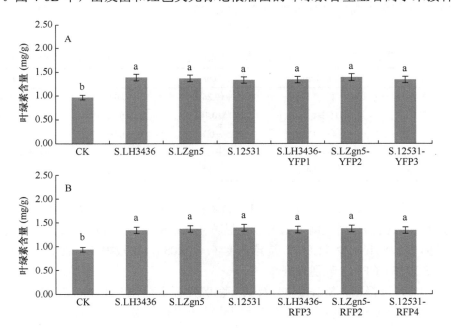

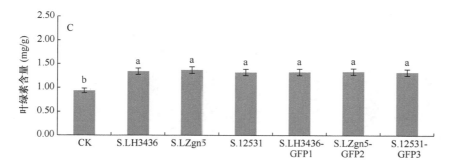

图 4-6　红、黄、绿荧光标记菌及其出发菌接种甘农 5 号苜蓿幼苗的叶片叶绿素含量

A. 黄色荧光标记菌及其出发菌接种甘农 5 号苜蓿幼苗后的叶片叶绿素含量；B. 红色荧光标记菌及其出发菌接种甘农 5 号苜蓿幼苗后的叶片叶绿素含量；C. 绿色荧光标记菌及其出发菌接种甘农 5 号苜蓿幼苗后的叶片叶绿素含量

而出发菌和红色荧光标记根瘤菌之间叶绿素含量无显著差异。图 4-6C 中，出发菌和绿色荧光标记根瘤菌的叶绿素含量显著高于未接种苜蓿，而出发菌和绿色荧光标记根瘤菌之间叶绿素含量无显著差异。

如图 4-7 所示，S.LZgn5 及其青色荧光标记菌 S.LZgn5-CFP6、S.LZgn5-CFP16、S.LZgn5-CFP28 接种的苜蓿幼苗的叶片叶绿素含量比对照高出 52.3%~67.1%，差异显著（$P<0.05$），而各荧光标记根瘤菌与出发菌相比，无显著差异。

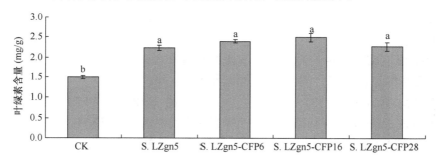

图 4-7　苜蓿幼苗接种 S.LZgn5 及其青色荧光标记菌的叶片叶绿素含量

如图 4-8 所示，RFP、YFP 和 GFP 荧光标记菌分别接种的紫花苜蓿 S.343 的叶片叶绿素含量比对照高出 38.2%~47.6%、24%~31% 及 45.2%~54.2%，差异显著（$P<0.05$）。而各荧光标记根瘤菌与出发菌相比，无显著差异。图 4-8A 中，出发菌和红色荧光标记根瘤菌的叶绿素含量显著高于未接种苜蓿，而出发菌和红色荧光标记根瘤菌

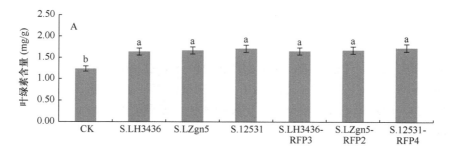

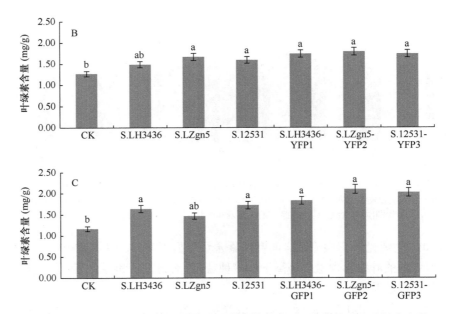

图 4-8 红、黄、绿荧光标记菌及其出发菌接种 S.343 幼苗的叶片叶绿素含量

A. 红色荧光标记菌及其出发菌接种紫花苜蓿 S.343 幼苗后的叶片叶绿素含量；B. 黄色荧光标记菌及其出发菌接种紫花苜蓿 S.343 幼苗后的叶片叶绿素含量；C. 绿色荧光标记菌及其出发菌接种紫花苜蓿 S.343 幼苗后的叶片叶绿素含量

之间叶绿素含量无显著差异。图 4-8B 中，出发菌和黄色荧光标记根瘤菌的叶绿素含量显著高于未接种苜蓿，而出发菌和黄色荧光标记根瘤菌之间叶绿素含量无显著差异。图 4-8C 中，出发菌和绿色荧光标记根瘤菌的叶绿素含量显著高于未接种苜蓿，而出发菌和绿色荧光标记根瘤菌之间叶绿素含量无显著差异。

如图 4-9 所示，S.12531 及其青色荧光标记菌 S.12531-CFP2、S.12531-CFP13、S.12531-CFP26 接种的苜蓿幼苗的叶片叶绿素含量比对照高出 57.7%～63.7%，差异显著（$P<0.05$），而各荧光标记根瘤菌与出发菌相比，无显著差异。

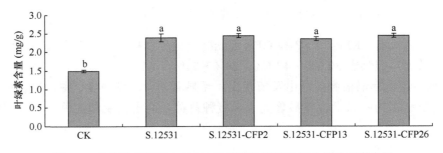

图 4-9 苜蓿幼苗接种 S.12531 及其荧光标记菌的叶片叶绿素含量

如图 4-10 所示，S.LH3436 及其荧光标记菌 S.LH3436-CFP1、S.LH3436-CFP2、S.LH3436-CFP6 接种的苜蓿幼苗的叶片叶绿素含量比对照高出 50.7%～66.4%，差异显著（$P<0.05$），而各荧光标记根瘤菌与出发菌相比，无显著差异。可见菌株的接种提高了叶绿素含量，各荧光标记根瘤菌的接种并未影响叶片的叶绿素含量。

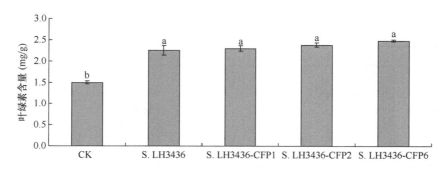

图 4-10　苜蓿幼苗接种 S.LH343 及其荧光标记菌的叶片叶绿素含量

4. 荧光标记根瘤菌及其出发菌株接种对固氮能力的影响

（1）红色荧光标记根瘤菌及其出发菌株接种对苜蓿固氮能力的影响

苜蓿根瘤的固氮酶活性大小，反映了根瘤中根瘤菌固定氮素能力的强弱，能否在原宿主上形成有效根瘤是确认根瘤菌是否有效的基本方法。从表 4-22 可知 S.LH3436、S.12531、S.LZgn5 及其红色荧光标记菌 S.LH3436-RFP2、S.12531-RFP4、S.LZgn5-RFP1 接种的甘农 5 号苜蓿幼苗的单株结瘤数、根瘤固氮酶活性和根瘤等级均与对照有显著差异（$P<0.05$），其中固氮酶活性是对照的 16～23.4 倍，因此红色荧光标记根瘤菌的接种相比对照组提高了根瘤的固氮酶活性，但与出发菌无显著差异，S.LZgn5-RFP1 表现较好。

从表 4-23 可以看出 S.LH3436、S.12531、S.LZgn5 及其红色荧光标记菌 S.LH3436-RFP2、S.12531-RFP4、S.LZgn5-RFP1 接种 S.343 苜蓿幼苗的根瘤固氮酶活性与对照存在显著差异（$P<0.05$），其中固氮酶活性是对照的 19.15～22.87 倍，可见，红色荧光标记根瘤菌的接种相比未接种处理明显提高了根瘤的固氮酶活性，但与出发菌无显著差异，S.LH3436-RFP2 表现较好。

表 4-22　甘农 5 号苜蓿幼苗接种红色荧光标记菌的单株结瘤数、固氮酶活性、根瘤等级和标记菌占瘤率

编号	单株结瘤数	根瘤等级	根瘤固氮酶活性 [μmol/(g·h)]	占瘤率
CK	2.00±0.58c	1.33±0.33b	0.63±0.13c	/
S.LH3436	15.00±2.08a	4.67±0.33a	11.53±0.12a	/
S.12531	9.00±1.73b	4.33±0.33ab	12.23±0.02a	/
S.LZgn5	14.67±1.20a	4.67±0.33a	10.05±0.01ab	/
S.LH3436-RFP2	15.67±7.17a	4.98±0.33a	14.45±0.11a	54.8%±1.5%a
S.12531-RFP4	12.00±1.73ab	5.00±1.00a	12.53±0.35a	50.5%±1.4%ab
S.LZgn5-RFP1	13.33±1.45ab	5.33±0.33a	14.76±1.14a	51.8%±1.2%b

注：占瘤率参照凌瑶等（2008）方法中 50%水平为对照；"/"表示无数据

表 4-23　紫花苜蓿 S.343 幼苗接种红色荧光标记菌的单株结瘤数、固氮酶活性、根瘤等级和标记菌
占瘤率

编号	单株结瘤数	根瘤等级	根瘤固氮酶活性［μmol/(g·h)］	占瘤率
CK	2.00±0.58b	1.33±0.33b	0.54±0.12c	/
S.LH3436	15.00±2.08a	4.67±0.33a	11.47±0.16a	/
S.12531	10.00±1.73ab	4.33±0.33a	12.34±0.02a	/
S.LZgn5	11.67±1.20a	4.67±0.33a	10.34±0.04ab	/
S.LH3436-RFP2	13.00±3.51a	4.33±0.33a	12.35±0.13a	59.2%±1.5%a
S.12531-RFP4	10.33±2.19ab	4.00±0.58ab	11.98±0.23a	56.6%±1.2%a
S.LZgn5-RFP1	15.00±2.08a	4.00±0.58ab	10.43±1.65ab	52.1%±1.2%b

（2）黄色荧光标记根瘤菌及其出发菌株接种对苜蓿固氮能力的影响

从表 4-24 可以看出 S.LH3436、S.12531、S.LZgn5 及其黄色荧光标记菌 S.LH3436-YFP2、
S.12531-YFP4、S.LZgn5-YFP1 接种的甘农 5 号苜蓿幼苗的单株结瘤数和根瘤固氮酶活
性均与对照存在显著差异（P＜0.05），其中固氮酶活性是对照的 11.5～15.59 倍，可见，
黄色荧光标记菌及其出发菌的接种相比未接种处理明显提高了根瘤的固氮酶活性，
S.LH3436-YFP2 表现较好。

从表 4-25 可以看出 S.LH3436、S.12531、S.LZgn5 及其荧光标记菌 S.LH3436-YFP2、
S.12531-YFP4、S.LZgn5-YFP1 接种的紫花苜蓿 S.343 幼苗的单株结瘤数、根瘤固氮

表 4-24　甘农 5 号苜蓿幼苗接种黄色荧光标记菌及其出发菌的单株结瘤数、固氮酶活性、根瘤等级和
标记菌占瘤率

编号	单株结瘤数	根瘤等级	根瘤固氮酶活性［μmol/(g·h)］	占瘤率
CK	4.67±3.71c	1.00±0.58b	0.87±0.13c	/
S.LH3436	18.67±2.96b	2.67±1.20ab	12.57±0.26a	/
S.12531	19.00±5.86ab	2.67±0.67ab	13.56±0.12a	/
S.LZgn5	19.33±4.91a	2.67±1.20ab	10.01±0.07b	/
S.LH3436-YFP2	20.00±4.73a	3.33±1.20a	12.78±0.15a	43.8%±1.5%b
S.12531-YFP4	19.67±4.10a	2.67±0.33ab	13.12±0.38a	51.2%±1.5%a
S.LZgn5-YFP1	20.00±2.08a	2.73±0.88a	11.00±1.32ab	40.1%±1.2%b

表 4-25　紫花苜蓿 S.343 幼苗接种黄色荧光标记菌及其出发菌的单株结瘤数、固氮酶活性、根瘤等级
和标记菌占瘤率

编号	单株结瘤数	根瘤等级	根瘤固氮酶活性［μmol/(g·h)］	占瘤率
CK	2.00±0.58c	1.33±0.33b	0.54±0.12c	/
S.LH3436	15.00±2.08a	4.67±0.33a	11.47±0.16a	/
S.12531	9.00±1.73b	4.33±0.33a	12.34±0.02a	/
S.LZgn5	13.67±1.20a	4.67±0.33a	10.34±0.04b	/
S.LH3436-YFP2	13.00±3.51a	4.33±0.33a	13.35±0.13a	59.2%±1.5%a
S.12531-YFP4	10.33±2.19b	4.00±0.58ab	13.98±0.23a	56.6%±1.2%a
S.LZgn5-YFP1	15.00±2.08a	4.00±0.58ab	12.43±1.65a	52.1%±1.2%b

酶活性和根瘤等级均与对照存在显著差异（$P<0.05$），其中固氮酶活性是对照的 19.15～25.89 倍，可见，黄色荧光标记菌及其出发菌的接种提高了根瘤的固氮酶活性，S.LH3436-YFP2 表现较好。

（3）绿色荧光标记根瘤菌及其出发菌株接种对苜蓿固氮能力的影响

从表 4-26 可以看出 S.LH3436、S.12531、S.LZgn5 及其绿色荧光标记菌 S.LH3436-GFP2、S.12531-GFP4、S.LZgn5-GFP1 接种的甘农 5 号苜蓿幼苗的单株结瘤数、根瘤固氮酶活性和根瘤等级均与对照存在显著差异（$P<0.05$），其中固氮酶活性是对照的 11.5～15.97 倍，可见，绿色荧光标记菌及其出发菌的接种提高了根瘤的固氮酶活性，S.12531-GFP4 表现较好。

表 4-26　甘农 5 号苜蓿幼苗接种绿色荧光标记菌及其出发菌的单株结瘤数、固氮酶活性、根瘤等级和标记菌占瘤率

编号	单株结瘤数	根瘤等级	根瘤固氮酶活性 ［μmol/(g·h)］	占瘤率
CK	4.67±3.71c	1.00±0.58c	0.87±0.13c	/
S.LH3436	18.67±2.96a	2.67±1.20ab	12.57±0.26a	/
S.12531	19.00±5.86a	2.67±0.67ab	13.56±0.12a	/
S.LZgn5	19.33±4.91a	2.67±1.20ab	10.01±0.07ab	/
S.LH3436-GFP2	16.00±9.45ab	3.00±1.00a	13.78±0.15a	65.8%±1.6%a
S.12531-GFP4	18.67±2.73a	2.93±0.88a	12.56±0.38a	57.5%±1.5%ab
S.LZgn5-GFP1	19.33±1.33a	2.77±0.67a	13.89±1.32a	56.8%±1.7%b

从表 4-27 可以看出 S.LH3436、S.12531、S.LZgn5 及其荧光标记菌 S.LH3436-GFP2、S.12531-GFP4、S.LZgn5-GFP1 接种的紫花苜蓿 S.343 幼苗的单株结瘤数、根瘤固氮酶活性和根瘤等级均与对照存在显著差异（$P<0.05$），其中固氮酶活性是对照的 14.72～20.07 倍，可见，绿色荧光标记菌及其出发菌的接种提高了根瘤的固氮酶活性，S.LH3436-GFP2 表现较好。

表 4-27　紫花苜蓿 S.343 幼苗接种绿色荧光标记菌及其出发菌的单株结瘤数、固氮酶活性、根瘤等级和标记菌占瘤率

编号	单株结瘤数	根瘤等级	根瘤固氮酶活性 ［μmol/(g·h)］	占瘤率
CK	2.00±0.58c	1.33±0.33b	0.68±0.13c	/
S.LH3436	15.00±2.08a	4.67±0.33a	13.57±0.16a	/
S.12531	12.00±1.73b	4.33±0.33ab	12.56±0.06a	/
S.LZgn5	14.67±1.20ab	4.67±0.33a	10.01±0.07b	/
S.LH3436-GFP2	15.67±7.17a	4.89±0.33a	12.74±0.17a	60.8%±1.5%a
S.12531-GFP4	16.00±1.73a	5.03±1.00a	13.56±0.34a	59.5%±1.3%a
S.LZgn5-GFP1	15.33±1.45a	5.33±0.33a	13.65±1.12a	56.8%±1.4%ab

（4）青色荧光标记根瘤菌及其出发菌株接种对苜蓿固氮能力的影响

从表 4-28 可以看出 S.LZgn5 及其青色荧光标记菌 S.LZgn5-CFP6、S.LZgn5-CFP16、S.LZgn5-CFP28 接种的苜蓿幼苗的单株结瘤数、根瘤固氮酶活性和根瘤等级均与对照存

在显著差异（$P<0.05$），其中固氮酶活性是对照的 12.71～14.71 倍，可见，根瘤菌 S.LZgn5 及其青色荧光标记菌的接种提高了根瘤的固氮酶活性，S.LZgn5-CFP6 表现较好。

表 4-28　苜蓿幼苗接种 S.LZgn5 及其荧光标记菌的单株结瘤数、固氮酶活性、根瘤等级和标记菌占瘤率

编号	单株结瘤数	固氮酶活性 [μmol/(g·h)]	根瘤等级	占瘤率
CK	7.0±0.58b	1.4±0.58b	3.8±0.17b	/
S.LZgn5	16.2±0.65a	17.8±1.53a	4.3±0.12a	/
S.LZgn5-CFP6	18.0±0.6a	20.6±1.79a	4.5±0.07a	47.7%±1.5%a
S.LZgn5-CFP16	17.0±0.6a	18.7±1.3a	4.4±0.07a	47.7%±1.0%a
S.LZgn5-CFP28	17.5±0.7a	18.9±1.4a	4.4±0.26a	47.7%±1.5%a

S.LZgn5-CFP6、S.LZgn5-CFP16 和 S.LZgn5-CFP28 接种的苜蓿幼苗的单株结瘤数、固氮酶活性及根瘤等级比出发菌 S.LZgn5 高出 4.94%～11.11%、5.06%～15.73% 和 2.33%～4.65%，无显著差异；荧光标记菌的占瘤率与 50% 相比，无显著差异，说明荧光标记菌具有一定的与种子内生根瘤菌竞争的能力。

从表 4-29 可知，S.12531 及其青色荧光标记菌接种的苜蓿幼苗的单株结瘤数、固氮酶活性与对照相比，均有大幅增加，差异显著（$P<0.05$），其中，根瘤固氮酶活性为对照的 9.8～15.4 倍；S.12531 和 S.12531-CFP13 接种苜蓿幼苗的根瘤等级评分显著高于对照（$P<0.05$）。

表 4-29　苜蓿幼苗接种 S.12531 及其青色荧光标记菌的单株结瘤数、固氮酶活性、根瘤等级和标记菌占瘤率

编号	单株结瘤数	固氮酶活性 [μmol/(g·h)]	根瘤等级	占瘤率
CK	7.0±0.58b	1.43±0.58d	3.80±0.17c	/
S.12531	15.0±1a	15.44±1.74bc	4.39±0.05ab	/
S.12531-CFP2	14.5±0.5a	18.73±0.86ab	4.23±0.06abc	58.3%±1.7%b
S.12531-CFP13	16.0±1a	22.07±0.93a	4.56±0.06a	67.7%±1.5%a
S.12531-CFP26	14.0±1a	14.03±0.97c	4.11±0.2bc	56.7%±1.6%b

与 S.12531 相比，S.12531-CFP26 接种的苜蓿幼苗的根瘤固氮酶活性减少 9.1%，S.12531-CFP2 和 S.12531-CFP13 接种的苜蓿幼苗的根瘤固氮酶活性提高了 21.3% 和 42.9%；S.12531-CFP2、S.12531-CFP13、S.12531-CFP26 的占瘤率与 50% 相比，分别高出 16.6%、35.4% 和 13.4%，差异显著（$P<0.05$），说明荧光标记菌 S.12531-CFP2、S.12531-CFP13、S.12531-CFP26 的侵染能力较强，其竞争结瘤能力要高于种子内生根瘤菌，S.12531-CFP13 表现较好。

如表 4-30 所示，S.LH3436 及其青色荧光标记菌 S.LH3436-CFP1、S.LH3436-CFP2 和 S.LH3436-CFP6 接种的苜蓿幼苗的根瘤固氮酶活性均高于对照，为对照的 10.8～13.9 倍，差异显著（$P<0.05$）；其根瘤等级评分亦显著高于对照（$P<0.05$）。

表 4-30　苜蓿幼苗接种 S.LH3436 及其荧光标记菌的单株结瘤数、固氮酶活性、根瘤等级和标记菌
占瘤率

编号	单株结瘤数	固氮酶活性[μmol/(g·h)]	根瘤等级	占瘤率
CK	6.0±0.58b	1.43±0.58c	3.8±0.17c	/
S.LH3436	10.3±0.67a	16.64±0.37ab	4.33±0.1b	/
S.LH3436-CFP1	7.67±0.67b	17.42±0.68ab	4.40±0.1b	47%±1.6%a
S.LH3436-CFP2	7.33±0.67b	15.48±0.43b	4.2±0.0.06b	47.1%±1.5%a
S.LH3436-CFP6	6.0±0.58b	19.82±0.51a	4.8±0.12a	47.9%±1.3%a

S.LH3436-CFP1、S.LH3436-CFP2、S.LH3436-CFP6 接种的苜蓿幼苗的单株结瘤数均低于出发菌 S.LH3436，差异显著（$P<0.05$），而 S.LH3436-CFP1 和 S.LH3436-CFP6接种的苜蓿幼苗的根瘤固氮酶活性和根瘤等级评分却高于出发菌 S.LH3436，说明S.LH3436-CFP1 和 S.LH3436-CFP6 接种的苜蓿幼苗的无效根瘤较少；同时各荧光标记根瘤菌的占瘤率与 50% 相比，差异不显著，表明荧光标记根瘤菌的竞争结瘤能力不低于种子内生根瘤菌。

（三）小结

根瘤菌的接种可显著提高植物产量。本研究中，各出发菌与其荧光标记菌接种苜蓿幼苗的地上鲜重和干重、根鲜重和干重、根长、株高和固氮酶活性等均显著（$P<0.05$）高于未接种的处理，表明出发菌与其荧光标记菌对苜蓿生长均具有明显的促进作用，且荧光标记根瘤菌不会对苜蓿幼苗的根系产生影响。

不同颜色荧光标记根瘤菌回接苜蓿幼苗，均能在根瘤中检测出荧光标记根瘤菌，RFP和 YFP 荧光标记根瘤菌的占瘤率与 50% 相比无显著差异，说明荧光质粒的导入没有显著影响根瘤菌的竞争结瘤能力，其竞争能力与种子内生菌相当。GFP 荧光标记菌的占瘤率均高于 50%，与 50% 相比差异显著（凌瑶等，2008）（$P<0.05$）。S.LZgn5 和 S.LH3436的 CFP 荧光标记根瘤菌的占瘤率与 50% 相比无显著差异，而 S.12531 的 CFP 荧光标记根瘤菌的占瘤率显著高于 50%（$P<0.05$）。说明不同颜色的荧光标记根瘤菌均能成功侵染植株并结瘤，荧光质粒的导入不会对菌株的侵染结瘤能力有显著的负面影响。

本小节研究获得：接种不同颜色荧光标记根瘤菌的处理与未接种相比可有效促进植株的生长和生物量积累；各荧光标记根瘤菌接种苜蓿幼苗的根鲜重和干重、地上部分鲜重和干重、株高和根长等与对应出发菌无显著差异，荧光质粒的导入没有影响菌株对苜蓿幼苗生物量积累的促进效果。

第二节　解磷根瘤菌种质诱变选育

苜蓿根瘤菌的促进生长功能不仅体现在共生固氮促生方面，存在于苜蓿根际的根瘤菌可通过分泌有机酸等物质，溶解土壤中被固定的磷素，使其速效化并被苜蓿吸收。苜蓿根际根瘤菌解磷促生，是其促进植物生长的另外一项重要功能。

一、解磷根瘤菌的逐级分离筛选

（一）材料与方法

1. 供试材料

于甘肃农业大学草业学院兰州牧草试验站内分别选取 8 个已生长 2～3 年、生长健壮且无病虫害的苜蓿品种和 2 个红豆草品种的植株（表 4-31），每个牧草品种选取 5 处不同栽培地的 5 株植株，连根挖取，分离根瘤。

参比菌株：溶磷根瘤菌株 SL01（*Rhizobium meliloti*）（李剑峰等，2010），草业生态系统教育部重点实验室（甘肃农业大学）保存。

对照菌株：苜蓿根瘤菌 12531（*Sinorhizobium meliloti*），中国科学院微生物研究所菌种保藏中心购得。

植物根瘤表面处理药剂：碘伏（有效碘浓度为 2500mg/L）和 ST 液 [0.9%NaCl，0.5% 吐温 50，75%乙醇（袁保红等，2007）]。

表 4-31　苜蓿品种、品种来源及植株生长年限

品种名与学名	品种来源	生长年限
陇东苜蓿 *M. sativa* 'Longdong'	甘肃	2
游客苜蓿 *M. sativa* 'Eureka'	美国	3
苜蓿王 *M. sativa* 'Alfaking'	加拿大	3
三德利苜蓿 *M. sativa* 'Sanditi'	荷兰	3
阿尔冈金苜蓿 *M. sativa* 'Algonquin'	甘肃	3
金皇后苜蓿 *M. sativa* 'Golden Empress'	加拿大	2
中兰 1 号苜蓿 *M. sativa* 'Zhonglan No.1'	甘肃	2
德福苜蓿 *M. sativa* 'Defi'	美国	3
甘肃红豆草 *Onobrychis viciifolia* Scop 'Gansu'	甘肃	2
普通红豆草 *Onobrychis viciifolia*	宁夏	2

产酸固氮菌株的甄别用含溴麝香草酚蓝酸碱指示剂的 Winogradsky 无氮固体培养基。

Winogradsky 无氮固体培养基（Islam et al.，2007）：母液配制：KH_2PO_4（50.0g/L），$MgSO_4 \cdot 7H_2O$（25.0g/L），NaCl（25.0g/L），$FeSO_4 \cdot 7H_2O$（1.0g/L），$Na_2MoO_4 \cdot 2H_2O$（1.0g/L），$MnSO_4 \cdot 4H_2O$（1.0g/L），加 1000ml 蒸馏水溶解后以 1mol/L NaOH 调节 pH 为 7.2。5ml 培养基母液用 10g/L 的甘露醇溶液定容至 1000ml，加入 $CaCO_3$ 粉末（0.1g/L），以 $2mol/LH_2SO_4$ 调节 pH 为 6.2。培养基经 0.45μm 的微孔滤膜过滤后添加琼脂 15g/L，pH 调节为 6.8 后 121℃高压灭菌。

根瘤菌的液体培养用 YEM 培养基（Li and Alexander，1988）：甘露醇（10.0g/L），$(NH_4)_2SO_4$（0.2g/L），$MgSO_4 \cdot 7H_2O$（0.1g/L），KCl（0.2g/L），酵母粉（0.5g/L），NaCl（0.36g/L），$MnSO_4$（0.02g/L），$FeSO_4$（0.005g/L）；YMA 固体培养基为以上组分加 15g/L 的琼脂粉。

解磷根瘤菌的筛选用 Pikovskava（PKO）固体培养基，菌株解磷能力的测定培养基用不含琼脂的 PKO 液体培养基（吕学斌等，2007）。

2. 根瘤分离和表面消毒

每个植株选取红色或粉红色的根瘤 4 枚，用无菌手术刀切下，置于无菌三角瓶中，加碘伏溶液振荡灭菌 3min，加入无菌 ST 液洗涤 1min，无菌水冲洗 5 次（Selvakumar et al.，2008），再加入 75%的乙醇缓慢振荡 20s，最后用无菌水冲洗 5 次，无菌滤纸吸干根瘤表面水分后待用。每个品种以 5 株植株作为重复。

3. 固氮解磷菌株的分离筛选

选用根瘤研磨稀释液涂抹法进行筛选，培养基选用含溴麝香草酚蓝指示剂的 Wincgradsky 无氮固体培养基（Islam et al.，2007），28℃培养 7 天后，选取每平板 10～30 个单菌落的培养基进行菌株的分离。

选择在无氮固体培养基上生长良好、具有根瘤菌菌落特征的产酸（菌落及菌落边缘区域变黄）单菌落（共选出 61 株），用 YEM 液体培养基（Ltaief et al.，2007）培养并制备 OD$_{600nm}$ 吸光度值为 0.5 的菌液。采用 PKO 解无机磷琼脂培养基，点接法接种，7 天后选取在 PKO 固体平板上产生解磷透明圈的菌株菌落（Illmer and Schinner，1992），在 YMA 固体平板上划线纯化。

将纯化后的单菌落菌体转接到 YMA 刚果红培养基上，观察 72h 菌龄的菌落形态特征（汤晖等，2006），选择符合根瘤菌菌落特征的初筛菌株（Jordan and Genus，1984），并对菌株生理生化鉴定指标进行测定，设 3 个阳性重复和 1 个阴性对照（George et al.，1986）。

4. 根瘤菌的植株回接鉴定

以陇东苜蓿（回接苜蓿根瘤菌）和甘肃红豆草（回接红豆草根瘤菌）为回接材料，进行根瘤菌的回接鉴定，接种菌液 OD$_{600nm}$ 吸光度值为 0.5，活菌数约为 10^9 细胞/ml（Ahmed et al.，2008；陈利云等，2008）。

种子表面经 0.1% HgCl$_2$ 处理 3min（Selvakumar et al.，2008），无菌水浸洗 5～8 次，24℃催芽 24h。为消除种皮携带根瘤菌的干扰，取催芽后胚根长于 2mm 的萌发种子去除种皮后，用无菌蒸馏水冲洗 4～5 次并以菌悬液浸泡 20min，每盆栽以 5 粒接种菌液的种子播种于盛有无菌河沙（过 1.5mm 筛，121℃高压灭菌）的塑料盆（高 28cm、直径 8cm）中，剩余菌液倒入盆栽，以无菌水代替菌液处理为空白对照，以苜蓿中华根瘤菌 12531 和溶磷苜蓿根瘤菌 SL0 为接种对照。每接种处理 5 个重复。由于未能获得已鉴定的红豆草根瘤菌标准菌，故对红豆草植株仅作不接菌的空白对照。培养条件同前，每盆栽每 5 天以无菌 Hoagland 营养液（Hoagland and Arnon，1938）浇灌盆栽至最大含水量。接种 45 天后，每处理选取 3 个盆栽倾斜浸入水槽，小心洗出根部，测定单株根瘤数、结瘤率、根瘤鲜重、根瘤数量及根瘤直径。

5. 解磷根瘤菌固氮能力、解磷及综合促生能力的测定

（1）固氮能力测定

接种第 50 天，采用乙炔还原法测定根瘤固氮酶活性（Redondo et al.，2009）。根据测定结果排除无结瘤能力或只能产生无效根瘤的菌株（图 4-11），最终得到解磷苜蓿根瘤菌 L-5、L-7 和解磷红豆草根瘤菌 RS-1、RS-8、RS-14。

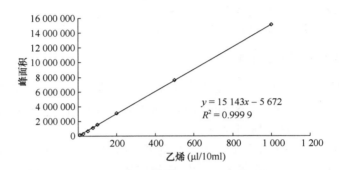

图 4-11　乙炔还原法测定固氮酶活性标准曲线

（2）解磷能力测定

菌株：标准菌 12531、解磷苜蓿根瘤菌 SL01 和 5 株筛选出的解磷根瘤菌。

定性测定：采用解磷圈法，培养基采用 PKO 固体培养基，点接种，28℃培养 14 天，测定菌落解磷透明圈的直径 D 与菌落直径 d 并计算其比值 D/d，每菌株 5 次重复。

定量测定：采用钼锑抗比色法（林启美等，2001），培养基采用含磷酸钙 10g/L 的 PKO 液体培养基，接种后 25℃、120r/min 振荡培养 7 天，4000r/min 下离心 10min，测定 OD_{886nm} 吸光度值并计算溶磷量（mg/L），以不接菌的液体 PKO 培养基作为空白对照，每处理菌株 5 次重复。以纯的磷酸二氢钠为标准物质制作磷测定标准曲线（图 4-12）。

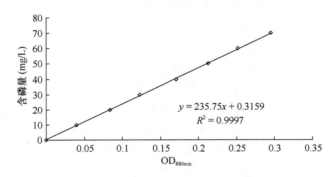

图 4-12　钼锑法测定可溶性磷标准曲线

（3）其他促生能力测定

分泌生长素 IAA 能力测定：采用比色法，培养基采用添加 100mg/L 色氨酸的 YEM 培养基。比色液配方：0.5mol/L $FeCl_3$ 0.5ml；15ml H_2SO_4；蒸馏水 25ml。

抗盐性：以 YEM 为基础培养基，NaCl 浓度在 5～50g/L，培养 3～5 天后测定菌

体生长。

抗酸碱性：以 YEM 为基础培养基，培养基高压灭菌后以 1mol/L HCl 或 NaOH 调节培养基的 pH 为 3.0～11.0，观察菌株生长状况。

抗生素抗性测定：新霉素及多黏菌素每 5μg/ml 一个梯度单位；链霉素、卡那霉素和氨苄青霉素每 10μg/ml 一个梯度单位；红霉素、氯霉素和杆菌肽每 50μg/ml 一个梯度单位。

（二）结果与分析

1. 初筛解磷根瘤菌

从 8 个苜蓿品种和 2 个红豆草品种植株的根瘤中分离出 61 株根瘤菌，均能在无氮培养基上正常生长（表 4-32）。

所有根瘤菌株都能在含盐量高于 5% 的培养基上正常生长，L-5 和 L-18 可分别耐受 9% 和 10% 的含盐量。多数菌株能适应 pH 为 5～11 的酸碱度范围，L-2、L-18 和标准菌 12531 可耐受 pH 为 4 的酸性环境，而 RS-14 菌株仅能在 pH 为 5～9 的环境中生存，说明在相似的生境下，从不同品种植株根瘤中分离出的根瘤菌对盐碱和酸性环境的耐受程度也有差异。在 61 株根瘤菌中初步筛选出 9 株解磷菌（表 4-33），除 L-2 和 L-21 外，其他菌株都有明显的分泌生长素的能力，其中，RS-1、RS-19 和 L-5 产 IAA 能力最强，RS-8 和 RS-14 次之，L-7、参比菌株 SL01 和标准菌 12531 产生长素的能力较弱。可见，RS-1、L-5 和 RS-19 菌株同时具备高解磷和高产生长素的特点，具有良好的开发潜力。

表 4-32　分离的根瘤菌菌株编号及宿主植株

宿主植株及品种	种子产地	菌株编号	初筛菌数
陇东苜蓿 *M. sativa* 'Longdong'	甘肃	L-37，L-38，L-39，L-40	4
游客苜蓿 *M. sativa* 'Eureka'	美国	L-27，L-28，L-29，L-30，L-31，L-32，L-33，L-34，L-35，L-36	10
苜蓿王 *M. sativa* 'Alfaking'	加拿大	L-17，L-18，L-19，L-20，L-21，L-22，L-23，L-24，L-25	9
三德利苜蓿 *M. sativa* 'Sanditi'	荷兰	L-26	1
阿尔冈金苜蓿 *M. sativa* 'Algonquin'	甘肃	L-12，L-13，L-14，L-15，L-16	5
金皇后苜蓿 *M. sativa* 'Golden Empress'	加拿大	L-3，L-4，L-5，L-6	4
中兰 1 号苜蓿 *M. sativa* 'Zhonglan No.1'	甘肃	L-7，L-8，L-9，L-10，L-11	5
德福苜蓿 *M. sativa* 'Defi'	美国	L-1，L-2	2
甘肃红豆草 *O. viciifolia* Scop. 'Gansu'	甘肃	RS-14，RS-15，RS-16，RS-17，RS-18，RS-19，RS-20，RS-21	8
普通红豆草 *O. viciifolia*	宁夏	RS-1，RS-2，RS-3，RS-4，RS-5，RS-6，RS-7，RS-8，RS-9，RS-10，RS-11，RS-12，RS-13	13

表 4-33　初筛选解磷根瘤菌株及菌落形态特征

菌株	宿主	菌落直径（mm）	菌落形态特征		黏稠性
			形态	外观	
L-5	金皇后苜蓿	4	凸起	白色不透明	有黏质胞外多糖
L-7	中兰1号苜蓿	4.5	凸起	白色不透明	有黏质胞外多糖
L-2	德福苜蓿	4.5	凸起	白色半透明	有黏质胞外多糖
L-18	苜蓿王	3	凸起	白色不透明	有黏质胞外多糖
L-21	苜蓿王	6	凸起	白色不透明	有黏质胞外多糖
RS-1	普通红豆草	4.5	凸起	白色不透明	有黏质胞外多糖
RS-8	普通红豆草	4.5	凸起	白色不透明	有黏质胞外多糖
RS-14	甘肃红豆草	4.5	凸起	白色不透明	有黏质胞外多糖
RS-19	甘肃红豆草	4.5	凸起	透明	大量黏质胞外多糖

　　不同解磷根瘤菌的生理生化特性不同（表 4-34），但所有菌株对多黏菌素、新霉素和卡那霉素抗性普遍偏低，而对杆菌肽和氯霉素的抗性普遍偏高。RS-1 菌株对氯霉素的抗性可达 400mg/L，对氨苄青霉素的抗性也达 140mg/L。

表 4-34　初筛选解磷根瘤菌株主要生理生化特性

测定指标	对照菌株		待测固氮解磷菌								
	SL01	12531	L-5	L-7	L-2	L-18	L-21	RS-1	RS-8	RS-14	RS-19
β-D-(−)-Arabinose	+	+	+	+	+	+	+	+	+	+	+
鼠李糖	+	+	+	−	+	+	−	+	+	+	+
D-核糖	+	+	+	+	+	+	+	+	+	+	+
麦芽糖	+	+	+	+	+	+	+	+	+	+	+
菊糖	−	−	−	−	−	−	−	−	−	−	−
葡萄糖	+	+	+	+	+	+	+	+	+	+	+
果糖	+	+	+	+	+	+	+	+	+	+	+
木糖	+	+	+	+	+	+	+	+	+	+	+
糊精	−	−	−	+	+	−	−	−	−	−	+
淀粉	−	−	−	+	+	−	−	−	−	−	+
蔗糖	+	+	+	+	+	+	+	+	+	+	+
柠檬酸盐	−	−	−	+	+	+	+	−	−	−	+
接触酶反应	+	+	+	+	+	+	+	+	+	+	+
产 3-酮基乳糖	−	−	−	−	−	−	−	−	−	−	−
革兰氏染色	−	−	−	−	−	−	−	−	−	−	−
BTB 反应	产酸	产碱	产酸	产酸	产酸	产酸	产酸	产酸	产酸	产酸	产酸
抗盐性	≤6%	≤5%	≤9%	≤5%	≤6%	≤10%	≤6%	≤7%	≤5%	≤6%	≤7%
生长 pH	5-11	4-11	5-11	5-11	4-11	4-11	5-11	5-11	5-10	5-9	5-11
产生长素	+	+	+++	+	−	++	−	+++	++	++	+++

　　注："+"表示菌株能够生长或反应阳性，"−"表示菌株不能生长或反应阴性。产生长素能力以"+"表示，"+++"表示产生长素量最多，"++"表示产生生长素较多，"−"表示菌株不产生生长素或在测定中未显色

2. 接种不同解磷根瘤菌对植株根瘤数量、根瘤鲜重及固氮酶活性的影响

　　确认根瘤菌最基本的方式是验证菌株是否可在原宿主上产生有效的根瘤。接种筛选

出的解磷菌后，结瘤率、根瘤大小和根瘤固氮酶活性差异很大（表 4-35）。其中，L-5、L-7、RS-1、RS-8 和 RS-14 能使苜蓿或红豆草的幼苗产生有效根瘤，结瘤率为 100%，是本研究所需要的解磷根瘤菌；苜蓿根瘤菌中，L-5 的结瘤能力最强，固氮酶活性最高（表 4-35）。红豆草根瘤菌中，接种 RS-1 菌株和 RS-14 菌株的植株根瘤数和根瘤鲜重均高于接种 RS-8 菌株的处理，接种 RS-1 的植株根瘤固氮酶活性最高，与 RS-8 和 RS-14 差异显著（$P < 0.05$）。

表 4-35　解磷根瘤菌接种植株的根瘤数指标及固氮酶活性

接种菌株	根瘤数	根瘤鲜重（mg）	根瘤直径（mm）	根瘤固氮酶活性［µmol/(g·h)］	结瘤率
未接种	0.8c	0.1c	0.1d	—	30%
SL01	9.2b	1.9b	2.0b	24.2a	100%
12531（CK）	9.7b	2.2b	1.9b	21.5b	100%
L-5	23.2a	2.8a	2.6a	26.1a	100%
L-7	10.4b	2.0b	1.5c	13.7c	100%
L-2	1.0c	0.1c	0.1d	—	60%
L-18	1.4c	0.1c	0.1d	—	60%
L-21	0.6c	0.1c	0.1d	—	10%
RS-1	21.60a	3.15a	2.37ab	23.7a	100%
RS-8	7.60b	2.33b	2.20b	5.1d	100%
RS-14	17.20ab	3.48a	2.50a	11.2c	100%

注："—"表示未检测出

3. 根瘤菌溶解无机磷的能力

经回接试验鉴定的 5 株解无机磷根瘤菌在固体 PKO 培养基上的溶磷能力均高于作为对照解磷根瘤菌的 SL01 菌株。筛选出的根瘤菌液体培养 7 天后的解磷量均存在显著差异，均高于 SL01 菌株（$P < 0.05$）。

本研究筛选出的所有苜蓿根瘤菌在固体培养基上的溶磷圈直径比（D/d）均小于红豆草根瘤菌（图 4-13），而在液体培养条件下这一趋势完全相反，苜蓿根瘤菌 L-5 和 L-7 在 PKO 液体培养基中 7 天内的溶磷量均显著高于红豆草根瘤菌（表 4-36）。

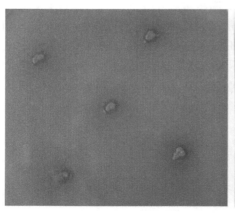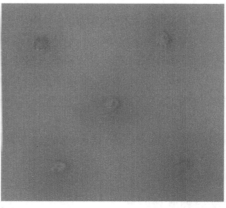

彩图请扫二维码

图 4-13　含 BTB 指示剂的 PKO 培养基上解磷苜蓿根瘤菌 L-5(左)和红豆草根瘤菌 RS-1 的单菌落(右)
（师尚礼等，2015）

表 4-36　解无机磷根瘤菌在固体和液体培养条件下的解磷能力

菌株	液体培养条件下 7 天总溶磷量（mg/L）			固体培养条件下 14 天溶磷圈径比 D/d		
	平均值	标准差	$P<0.05$	平均值	标准差	$P<0.05$
SL01（CK2）	24.04	0.92	f	1.84	0.09	d
12531（CK1）	0	0.00	g	—	0.00	e
L-5	52.77	1.79	b	1.95	0.14	cd
L-7	67.04	4.95	a	1.85	0.12	d
RS-1	48.86	0.30	c	2.41	0.10	b
RS-8	38.63	0.20	d	2.02	0.06	c
RS-14	27.23	0.11	e	2.75	0.11	a

注：测定值为 5 次重复的平均值，12531 为无解磷能力的根瘤菌标准菌，"—" 是指无溶磷能力或无溶磷透明圈

（三）小结

筛选过程中，参与微生物学分类生化指标测定的 9 株菌株在 YMA 培养基、无氮培养基和 PKO 解无机磷培养基上的菌落形态与根瘤菌相同，除 RS-19 外的所有菌株在革兰氏染色、产酸反应和部分碳源的利用率上均表现出高度一致，但只有 5 株经结瘤试验最终确认为根瘤菌的菌株不能以淀粉和柠檬酸作为唯一碳源，并在过氧化氢酶反应中显阳性。这也是将根瘤菌与其他非结瘤菌株进行区分的关键特征。以上特征指标结合结瘤回接试验可为解磷根瘤菌的筛选提供便利，减少筛选步骤和工作量，提高筛选效率。

在纯培养条件下发现，产生长素能力强的解磷根瘤菌株在 YMA 培养基和无氮培养基上形成菌落较其他菌株更快，解磷、结瘤能力和根瘤的固氮酶活性也显著高于其他菌株。从同一出发菌株获得的生长素分泌量较大的突变株，其解磷能力也较强。表明菌株分泌生长素能力与产酸代谢能力、溶解无机磷能力可能存在某种关联，具体的机理尚不明确，有必要做进一步研究。

本小节研究获得：①从 8 个苜蓿品种和 2 个红豆草品种植株的根瘤中分离出 61 株能在无氮培养基上正常生长，在 PKO 培养基上正常生长并能形成解磷透明圈，具有典型根瘤菌菌落特征的固氮解磷根瘤菌株。并通过菌落形态、标准生理生化诊断试验和宿主植株回接试验逐步将解磷根瘤菌与其他无结瘤能力的解磷菌予以区分。最终得到解磷根瘤菌 L-5、L-7、RS-1 和 RS-8。其中 RS-1 和 L-5 菌株可作为高效解磷根瘤菌的育种种质材料。②根瘤中分离出的 61 株根瘤菌中，只有 L-5、L-7、RS-1、RS-8、RS-14 不能利用淀粉和柠檬酸，不产生 3-酮基乳糖，接触酶反应显阳性。表明唯一碳源实验、产 3-酮基乳糖和接触酶反应是区分根瘤菌和其他微生物的主要诊断指标。

二、解磷根瘤菌耐抗生素突变株的诱变选育

（一）材料与方法

1. 供试材料及培养基

供试菌株：解无机磷苜蓿根瘤菌 L-5 和解无机磷红豆草根瘤菌 RS-1。

培养基选用 YMA 固体培养基、YEM 液体培养基、Pikovskava（PKO）液体培养基和 PKO 固体培养基、Winogradsky 无氮半固体培养基。

回接植株材料：L-5 菌株及其突变株回接采用陇东苜蓿，RS-1 菌株及其突变株回接采用甘肃红豆草。

2. 菌悬液的制备

将保存的解磷根瘤菌菌株接种于 YMA 固体培养基，28℃活化 2h，接种于 10ml YMA 液体培养基，28℃、120r/min 振荡培养至 OD_{600nm} 吸光度值约为 0.5。将菌液在 3500r/min 下离心 10min，去上清液，加入 5ml 无菌蒸馏水振荡；重复离心，弃上清液，加 10ml 无菌蒸馏水，振荡悬浮后用无菌蒸馏水稀释至菌液含菌量约为 $1×10^3$cfu/ml。

3. 菌株产 IAA 及溶磷能力的定量测定

采用 Salkowski 比色法测定菌株分泌植物生激素（IAA）的能力。

S2 比色液组成：$FeCl_3$ 4.5g，10.8mol/L H_2SO_4 1L，IAA 测定范围 5～200mg/L，一般超过 100mg/L 就进行稀释。

PC 比色液组成：$FeCl_3$ 12g，7.9mol/L H_2SO_4 1L，IAA 测定范围 0.3～20mg/L。

用分析纯的 3-吲哚乙酸配制 1～20mg/L 梯度浓度的标准溶液，取标准溶液 1ml 加比色液 1ml 冰浴中黑暗静置 30min 显色，取出后立即测定 OD_{530nm} 吸光度值，绘制标准曲线（图 4-14）。得到标准曲线方程为 $y = 45.714x + 0.7241$，决定系数为 0.9996。

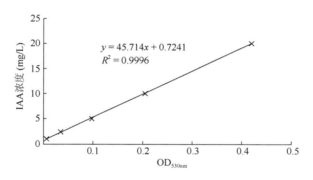

图 4-14　IAA 测定标准曲线

解磷能力测定方法参照第三章。

4. 溶磷耐抗生素根瘤菌微波诱变条件的优化

采用 Hair MD-2480EGC 型微波炉（2450MHz，最大输入功率 1200W，最大输出功率 1050W，下同）进行微波诱变处理。向直径 9cm 的培养皿内加入 10ml 菌液，分别在 800W、600W、400W 下进行微波诱变，照射时间分别为 0s、5s、10s、20s、30s、40s、50s、60s、70s 和 80s；每照射 10s 在冰上快速冷却 5s，消除热效应后再照射。以未经微波处理的菌悬液作为对照。取处理后的菌液 0.2ml 均匀涂抹于 PKO 固体培养基，28℃培养 7 天，记录单菌落数量、直径和溶磷透明圈直径，计算致死率和正突变率。

致死率（lethality rate）和正突变率（positive mutation frequency）计算方法如下：

$$致死率（\%）=（1 - S_1 / S_2）× 100\%$$

$$正突变率（\%）= M_p / S_1 × 100\%$$

式中，S_1 为对照菌落数；S_2 为处理菌落数；M_p 为正突变株数，即解磷透明圈直径 D 与菌落直径 d 的比值显著高于原始菌株的突变株总数（$P<0.05$）。

5. 产 IAA 耐抗生素根瘤菌微波诱变参数的优化

选择前文中优化得到的解磷根瘤菌 L-5 最佳诱变参数（600W，30s）进行 RS-1 菌株高产 IAA 突变株的辐照诱变，发现产生长素菌株的正突变率仅为 5.24%，致死率为 89.82%，故此条件并不适用于诱变 RS-1 菌株得到高产 IAA 突变株。

因此改变微波辐照的功率和时长，即分别采用 1050W、800W 和 650W 三个功率照射 10ml 菌液，照射时间分别为 0s、2s、4s、6s、8s、10s、12s、14s、16s、18s 和 20s；每累计照射 4s 需将菌液取出，在冰上冷却 5s 后再进行照射。每处理 3 次重复，以未经微波处理的菌悬液作为对照。取处理后的菌液 0.2ml 涂抹于 YMA 固体培养基，28℃培养 3 天，记录单菌落数、计算致死率，并将各处理的所有单菌落菌株接入 YEM 培养基，7 天后测定其 IAA 产量，以确定正突变率最高的处理条件。

致死率（lethality rate）和正突变率（positive mutation frequency）计算方法如下：

$$致死率（\%）=（1 - N_1 / N_2）× 100\%$$

$$正突变率（\%）= M_p / N_1 × 100\%$$

式中，N_1 为对照菌落数；N_2 为处理菌落数；M_p 为正突变株数，是指 7 天内 IAA 产量显著高于原始菌株的突变株总数（$P<0.05$）。

6. 溶磷和耐抗生素突变株的筛选

取微波处理后的菌液 0.2ml 先涂抹于含 300mg/L 氨苄青霉素的 YMA 固体培养基，再挑选生长良好的菌株接种至含 80mg/L 卡那霉素的 YMA 固体培养基，在两种含药固体培养基上均能良好生长的菌株为双抗性菌株。为防止菌株在含药培养基上产生抗药性变异，将选出的双抗性菌株同时接种于含 80mg/L 卡那霉素和 300mg/L 氨苄青霉素的 YMA 固体培养基上进行抗药性复检，以在两种含药培养基上均生长正常的菌株为初筛菌株。

将筛选出的突变株和原始菌株菌悬液（10^9cfu/ml）以 4% 的接种量接入 PKO 无机磷液体培养基，以不接种菌株的培养基作为对照，28℃、120r/min 摇床培养 14 天，测定溶磷量。筛选出溶磷能力强的突变株作为复筛菌株。

7. 产 IAA 突变株的筛选

将初筛菌株和原始菌株菌悬液（10^9cfu/ml）以 4% 的接种量接入 YEM 培养基，以加入同体积高温灭活菌液的 YEM 培养基作为对照。28℃、160r/min 摇床培养，分别于 4 天和 24 天后测定各菌株发酵液的 IAA 含量。IAA 高于原始菌株的耐药突变株为复筛菌株。

8. 突变菌株结瘤固氮能力及占瘤率的测定

参照 Vincent（1974）的方法对筛选出的菌株和原始菌株以甘肃红豆草或陇东苜蓿的种子进行回接，同时测定耐药突变株的占瘤率，以原野生菌株宿主植株栽培地土表以下 3～4cm 的土壤作为栽培基质进行盆栽试验。种子表面灭菌，催芽后去除种皮（张淑卿等，2009a），无菌水冲洗 5～8 次，以筛选出的双耐药突变株菌液处理 30min，浸种后的 5 粒发芽种子播种于盛有未灭菌原宿主栽培地土壤的塑料盆中（高 28cm、直径 8cm），剩余菌液浇入盆栽中。以 1/4 Hoagland（Hoagland and Arnon，1938）营养液进行浇灌，之后以蒸馏水持续补充水分。每菌株设 4 个盆栽作为重复，以不接菌的处理作为对照。50 天后每处理随机取两盆约 10 株幼苗，无损伤清洗后测定植株的结瘤率、单株结瘤数和单株生物量；突变株及原始菌株对单植株生物量的增加率为菌液处理植株相对不接菌处理的增加量。将根系上的有效根瘤全部切下，采用乙炔还原法测定固氮酶活性。

占瘤率参照 Kumar 和 Chandra（2008）的方法，取剩余两个盆栽共约 10 株幼苗，用自来水无损伤清洗，无菌手术刀切下全部根瘤，表面灭菌后从中间剖开，以其中半枚根瘤剖面向下放置在含抗生素（突变株所耐受的其中一种抗生素）YMA 刚果红固体平板上，以另一半根瘤作为重复。待含药 YMA 平板上长出与根瘤菌形态特征一致的菌落后将菌体转入 PKO 含药培养基（含有突变株所耐受的另一种抗生素），以在 PKO 含药平板上能够正常生长并能产生解磷透明圈的菌株为双耐药标记的解磷根瘤菌突变株，以产生该菌株菌落的根瘤为耐药突变株所形成的根瘤，计算突变株的占瘤率（Chandra and Pareek，1985）。

9. 解磷能力的测定

将 L-5 及其突变株分别接入 PKO 固体培养基和含 10g/L 磷酸钙的 PKO 液体培养基，28℃、120r/min 振荡培养 14 天，测定溶磷圈直径和菌落直径；并将菌株的 PKO 液体培养基发酵菌液 4000r/min 离心 30min，测定上清液中可溶性磷含量并计算菌株的解磷能力，单位为 mg/L。

10. 选育突变株遗传稳定性试验

分别取 L-5 和 RS-1 各 5 个最优突变株以画线法接种于 YMA 固体斜面上，28℃培养 36h 后于 4℃下保存，此为第 1 代；之后每隔 36h，以 YMA 固体培养基传代 1 次并于 28℃下培养，各代菌株接种于 PKO 液体培养基和含药固体培养基，测定每代菌株的溶磷量、耐抗生素特性和产 IAA 能力，共传代 6 次。

（二）结果与分析

1. 微波照射强度对 L-5 和 RS-1 菌株诱变效应和致死率的影响

L-5 菌株对微波敏感，致死效应明显，致死率和正突变率随着照射时间的增长和照射剂量的累积而提高（图 4-15）。当 600W 功率照射时间达到 30s 时，菌株的致死率为 87.3%，此时正突变率达到最大值 14%，为最优诱变条件。

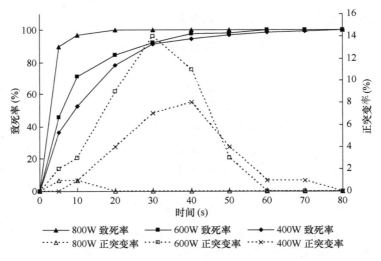

图 4-15 微波照射强度对解磷根瘤菌 L-5 诱变效应的影响

　　与 L-5 菌株相似，RS-1 菌株对微波敏感，致死效应明显，致死率随照射功率的增大和照射时间的延长而增大，正突变率随照射时间的延长而呈单峰变化趋势（图 4-16）。在 800W 处理下，菌株的致死率和正突变率随着照射时间的增长而提高，当照射时间超过 6s 时，致死率持续增大，而正突变率却降低。因此，800W 输出功率、6s 照射时间为 RS-1 菌株的最佳诱变条件。

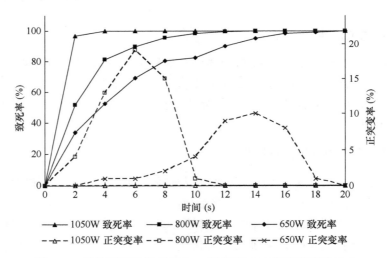

图 4-16 微波照射强度对产 IAA 根瘤菌 RS-1 诱变效应的影响

2. L-5 突变株的解磷能力

　　在最佳诱变条件（600W，30s）下对原始菌株 L-5 进行微波照射处理，分别经过含 100mg/L 卡那霉素和 300mg/L 青霉素固体培养基的筛选，共得到约 150 株耐受两种抗生素的突变株，通过溶磷量比较，最终选取 5 株溶磷能力较强的菌株（表 4-37），其中突变株 LW107 溶磷能力最强，培养 14 天后在 PKO 液体培养基中的溶磷量和在 PKO 固体

培养基中的 D/d 值分别比原始菌株提高了 112.90% 和 43.79%；LW135 次之，溶磷量和 D/d 值分别比原始菌株提高了 74.2% 和 21.3%。

表 4-37 复筛选的解磷根瘤菌株的溶磷能力

菌株 （原始菌株/突变体）	解磷圈直径 /菌落直径	较原始株提高率（%）	溶磷量［mg/(L·d)］	较原始菌株提高率（%）
L-5	1.69	0	7.83	0
LW59	2.11	24.85	11.97	52.87
LW81	1.98	17.16	9.56	22.09
LW104	1.91	13.02	10.46	33.59
LW107	2.43	43.79	16.67	112.90
LW135	2.05	21.30	13.64	74.20

注：溶磷量的测定数据为 3 次重复的平均值，下同

3. RS-1 溶磷突变株的产 IAA 能力

在最佳诱变条件下（800W，6s）对原始菌株 RS-1 进行微波照射处理，分别经过含 80mg/L 卡那霉素和 300mg/L 青霉素固体培养基的筛选，共得到约 150 株耐受两种抗生素的突变株，通过 IAA 产量的比较，最终选取 5 株产 IAA 能力较强的菌株（表 4-38），其中突变株 RSW96 产 IAA 能力最强，培养 4 天和 24 天后在 YEM 培养基中产 IAA 量分别比原始菌株提高了 66.93% 和 50.15%；RSW107 次之，分别比原始菌株提高了 51.59% 和 41.15%。

表 4-38 复筛选的根瘤菌株的产 IAA 能力

菌株 （原始菌株/突变体）	4 天 IAA 产量 （mg/L）	4 天产量较原始菌株提高率 （%）	24 天 IAA 产量 （mg/L）	24 天 IAA 产量较原始菌株提高率（%）
RS-1	5.02	0	33.8	0
RSW14	6.98	39.04	43.95	30.03
RSW55	6.4	27.49	40.09	18.61
RSW62	7.37	46.81	45.92	35.86
RSW96	8.38	66.93	50.75	50.15
RSW107	7.61	51.59	47.71	41.15

注：测定数据为 3 次重复的平均值，下同

4. 高效突变株的遗传稳定性

为验证高效突变株的遗传稳定性，测定了 L-5 菌株 5 个高效解磷突变株各 6 代菌株的溶磷量和耐药性。结果表明，突变株 LW59、LW81、LW104 均不稳定，溶磷量逐渐降低（表 4-39）；LW81、LW104 和 LW135 菌株分别于第 4、第 5 和第 2 代失去部分或全部耐受抗生素的能力；突变株 LW107 稳定性较好，每代之间溶解难溶性无机磷的能力差异不明显，并在传代 6 次之后仍保持其耐药特性，证明其遗传性状稳定。

表 4-39　高效溶磷突变株遗传稳定性试验结果

培养代数	溶磷量［mg/(L·d)］					抗生素的耐药性				
	LW59	LW81	LW104	LW107	LW135	LW59	LW81	LW104	LW107	LW135
1	11.97	9.45	10.56	16.72	13.14	++	++	++	++	++
2	10.92	8.7	9.63	17.06	13.37	++	++	++	++	++
3	9.54	8.1	9.38	16.92	12.75	++	++	++	++	–
4	8.05	3.33	8.31	16.8	13.19	++	+	++	++	–
5	7.20	3.53	6.67	17.11	12.52	++	+	+	++	–
6	5.59	3.08	6.99	16.69	12.40	++	+	+	++	–

注:"++"表示对卡那霉素(80mg/L)及青霉素(300mg/L)均有抗性,"+"表示仅对其中一种有抗性,"–"表示均无抗性,下同

对 5 株 RS-1 高产 IAA 突变株各 6 代菌株的耐药性和 4 天内的 IAA 产量进行测定,结果表明(表 4-40),突变株 RSW14、RSW62 对两种抗生素的耐药性能够稳定遗传,但 IAA 产量不稳定,随传代次数增加逐渐降低;RSW111 产 IAA 能力较为稳定,但在传代 3 次后丧失耐受卡那霉素的能力;而 RSW96 产生长素的能力较强,各代菌株产量稳定,其 1~6 代菌株均能保持双耐药特性,证明该菌株遗传性状稳定,适宜做进一步开发。

表 4-40　高产生长素突变株的遗传稳定性

培养代数	4 天产 IAA 量(mg/L)					对两种抗生素的耐药性				
	RSW14	RSW55	RSW62	RSW96	RSW111	RSW14	RSW55	RSW62	RSW96	RSW111
1	6.77	6.55	7.4	8.6	9.22	++	++	++	++	++
2	6.41	6.47	6.86	8.52	9.65	++	++	++	++	++
3	6.15	5.96	6.94	8.23	9.46	++	–	++	++	++
4	5.38	5.72	6.13	8.73	9.51	++	–	++	++	+
5	5.12	5.05	6.28	8.55	9.19	++	–	++	++	+
6	4.54	5.1	6.07	8.11	8.84	++	–	++	++	+

5. 优良突变株与原始菌株促生能力和固氮酶活性的比较

突变株 RSW96 回接红豆草植株后结瘤率达 100%(表 4-41),50 天植株结瘤数、单株生物量及溶磷量比原始菌株 RS-1 高 6.09%、25.58%和 74.3%,差异显著($P<0.05$)。在未灭菌的土壤中,RSW96 和 LW107 对宿主植株的占瘤率分别达到 73.12%和 58.07%,与土著根瘤菌的竞争结瘤中占据优势。突变株 LW107 解磷能力和固氮促生能力均显著高于原始菌株 L-5($P<0.05$)。突变株纯培养物的固氮酶活性明显高于原始菌 L-5(图 4-17)。说明可通过微波诱变在短时间内获得优良高效、性质稳定的根瘤菌突变株,效果显著;利用突变株的双耐药特性标记可以成功地检测突变株的占瘤率,用突变株双耐药标记结合观察解磷透明圈辨别解磷菌耐药突变株的方法是实用可行的。

表 4-41 突变株与原始菌株结瘤、固氮及促生能力的比较

测定项目	突变株与其原始菌株促生性能的比较					
	原始株 RS-1	突变株 RSW96	提高率（%）	原始株 L-5	突变株 LW107	提高率（%）
结瘤率（%）	100	100	0	100	100	0
50 天结瘤数（株）	29.85	31.67	6.09	35.33	33.67	−4.69
根瘤固氮酶活性 [nmol/(g·min)]	398	373	−4.21	389	435*	11.83
溶磷量（mg/L/d）	7.12	12.41**	74.30	7.83	16.67*	112.90
24 天 IAA 产量（mg/L）	33.8	50.75**	50.15	22.5	23.24	3.31
单株生物量增加率（%）	32.17	40.4*	25.58	50.66	58.4*	15.48
突变株占瘤率（%）		73.12			58.07	

*表示突变株与原始菌株间差异显著（$P<0.05$，LSD），**表示突变株与原始菌株间差异极显著（$P<0.01$，LSD），测定数据为 3 次重复的平均值

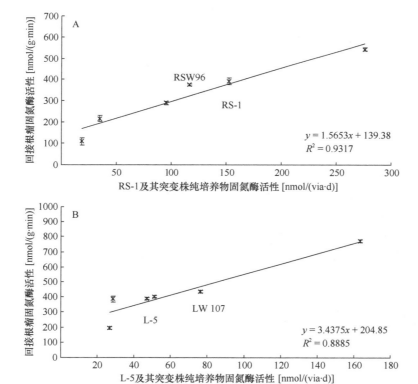

图 4-17　各突变株系菌株纯培养物及回接根瘤的固氮酶活性
A. RS-1；B. L-5；via 表示 1 个 8ml 安瓿瓶体积

（三）根瘤菌诱变创制功能菌的特点

诱变结果表明，在辐照间隙对菌液降温以降低热效应后，菌株的正突变率也能维持较高的水平。而在对无结瘤能力的解磷菌 RSN19 进行辐照诱变时发现，连续照射解磷菌 RSN19 可得到纯培养物固氮能力高于原始菌株 40.06 倍的突变株 RSM219，其解无机

磷能力为原始菌株的 1.57 倍（Li et al.，2011）。表明非热效应是菌株产生突变的基础，而在非热效应的协同作用下，菌株可能会产生强度更大的突变，其机理还需要进一步的深入研究。

选择固氮结瘤能力较强，同时具备解磷和分泌生长素的多效菌株作为诱变材料，有意选育带有双重耐药标记的增效突变菌株。最终得到的菌株可以通过观察解磷透明圈、以含药平板甄别的方式进行追踪和检测，简化了菌剂中目标菌和杂菌的测定过程，也使含抑菌剂的抗污染剂型制备和目标菌的占瘤率测定得以实现。但考虑到耐药标记菌株向环境释放存在生物安全方面的风险，可以以稀土盐类、植物源类等无生物安全风险的抑菌物质结合相应的抗性菌株制备抗污染菌剂，并对该抗性菌株导入荧光标记基因（CFP）实现菌种的示踪，不但能进一步简化检测过程，也消除了耐抗生素菌种在生物安全方面存在的不足。

1）溶磷及产生长素根瘤菌高效突变株的诱变条件：以微波诱变红豆草解磷根瘤菌 RS-1 并获得其高效产 IAA 突变株和诱变苜蓿根瘤菌 L-5 选育高效溶磷突变株，两种诱变处理的诱变目标和菌株都不同，因此诱变条件也存在很大差异，RS-1 菌株的最高正突变率出现在 800W 功率、6s 的间歇照射处理下，而 L-5 菌株的最高正突变率产生在 600W、30s 的间歇照射处理下。说明针对不同的根瘤菌株或不同的诱变目的，最佳的微波辐照参数并不相同。这一方面可能是由于不同的根瘤菌株对微波辐照的敏感性不同，另一方面可能是由于控制菌株不同性状的基因位点对微波辐照强度的反应不同。因此在利用微波诱变菌株时，需要就不同的菌株和诱变特性进行辐照参数的优化。作为一种简便、安全、清洁、廉价的辐射源，微波辐照的条件更易于掌控和变更，这是其他多数诱变条件所不能企及的。

2）诱变效果及突变株的遗传稳定性：从植物根瘤中筛选出的解磷、分泌生长素根瘤菌 RS-1 和 L-5 对微波辐照敏感，诱变效果较好。在最佳诱变条件下选育得到的双耐药高效解磷突变株 LW107，解磷能力较原始菌株 L-5 有显著提高，在固体和液体 PKO 培养基中的解磷能力比原始菌株分别提高了 43.79% 和 112.90%，其解磷及耐抗生素性状能够稳定遗传，结瘤能力不低于原始菌株，固氮酶活性比原始菌株提高了 11.8%；同样，在最优辐照诱变条件下得到双耐药高产生长素突变株 RSW96，该突变株在 24 天产 IAA 能力和解磷能力分别比原始菌株 RS-1 提高 50.15% 和 74.3%，经多次传代后 IAA 含量始终保持较高的水平，其耐抗生素的性状能够稳定遗传。回接植株的结瘤数高于原始菌株，突变株处理的单株生物量增加率也显著高于原始菌株（$P < 0.05$）。说明解磷苜蓿根瘤菌 L-5 和解磷红豆草根瘤菌 RS-1 对微波辐照敏感，诱变效果较好，性状增效明显，遗传稳定。蒲小明等（2008）以微波复合诱变星形孢菌素产生菌（*Stretomyces* sp.），获得多次传代后遗传性状稳定、比原始菌株 H-0 效价提高了 284.20% 的突变菌株。这也说明微波诱导产生的突变菌株具有增产明显、遗传稳定的优点。

同时也注意到，在微波辐照诱变中相当数量的突变株经多次传代后，会产生耐抗生素能力丧失、IAA 产量或解磷能力下降的现象。其中，突变株耐药性的丧失出现于传代 4 次前，而在传代 4 次后，其耐药性状趋于稳定，说明微波诱变突变株的耐药性负向回复突变多表现于最初的 2～4 代，而 IAA 产量下降及解磷能力的下降则可能出现在第 6

代之前。因此在对突变株进行筛选时，其主要性状的遗传稳定性验证是必要的，需验证的传代次数应多于 6 次。

3）微波辐照诱变的热效应与非热效应：微波对生物的作用包括热效应与非热效应，非热效应主要体现为电磁效应（陈怡平等，2006）。而 Dreyfuss 和 Chipley（1980）、Welt 等（1994）及 Fujikawa 等（1992）的研究都认为微波辐照对微生物的作用多为热效应，而非热效应是"无法察觉"的，即对于微生物而言，微波辐照和与等量热效应的普通热处理间差异微小。但这一结论均是基于对大量菌体生化特性的群体表现进行研究而得到的。例如，对某一发酵菌液进行辐照处理后，直接测定处理发酵液的代谢物产量或是活菌含量，最终得到菌液内全部菌株个体的共同表现，而并未涉及个体突变株的变异水平。在本研究的菌株初筛过程中，通过分析大量突变株在解磷及分泌生长素能力方面的变异特性时发现，大量样本下（$n=300$）正负突变株的数目基本对等，差异不显著（$P<0.05$），这一方面确定了微波诱变引发变异的非定向性，另一方面也意味着非定向诱变产生的正负变异株的概率相等，这有可能使个别高效突变菌株的能力在菌株群体表现的消长中被掩盖。这也解释了 Dreyfuss 和 Chipley（1980）及 Welt 等（1994）在同等热效应的热处理和微波辐照处理下，微生物发酵液的代谢活性未表现出明显的差异。由本研究诱变高产 IAA 菌株的试验结果表明，在辐照间隙对菌液降温以降低热效应后，菌株的正突变率也能维持在 19%的高水平，突变株的增产性状与原始菌株有显著的差异（李剑峰等，2009d）。已有的试验结果未发现在降低热效应后有增产性状 2 倍，甚至 10 倍以上于原始菌株的突变株出现。而在对固氮菌 RSN19 进行辐照诱变时发现，连续照射可产生固氮能力和溶磷能力高于原始菌株十余倍的突变株（Li et al.，2011）。这一差异可能与控制性状的基因有关，也可推测是由于热效应使水分子的运动加剧，从而协同非热效应使菌株产生强度更大的突变所致，但这一观点仅为基于试验结果及文献资料的推测和探讨，微波诱变的实际机理还需要进一步的深入研究。

4）根瘤菌突变株系纯培养物与回接的根瘤固氮酶活性的相关性：根瘤菌作为共生固氮菌，纯培养物的固氮酶在高氧气浓度（如空气）下活性很低，需要在根瘤提供的厌氧环境下才能高效地固定游离态的氮素，因此其固氮能力主要由侵染宿主植株所形成的根瘤来体现。但在根瘤菌诱变选育时，由同一原始菌株产生的各突变株固氮能力有可能产生较大差异。在随机诱变、定向选择的过程中，每个突变菌株通常都要经过植株回接，并通过测定根瘤的固氮酶活性方能确定其固氮能力是否优于原始菌株。在面对大量待测突变株时，这一过程需要耗费大量的时间和精力用于多个突变菌株的接种、幼苗的培育和根瘤的测定。因此，探讨突变株纯培养物与回接根瘤间固氮酶活性是否存在相关关系，则有可能通过比较菌株纯培养物的固氮能力来粗略估计其根瘤的固氮酶活性，仅对少量的菌株进行回接验证试验，从而减少筛选根瘤菌高效固氮突变株的工作量。

5）微波诱变选育菌株的优点和缺陷：传统的诱变育种方法如化学诱变、紫外辐照诱变、${}^{60}Co\gamma$ 辐照诱变（梁新乐等，2007）和离子束注入（张晓勇等，2008）是获得微生物高产突变株，提高微生物工业生产水平，保持微生物发酵生产力的基本技术手段。其缺陷在于部分诱变手段如化学和紫外诱变有一定的危险性，可能会危害到工作人员的健康。同时由于微生物基因的诱变位点有限，对同一初始菌株反复、多次地使用相同方法进行诱变处理会产生钝化现象，导致正突变类型少而诱变效果不佳（潘明和周永进，2008）。微波诱变作为一种新型诱变方法，与其他诱变手段一样能够在短时间内得到优良高效、性质稳定的突变株（李宏宇等，2003），但安全性更高且更廉价。本试验证明，微波诱变高效产 IAA 根瘤菌所需的设备简单，方法易行，操作安全，诱变效果较好，克服了紫外辐照诱变易产生光修复、化学诱变危险性高和毒性大等缺点，具有非常广阔的应用前景，在促生根瘤菌菌种的选育中具有较大的推广价值，本研究也发现，微波诱变引致的变异是非定向的，而基因标记或定向化学药剂诱导变异，如 Tn5 转座子诱变的方式更易于定位、修改或克隆变异的基因位点，这可能是微波诱变菌株存在的主要限制因素，但可以通过对突变株进行细致的筛选，并经过多代次的遗传性状验证来弥补这一缺陷。

（四）小结

1）以微波辐照红豆草解磷根瘤菌 RS-1 选育高效产 IAA 突变株，最佳诱变条件为 800W 功率、6s 的间歇照射，该条件下致死率为 89.66%，正突变率高达 19%；微波辐照苜蓿根瘤菌 L-5 选育高效溶磷突变株，最佳诱变条件为 600W、30s 的间歇照射，该条件下致死率为 87.3%，正突变率达 14%。

2）解磷和分泌生长素根瘤菌 RS-1 和解磷根瘤菌 L-5 对微波辐照敏感，在最佳诱变条件下得到的双耐药高效解磷突变株 LW107 结瘤能力不低于原始菌株，回接根瘤的固氮酶活性比原始菌株提高了 11.8%，在固体和液体 PKO 培养基中的解无机磷能力较原始菌株 L-5 分别提高 43.79% 和 112.90%。同样在最佳诱变条件下处理 RS-1 得到双耐药突变株 RSW96，其回接根瘤的固氮酶活性与原始菌株无显著差异，但产 IAA 和解无机磷能力分别比原始菌株提高 50.15% 和 74.3%。两株突变株的解磷和耐抗生素性状均能稳定遗传，有较高的应用价值。

3）同一根瘤菌突变株系内的突变株在半固体 Winogradsky 培养基上形成纯培养物的固氮酶活性与其回接根瘤的固氮酶活性间存在显著的正相关，决定系数分别为 0.9317（RS-1 株系）和 0.8885（L-5 株系）。

4）微波辐照对解磷根瘤菌的诱变效应是随机的，筛选出的部分正突变菌株遗传稳定性较差，在传代过程中耐药性缺失、促生能力下降。因此，微波诱变获得的正突变株需要进行至少 6 代的传代试验确认其遗传稳定性。

三、解磷根瘤菌高效突变株对植物的促生效应研究

（一）材料与方法

1. 供试材料及培养基

供试菌株：溶磷、产 IAA 的苜蓿根瘤菌 LW107 和红豆草根瘤菌 RSW96（李剑峰等，2009b；2009c），由草业生态系统教育部重点实验室（甘肃农业大学）提供；标准根瘤菌 12531 于 2008 年购自中国科学院微生物研究所菌种保藏中心；所有菌种于 YMA 斜

面 4℃保存。各菌株解磷及分泌生长素的能力见表 4-41。

植物材料：陇东苜蓿、甘肃红豆草和燕麦［草业生态系统教育部重点实验室（甘肃农业大学）］；金皇后苜蓿［克劳沃（北京）生态科技有限公司］；种子表面消毒、催芽并去除种皮参照前文方法进行。

2. 菌悬液制备

参照前文方法制备 LW107、RSW96 和 12531 菌种的菌悬液，使其 OD_{600nm} 光吸收值为 0.5。

3. 盆栽试验设计

盆栽基质采用清洁河沙，过 1.5mm 筛后用 4mol/L HCl 浸泡 48h，蒸馏水洗涤 6～10 次，110℃烘干至恒重，150℃干热灭菌 2h。待河沙冷却后以 10g/kg 的量添加粒径为 1～2mm、干热灭菌的磷酸钙颗粒，搅拌均匀后装入高 13cm、直径 12cm 的塑料花盆并平整沙面。

（1）试验一：低磷条件下解磷根瘤菌对不同草种植物幼苗生长的影响

将在不同菌株菌悬液中浸泡 30min 的陇东苜蓿（25 粒/盆）、红豆草和燕麦（20 粒/盆）萌发种子均匀播种于盆栽中，表面覆沙，以无菌水补充至最大含水量。出苗 3 天后向相应处理盆栽分别浇入 20ml OD_{600nm} 吸光度值为 0.5（10^9 cell/ml）的 LW107 和 RSW96 菌悬液，并以 1/4 Hoagland 无磷营养液补充水分至最大含水量。设置对照处理 CK1（不接菌液+1/4 Hoagland 无磷营养液）和 CK2［不接菌液+1/4 Hoagland 完全（含磷）营养液］。每处理 4 个盆栽作为重复，光照培养箱内条件设置为光照时长 12h，24～27℃，无光照温度 22～25℃；每 3 天称量一次盆栽重量，计算并以 1/4 Hoagland 无磷营养液或 1/4 Hcagland 完全营养液（仅限 CK2）补充盆栽水分至最大持水量。为防止出苗不齐和种植密度过大对试验结果的影响，出苗 10 天后间苗，苜蓿每盆栽留苗 20 株，红豆草和燕麦每盆栽留苗 15 株。45 天后进行生长量指标测定。

（2）试验二：低磷条件下解磷根瘤菌和普通根瘤菌对苜蓿幼苗生长和结瘤的影响

为了分析低磷条件下，普通根瘤菌、解磷根瘤菌和非互接种族的解磷根瘤菌对同一种豆科植株的生长影响，采用与试验一相同的含磷酸钙无菌沙培盆栽，取已表面灭菌并去除种皮的金皇后苜蓿萌发种子进行 LW107、RSW96 和标准菌 12531 的接种处理。播种和植株生长条件同试验一，接种 60 天后测定生长指标及根瘤固氮酶活性。

4. 指标测定

每重复盆栽随机取出 3 株幼苗，进行以下指标的测量。

生长量和生物量指标测定：清洗幼苗并用滤纸吸干表面水分，记录其叶片数、根瘤数并测定株高和根系长度、单叶面积、植株体积和根体积；对试验一中的植株幼苗自茎基分离后称重，地上及地下部分在烘箱中 80℃烘至恒重后称量其干重。对试验二中的苜蓿幼苗用手术刀将根茎叶分离后 80℃烘至恒重，称量并记录地上根、茎、叶干重。

植株含磷量测定：将植株烘干并粉碎，过 0.25mm 筛，以 H_2SO_4-H_2O_2 消煮后，采用钼锑抗比色法测定植株全磷含量。

植株全氮含量测定：采用凯氏定氮法测定试验二样品全氮含量。

根瘤固氮酶活性测定：从试验二的各处理取下全部根瘤（每3株植株的全部根瘤为一份测定样），参照前文方法进行固氮酶活性的测定。

（二）结果与分析

1. 低磷条件下接种解磷根瘤菌对不同草种植物幼苗生长、含磷量和结瘤的影响

（1）对幼苗生长的影响

接种 45 天后，RSW96 和 LW107 对三种草类植株的生长都有明显的促进作用（图 4-18），大小次序为接种解磷根瘤菌＞CK2＞CK1。解磷根瘤菌可以缓解草类植物在缺磷环境下遭受的生长抑制，其效果甚至超出了施用少量化学肥料（CK2）的效果。不同植物接种解磷根瘤菌后的生长状况也存在差异：LW107 对陇东苜蓿的促生效果略优于 RSW96，单叶面积显著高于后者（37.2%，$P<0.05$）；RSW96 对红豆草的促生能力优于 LW107。

对于非豆科植物燕麦而言，RSW96 和 LW107 对植株单叶面积和根体积的促进作用显著高于 CK2 和 CK1（$P<0.01$）（图 4-18、图 4-19），说明解磷根瘤菌作为根际促生菌，对非互接种族植物生长也有促生作用，RSW96 对燕麦的促生效果略优于 LW107，可能是由于生长素分泌量高的解磷菌株（RSW96）具有更好的促生效果。

接种 LW107 和 RSW96 后苜蓿和红豆草生物量达到最大值（图 4-20），地上和地下生物量均显著高于 CK1（$P<0.05$），说明在仅提供难溶性磷的环境下，地下生物量对化

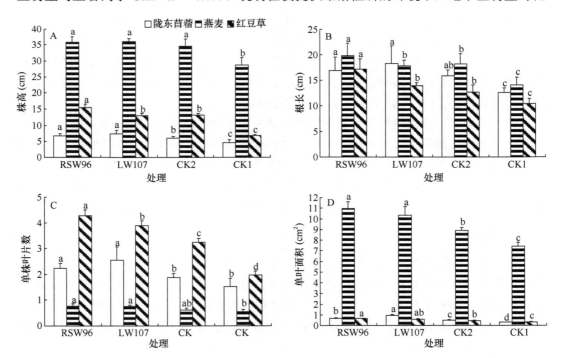

图 4-18　低磷条件下接种解磷根瘤菌对不同植物 45 天株高（A）、根长（B）、单株叶片数（C）和单叶面积（D）的影响

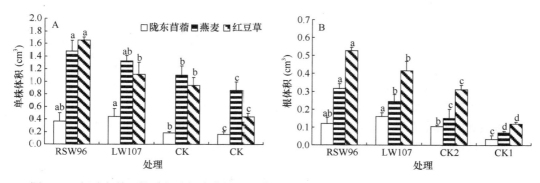

图 4-19 低磷条件下接种解磷根瘤菌对不同草类 45 天植株体积（A）和根体积（B）的影响

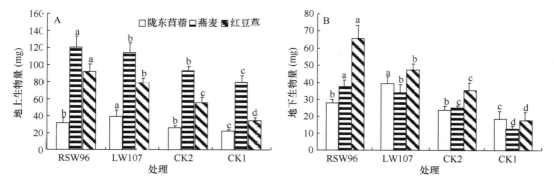

图 4-20 低磷条件下接种解磷根瘤菌 45 天地上生物量（A）和地下生物量（B）

学肥料及接种解磷根瘤菌更敏感。RSW95 作为燕麦根际促生菌的作用较 LW107 更为明显，可能是由于 RSW96 产生长素的能力显著高于 LW107。

（2）对植株含磷量的影响

对照组 CK1 中不同草类植株地上组织和根系含磷量均低于接种根瘤菌和施入 1/4 完全营养液的 CK2 处理（图 4-21），说明解磷根瘤菌能有效解除低磷条件下植物所受的缺磷胁迫，使植物恢复正常的生长。当环境中的可溶性磷素高于 1/4 Hoagland 营养液的磷素水平（CK2）时，已对红豆草和苜蓿植株的组织含磷量无显著影响。

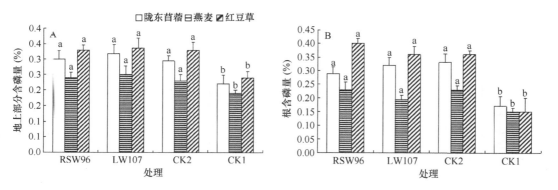

图 4-21 低磷条件下接种解磷根瘤菌对不同草类植株 45 天含磷量的影响

（3）对结瘤固氮能力的影响

低磷条件下，接种解磷根瘤菌促使苜蓿和红豆草植株产生相当数量的根瘤，且根瘤固氮酶活性接近在充足营养下的水平（表4-42），其中红豆草接种RSW96后产生的根瘤直径大于陇东苜蓿接种 LW107 后产生的根瘤直径。对于非互接种族燕麦，解磷根瘤菌能使植株产生个别瘤状物，但极少产生红色且有固氮能力的根瘤。LW107 和 RSW96 菌株作为根际固氮解磷菌，具有解除植株磷胁迫、分泌生长素、促进植株生长的作用，但要达到最佳的促生效果，则应尽量选择能够竞争结瘤的宿主植株。

表 4-42　低磷条件下接种解磷根瘤菌对豆科草类结瘤数、根瘤直径和根瘤固氮酶活性的影响

处理	单株根瘤数（个）		根瘤直径（mm）		根瘤固氮酶活性［nmol/(g·h)］	
	苜蓿	红豆草	苜蓿	红豆草	苜蓿	红豆草
RSW96	7.0 ± 2.7b	27.9 ± 4.5a	1.6 ± 0.4b	3.6 ± 0.4a	—	24.9 ± 0.3a
LW107	28.6 ± 9.1a	5.9 ± 3.3b	2.6 ± 0.5a	2.1 ± 0.4b	27.5 ± 0.7a	—
CK2	1.9 ± 1.8b	2.4 ± 1.9b	1.2 ± 0.9bc	1.9 ± 0.9b	—	—
CK1	1.8 ± 1.1b	1.1 ± 1.0b	0.7 ± 0.3c	1.1 ± 0.2c	—	—

注："—"表示因没有根瘤或根瘤过少而无法测出乙烯产量

2. 低磷条件下解磷根瘤菌对苜蓿幼苗生长、含磷量和结瘤的影响

（1）对幼苗生长的影响

接种 60 天后，RSW96、LW107 对金皇后苜蓿幼苗的生长都有明显的促进作用（图4-22），大小次序为 LW107＞RSW96＞CK2＞CK1，且 CK1 与 LW107 处理差异显著（P＜0.05）。LW107 和 RSW96 对苜蓿植株的缺磷胁迫有很好的解抑制作用，说明解磷根瘤菌作为根际固氮解磷菌对非互接植物的生长有积极作用。LW107 对苜蓿植株根、茎、叶的生物量的促进作用明显（表4-43），RSW96 对生物量的促进作用低于 LW107，与 CK2接近，但高于结瘤能力强却无溶磷特性的 12531 菌株。说明 RSW96 促进植株生长多集中在溶解难溶性磷和分泌生长素方面。

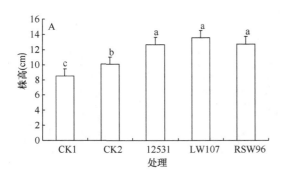
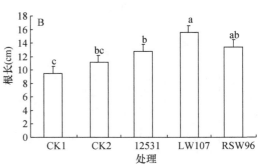

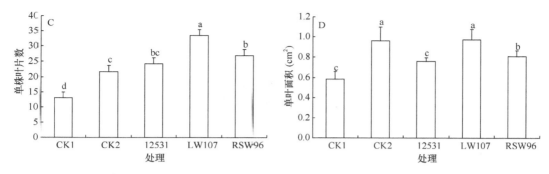

图 4-22　低磷条件下解磷根瘤菌对苜蓿 60 天株高（A）、根长（B）、单株叶片数（C）和单叶面积（D）的影响

表 4-43　低磷条件下接种不同根瘤菌 60 天后苜蓿幼苗根茎叶组织生物量干重

处理	茎干重（mg）	根干重（mg）	叶干重（mg）
CK1	23 ± 2c	24 ± 2b	17 ± 2c
CK2	40 ± 3ab	39 ± 7a	28 ± 3ab
LW107	45 ± 7a	40 ± 5a	34 ± 4a
RSW96	36 ± 6b	38 ± 4a	28 ± 4ab
12531	33 ± 3b	32 ± 9ab	22 ± 2b

（2）对植株含磷量的影响

低磷对照 CK1 中的植株含磷量显著低于 LW107、CK2 和 RSW96 中（$P<0.05$，图 4-23），表明低磷条件下，接种解磷根瘤菌和施入少量可溶性磷素可明显提高植物体内的含磷量。12531 处理植株含磷量增加，显著高于 CK1 处理，但低于 CK2 和 LW107，这可能是因为普通根瘤菌可以通过固氮作用促进植株的生长，促进根系对磷的吸收，但无法使植株脱离低磷胁迫环境。

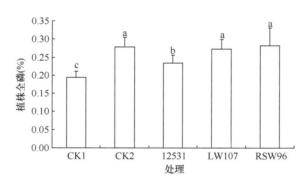

图 4-23　低磷条件下解磷根瘤菌对金皇后苜蓿 60 天植株含磷量的影响

（3）对结瘤固氮能力的影响

接种 12531 和 LW107 后，苜蓿植株的结瘤和固氮能力差异显著（表 4-44）。二者均能诱导植株产生大量根瘤，但 12531 诱导形成的根瘤鲜重和固氮酶活性显著低于 LW107（$P<0.05$）。不同处理的植株含氮量也存在明显差异，LW107 处理下的植株含氮量最高，

显著高于 CK1、CK2、12531 和 RSW96 处理（P＜0.05）。12531 和 RSW96 处理植株的含氮量与 CK2 差异不显著，表明低磷条件下，接种可固氮结瘤的普通根瘤菌和非互接种族的解磷根瘤菌都能提高植株的含氮量。

表 4-44　低磷条件下接种解磷根瘤菌苜蓿植株的结瘤能力、根瘤固氮酶活性和植株含氮量

处理	单株结瘤数（个）	根瘤直径（mm）	根瘤鲜重（mg）	固氮酶活性［μmol/(g·h)］	含氮量（%）
CK1	2 ± 2c	1.3 ± 0.4b	0.8 ± 0.3c	6.03 ± 1.28d	1.91 ± 0.05c
CK2	5 ± 2c	1.9 ± 0.5a	1.1 ± 0.2c	16.67 ± 1.70c	3.19 ± 0.02b
12531	38 ± 5a	2.4 ± 0.3b	2.3 ± 0.2b	20.52 ± 1.30b	2.94 ± 0.08b
LW107	35 ± 4a	2.6 ± 0.6a	3.0 ± 0.4a	32.64 ± 1.60a	3.43 ± 0.02a
RSW96*	15 ± 3b	2.0 ± 0.4a	2.3 ± 0.3b	18.88 ± 1.11b**	3.02 ± 0.03b

*RSW96 处理的单株结瘤数、直径及鲜重测定时包括部分白色或灰白色的无效根瘤或瘤状物，**测定固氮酶活性时则选取粉色的有效根瘤

（三）小结

研究发现，在低磷条件下解磷根瘤菌对宿主和非宿主植物都有解除磷胁迫、促进生长的作用，高产生长素的菌株促生能力更强。说明根瘤菌，尤其是具有解磷和分泌生长素能力的根瘤菌对植物促进生长的作用是多方面的，不但对宿主有促生作用，对非宿主植物也存在积极效应。在低磷条件下，解磷根瘤菌的解磷促生作用对植物的促生能力占主导地位，解除缺磷胁迫后，固氮和分泌生长素所产生的促生效应才逐步凸显。但这仅仅是在统一和简化了其他营养及生长条件下的沙培实验中所观察到的现象，可以用来简单地推断解磷根瘤菌对植物的促生效应，而在环境复杂的实际田间条件下，解磷根瘤菌的促生机理需要做进一步的探讨。

本小节研究获得：①低磷条件下解磷根瘤菌能够缓解宿主和非宿主植物遭受的缺磷胁迫，促进植株的生长和生物量的积累。并能侵染宿主植株产生有效根瘤固氮，RSW96 对非宿主植株的促生效应略高于 LW107。对于非宿主植物，解磷根瘤菌不能促使其产生有效根瘤，但具有根际解磷菌的作用。②低磷条件下普通根瘤菌也能侵染宿主，产生根瘤并固氮，但根瘤固氮能力、宿主植物的生长和生物量积累仍受缺磷胁迫的限制。施用化学磷肥（CK2）或接种非互接种族的解磷根瘤菌对幼苗植株的促生效果优于普通根瘤菌。

四、解磷根瘤菌剂及抗污染剂型的研制

抗污染剂型的研制是为优良根瘤菌专一性选择豆科植物品种，提高目的菌株占瘤率奠定基础。

（一）材料与方法

1. 供试菌株和试验材料

供试菌株：苜蓿根瘤菌耐药突变株 LW107、红豆草根瘤菌耐药突变株 RSW96，两株菌均对氨苄青霉素（300mg/L）和卡那霉素（80mg/L）有抗性。

植物材料：陇东苜蓿和甘肃红豆草。

2. 培养基及试剂

含不同碳源的 Winogradsky 无氮液体培养基：Winogradsky 无氮液体培养基的母液配制见前文；取 0.5ml 培养基母液分别用 1g/L 的乳糖、甘露醇、葡萄糖、蔗糖和果糖溶液稀释至 100ml，加入 $CaCO_3$ 粉末（0.1g/L），以 2mol/L H_2SO_4 调节 pH 至 7.0，最后经 0.45μm 的微孔滤膜过滤后高温高压灭菌。

氨苄青霉素溶液：称取氨苄青霉素 5.0g，加入 500ml 去离子水溶解，经 0.22μm 的滤膜过滤灭菌，制成 10mg/ml 的无菌氨苄青霉素溶液。

含抗生素 YEM 培养基：以 YEM 培养基为基础培养基，高压灭菌，待培养基冷却后加入 10mg/ml 的无菌氨苄青霉素溶液，分别配制含氨苄青霉素 600mg/L、400mg/L、200mg/L、100mg/L、50mg/L、25mg/L、10mg/L 和 0mg/L 的 YEM 培养基。

含氨苄青霉素 YMA 固体培养基：以 YMA 固体培养基为基础培养基，高压灭菌，待培养基冷却至 60～45℃加入 10mg/ml 无菌氨苄青霉素溶液，配制含氨苄青霉素 300mg/L 的 YMA 固体平板培养基。

含氨苄青霉素植物营养液：取 1/4 Hoagland 培养液用 NaOH（1mol/L）或 HCl（1mol/L）调节 pH 为 7.0±0.1，高压灭菌后加入 10mg/ml 的无菌氨苄青霉素溶液，制成含氨苄青霉素 400mg/L、300mg/L、200mg/L、100mg/L、50mg/L、25mg/L、10mg/L 和 0mg/L 的无菌营养液。

磷酸缓冲液（pH 7.0）的配制：K_2HPO_4 27.51g，KH_2PO_4 10.37g，蒸馏水 2000ml（Younis et al.，2010）。

3. 供试载体基质

通用载体基质：泥炭（甘肃省甘南藏族自治州）、蛭石（河北省灵寿县）。

研究采用的新基质：普通黄绵土（甘肃省兰州市甘肃农业大学草业学院兰州试验站）；青玉米茎叶（甘肃农业大学校内试验地）：取摘取果穗后 24h 内的青玉米（蜡熟期茎叶），由顶端取至地上 2/3 的部位。连叶切成 15cm 小段后风干，并在烘箱内于 75℃烘干 36h。化学组成及含量：纤维素 37.5%，半纤维素 20.2%，木质素 17.7%，灰分 6.3%，粗脂肪 1.4%。

载体基质原料的加工处理：将各种基质原料以小型粉碎机粉碎，过 0.15mm 筛。为使基质内的酸碱环境适宜于根瘤菌生长，在灭菌前取 10g 已过筛的泥炭、青玉米茎叶粉等菌剂基质，加适量水制成悬浊液后逐渐添加 K_2HPO_4 粉末充分搅拌溶解，连续测定浊液 pH 至恒定为 7.0±0.3，计算 K_2HPO_4 用量，依此量添加 K_2HPO_4 在基质内并搅拌均匀。最后将基质粉末装入聚丙烯袋内，121℃高压灭菌 3h，无菌条件保藏备用。基质中的营养成分见表 4-45，养分含量采用常规方法测定，其中全氮采用半微量凯氏法测定（Cabrera and Beare，1993），全磷用 H_2SO_4-H_2O_2 法消煮后以钼锑抗法测定（吴瑛和席琳乔，2007）。

表 4-45　基质基本养分含量

载体基质	容重（g/cm³）	主要成分	全氮（mg/kg）	全磷（mg/kg）	pH
蛭石	0.727	SiO_2，Al_2O_3，Fe_2O_3，MgO	68	2720	7.55
黄绵土	1.045	SiO_2，Al_2O_3	126	477	7.64
泥炭	0.713	有机质，纤维素	4450	1226	5.69
青玉米茎叶粉	0.333	纤维素，半纤维素	6528	965	4.70

4. 发酵培养液碳源的筛选

为排除酵母粉等含碳源物质对试验结果的影响，本试验选用无氮培养基进行唯一碳源培养试验（Younis et al.，2010）。配制以乳糖、甘露醇、葡萄糖、蔗糖和果糖为唯一碳源，终浓度为 0.1g/L 的 Winogradsky 无氮液体培养基，灭菌后分别将解磷根瘤菌耐药突变株 LW107 和 RSW96 接入含不同碳源培养基的三角瓶，28℃、200r/min 下振荡培养。每处理 3 次重复，以未接菌并含有不同碳源的培养基作为对照。培养 7 天后测定菌液 OD_{600nm} 吸光度值，以吸光度值的大小比较菌株利用不同碳源的能力。

5. 青玉米茎叶粉浸提液用于发酵菌液的可行性测试

青玉米茎叶中含有大量微生物生长繁殖所需的可溶性糖和可溶性氮、磷及微量元素，各成分的自然比例均衡，可为微生物提供几乎完全且可直接利用的营养要素。本研究基于降低生产成本和利用天然材料的考虑，尝试以收获果穗后 48h 内的青玉米茎叶粉浸提液制备根瘤菌的发酵培养基，并进行灭菌浸提液的发酵试验。具体过程如下。

（1）青玉米茎叶浸提液的制备

收获果穗当日的青玉米茎叶于 2008 年采集自甘肃农业大学校内玉米试验地。取茎叶顶部 3/4 的茎秆和全部叶片，切为 20cm 左右的小段，75℃烘干 48h 后在小型粉碎机中粉碎并过 2mm 筛。取 10g 茎叶粉分别加入 250ml、500ml、1000ml 和 2000ml 的蒸馏水，80℃浸提 4h。浸提液以定性滤纸过滤 2 次，用 1mol/L NaOH 调 pH 至 7.0，制成重量比为 1∶25、1∶50、1∶100 和 1∶200 的茎叶粉浸提液。取各梯度浸提液各 100ml 装入 200ml 三角瓶内 121℃湿热灭菌 25min。为便于描述，分别将 1∶25、1∶50、1∶100 和 1∶200 的茎叶粉浸提液（corn stalk extract solution，CSE）定义为 CSE-1、CSE-2、CSE-3、CSE-4。CSE 培养基含葡萄糖 10g/L、琼脂 15g/L，pH 7.0。

（2）茎叶粉浸提液作为解磷菌培养基的培养试验

取灭菌后的 CSE 100ml，接入 50μl LW107 菌株的菌悬液（10⁹ 细胞/ml），28℃、120r/min 摇床培养，8h 后每 2h 测定一次 OD_{600nm} 吸光度值，连续测定 32h。每处理 4 次重复，以标准 YEM 液体培养基为对照，以未接菌的 CSE 和 YEM 液体培养基对分光光度计调零。根据测定值计算菌株在不同培养基中的代时，以稀释平板法计算菌液活菌数（Hurse and Date，1992）。

为了解菌种对茎叶粉浸提液中碳源物质和磷素营养的利用率，取各稀释度 CSE 液体培养基及其发酵菌液，采用蒽酮比色法测定接菌前后各稀释度 CSE 中可溶性糖、可溶性磷和可溶性氮含量（凯氏定氮法）的变化。

另取各稀释度的 CSE 液体，加入葡萄糖（10g/L）和琼脂（15g/L）（Singh et al.，2004），121℃高压灭菌 20min，制成固体琼脂平板。以点接法接种菌株 LW107、RSW96、SL01 和 12531，以普通 YMA 固体培养基为对照，每处理 4 次重复，培养 72h 后以游标卡尺测定菌落的直径大小。通过菌种生长代时、菌液活菌数和 CSE 固体平板上的菌落直径评价茎叶粉浸提液作为解磷根瘤菌培养基的可行性。

（3）基于根瘤菌培养代时和促生性能的抑菌剂浓度筛选

根瘤菌培养代时的测定：在 250ml 三角瓶内装入 100ml 含 300mg/L、200mg/L、100mg/L、50mg/L、10mg/L、5mg/L、1mg/L 和 0mg/L 氨苄青霉素的 YEM 培养基，分别接入解磷根瘤菌耐药突变株 LW107 和 RSW96，每菌株、每梯度浓度 4 次重复。将菌液于 28℃、120r/min 振荡培养。每 2h 测定一次 OD_{600nm} 吸光度值，36h 后每隔 12h 取样 1 次，至 96h 结束，以未接菌 YMA 培养液为空白对照检测各处理菌液在 600nm 下的吸光度值，3 次重复。平板计数后，做出 OD_{600nm} 值与菌数间的对应曲线，利用以下公式求得代时（李阜棣和胡正嘉，2000）：

$$G = \frac{(t_1 - t_2)\ \lg 2}{\lg Nt_2 - \lg Nt_1}$$

式中，G 为代时；t_1、t_2 为对数期的两个时间点；Nt_1、Nt_2 为相应时间的菌数。

菌种促生性能的测定：在含有不同浓度氨苄青霉素的 YMA 固体平板上点接根瘤菌突变株 LW107 和 RSW96，28℃培养 7 天，至单菌落直径达 1cm 以上时，以接种针挑取菌落边缘菌体，转接入另一含相同浓度抑菌剂的 YMA 固体平板，并于 28℃下培养，如此转接 5 次之后，将最后一次生长出的菌体接种于 PKO 液体培养基和 YEM 培养基。测定菌种在 PKO 液体培养基中 24h 内的解磷量（Hurtado et al.，2008）；YEM 菌液培养 24 天后，测定菌液 OD_{530nm} 吸光度值（Pilet and Chollet，1970），计算菌株产生长素的能力（Zaied et al.，2009）。

（4）基于抑杂菌效果和菌剂对宿主植物种子萌发的抑菌剂浓度筛选

取装有 50ml 普通 YEM 培养基和含抑菌剂（氨苄青霉素）YEM 培养基的三角瓶，分别接入 LW107 和 RSW96，28℃、120r/min 振荡培养 24h。

以未灭菌的土壤溶液作为杂菌来源：称取 0.5g 未灭菌田土（苜蓿或红豆草栽培地 2～5cm 深处的土壤），置于装有 100ml 无菌水的三角瓶内，振摇 20min。取 50μl 该土壤溶液加入已培养 24h 的含抑菌剂 YMA 根瘤菌培养液。21℃振荡 2h 后置于暗处室温保存。每处理 4 个重复，以将土壤溶液接入普通 YMA 根瘤菌发酵液的处理作为无抑菌剂对照 CK1，以未接入含菌土壤溶液的普通 YMA 根瘤菌发酵液为无人为污染对照 CK2，将两种菌剂置于无菌室内保存。

菌剂保存 60 天后，取 CK2 处理菌液 1ml，加入装有 9ml 无菌水的试管，以此类推制成 10^{-1}、10^{-2}、10^{-3} 等不同稀释度的根瘤菌液，取 0.2ml 涂抹至普通 YMA 固体培养基，以每皿 100～300 个单菌落的稀释度为最佳稀释度。

取接入土壤溶液的各处理菌液 1ml，以最佳稀释度稀释后，取 0.2ml 分别涂抹于普通 YMA 固体培养基和含药 YMA 固体培养基上（氨苄青霉素 300μg/mL；卡那霉素

80μg/mL）。28℃培养，每天观察一次，记录 5 天内每培养皿的总菌落数 S_1，同时以含药培养基上的菌落数 S_2 为根瘤菌数（需排除极个别耐药的可见杂菌），依下列公式计算杂菌率（ratio of undesired microbe，RUM）《硅酸盐细菌肥料》（NY413—2000），并以此衡量各抗生素浓度处理的抑菌效果：

$$杂菌率RUM(\%) = (S_1 - S_2)/S_2 \times 100$$

对宿主植物种子萌发的影响：以无菌水和经过滤灭菌的 10mg/ml 氨苄青霉素溶液配制成含青霉素 400mg/L、300mg/L、200mg/L、100mg/L、50mg/L、10mg/L 和 0mg/L 的无菌溶液。采用内衬双层滤纸法，向培养皿内加入 10ml 不同浓度的氨苄青霉素溶液，14 天后统计苜蓿和红豆草种子发芽率、硬实率和幼苗死亡率。

从抑制杂菌、保持根瘤菌发酵液内的有效活菌数量、维持菌种溶磷促生能力和宿主植物种子无毒害 4 个方面进行综合考虑，优化得到氨苄青霉素在 LW107 和 RSW96 发酵菌液中的最适浓度分别为 100mg/L 和 200mg/L。

（5）含抑菌剂解磷根瘤菌发酵液的制备

用筛选出的最适碳源葡萄糖代替甘露醇，以 1%的量加入 YEM 培养基，分别以 5%的接种量接入 LW107 和 RSW96 菌株的种子发酵液中，在 28℃、160r/min 下通气搅拌培养。待培养至 OD_{600nm} 为 1.0，活菌含量为（2.0~2.3）$\times 10^9$ 时，取 100ml 菌液 3500g 离心 10min，弃上清液，用 25ml 无菌水将菌体摇匀打散，重复离心并弃上清液，加 20ml 无菌水摇匀打散，制成含活菌数（10~12）$\times 10^9$ 细胞/ml 的菌悬液。

在 LW107 和 RSW96 菌悬液内缓慢加入体积分数 5%、pH 为 7.0 的磷酸缓冲液以维持菌液 pH 保持在中性，再缓慢加入含氨苄青霉素 10mg/ml 无菌溶液并不断搅拌，至菌液内青霉素终浓度分别达到 100mg/L 和 200mg/L，28℃下继续振荡 10min。以不加抑菌剂的普通菌液作为对照，以无菌不透明塑料瓶封装，标明封装日期，最终制成液体抗污染根瘤菌剂，以无抗生素的普通液体菌剂为对照。在无菌条件下，分别取两菌株的液体菌剂新制备的样品各 10 袋分别置于 4℃冷藏柜和室温（19~25℃）避光保存，保存 1 年后每袋取 1ml 测定有效根瘤菌数和杂菌数。

（6）含抑菌剂菌液对宿主植物生长、结瘤及目标菌占瘤率影响的测定

通过优化得到氨苄青霉素在 LW107 和 RSW96 发酵菌液中的最适浓度分别为 100mg/L 和 200mg/L。配制含该浓度氨苄青霉素 LW107 和 RSW96 菌液各 500ml，将含药菌液以无菌水稀释至原液浓度的 100%、50%、25%和 10%，并以不同稀释度的菌液进行植株的回接，通过比较幼苗的生长和结瘤指标，得出最佳含药菌液稀释度。

为真实模拟幼苗在含生长素条件下的生长情况，本研究采用沙培的方法控制试验条件（Wang，2002），具体参考 Li 等（2011）的方法。每处理盆栽随机标记 4 株幼苗用于测量株高、叶片数、单叶叶面积；出苗 35 天时，随机选取 4 株植株测定株高、根系长度、叶片数、单叶面积、根瘤数目、单株地上和地下生物量、叶绿素含量（王友保等，2007）、根瘤固氮酶活性。

为测定含最佳浓度抑菌剂的菌液对解磷根瘤菌占瘤率的影响，本研究以未灭菌的普通田间土壤进行盆栽，测定目的菌株的占瘤率（Kumar and Chandra，2008）。试验在甘肃农业大学草业学院日光培养室内进行,每处理盆栽采集 1L 原宿主栽培地土表以下 3~

4cm 的土壤装入直径为 14cm 的塑料盆，用镊子挑选 10 粒大小一致的饱满种子，在含抗生素菌液最佳稀释度的 20ml 稀释液内浸泡 30min，均匀播种于盆栽内，浸种后的菌液浇入盆栽，表面覆土浇水，待出苗 7 天后再浇 20ml 同样稀释度的菌液，每处理 4 个盆栽作为重复，每 10 天以 1/4 Hoagland 完全营养液补充水分一次，为模拟自然降雨对抑菌剂的稀释，第 30 天时以自来水透灌盆栽一次，接种 60 天时，无损伤地洗出植株后，参照前文方法测定占瘤率。

（7）固体基质载体吸附菌液量的优化

以差量法测定灭菌后各种基质的实际最大持水量（表 4-46）。并根据基质类型和最大持水量的不同，分别设 3 个梯度的载菌液量处理，向制备好的普通菌液加入无菌基质并充分搅拌后置于室温保存，每处理 4 次重复。以国家微生物肥料标准中菌剂最低有效期≥90 天为基准（GB20287—2006），菌剂存放 120 天后取出，每处理取 1.0g 以稀释平板法测定活菌数。

表 4-46　不同类型载体基质的实测最大持水量及菌液承载量处理

基质类型	最大持水量（ml/kg）	载菌液量（ml/kg）		
		处理 a	处理 b	处理 c
蛭石	540	500	400	200
黄绵土	220	200	150	100
泥炭	470	450	200	100
玉米茎叶粉	2700	1000	800	400

（8）含抑菌剂固体菌剂的制备和质量检测

根据试验优化得到的基质最优持菌液量和污染率表现，将各基质 121℃高压灭菌 1h，28℃无菌培养箱内放置 2 天，待基质内残余的耐热芽孢杆菌停止休眠时，再 121℃高压灭菌 3h。

在灭菌后的蛭石、泥炭、玉米茎叶粉和黄绵土基质内分别添加制备好的含抑菌剂菌液和普通菌液，充分拌匀后在无菌状态下封装于无菌黑色聚乙烯袋内，每 200g 为一小袋，同时分别置于 4℃冷藏柜和室温（19～25℃）避光保存，每个处理固体菌剂保存 10 袋作为重复。1 年后随机抽取 4 袋菌剂、每袋取菌剂 1.0g 以稀释平板法测定有效菌含量和杂菌数。

其他质量指标的测定：取储存 1 年的液体及固体菌剂，参照《农用微生物菌剂》（GB20287—2006）中描述的方法，对菌剂进行除促生效果以外的肥料技术指标测定。固体菌剂包括外观、气味、活菌数、杂菌率、含水量、粒径及 pH 的测定。

（二）结果与分析

1. 根瘤菌对不同碳源的利用能力

解磷根瘤菌 LW107 和 RSW96 均可利用供试的所有碳源，除对果糖利用能力较低外，菌株间对其他碳源的利用能力差异较大（图 4-24）。RSW96 以葡萄糖为碳源时菌体长势最好，LW107 以甘露醇为唯一碳源时菌体长势最好，葡萄糖次之，但二者差异不显著。

考虑到原料成本和菌株对碳源的利用率，最终选择较为廉价的葡萄糖作为 LW107 和 RSW96 菌株的最适发酵碳源。

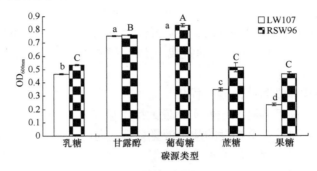

图 4-24　解磷根瘤菌 LW107 和 RSW96 在无氮液体培养基中对碳源的利用能力
同一菌株不同字母表示差异达极显著水平（$P<0.01$，LSD），以大小写字母区分不同菌株

2. 玉米茎叶粉浸提液（CSE）液体和固体培养基对解磷根瘤菌的影响

解磷根瘤菌 LW107 在不含外来碳源、不同浓度的 CSE 液体培养基中的代时并不一致（表 4-47），CSE-2 中的代时最短，与 YEM 和 CSE-1 差异显著（$P<0.05$）。培养第 20h 时，除 CSE-2 内活菌数高于 YEM 外，其他浓度的 CSE 培养液活菌数均显著低于 YEM。说明 CSE 及其 1 倍稀释液（CSE-2）可以用于解磷根瘤菌的发酵培养，其中 CSE-2 在发酵初期优于 YMA 培养基，有很好的利用价值。同时，在培养第 30h 时，CSE-1 中活菌数只有 YEM 中的 44.18%，CSE-2 中活菌数降低到 YEM 的 31.25%，更低浓度的 CSE-3 和 CSE-4 中活菌数不足 YEM 的 12.51%。这可能是由于接入 LW107 菌株并培养 30h 后，不同浓度 CSE 培养液中可溶性糖类都已耗尽，其中 CSE-1 培养液中的可溶性糖含量仅为接种前的 5.39%（表 4-48）。因此，以玉米茎叶粉浸提液作为解磷根瘤菌发酵培养基时，额外的碳源如葡萄糖等的补充是必要的。

通过测定 CSE 培养液接种解磷菌前后的可溶性磷含量发现，除 CSE-4 外，CSE 内可溶性磷在培养前后差异显著，表明菌种能够很好地利用 CSE 培养液内的可溶性磷素（表 4-48）。可见 CSE-1、CSE-2 和 CSE-3 培养液内的可溶性磷素营养较为充足，而 CSE-4 培养液因碳源匮乏菌体繁殖速度过慢，磷含量与培养前没有显著差异。测定发现 CSE-1（1306mg/L）、CSE-2（655mg/L）和 CSE-3（349mg/L）培养液中的可溶性氮含量是标准 YEM 培养基（氮源为 500mg/L 酵母粉，含氮量 22%～46%）的数倍，可见 CSE 的含氮量亦满足解磷根瘤菌发酵培养的需求。

表 4-47　解磷根瘤菌 LW107 在玉米茎叶粉浸提液（CSE）及其稀释液中的培养代时和活菌数

培养液类型	菌种培养代时（h）	20h 活菌数（10^8 细胞/ml）	30h 活菌数（10^8 细胞/ml）
CSE-1	4.89 ± 0.58b	3.55 ± 0.15c	8.44 ± 0.11b
CSE-2	1.60 ± 0.10d	5.05 ± 0.12a	5.97 ± 0.14c
CSE-3	2.71 ± 0.05c	1.88 ± 0.06d	2.39 ± 0.09d
CSE-4	16.57 ± 0.58a[*]	0.85 ± 0.02d	1.15 ± 0.36d
YEM（CK）	2.40 ± 0.02c	4.26 ± 0.12b	19.1 ± 0.92a

*8h 后因 CSE-4 内的菌种已进入生长缓滞期，所以该处理下 8h 后计算的菌种培养代时并不代表对数期菌种倍增时间

表 4-48　CSE 培养基接种 LW107 菌株前后的可溶性糖和可溶性磷含量

培养基	可溶性糖含量（mmol/L）		可溶性磷含量（mg/L）	
	接菌前	接菌后	接菌前	接菌后
CSE-1	6.120 ± 0.235	0.330 ± 0.006*	8.34 ± 0.05	7.73 ± 0.06*
CSE-2	3.390 ± 0.080	0.220 ± 0.015*	8.26 ± 0.57	5.15 ± 0.01*
CSE-3	1.980 ± 0.020	0.150 ± 0.010*	4.92 ± 0.11	3.96 ± 0.12*
CSE-4	1.070 ± 0.035	0.130 ± 0.006*	2.58 ± 0.04	2.53 ± 0.13ns

注　方差分析采用 Duncan 法，*表示接种后与接种前比较差异显著（$P<0.05$），"ns"表示接种后与接种前差异不显著

综上可知，以玉米茎叶粉浸提液制备培养基时，解磷根瘤菌在 CSE-2 和 CSE-3 上的代时最短，可作为廉价的发酵培养基使用，但自身所含的碳源物质不能充分满足根瘤菌的生长。因此应将不同根瘤菌接种于添加了葡萄糖（10g/L）的 CSE-2 和 CSE-3 固体培养基，以解磷根瘤菌和普通根瘤菌的单菌落直径来评价菌种的生长情况。

解磷根瘤菌 LW107、SL01、RSW96 和普通根瘤菌 12531 都能在含葡萄糖的 CSE-3 固体培养基上良好生长（表 4-49），其中在 CSE-3 固体培养基上生长最快（图 4-25）。可见，1:50 和 1:100 的玉米茎叶粉浸提液在加入葡萄糖作为补充碳源后，在进行解磷根瘤菌和普通根瘤菌的培养方面有很好的利用潜力。

表 4-49　LW107 菌株在 CSE-3 固体培养基和 YMA 培养基上生长 72h 后的单菌落直径
（单位：mm）

菌种	CSE-3 固体培养基	CSE-2 固体培养基	YMA 固体培养基
Sinorhizobium meliloti 12531	4.4 ± 0.1a	4.5 ± 0.2a	4.6 ± 0.1a
Rhizobium meliloti LW107	7.3 ± 0.2a	7.1 ± 0.2a	6.9 ± 0.2a
Rhizobium meliloti SL01	6.6 ± 0.2a	6.6 ± 0.2b	5.5 ± 0.1b
Rhizobium sp. RSW96	8.3 ± 0.4a	8.0 ± 0.2a	4.3 ± 0.2b

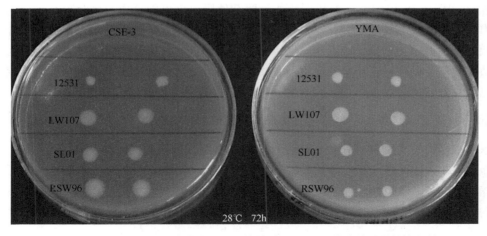

彩图请扫二维码

图 4-25　不同根瘤菌在 YMA 培养基和 CSE 固体培养基上的生长情况

3. 不同基质载体及不同载菌液量下固体菌剂内的活菌数和杂菌率

同种载体菌剂的有效菌数随吸附菌液量的增大而升高，除个别处理外杂菌率均随吸附菌液量的增大而降低（表 4-50）；不同基质载体在最高载液量下的活菌数均高于 $2.0×10^9$ cfu/g，杂菌率低于 10%，达到国家标准相关要求。作为传统菌剂载体基质的泥炭和蛭石，其载菌量与待选的新基质相比并无优势。

表 4-50　不同载体基质菌剂存放 120 天后的活菌数和杂菌率

基质	载菌液量（ml/kg）	*Rhizobium meliloti* LW107		*Rhizobium* sp. RSW 96	
		活菌数（10^9cfu/g）	杂菌率（%）	活菌数（10^9cfu/g）	杂菌率（%）
茎叶粉	1000	7.09±0.13aA	4.15±0.14edD	6.41±0.15aA	4.01±0.22dD
	800	5.41±0.20bB	5.57±0.62dC	4.49±0.13cC	6.02±0.16cC
	400	1.99±0.11eD	16.02±1.43aA	1.38±0.18fgFG	19.19±2.05aA
蛭石	500	2.47±0.27dD	1.29±0.16gEF	2.52±0.25dD	0.28±0.13fG
	400	1.92±0.15eD	1.16±0.08gEFG	1.50±0.14fF	3.19±0.51dDE
	200	0.83±0.06fE	4.34±0.27eD	1.17±0.05gG	4.15±0.33dD
泥炭粉	450	4.56±0.18cC	0.28±0.05hG	4.63±0.11cC	1.06±0.23efFG
	200	1.96±0.97eF	0.48±0.07hFG	2.42±0.14dD	1.12±0.16efFG
	100	0.45±0.03fgEF	10.19±0.28bB	0.41±0.09hH	6.71±1.14cC
黄绵土	200	4.34±0.09cC	1.6±0.08gE	5.31±0.34bB	1.81±0.67eDF
	150	0.85±0.23fE	3.49±0.59fD	1.82±0.13eE	3.31±0.13dDE
	100	0.09±0.02gF	6.3±0.21cC	0.5±0.06hH	11.69±1.33bB

注：同列不同小写字母表示差异显著（$P<0.05$），大写字母表示差异极显著（$P<0.01$），下同

供试的 4 种载体基质中以茎叶粉容重最低，结构疏松多孔，充分干燥并灭菌后最多可吸附自重 2.7 倍的液体（表 4-50），以青玉米茎叶粉吸附等重菌液制成的固体菌剂室温保存 120 天后，LW107 和 RSW96 菌剂的活菌数极显著高于其他所有固体菌剂（$P<0.01$）。同时，载菌液量为 400ml/kg 的 LW107 和 RSW96 茎叶粉菌剂杂菌量分别高达 16.02% 和 19.19%，超出国家标准故不能作为菌剂使用。这可能是由于茎叶粉对水分的吸附能力过强，低载菌液量下菌体可利用的水分减少，根瘤菌的生长变缓，使得对水分需求较低的杂菌竞争力增强，导致在富营养条件下，杂菌率大幅升高。因此以茎叶粉为菌剂基质时，需要提高封装环境的净度或使用抑菌剂来弥补杂菌率高的缺陷。普通黄绵土基质也有良好的携带菌体作用，可作为根瘤菌固体菌剂的载体基质进行开发。

4. 抑菌剂对菌株培养代时和解磷促生能力的影响

高浓度氨苄青霉素对菌株在液体培养下的增殖和继代有明显抑制作用（表 4-51）。在 300μg/ml 的氨苄青霉素浓度下，LW107 和 RSW96 的液体培养代时分别为其对照的 2.02 倍和 1.42 倍，差异显著（$P<0.05$）；当氨苄青霉素浓度低于 200μg/ml 时，菌株的代时不会明显地延长。而氨苄青霉素浓度在 5～100μg/ml 时，菌株的代时显著缩短（$P<0.05$）。适当浓度的抗生素可通过抑制菌株生长延缓其传代速度来减少菌种在菌剂中的继代次数和营养消耗，降低菌液保存期间菌种的退化速度，提高活菌含量，最终

达到提高菌剂质量和延长菌剂保藏时间的作用。

表 4-51　不同氨苄青霉素浓度对解磷根瘤菌生长代时的影响

抑菌剂浓度 （μg/ml）	*Rhizobium meliloti* LW107 （h）	*Rhizobium sp.* RSW96 （h）
0	2.36 ± 0.05c	2.73 ± 0.11c
1	2.42 ± 0.08c	2.65 ± 0.14c
5	2.23 ± 0.06c	2.54 ± 0.10c
10	1.94 ± 0.12d	2.01 ± 0.04d
50	1.36 ± 0.13f	1.70 ± 0.04e
100	1.59 ± 0.01e	2.49 ± 0.05c
200	3.24 ± 0.06b	2.91 ± 0.12b
300	4.77 ± 0.08a	3.89 ± 0.19a

注：数据表示 4 个重复的平均值

各浓度的氨苄青霉素环境对两种分泌生长素的解磷根瘤菌耐药突变株的溶磷、产生长素的能力无显著影响（表 4-52）。利用氨苄青霉素降低 LW107 和 RSW96 的菌液杂菌率，提高菌液活菌数的同时，不会影响菌种解磷和分泌生长素的能力。

表 4-52　不同氨苄青霉素浓度对解磷根瘤菌溶磷和产生长素能力的影响

抑菌剂浓度 （μg/ml）	*Rhizobium meliloti* LW107		*Rhizobium sp.* RSW96	
	溶磷量 （mg/L）	产 IAA 量 （mg/L）	溶磷量 （mg/L）	产 IAA 量 （mg/L）
300	17.88 ± 0.91a	23.17 ± 0.74a	12.53 ± 2.61a	50.05 ± 1.22a
200	18.02 ± 0.66a	24.37 ± 0.79a	12.60 ± 1.10a	50.36 ± 1.16a
100	17.64 ± 0.89a	23.26 ± 2.08a	12.18 ± 3.23a	50.18 ± 1.01a
50	17.21 ± 1.11a	23.49 ± 0.55a	12.34 ± 1.29a	50.57 ± 0.92a
10	17.55 ± 0.92a	21.92 ± 1.98a	12.14 ± 0.55a	51.21 ± 0.51a
5	17.43 ± 1.17a	23.24 ± 0.83a	12.49 ± 2.48a	51.47 ± 0.60a
1	18.31 ± 0.68a	22.85 ± 0.60a	12.67 ± 1.56a	51.20 ± 0.54a
0	18.16 ± 0.23a	23.72 ± 0.47a	12.12 ± 0.94a	52.98 ± 0.77a

注：数据是指菌株 24h 溶磷量和 24 天的生长素产量，为 3 次重复的平均值

5. 抑菌剂对宿主植物种子萌发及菌液中根瘤菌存活率与杂菌率的影响

不同氨苄青霉素浓度下，陇东苜蓿和红豆草种子的发芽率、硬实率和幼苗死亡率有很大差异（表 4-53）。50mg/L 的氨苄青霉素处理下，苜蓿种子发芽率达到最高值，是处理陇东苜蓿种子的最佳浓度。甘肃红豆草种子对 100mg/L 的氨苄青霉素反应最佳，发芽率高出对照 24.24%，硬实率仅为对照的 51.82%，种子死亡率为各处理中最低。同时，氨苄青霉素处理可明显加快种子萌发速度，苜蓿种子在 100mg/L 氨苄青霉素处理 2h、4h 内的发芽率达 42.65%，比对照高出 62.67%。

综上可知，就抑制杂菌的角度而言，解磷根瘤菌耐药株 LW107 和 RSW96 的发酵菌液中氨苄青霉素的最佳添加量分别为 100mg/L 和 200mg/L；对于提高活菌数来说，这一浓度则分别为 100mg/L 和 50mg/L；从促进种子发芽、破除硬实的方面来考虑，则 LW107 和 RSW96 的发酵菌液中氨苄青霉素的最适含量分别为 50mg/L 和 100mg/L。

表 4-53　不同浓度氨苄青霉素对种子发芽率、硬实率及死亡率的影响

抑菌剂浓度	陇东苜蓿			甘肃红豆草		
(mg/L)	发芽率(%)	硬实率(%)	死亡率(%)	发芽率(%)	硬实率(%)	死亡率(%)
400	77.25	8.89	13.86	70.8	8.44	20.76
300	82.23	9.43	8.36	74.21	10.76	15.05
200	85.31	6.67	7.73	74.93	10.24	14.82
100	88.60	4.44	6.92	79.34	12.67	7.85
50	94.54	3.90	1.56	78.02	13.53	8.48
10	90.20	5.78	2.02	69.91	19.58	10.39
0	89.19	6.11	4.25	63.86	24.45	11.60

注：数据为 4 次重复的平均值

被人为污染的含抗生素液体菌剂保存 60 天后，菌液的杂菌率随抑菌剂浓度的升高而明显降低，呈显著的负指数相关（图 4-26），决定系数分别为 0.8911（LW107）和 0.863（RSW96）。说明氨苄青霉素对抑制杂菌生长、降低菌液中的杂菌率有良好的效果。被污染的含抗生素解磷根瘤菌菌液中，根瘤菌数目随氨苄青霉素浓度的升高呈现先升高再降低的趋势（图 4-27），LW107 和 RSW96 菌液活菌数的最高值分别出现在含氨苄青霉素 100mg/L 和 50mg/L 的处理浓度下，活菌数量分别为普通发酵菌液（无抗生素亦未被污染，该菌液内的活菌数为 100%）的 107.63%和 110.60%。

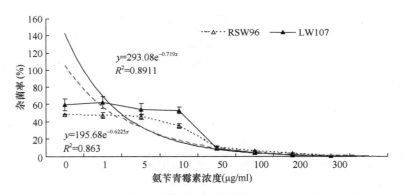

图 4-26　不同浓度氨苄青霉素对被污染根瘤菌菌液杂菌率的影响

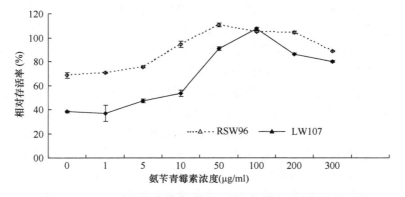

图 4-27　不同浓度氨苄青霉素对菌液内根瘤菌相对存活率的影响

6. 含抑菌剂菌液对宿主幼苗的生长、生理、结瘤数和目标菌占瘤率的影响

含抑菌剂根瘤菌液对苜蓿（表 4-54）和红豆草（表 4-55）幼苗的生物量和结瘤数的促进作用随浓度的降低而升高。浓度 100% 的含药菌液（含 100mg/L 氨苄青霉素）对苜蓿植株的结瘤有明显的抑制作用，但不会对植物产生毒害；对红豆草幼苗的生长和生物量积累有显著抑制和毒害作用。浓度 25% 的含抑菌剂菌液对苜蓿和红豆草生物量和结瘤数的促进最为明显，能使苜蓿植株的地上生物量、地下生物量、株高和根系长度分别与对照差异显著（$P<0.05$）（图 4-28）。

表 4-54　接种不同稀释浓度的 LW107 含氨苄青霉素菌液对苜蓿幼苗生长和结瘤的影响

含药菌液浓度（%）	地上生物量（mg）	根生物量（mg）	根长（cm）	根瘤数
100	92.28 ± 9.27b	68.44 ± 3.92b	11.18 ± 1.25c	24.75 ± 2.50a
50	107.25 ± 13.7a	90.26 ± 1.97	14.70 ± 0.73ab	26.75 ± 1.71a
25	136.31 ± 22.1a	95.01 ± 3.63a	15.89 ± 1.46a	25.00 ± 2.94a
10	126.18 ± 13.82a	87.42 ± 1.69a	15.08 ± 1.97ab	25.00 ± 2.45a
0（CK1）	91.84 ± 9.14b	64.46 ± 6.47b	12.65 ± 0.68bc	3.75 ± 1.26b
CK2	117.22 ± 8.52a	85.3 ± 4.76a	11.18 ± 1.25c	25.5 ± 2.65a

注：以含 100mg/L 氨苄青霉素的 LW107 菌液为 100%；以不含抗生素的无菌液体培养基为对照 CK1，以不含抗生素的菌液处理为 CK2，下同

表 4-55　接种不同稀释浓度的 RSW96 含氨苄青霉素菌液对红豆草幼苗生长和结瘤的影响

含药菌液浓度（%）	地上生物量（mg）	根生物量（mg）	根长（cm）	根瘤数
100	424 ± 39c	118 ± 16c	18.96 ± 1.30d	8.75 ± 2.22b
50	789 ± 52a	178 ± 22b	25.39 ± 1.02b	22.25 ± 1.17a
25	802 ± 31a	222 ± 11a	28.80 ± 1.65a	21.50 ± 3.32a
10	759 ± 24a	205 ± 12a	26.44 ± 1.56ab	22.14 ± 0.43a
0（CK1）	563 ± 36b	166 ± 25b	21.91 ± 1.22c	0.75 ± 0.96c
CK2	799 ± 21a	200 ± 21a	24.83 ± 0.96b	20.75 ± 2.87a

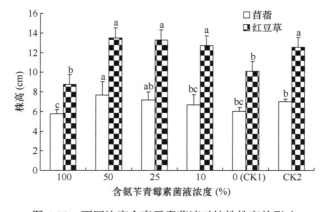

图 4-28　不同浓度含青霉素菌液对植株株高的影响

对苜蓿施用含氨苄青霉素 100mg 的 LW107 菌株发酵液及其梯度倍数稀释液；对红豆草则施用含氨苄青霉素 200mg 的 RSW96 发酵液及其梯度倍数稀释液，下图同

含药菌液原液（100%）处理下苜蓿和红豆草植株的叶片数与对照差异不显著，但两种植株的叶面积均受到抑制；稀释后的含药菌液对叶片数和单叶面积都有明显的促进作用，其中25%的RSW96含药菌液对红豆草植株叶片的生长促进作用最好（图4-29）。苜蓿幼苗的叶绿素含量随菌液浓度的降低而降低，而红豆草叶片叶绿素含量随菌液浓度的变化则与其叶片数、叶面积的变化趋势一致（图4-30）。宿主植株接种含抑菌剂菌液后，能够显著提高两种耐药解磷菌的占瘤率（表4-56）。

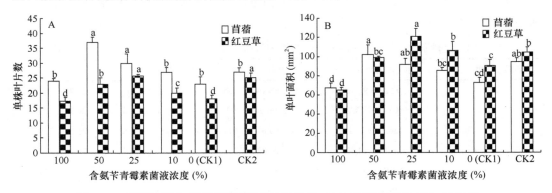

图 4-29 不同浓度含青霉素菌液对单株叶片数（A）和单叶面积（B）的影响

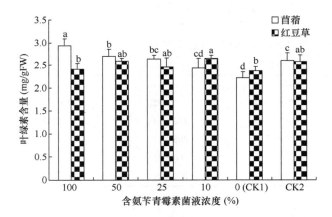

图 4-30 不同浓度含青霉素菌液对单株叶片叶绿素含量的影响

表 4-56 接种含抑菌剂菌液后解磷根瘤菌的占瘤率

处理	占瘤率（%）	
	Rhizobium meliloti LW107	*Rhizobium* sp. RSW96
普通菌剂[*]	58.07	73.12
含抑菌剂菌液	68.67	89.33

[*]. 数据取自表4-41，两次占瘤率的盆栽及测定方法相同

7. 保存温度及抑菌剂对液体菌剂内活菌数和杂菌率的影响

室温和低温下液体含药菌剂的活菌数显著高于普通菌剂，低温贮藏的含药和普通菌剂活菌数均显著高于室温（$P < 0.05$）（图 4-31）。由此可见，降低温度和添加抗生素均能提高液体菌剂中根瘤菌的活菌数，同时使用具有一定的加和效应。

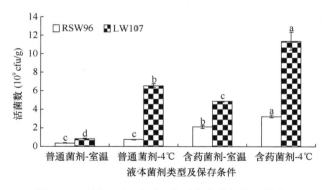

图 4-31　保存 1 年后不同类型液体菌剂的活菌数

　　各处理液体菌剂的污染率差异较大，菌剂在室温保存 1 年后的污染率显著高于低温保存菌剂，含药菌剂污染率显著低于普通菌剂（$P<0.05$）（图 4-32）。在室温保藏 1 年后，LW107 和 RSW96 普通菌剂中的杂菌率均超过国家微生物肥料标准的 10%，而添加抑菌剂的 LW107 和 RSW96 菌液杂菌率均低于 5% 的轻度污染标准。低温和抑菌剂都能明显起到抑制杂菌的作用，同时使用两种抑菌因素则可有效控制杂菌。

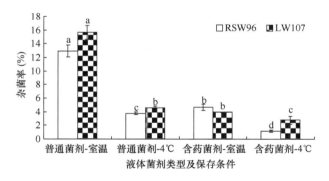

图 4-32　保存 1 年后不同类型菌剂的杂菌率

　　液体菌剂在低温下保存时能使 pH 维持在中性，而在室温下则显著酸化；含药菌剂显中性偏碱，且储存温度对含药菌剂的 pH 无显著影响（图 4-33）。

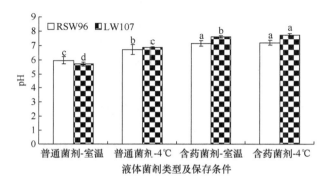

图 4-33　保存 1 年后不同类型菌剂的 pH

8. 基质载体、保存温度及抑菌剂对固体菌剂活菌数和杂菌率的影响

LW107 在不同类型菌剂中的活菌数差异很大（图 4-34），低温条件下活菌数明显高于室温，含药菌剂的活菌数也明显高于普通菌剂；RSW96 与 LW107 表现基本一致。在各类载体固体菌剂的活菌数测定结果中，室温和低温下保存 1 年后的黄绵土菌剂中两种菌株的有效菌含量均显著高于其他载体基质（$P<0.05$），含药与普通菌剂的活菌数均能保持在 $1.5×10^9$cfu/g 以上。泥炭载体次之，两种菌株泥炭菌剂的活菌数均在 $1.0×10^9$cfu/g 以上，均能达到使用标准。

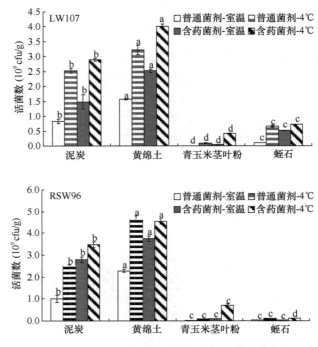

图 4-34 保存 1 年后不同类型载体含药菌剂及普通菌剂的活菌数

与室温保存 4 个月的试验结果不同的是，茎叶粉菌剂在室温保存 1 年后，LW107 和 RSW96 的活菌数已无法达到菌剂使用的标准。青玉米茎叶粉直接作为菌剂载体用于制作保存期短的菌剂具有很大潜力，但要延长其保质期，仅通过低温和添加抑菌剂无法使活菌数达到菌剂使用的标准，需要进一步的研究以改善工艺。不同温度保存 1 年的蛭石菌剂中，活菌数均低于 $1.0×10^9$cfu/g，难以达到商品化的程度。

存放 1 年后，茎叶粉和泥炭载体的普通菌剂 pH 降低（$P<0.05$），添加抑菌剂能减缓茎叶粉菌剂 pH 下降的趋势（图 4-35）。蛭石菌剂 pH 升高；黄绵土载体菌剂的 pH 呈中性，其中室温下 pH 相对偏低，而低温保存或添加了抗生素的菌剂则 pH 偏高。两种菌株的各 4 种处理的 pH 大小为低温保存的含药菌剂＞室温保存的含药菌剂＞低温保存的普通菌剂＞室温保存的普通菌剂。

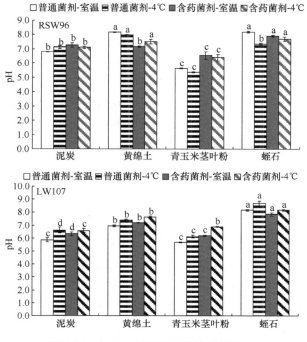

图 4-35　保存 1 年后不同类型菌剂的 pH

　　两种菌株的各处理菌剂污染率差异较大（图 4-36），低温储藏条件和含药菌剂中杂菌率均有显著降低（$P<0.05$）。低温对杂菌的抑制效果较抑菌剂略低，但同时使用两种方法则可以高效抑制杂菌。

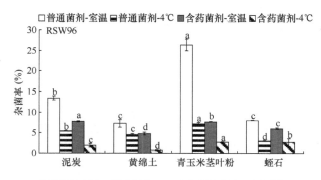

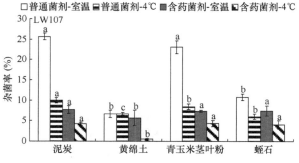

图 4-36　保存 1 年后不同类型菌剂的杂菌率

9. 保存 1 年后各类固体菌剂的含水量、菌剂粒径及外观

在所有的供试菌剂中，含水量的变化主要与温度和基质类型相关，菌株间的差异和是否添加抑菌剂对含水量的影响低于显著水平（$P>0.05$）。低温下，固体菌剂的蒸发量较低，含水量降幅低于 3.42%，各基质载体间差异不显著。而在室温下，泥炭菌剂的蒸发量最高，两种菌剂的含水量平均降幅分别达到 6.67% 和 5.24%。两种菌剂含水量的降幅与菌剂活菌数及杂菌率之间并无明显的相关；茎叶粉≥0.15mm 的筛余物由贮存前的 9.4% 降至 5.22%，其他载体菌剂的粒径在贮存前后变化不大，所有菌剂≥0.15mm 的筛余物均低于 10%，符合国家标准。除因封装不严而造成的个别污染菌剂外，其余固体菌剂的外观均未发生变化。

（三）小结

1）解磷根瘤菌的最适碳源和茎叶粉浸提液（CSE）培养基作为根瘤菌培养基的可行性：在液体发酵培养基的成本构成中，选择廉价而能被菌种充分利用的碳源对菌剂的生产至关重要。本研究解磷根瘤菌以葡萄糖为碳源时菌体长势最好，这与 Singh 等（2004）的研究结果一致。由于葡萄糖的价格不足甘露醇的 1/3，所以可在实际生产中选择葡萄糖作为解磷根瘤菌发酵培养的最适碳源。本研究中特有的茎叶粉浸提液（CSE）培养基作为解磷根瘤菌的培养基有很好的应用价值（Liu et al.，2008）。在适当比例的浸提液中（CSE-2，青玉米茎叶粉：H_2O=1：50），解磷根瘤菌的生长代时较在标准 YEM 培养基中缩短，培养前后 CSE 培养基中碳源物质和磷素营养的消耗状况也表明浸提液中的主要营养能被菌体很好地利用。此外，1：100 的青玉米茎叶粉浸提液（CSE-3）在加入葡萄糖和琼脂后制成的固体培养基同样适用于根瘤菌的平板培养。这指出除碳源物质不足外，青玉米茎叶粉浸提液本身所含的氮、磷源和矿质元素的比例和成分符合微生物自然生长的需要，可以作为解磷根瘤菌的优质廉价发酵培养基。

2）抑菌剂对菌液中杂菌率和根瘤菌生长及特性的影响：抗生素是在医学上用于治疗由敏感致病菌所引发疾病的主要工具。氨苄青霉素为广谱半合成青霉素，毒性极低（谢从鸣，2001），对生长状态的 G$^+$菌作用非常明显（张昊等，2008），因此在本研究中，选用氨苄青霉素作为根瘤菌液中的抑菌剂，一方面是因为其对动、植物相对其他抑菌剂毒性更低，更安全有效，另一方面则是考虑到它的广谱抑菌特性。结果显示，储存 60 天后，100mg/L 的氨苄青霉素可使 48.07%~59.56%的杂菌率降低至 3.81%~1.01%，使 LW107 和 RSW96 两种解磷根瘤菌发酵液保持较高的活菌数（Li et al.，2011）；氨苄青霉素含量 300mg 以下的含药菌液在储存 60 天后，LW107 和 RSW96 菌株的解磷和产生长素能力均没有退化，而含 100mg/L 青霉素菌液的活菌数高于未添加抗生素的菌液。证明适量浓度的氨苄青霉素在菌液的保存中能起到抑制杂菌生长、提高活菌数量、防止菌种性状退化的作用。

3）根瘤菌液体含药菌剂中抑菌剂的添加量及菌剂的施用方式：根瘤菌菌液中抑菌剂（氨苄青霉素）的最适含量针对不同的研究目的有不同的定位。为解决提高有效根瘤菌活菌含量与菌液对植株的施用效果的矛盾，本研究选择在菌液制备时 LW107 和

RSW96 菌液中分别保持 100mg/L 和 200mg/L 的氨苄青霉素浓度，降低菌剂在贮藏过程中的杂菌率；对植株或种子使用菌剂时，则以稀释菌液的方式降低抗生素的含量，使之达到对植物施用的最适浓度。为了便于控制试验条件和减少其他因素对试验结果的干扰，采用沙培、无杂菌摄入的试验条件进行盆栽植株的接种菌剂试验，旨在探讨根瘤菌-抗生素混合菌液对植物的影响。

4）含抑菌剂根瘤菌剂对植株生长和结瘤的促进：根瘤菌诱导植株结瘤的能力受到高浓度抗生素的抑制，200mg/L 氨苄青霉素浓度下，根瘤数减少，颜色变浅，个体变小，固氮酶活性也急剧降低至其正常根瘤的 1/5 以下。适宜浓度或低浓度的氨苄青霉素对结瘤没有抑制，还能提高植株结瘤的数目。例如，含 100mg/L 氨苄青霉素的苜蓿根瘤菌 LW107 发酵菌液，其原液处理植株的结瘤率和固氮酶活性均很低，生物量甚至低于不接种的对照。将该菌液稀释 4 倍，甚至 10 倍时，抗生素的浓度下降，尽管菌液内的根瘤菌数也随之降低，但根瘤数目和固氮酶活性均显著增高（$P<0.05$）。此外，菌液中抗生素对植物存在低剂量的刺激效应和高剂量的毒害效应（Karlowsky et al.，1997），由于物种差异性，应用于根瘤菌或其他促生菌剂中的最适抗生素浓度需要针对不同植物进行试验验证。

5）低温及抑菌剂对液体解磷根瘤菌剂的作用：降低温度和添加抑菌剂均能提高菌剂的活菌数并降低杂菌率。4℃的低温保存和在菌剂内添加适量的氨苄青霉素能显著提高液体菌剂内的活菌数，同时采用两种方法时则能产生一定的叠加效应。在实际应用中，不具备冷藏条件时，添加抗菌剂可以作为提高活菌数、延长使用期限的有效措施。长期贮藏后，液体菌剂内的 pH 不仅与培养基和抑菌剂的性质有关，同时也受菌体数量及其代谢活力的影响。在菌剂需要长期保存时，要获得较高的活菌数量必须暂时降低其繁殖和代谢活力，使菌种处于休眠状态。

6）解磷根瘤菌固体菌剂基质载液量的优化和固体菌剂基质载体的筛选：活菌数和污染率是菌剂质量两个最重要的衡量标准。两株根瘤菌固体菌剂贮存 120 天后，同种载体菌剂的活菌数随吸附菌液量的增大而升高，各载体菌剂的污染率随载菌液量的降低而上升。说明适度的高载液量有利于菌剂中活菌数的维持，降低菌液吸附量则使根瘤菌的繁殖受抑，活菌数减少，而使某些能在低水分环境下生存的杂菌如霉菌、放线菌等得以快速繁殖，杂菌率升高。这一结论与 Paau（1988）的研究结果相反，可能是由于解磷根瘤菌 LW107 和 RSW96 自身的特性，使其在高含水量条件下能够不断繁殖，产生大量次生代谢物如有机酸等，抑制杂菌的生长。另外，不同载体菌剂内的活菌数差异显著，以青玉米茎叶粉吸附等重菌液制成的固体菌剂（1000ml/kg）的玉米茎叶粉载体菌剂在贮存 120 天时的活菌数最高，杂菌率也处于最高水平，这与玉米茎叶粉的疏松结构和丰富营养有关（Li et al.，2011b）。黄土菌能以不足泥炭一半的菌液吸附量达到与泥炭一致的携菌效果；泥炭菌剂易被杂菌污染而迅速失效（Olsen et al.，1994a）。蛭石菌剂的活菌数在各类载体中最低，这可能是由于蛭石内极低的营养含量。

7）低温及抑菌剂对解磷根瘤菌固体菌剂抗污染能力和活菌数的影响：降低温度和添加抗生素作为抑菌剂均能提高根瘤菌剂中的活菌数并显著降低杂菌率。4℃的低温保存和在菌剂内添加适量的氨苄青霉素能显著提高固体菌剂内的活菌数，同时采用两种方法时则能产生一定的叠加效应。而抑菌剂的浓度需要针对菌体的菌株进行梯度试验方能确定。在实际应用中，不具备冷藏条件时，添加抗菌剂可以作为提高活菌数、延长使用期限的有效补充手段。这一结论与 Fages（1992）的研究结果一致，即低温贮存条件和抑菌剂如放线菌酮能够显著降低污染率并延长菌剂的保存期限。

本小节研究获得：考虑到菌剂成本和菌株的碳源利用情况，葡萄糖可作为解磷根瘤菌发酵培养的最适碳源物质。补充碳源并调整 pH 后的青玉米茎叶粉浸提液（CSE）作为解磷根瘤菌的培养基有很好的应用价值。LW107 和 RSW96 菌液中抑菌剂（氨苄青霉素）的最适浓度分别为 100mg/L 和 200mg/L。高浓度抗生素抑制根瘤的形成，但低浓度的氨苄青霉素（陇东苜蓿：25mg/L；甘肃红豆草：50mg/L）不影响根瘤的形成，并对植株生长有促进作用。4℃的低温保存和在菌剂内添加适量的抑菌剂都能显著提高液体菌剂内的活菌数，前者需要冷藏设备，后者则需要目的菌株对抑菌剂有良好的抗性。未浸提处理的青玉米茎叶粉只能作为短货架期固体菌剂的载体基质；灭菌黄绵土具有性质稳定、孔隙度大、价格低廉的特点，作为菌剂载体贮存 1 年后的活菌数高而杂菌率低，能作为解磷根瘤菌固体菌剂的载体基质。

第三节　耐植物苦参碱抑菌剂的根瘤菌种质创新

一、抑菌剂对空气和土壤微生物的抑制及对苜蓿种子萌发的影响

（一）材料与方法

1. 试验材料

植物源抑菌剂：苦参碱和除虫菊酯购自宝鸡市方晟生物开发有限公司。
陇东苜蓿：种子 2009 年收获于甘肃，初始发芽率为 76.67%。

2. 抑菌剂溶液制备及灭菌

苦参碱和除虫菊酯分别以少量乙醇溶解，蒸馏水稀释至 20mg/ml，调试溶液 pH 至 7.0，以 0.22μm 滤膜过滤灭菌，置于室温备用。苦参碱溶液置于室温下备用，除虫菊酯置于 4℃下避光保存，以防止其在高温强光下分解。

3. 含抑菌剂平板的制备

以 YMA（酵母-甘露醇-琼脂）固体培养基作为基本培养基，配制含苦参碱（300mg/L、400mg/L、500mg/L、600mg/L 和 700mg/L）和除虫菊酯（500mg/L、1000mg/L、1500mg/L 和 2000mg/L）的含药平板。在 YMA 培养基冷却至 40～50℃（即将凝固前）加入定量灭菌苦参碱母液并迅速摇匀，3 次重复。

4. 抑菌剂及浓度对土壤和空气微生物的抑制效果测试

土壤溶液制备：2012 年 10 月，自甘肃农业大学兰州牧草试验站苜蓿地 5 个不同位置挖取 3～5cm 处土壤，用无菌水配制成土壤悬浮液，并制备其 10^0～10^6 系列稀释液。

所有含有不同类型不同浓度抑菌剂的平板分别为 A：暴露于空气中 30min；B：涂抹 0.2ml 土壤悬浮液及其各浓度稀释液。对照为不含有任何苦参碱的 YMA 平板。处理后，所有平板放置于室温下（23～26℃）培养，并分别于培养 48h、72h、112h 和 136h 时观察、记录所有平板中菌落数量、类型及直径。

5. 不同浓度苦参碱胁迫下的苜蓿种子发芽试验

根据苦参碱对空气和土壤中杂菌的抑制效果，设置 0g/L、100g/L、200g/L、300g/L、400g/L、500g/L、600g/L、700g/L、800g/L 共 9 个浓度梯度，制备各梯度母液 100ml。选取饱满、均一的陇东苜蓿种子适量，浸入各溶液中 10h。10h 后，将经过浸种处理的苜蓿种子取出，参照《牧草种子检验规程》（GB/T 2930.4—2001）进行标准发芽试验。从种子萌发起至第 15 天，每日统计种子发芽数，7 天时统计幼苗胚根长、胚芽长和鲜重，15 天时记录硬实种子数和吸胀种子数，计算各处理种子发芽率、发芽势、发芽指数和活力指数。各种子萌发指标的计算方法：

$$发芽率 = 15 天内全部发芽种子数/供试种子数×100\%$$
$$发芽势 = 第 4 天发芽种子数/供试种子数×100\%$$
$$活力指数 = 发芽指数×幼苗鲜重（g）$$
$$发芽指数 = G_t/D_t$$

式中，G_t 表示第 t 日的发芽数；D_t 表示发芽日数（霍平慧等，2011）。

（二）结果与分析

1. 抑菌剂对土壤及空气中微生物生长的影响

A 处理（暴露于空气）中除培养 136h 时，所有含苦参碱平板中菌落数在整个培养期内均极显著低于 CK（表 4-57）（$P<0.01$），表明苦参碱可有效抑制空气中杂菌的生长。B 处理（涂抹土壤菌悬液）中，含苦参碱抑菌剂平板中菌落数随着所有处理抑菌浓度的加大而降低（表 4-58）。不同浓度苦参碱平板中菌落数差异极显著（$P<0.01$）；同一抑菌浓度下，平板中菌落数随着时间的延长而缓慢增加。总体而言，放线菌对空气源和土壤源中的苦参碱抑菌剂最为敏感，其次为真菌，细菌敏感性最弱（表 4-59）。

A 处理（暴露于空气）中除培养 112h 和 136h 时、含 1000mg/L 除虫菊酯的平板中菌落数高出 CK 外，其他所有含除虫菊酯平板中菌落数在整个培养期内均极显著低于 CK（表 4-57）（$P<0.01$），表明除虫菊酯可有效抑制空气中杂菌的生长。B 处理（涂抹土壤菌悬液）中，含除虫菊酯抑菌剂平板对土壤中杂菌的抑制效果和对空气中杂菌的抑制效果相同（表 4-58）。500mg/L 浓度的含除虫菊酯平板在培养初期对土壤中杂菌的抑制效果较好（48~72h），菌落数分别只为 CK 的 10.07% 和 11.89%，而随着培养时间的增加，112h 和 136h 时，平板中菌落数分别增至 CK 的 77.93% 和 95.99%。与 CK 相比（表 4-59），除虫菊酯对真菌的抑制效果较好，1000mg/L 含药浓度便可完全抑制空气源真菌，而 1500mg/L 浓度便可完全抑制土壤源真菌。

表 4-57　各类型和浓度含植物源抑菌剂平板中空气源杂菌的估测菌落数

抑菌剂类型	抑菌浓度 (mg/L)	培养时间（h）			
		48	72	112	136
CK	0	166.67±5.24A	347±15.62A	373±13.08A	389±11.14B
苦参碱	300	17.67±0.88B	63.33±6.39C	72±1.53B	83.33±3.18C
	400	12.67±0.88BC	24±1.00D	33.33±2.60BC	37.67±2.03D
	500	6.33±0.33CD	7.67±0.33D	8±0.58BC	18.67±1.20DE
	600	3.33±0.33D	3.33±0.33D	4±0.58BC	4.00±0.58E
	700	0.33±0.33D	0.33±0.33D	1.67±0.33BC	1.67±0.33E
除虫菊酯	500	11±1.15BC	72.67±3.48C	73.67±3.28B	87.67±2.03C
	1000	0±0D	176.33±4.91B	411.33±27.86A	472.33±8.57A
	1500	0±0D	0±0D	0.33±0.33BC	35.33±2.19D
	2000	0±0D	0±0D	0±0BC	0±0E

注：所有显示数据为平均值±标准误，3 次重复。每列不同大写字母表示处理间差异极显著（$P<0.01$）

表 4-58　各类型和浓度含植物源抑菌剂平板中土壤源杂菌的估测菌落数

抑菌剂类型	抑菌浓度 (mg/L)	培养时间（h）			
		48	72	112	136
CK	0	2572.67±40.39A	2655.33±61.41A	2766.67±52.7A	2832.33±24.77A
苦参碱	300	1195±36.06B	1410±34.79B	1797±34.27C	1873±40.6C
	400	356.33±11.98C	374.67±5.78C	391.33±7.86D	430.33±13.22D
	500	31±1.15E	62±3.21D	176.33±4.33E	193.67±5.46E
	600	4±0.58E	16±1.53D	32.67±2.6F	37±3.21F
	700	2±0.58E	2.33±0.33D	8.67±0.88F	9.33±0.33F
除虫菊酯	500	259±8.89D	315.67±11.98C	2156±43.71B	2718.67±35.93B
	1000	5±0.58E	39.33±2.85D	66±1.53F	80.67±2.73F
	1500	0±0E	0±0D	0±0F	0.33±0.33F
	2000	0±0E	0±0D	0±0F	0±0F

注：所有显示数据为平均值±标准误，3 次重复。每列不同大写字母表示处理间差异极显著（$P<0.01$）

表 4-59　培养 136h 时，各类型和浓度含植物源抑菌剂平板中不同类型杂菌的比例

抑菌剂类型	浓度 (mg/L)	菌落比例（%）					
		空气源			土壤源		
		F	B	A	F	B	A
CK	0	36.67±0.67A	47±0.58E	16.33±0.33A	3±0CD	61.33±0.33E	35.67±0.33C
苦参碱	300	13.67±1.2C	76.33±1.2CD	10±0B	0.33±0.33D	58.67±1.76E	40.33±1.76B
	400	20.33±1.2B	79.67±1.2C	0±0E	0.67±0.33D	86.67±1.45B	12.67±1.45D
	500	15±2.52C	85±2.52B	0±0E	4.33±0.33C	62±1.53E	33.67±1.67C
	600	0±0D	100±0A	0±0E	12±0.58B	81.33±1.45C	7±1.53E
	700	0±0D	100±0A	0±0E	71.67±3.28A	28.33±3.28F	0±0F
除虫菊酯	500	20±1.53B	73.67±1.86D	6.33±0.67C	1±0CD	67±0D	32±0C
	1000	0±0D	97±0.58A	3±0.58D	11.33±1.20B	16.67±1.45G	72.33±2.4A
	1500	0±0D	100±0A	0±0E	0±0D	100±0A	0±0F
	2000	0±0D	0±0F	0±0E	0±0D	0±0H	0±0F

注：所有显示数据为平均值±标准误，3 次重复。每列不同大写字母表示处理间差异极显著（$P<0.01$）。F. 真菌；B. 细菌；A. 放线菌

2. 不同浓度苦参碱抑菌剂浸种对苜蓿种子萌发的影响

随着苦参碱浸种液浓度的加大,各处理种子的发芽势和发芽率先上升后降低,硬实率先缓慢降低后增加,吸胀率先缓慢上升后降低之后再次上升(图 4-37)。总体而言,300~500g/L 的苦参碱溶液刺激了苜蓿种子的萌发,各项发芽指标也显著高出对照,600g/L 的处理浓度是个临界点,此时抑菌剂溶液浸种对种子的作用由之前的刺激开始转变为抑制。各浓度梯度苦参碱溶液浸种处理对萌发苜蓿种子长度生长、重量及活力指数并无明显的刺激作用(表 4-60)。随着苦参碱溶液浓度的不断升高,浸种处理对所萌发种子的抑制作用也逐渐显现,虽有个别处理表现优于对照的现象,但总体而言幼苗的生长及活力指数受到了抑制。不同稀土盐抑菌剂对培养基中主要营养成分及 pH 调节剂的反映情况相同(表 4-61)。

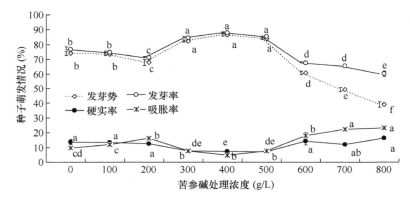

图 4-37 不同浓度苦参碱溶液浸种对苜蓿种子发芽势、发芽率、硬实率和吸胀率的影响
不同小写字母表示处理间差异显著($P<0.05$)

表 4-60 不同浓度苦参碱溶液浸种对萌发苜蓿幼苗长度、鲜重及发芽指数和活力指数的影响

浓度(g/L)	胚根长(cm)	胚芽长(cm)	幼苗鲜重(g)	发芽指数	活力指数
0	3.83±0.09bc	3.67±0.17a	0.0245±0.0013bc	10.95±0.25d	0.27±0.02ab
100	3.55±0.03c	3.63±0.09a	0.0219±0.0011cde	10.67±0.13d	0.23±0.01c
200	3.80±0.10bc	3.23±0.09ab	0.0274±0.0010a	10.15±0.14e	0.27±0.01ab
300	4.17±0.07b	3.32±0.09ab	0.0255±0.0005ab	12.10±0.13c	0.30±0.01a
400	4.60±0.03a	3.50±0.12a	0.0230±0.0007bcd	12.57±0.08a	0.30±0.01a
500	3.78±0.17bc	2.77±0.44b	0.0211±0.0006de	12.19±0.05b	0.26±0.01b
600	2.92±0.09d	1.87±0.17c	0.0193±0.0001ef	9.67±0.13f	0.17±0.00d
700	1.92±0.12e	1.13±0.03d	0.0176±0.0006f	9.38±0.13f	0.13±0.00e
800	1.05±0.08f	0.60±0.06e	0.0078±0.0003g	8.62±0.26g	0.04±0.00f

注:所有显示数据为平均值±标准误,3 次重复。每列不同小写字母表示处理间差异显著($P<0.05$)

表 4-61　稀土盐抑菌剂与培养基中主要营养成分及 pH 调节剂的反应情况

各培养基主要成分	稀土盐类型		
	La（NO₃）₃·6H₂O	Ce（NO₃）₃·6H₂O	LaCl₃
$K_2HPO_4·3H_2O$	+++	+++	+++
$MgSO_4·7H_2O$	−	−	−
NaCl	−	−	−
甘露醇	−	−	−
酵母浸粉	++	++	++
琼脂	−	−	−
胰蛋白胨	++	++	++
$CaCl_2·6H_2O$	+	+	+
$NH_3·H_2O$	+++	+++	+++
KNO_3	++	++	++
KCl	−	−	−
$MnSO_4·4H_2O$	−	−	−
$FeSO_4·7H_2O$	−	−	−
$Na_2MoO_4·2H_2O$	++	++	++
NaOH	+++	+++	+++

注："＋＋＋"表示反应剧烈，"＋＋"表示有反应，"＋"表示反应较缓慢；"－"表示肉眼观测不到的反应

（三）小结

①由于各稀土盐抑菌剂活跃的化学性质，各稀土盐离子与培养基中的大多数营养成分均可发生活跃的化学反应，与实验室常用 pH 调节剂也存在激烈反应，并且与之后的菌剂载体基质也存在化学反应的现象，给后续菌体的培养工作及菌剂的制备工作造成了一定的困难。②苦参碱和除虫菊酯对空气源和土壤源杂菌均具有较好的抑制效果。除虫菊酯在平板培养初期对各类型菌的抑制效果较苦参碱好，但所需的抑菌活性物质较苦参碱高。③苦参碱对放线菌的抑制效果较优，而除虫菊酯对真菌的抑制效果较优。但添加浓度达到一定水平后，苦参碱的长效抑制效果优于除虫菊酯。在菌剂的实际生产与应用过程中，可根据菌剂贮藏期限及主要要求预防的杂菌类型等具体需求采用不同类型的抑菌剂作为添加剂。④苦参碱价格适中，使用方便，0.6mg/ml 浓度下即可抑制住空气和土壤中的绝大多数杂菌，而该浓度溶液浸种对苜蓿种子萌发的影响总体上处于从不抑制到抑制，或从刺激到抑制的临界点上，处于苜蓿种子萌发可耐受的范围，因此可以用于菌剂的制备及宿主植株的回接。

二、耐苦参碱抑菌剂根瘤菌的筛选

（一）材料与方法

1. 供试植物材料

2012 年 6 月，于甘肃农业大学兰州牧草试验站选取 6 个苜蓿品种（表 4-62）。各苜蓿品种的根瘤分别取自多于 3 处栽培地的生长健壮、无病虫害、根瘤数多且颜色粉红的苜蓿植株。以购自中国科学院微生物研究所菌种保藏中心的中华苜蓿根瘤菌 S.12531（*Sinorhizobium meliloti / Ensifer meliloti*）为对照菌株，以草业生态系统教育部重点实验

室（甘肃农业大学）保存的 R.gn5（*Rzhizobium* gn5）根瘤菌株为参比菌株。

表 4-62　苜蓿品种及品种来源

品种名与学名	品种来源
1. 清水苜蓿（*Medicago sativa* 'Qingshui'）	甘肃
2. WL168HQ 苜蓿（*Medicago sativa* 'WL168HQ'）	美国 Monsanto 公司
3. WL343HQ 苜蓿（*Medicago sativa* 'WL343HQ'）	美国 Monsanto 公司
4. 甘农 5 号苜蓿（*Medicago sativa* 'Gannong NO.5'）	甘肃
5. 甘农 3 号苜蓿（*Medicago sativa* 'Gannong NO.3'）	甘肃
6. 陇东苜蓿（*Medicago sativa* 'Algonquin'）	甘肃

2. 苜蓿根瘤的分离与处理

根瘤表面处理药剂：医用碘伏消毒液（聚乙烯吡咯烷酮碘），稀释 1 倍后有效碘浓度为 2500mg/L。

根瘤处理：在无菌条件下研磨根瘤，用无菌水将组织匀浆制备成 10^{-3}、10^{-4}、10^{-5} 稀释液保存备用。

3. 根瘤菌的筛选鉴定

采用溴麝香草酚蓝（BTB）产酸产碱反应、3-酮基乳糖反应、接触酶反应、碳源利用类型、革兰氏染色反应对根瘤菌进行初步鉴定（霍平慧等，2011）。将对高浓度抑菌剂耐受性较好的根瘤菌株送往中国科学院微生物研究所菌种保藏中心进行生化指标鉴定并测定 16S RNA 序列。得到一株编号为 LH3436 的苜蓿根瘤菌（343-6），是对 0.6mg/ml 苦参碱具有耐受性的根瘤菌株。

CFP 青色荧光蛋白标记根瘤菌由草业生态系统教育部重点实验室（甘肃农业大学）提供。

4. 含苦参碱平板的制备及初筛根瘤菌的抑菌剂抗性测试

将各品种编号保存的初筛根瘤菌、S.12531 和 R.gn5 点接于上述含药平板，测定各筛选根瘤菌对抑菌剂的抗性。

5. CFP 青色荧光蛋白标记根瘤菌对抑菌剂的耐受性

将制备好的荧光标记菌 S.12531f、R.gn5f 和 R.LH3436f 分别点接于含苦参碱的平板，观察其对抑菌剂耐受性的情况。

（二）结果与分析

6 个苜蓿品种共筛选出 39 株固氮效果好、菌种活力高的初筛菌株（表 4-63），各品种苜蓿根瘤中固氮效果优良的初筛菌株比例大致相同。菌株菌落直径为 4.5～6mm 不等，主要集中在 5mm 和 5.5mm 处。各初筛菌株基本符合伯杰氏菌种鉴定手册中对根瘤菌形态的定义，可以确定为根瘤菌初筛菌株。所有初筛 39 株根瘤菌株均为快生型产酸菌，多数菌株难以利用 D-果糖，但大多数可以利用乳糖。除 Q-3、Q-4 和 Q-5 外（排除其为根瘤菌的可能）其他菌株均可利用葡萄糖；绝大多数菌株在 3-酮基乳糖反应中均表现为阴性反应。

表 4-63　初筛根瘤菌株编号及宿主植株

宿主植株	种子产地	初筛菌数	菌株编号
Medicago sativa 'WL168HQ'	美国	6	168-1，168-2，1683，168-4，168-5，168-6
Medicago sativa 'WL343HQ'	美国	8	343-1，343-2，343-3，343-4，343-5，343-6，343-7，343-8
Medicago sativa 'Qingshui'	甘肃	5	Q-1，Q-2，Q-3，Q-4，Q-5
Medicago sativa 'Algonquin'	甘肃	6	A-1，A-2，A-3，A-4，A-5，A-6
Medicago sativa 'Gannong NO.5'	甘肃	6	G5-1，G5-2，G5-3，G5-4，G5-5，G5-6
Medicago sativa 'Gannong NO.3'	甘肃	8	G3-1，G3-2，G3-3，G3-4，G3-5，G3-6，G3-7，G3-8

所有点接菌株均可耐受 0.4mg/ml 和以下浓度的苦参碱抑菌剂；经生理生化指标和遗传鉴定，得到一株可耐受 0.6mg/ml 苦参碱抑菌剂的根瘤菌 LH3436。荧光标记并未影响根瘤菌对抑菌剂的耐受性。

（三）小结

与各类型及浓度梯度的抑菌剂对空气和土壤中杂菌的抑制效果相比，所有初筛根瘤菌株对苦参碱和除虫菊酯等植物源抑菌剂的相对耐受效果好，而对稀土盐抑菌剂的耐受效果差。且所有初筛菌株与对照菌株和参比菌株比，对抑菌剂的耐受性类似或优于对照菌株和参比菌株。这一方面可能与初筛菌株刚分离自田间植株根瘤，在实验室中继代培养的次数较少，菌株活力维持得较好有关；另一方面则可能是由于将所有初筛菌株点接于含抑菌剂平板中，接种量大，促进了菌株耐受性的增强。

试验中根瘤菌表现出对植物源抑菌剂相对好的耐受性，而对稀土盐抑菌剂相对差的耐受性。

对荧光标记的根瘤菌进行各浓度梯度及各类型抑菌剂耐受性测试，发现无论是所筛选对植物源抑菌剂苦参碱具有天然耐受性的 R.LH3436，还是对照菌株 S.12531 及 R.gn5，其耐受性与原始菌株比均无变化。这符合理想菌株标记方法应该坚持的标准，即检测灵敏度高、方法简单、成本低廉且标记基因对标记菌不产生负担，可在宿主细胞中稳定保存。而陈力玉（2013）关于荧光标记根瘤菌和出发菌株对宿主植株回接效果的测试中也发现，荧光标记的根瘤菌对宿主植株的促生效果与原始菌株相比无显著性差异，这与本试验的研究结果类似，即荧光标记根瘤菌的构建并不影响原始菌株本身的性质，不影响菌株回接对宿主植株的促生效果或是菌株本身的抑菌剂耐受性。表明使用三亲本杂交法构建荧光标记根瘤菌可以作为一种简单且检测灵敏度高的方法用于菌剂耐受性及回接后植株促生效果的测试。

本小节研究获得：①相对于其他的根瘤菌生理生化鉴定指标，各菌株在无氮培养基上的生长情况最能直接、直观地反映各菌株的活力状况，且该过程中所筛除的根瘤中的非根瘤菌数量最多，为减少根瘤菌筛选工作量，可将田间采集的根瘤首先在无氮培养基上进行分离纯化，以排除非固氮菌株，而后再进行其他生理生化指标的鉴定。②受不同地区环境影响的根瘤菌存在表型和遗传型的特异性，对某些鉴定指标及碳源利用类型的反应也存在其特殊性,因此各鉴定指标可以作为鉴定根瘤菌的参考,但其结果并非绝对。该特异性还表现在某一地区根瘤菌对某些类型抑菌剂的耐受性上,如本试验中相对于各浓度及类型抑菌剂对杂菌的抑制效果,各初筛根瘤菌对植物源类抑菌剂的耐受性较好,而对稀土盐抑菌剂的耐受性较差,因此可选择植物源类抑菌剂作为该地区根瘤菌剂制备过程中的抑菌添加剂。③经本试验及相关试验研究证实,荧光标记根瘤菌的构建并未对所构建菌株产生负担,主要表现为对宿主植株的促生效果及各初筛菌株对抑菌剂的耐受性并未发生改变,因此该方法可用作根瘤菌的示踪方法。

三、耐苦参碱荧光标记根瘤菌回接对植株生长的影响

(一)材料与方法

1. 试验材料

供试菌株为前文中构建的荧光标记根瘤菌 S.12531f、R.gn5f 和 R.LH3436f。其中 R.LH3436f 对 0.6mg/ml 的苦参碱抑菌剂具有天然耐受性,S.12531f 为对照菌株,R.gn5f 为参比菌株。回接植物材料为陇东苜蓿和阿尔冈金苜蓿。

2. 菌液制备

将 S.12531f 和 R.gn5f 根瘤菌平板活化后接入 50ml TY 培养基,将 R.LH3436f 根瘤菌平板活化后接入含有 0.6mg/ml 苦参碱的 50ml TY 培养基,28℃下 120r/min 摇床培养,至菌液 OD_{600nm} 为 0.5～0.8 时,取出备用。

3. 种子表面处理

将所需量的陇东苜蓿和阿尔冈金苜蓿种子以 0.1% 的 $HgCl_2$ 溶液轻摇浸泡 3min (Selvakumar et al., 2008),无菌水浸洗 5 次,以无菌吸水纸吸去种子表面水分,晾干待用。

4. 盆栽处理

盆栽制备方法同前文。待幼苗长出第一片真叶时,将制备好的菌液以无菌注射器吸取并均匀淋浇于沙石表面,每处理 20ml,以两个回接植物材料不接菌的处理为 CK1,各处理中添加 20ml 蒸馏水;回接 S.12531f 和 R.gn5f 的处理为 CK2 和 CK3,以添加抑菌浓度苦参碱溶液的处理记为 M,各处理中添加 20ml 含有 0.6mg/ml 苦参碱抑菌剂的蒸馏水;回接 R.LH3436 的处理记为 L,而回接含有抑菌浓度苦参碱溶液的 R.LH3436 菌液处理记为 L-M。为巩固各处理的接种效果,在第一次接种的 7 天后,参照第一次接种的方法,制备各菌液进行二次回接。播种 60 天后,每处理选取 2 个盆栽以自来水轻轻洗出,其间注意尽量减少对根系的损伤。

5. 各处理植株形态及生理指标测定

在植株生长的不同时期测定出苗数(每隔 10 天)、株高、叶片数(第 10 天、30 天、60 天)、植株生物量、根长、根体积、单株结瘤数、根瘤直径、根瘤等级(李剑峰等,

2010)、植株根系活力、叶绿素含量（Huang and Gao，2000）、叶片丙二醛（MDA）含量（Jiang and Huang，2001）、可溶性糖含量（Stieger and Feller，1994）、植株全氮含量（鲍士旦，2008）、固氮酶活性（Hara et al.，2009）（第 60 天）。

荧光标记菌的占瘤率检测：每处理随机选取 2 株盆栽，选取所有有效根瘤切下，研磨稀释并涂抹于 TY 平板，待单菌落直径长至 1～2mm 时，完全黑暗处以手提式紫外灯（336nm）照射平板，统计每处理的发光平板数，将产生发光菌落的平板作为所接种菌株形成的根瘤。参照 Chandra 和 Pareek（1985）的方法计算各荧光标记菌的占瘤率。

（二）结果与分析

1. 筛选根瘤菌及抑菌剂对回接苜蓿植株形态及生理特性的影响

接菌处理可影响苜蓿植株高度，虽然添加了 0.6mg/ml 苦参碱抑菌剂的菌液回接处理较未添加抑菌剂的菌液回接处理效果差，但与 CK1 比差异不显著或显著高于不接菌处理（$P<0.05$）（图 4-38）。虽然接菌处理并未影响苜蓿植株叶片数的形成，但添加苦参碱抑菌剂的处理可以导致陇东苜蓿单株叶片数的下降（图 4-39）。在叶片面积指标上，接菌处理有显著促进作用（$P<0.05$），陇东苜蓿较阿尔冈金苜蓿对苦参碱的敏感性更强，受到的伤害更严重（图 4-40）。与叶面积相似，接菌处理显著促进了植株叶片叶绿素含量（$P<0.05$），而添加苦参碱抑菌剂的处理则阻碍了植株叶片叶绿素含量的形成，对植株的正常生理生化过程造成了一定程度的影响（图 4-41）。

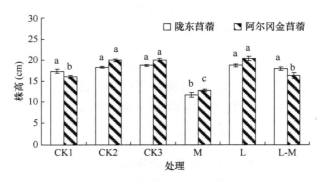

图 4-38　筛选根瘤菌及抑菌剂对回接苜蓿株高的影响

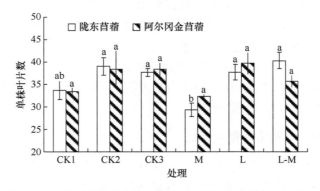

图 4-39　筛选根瘤菌及抑菌剂对回接苜蓿单株叶片数的影响

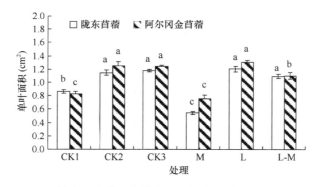

图 4-40　筛选根瘤菌及抑菌剂对回接苜蓿单叶面积的影响

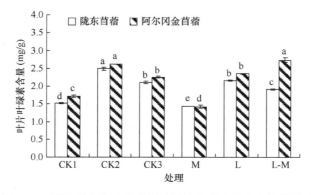

图 4-41　筛选根瘤菌及抑菌剂对回接苜蓿叶绿素含量的影响

　　单独接菌可显著提高陇东苜蓿和阿尔冈金苜蓿植株叶片可溶性糖含量（$P<0.05$），但添加抑菌剂接菌处理（L-M）的阿尔冈金苜蓿植株叶片可溶性糖含量与对照相比差异不显著，单纯添加抑菌剂后两个品种叶片可溶性糖含量显著低于未接菌处理（$P<0.05$）。接菌处理也可以在一定程度上消除抑菌剂添加对植株造成的伤害，甚至达到促生的效果（图 4-42）。接菌处理的陇东苜蓿和阿尔冈金苜蓿植株叶片 MDA 含量均显著低于未接菌的 CK1 处理，添加抑菌剂处理的 MDA 含量则显著高于未接菌对照。在根瘤菌的影响下，菌液中所含有的抑菌剂并未对苜蓿植株造成过多的伤害，这与根瘤菌接种处理可以增加植株的抗逆性有关（图 4-43）。

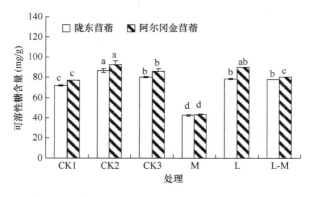

图 4-42　筛选根瘤菌及抑菌剂对回接苜蓿叶片可溶性糖含量的影响

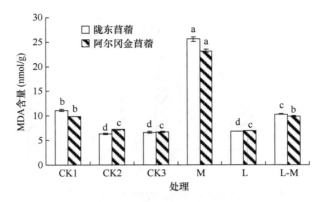

图 4-43　筛选根瘤菌及抑菌剂对回接苜蓿叶片 MDA 含量的影响

2. 根瘤菌回接对接苜蓿植株根系、根瘤生长及植株含氮量的影响

根瘤菌回接处理对两个品种苜蓿的根长和根体积并无明显促进作用（图 4-44 和图 4-45），抑菌剂对 2 个品种苜蓿植株的根系损伤较大，但在添加抑菌剂（0.6mg/ml）的同时接种根瘤菌 R.LH3436 可以弥补部分抑菌剂对植株根系造成的伤害。接菌处理可显著提高植株根系活力水平（$P<0.05$），而抑菌剂添加对根系活力水平有明显抑制作用（图 4-46）。

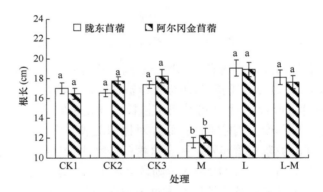

图 4-44　根瘤菌及抑菌剂回接对苜蓿根长的影响

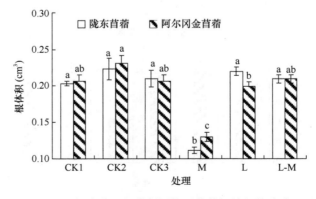

图 4-45　根瘤菌及抑菌剂回接对苜蓿根体积的影响

　　含抑菌剂的菌液处理使各品种苜蓿的根瘤固氮酶活性显著高于未接菌对照，但同时也显著低于单纯的接菌处理，表明固氮酶对抑菌剂较为敏感，接菌可消除抑菌剂的部分毒性，使根瘤固氮酶活性的综合表现仍然优于未接菌的对照及只添加抑菌剂的处理（图 4-47）。各品种及处理植株的全氮百分含量与固氮酶活性指标变化趋势一致（图 4-47和图 4-48）。0.6mg/ml 的苦参碱抑菌剂对苜蓿植株根瘤的生长损伤较大，但通过接菌处理，可以降低这种抑菌剂的不良影响。根瘤菌回接及添加抑菌剂的处理对植株结瘤率及目的菌占瘤率的影响较大（表 4-64）。耐受苦参碱抑菌剂的 R.LH3436 回接处理并未影响植株的结瘤效果，可使植株根瘤中目的菌占瘤率从 3% 增加至 79%。

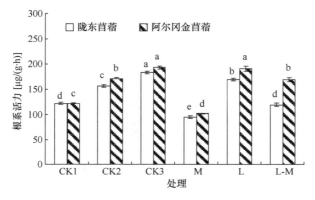

图 4-46　根瘤菌及抑菌剂回接对苜蓿根系活力的影响

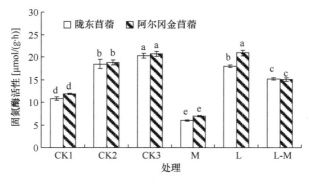

图 4-47　根瘤菌及抑菌剂回接对苜蓿根瘤固氮酶活性的影响

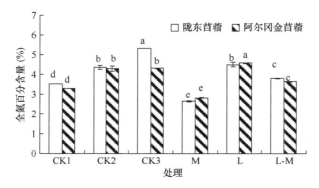

图 4-48　根瘤菌及抑菌剂回接对苜蓿全氮百分含量的影响

表 4-64　根瘤菌及抑菌剂回接对苜蓿植株结瘤的影响

处理	结瘤率（%）		占瘤率（%）	
	陇东苜蓿	阿尔冈金苜蓿	陇东苜蓿	阿尔冈金苜蓿
CK1	79.00	84.00	—	—
CK2	100.00	100.00	67.00	71.00
CK3	100.00	100.00	73.00	72.00
M	54.00	62.00	—	—
L	100.00	100.00	66.00	68.00
L-M	100.00	100.00	77.00	79.00

（三）小结

通过对播种 60 天时各盆栽幼苗形态指标及生理生化指标的测定发现，各接菌处理对盆栽幼苗的根体积、根长及陇东苜蓿的株高、单株叶片数及单株结瘤数并无显著影响，而显著促进了其他指标如单叶面积和叶片叶绿素、可溶性糖、全氮百分含量的增加，并促进了根瘤等级、固氮酶活性和根系活力的提高及直径的增大，同时还降低了植株叶片 MDA 含量，表明接菌处理对苜蓿植株有显著的促生效果。而对于单纯添加了苦参碱抑菌剂的处理，除阿尔冈金苜蓿的单株叶片数及单叶面积不受影响外，其他各指标均发生不利变化，主要表现为植株的生长受到抑制，各生理指标的活性下降而 MDA 含量的上升及根瘤等级和直径的降低等。表明 0.6mg/ml 的苦参碱处理对植株生长造成了极大的伤害，这主要与抑菌剂的添加时期有关，两次添加抑菌剂的时间分别为植株第一片真叶长出时及之后的第 7 天，该时期正处于苜蓿的出苗期，为植株生长的关键时期，是对各种环境胁迫的响应较为敏感，耐受性差，而死亡率较高的时期（Robert，1976），于该时期向幼苗添加抑菌剂对植株的伤害较大。

值得注意的是，对于接种了含有相应浓度苦参碱抑菌剂的 R.LH3436 菌液的处理，对部分叶片叶绿素含量、可溶性糖含量、根系活力、根体积、根长、株高、单株叶片数、单株结瘤数、根瘤等级及直径和单叶面积等指标的促进作用达到了与接种 S.12531 或 R.gn5 相同的促生效果，而在部分植株全氮百分含量、固氮酶活性和单叶面积等指标中的促进效果也达到了优于不接菌对照的结果，而该处理下叶片 MDA 含量较单纯接菌的处理高表明所接种植株确实是受到了胁迫，但该胁迫尚在植株可耐受的范围内。这一方面是由于菌液中根瘤菌的繁殖生长消耗了部分抑菌剂的毒性，使之添加到植株上的实际浓度降低所致；另一方面可能是由于根瘤菌的接种促进了植株根系活力的提高，进而使根系吸收和同化的营养物质增多，并因此增加了植株的抗逆性，以上现象及结果表明将 0.6mg/ml 的苦参碱用作抑菌剂及添加浓度制备根瘤菌剂存在可行性。

本小节研究获得：添加了含有 0.6mg/ml 的苦参碱抑菌剂的根瘤菌液回接对植株的促生效果与不接菌的对照相比无显著差异，或优于不接菌的对照，而与单纯回接根瘤菌的处理比，也有部分指标与之无显著差异，但总体上回接效果优于未接菌的处理。而对回接植株根瘤占瘤率的测定发现，添加抑菌剂极大提高了目的菌株的占瘤率，表明通过向抗性根瘤菌株中添加抑菌剂，虽对部分植株指标有一定的影响，但总体上对回接植株仍有明显的促生效果，因此，将 0.6mg/ml 的苦参碱用作抑菌剂及添加浓度制备根瘤菌剂存在可行性。

四、耐苦参碱根瘤菌剂制备及其利用

（一）材料与方法

1. 供试菌株及培养基

供试菌株：荧光标记根瘤菌 S.12531f、R.gn5f 和 R.LH3436f。

含苦参碱抑菌剂液体和固体培养基的制备：以 YEM 或 YMA 固体培养基为基本培养基。将 0.22μm 滤膜过滤灭菌的苦参碱母液按所需量加入高压灭菌并在冷却（液体）或 40～50℃（固体）的培养基中迅速摇匀，使其终浓度为 0.6mg/ml。

2. 供试载体基质

①常规基质——泥炭；②常规基质——蛭石，均购自兰州本地花鸟市场；③青玉米茎叶，取自甘肃农业大学校内试验地，所用节段为地上部顶端 2/3 处，弃除靠近地面的 1/3 部分。将青茎叶斩截成 10cm 左右小段后，在烘箱内 60℃下烘干至恒重。

或体基质的加工处理：由于泥炭沉积物和茎叶粉大多呈酸性，使用前应根据需要以磨细的 $CaCO_3$ 缓慢掺入加入水的基质，将其 pH 调至 6.5～7.0，而蛭石多偏碱性，应以 HCl 调节基质 pH 至 6.5～7.0（刘保平和周俊初，2006）。在基质加工处理前，将泥炭、蛭石和茎叶粉基质置于烘箱中，100℃下烘干，切忌温度过高，以防止有毒物质产生（Roughleg and Vincent，1967）。使用粉碎机将青玉米茎叶粉碎，过 0.15mm 筛。将调节 pH 后的基质以聚丙烯袋分装，蛭石和泥炭为 5g/袋，茎叶粉为 3g/袋，双层密封后，121℃下高温灭菌 3h（Somasegaran and Hoben，1994），取出冷却并放置 2～3 天后，待基质内耐热芽孢杆菌停止休眠时，重复灭菌 3 次。将彻底灭菌的基质置于无菌条件下保存备用。

3. 根瘤菌发酵液的制备和抗污染效果的检测

将 S.12531f、R.gn5f 和 R.LH3436f 菌株分别划线接种于 TY 培养基上进行活化，其中，R.LH3436f 接种于含有 0.6mg/ml 苦参碱的 TY 平板上进行活化，培养 1～2 天后，挑选发光效果最好的单菌落转接至 YEM 培养基中，于 25℃、180r/min 下进行液体培养，接种 R.LH3436f 的 YEM 培养基为含有 0.6mg/ml 苦参碱的液体培养基。1～2 天后，吸取各菌株培养液 0.2ml 重新接入含有固定量灭菌 YEM 培养基的三角瓶中进行培养。其中，接种 R.LH3436f 的 YEM 培养基中含有终浓度为 0.6mg/ml 的苦参碱抑菌剂。培养条件：25℃，180r/min。1～2 天后，待菌液 OD_{600nm} 达到约 0.6 时，取出各处理菌液 50ml，转入灭菌的 200ml 三角瓶中，进行如下处理：①将三角瓶封口膜去掉，暴露于空气中 60min，之后用封口膜重新密封三角瓶；②制备土壤溶液，取甘肃农业大学兰州牧草试验站中 5 个不同位置的土壤表面下 3～5cm 处土壤均匀混合后，称取土样 1g，装入已盛有 99ml 无菌水的锥形瓶中，振动 30min，而后静置 30min，得到土壤悬浮液。吸取 1ml 土壤悬浮液加入各处理菌液中。将各菌液进行空气污染和土壤溶液污染的处理放入摇床，25℃、160r/min 下培养 2 天后，制备各处理菌液的稀释液，涂抹于 TY 固体平板上，28℃下培养 1~2 天，待单菌落直径长至 1~2mm 时，在完全遮光条件下，以手提式紫外灯（336nm）照射平板，统计每处理发光平板中的菌落发光情况，将产生青绿色荧光的单菌落记为根瘤菌，而不发光的菌落即为杂菌。以此统计受污染液体菌剂的有效根瘤菌数和杂菌数，每处理 3 次重复。以 S.12531f 菌液为对照，记为 CK1，以 R.gn5f 菌液为参比，记为 CK2。

4. 含抑菌剂高竞争型固体菌剂的制备及抗污染效果的检测

将未经污染处理的菌液继续培养，待菌液 OD_{600nm} 值约至 1.0 时，菌液中活菌含量为 $(2\sim3)\times10^9$cfu/ml，此时，取各处理菌液 50ml，转移至灭菌的 50ml 离心管中，8000r/min 离心 10min，弃上清液留沉淀，而后加 50ml 无菌水置于漩涡振荡器上，将沉淀菌体打散摇匀，重复上述离心过程并弃去上清液。将各处理所有沉淀菌体在无菌条件下收集到一起，加入无菌水摇匀，打散，并制备成活菌数约为 2.0×10^9cfu/ml 的菌悬液。在各处理菌悬液中加入体积分数 5%的磷酸缓冲液（pH=7.0）以维持菌液 pH 保持中性状态，并向 R.LH3436f 菌悬液中加入过滤灭菌的苦参碱母液，然后缓慢摇动，使其终浓度达到 0.6mg/ml。

将上述过程中制备的各处理菌悬液分别按照基质最高持水量 60%的比例，在无菌条件下用无菌注射器吸取各处理菌悬液分别加入泥炭、蛭石和茎叶粉基质中，并轻轻揉搓，使菌悬液和基质充分混合，各处理固体菌剂保存 20 袋作为重复。以不加抑菌剂的 S.12531f 和 R.gn5f 固体菌剂分别作对照和参比，标明各菌剂封装日期后，制成固体抗污染根瘤菌剂，室温下（23~26℃）避光保存，并分别于贮藏 7 天、30 天、60 天和 150 天时随机抽取 3 袋菌剂，以稀释平板法测定各固体菌剂的活菌数、杂菌数，统计杂菌率，并测定 pH 及含水量变化，同时观察贮藏过程中菌剂的粒径、外观及气味变化。上述指标的测定参照《农用微生物菌剂》（GB20287—2006）中描述的方法。

载体基质饱和持水量测定：将固定量基质装入尼龙袋中，并浸入水中，待基质与水充分混匀后将尼龙袋提出控干至不再滴水为止，将其称重，记为 W。

基质的饱和持水量（ml/kg）=（W–基质重–尼龙袋重)/基质重

基质 pH 测定：取基质 10g 与 100ml 双蒸水混匀后，测定其水浸液 pH。

pH 7.0 磷酸缓冲液的制备：K_2HPO_4 27.51g，KH_2PO_4 10.37g，分别加少量水溶解后倒入一起混匀并定容至 200ml。

活菌及杂菌数测定：采用平板计数法，将小袋固体菌剂称重，取约 1g 菌剂加入含有 99ml 无菌水的三角瓶中，摇床中振荡 10min，称取菌剂小袋余重以计算所使用菌剂量。将制备好的稀释菌剂再次制备 10 倍系列稀释液，取各系列稀释液 0.2ml 涂抹于 TY 平板，培养 1~2 天后，待平板中单菌落直径长至 1~2mm 时计数。各载体基质 pH 及最大持水量参考表 4-65。

表 4-65 各载体基质的饱和持水量、pH、基质用量及菌悬液添加量

基质类型	基质用量（g/袋）	饱和持水量（ml/kg）	pH	菌悬液添加量（ml）	理论含菌量（10^9cfu/g）
泥炭	5	520	5.6	1.6	0.64
蛭石	5	760	7.8	2.3	0.92
茎叶粉	3	1980	4.8	3.6	2.4

（二）结果与分析

1. 各处理液体菌剂的抗污染效果

在空气和土壤溶液污染的处理中，R.gn5f 菌液的活菌数最高，S.12531f 菌液次之，R.LH3436f 菌液最少。就杂菌数而言，进行空气污染的各液体菌剂杂菌数为 R.gn5f＞S.12531f＞R.LH3436f，而进行土壤溶液污染的各液体菌剂杂菌数为 S.12531f＞R.gn5f＞R.LH3436f。表明苦参碱抑菌剂可有效降低液体菌剂的受污染程度（表 4-66）。

表 4-66 各处理液体菌剂对空气和土壤中杂菌的抗污染效果

菌剂处理	空气污染处理		土壤溶液污染	
	活菌数（10^9cfu/ml）	杂菌数（10^9cfu/ml）	活菌数（10^9cfu/ml）	杂菌数（10^9cfu/ml）
S.12531f	37.00±2.08a	16.33±1.76b	36.00±2.08ab	40.33±1.76a
R.gn5f	42.33±3.06a	24.67±3.21a	39.33±3.06a	37.00±1.15a
R.LH3436f	31.00±1.15b	6.67±0.88c	31.67±1.20b	11.67±1.45b

注：所有显示数据为平均值±标准误，3 次重复

2. 贮藏后不同基质载体固体菌剂的活菌数、杂菌数及杂菌率

通过各载体基质及接菌处理在不同贮藏时间后菌剂中的活菌数量变化发现，在整个试验测定期间（7～150 天），各接菌处理及载体基质处理中的活菌数基本上呈一致的缓慢上升而后下降的情况，表明所接种菌株基本上可以在适应各载体基质中的存活环境后开始缓慢增殖，而当基质中的营养耗尽，或是菌种代谢产物过多导致其周围环境不再利于其继续繁殖后，菌种的数量开始缓慢下降。但不同基质及接菌处理中，菌株的代谢速度并不一致（表 4-67）。茎叶粉在各个贮藏期间所承载的活菌数最多，蛭石次之，泥炭所承载的活菌数最少，尤其是在茎叶粉基质中，菌种增殖快，但活菌数下降得也快。相比之下，蛭石和泥炭基质中因为营养物质相对较少，各菌株的增殖速度较慢，而消亡的速度也相对较慢。

表 4-67 贮藏 150 天后各固体菌剂的 pH

接菌处理	泥炭	蛭石	茎叶粉
S.12531f	6.73±0.033a	8.17±0.088a	6.57±0.067a
R.gn5f	6.30±0.058c	7.60±0.058b	5.67±0.067b
R.LH3436f	6.47±0.033b	7.63±0.067b	6.43±0.088a

贮藏 7 天时各处理菌剂中均未发现杂菌的存在，随着时间的延迟杂菌数开始逐渐增多，但在同一贮藏期和同一接菌处理内各基质中杂菌数的情况为茎叶粉＞蛭石或泥炭。接种 S.12531f、R.gn5f 和 R.LH3436f 的各处理中，各贮藏期内茎叶粉的杂菌最多，蛭石和泥炭菌剂中杂菌根据所接种菌株的不同而稍有差异。所有添加抑菌剂处理菌剂的杂菌数均显著低于同一基质中同一贮藏期内其他菌剂，说明通过向固体菌剂中添加抑菌剂可有效降低菌剂的污染情况，并达到较好的抗污染效果。

3. 贮藏 150 天后各固体菌剂的 pH 变化

经过 150 天的贮藏后各载体基质及不同接菌处理的 pH 变化较大（表 4-68）。总体而言，泥炭和茎叶粉基质的 pH 呈偏酸性变化，而蛭石基质的 pH 呈偏碱性变化，这可能与基质本身的 pH 属性有关。泥炭基质中各接菌处理的 pH 均呈酸性变化，表现为 S.12531f＜R.LH3436f＜R.gn5f；茎叶粉基质中 pH 的变化情况与泥炭基质相似；与泥炭和茎叶粉基质相比，本身 pH 偏碱的蛭石基质中，各接菌处理的 pH 呈偏碱性变化，具体为 S.12531f＞R.LH3436f＞R.gn5f。以上结果表明菌剂 pH 变化受基质本身属性和菌株代谢的双重影响，而以基质本身的 pH 属性占主导地位。

4. 菌剂粒径、外观、含水量及气味在贮藏过程中的变化

贮藏 150 天后，各类型及处理的供试菌剂中，除茎叶粉菌剂的筛余物有所降低外（降低幅度 3.9%），其他基质类型的载体颗粒直径变化不大，而所有菌剂除因封装不严密导致严重污染的处理外，外观的变化也不大。对于各基质中含水量的变化，通过烘干称重法进行测定发现，茎叶粉和泥炭的蒸发量较高，而蛭石的蒸发量较低，但降低幅度都低于 4.7%。

（三）小结

苦参碱抑菌剂为纯天然植物源活性抑菌成分，具有抑菌谱广、杀伤力大而对人畜低毒，并且易降解、不污染环境、成本低廉、难引起微生物抗药性的优点。有关根瘤菌剂制备的研究已经较为成熟，且该工作是承接本课题组之前的菌剂制备工作，已建立有抗污染菌剂模型，并已证明该方法有可行性，将无污染、不易引起微生物抗药性的环境友好型植物源活性抑菌成分添加到根瘤菌剂中，在降低菌剂污染率方面较新颖，具有创新性。本试验结果表明，根瘤菌剂中抑菌剂的添加可有效增强液体菌剂的抗污染能力并降低固体菌剂的杂菌率。

理想的菌剂载体基质一般应符合如下要求：①容易获得、成分均一、价格低廉；②对目的菌无毒害；③持水能力大；④易于灭菌处理；⑤pH 易于调制至 6.5～7.3；⑥目的菌株初始增长、繁殖良好；⑦贮藏期内活菌数多（Walter and Paau, 1993）等。泥炭基质最符合上述要求，是最佳的菌剂载体，但作为有机质和土壤混合体，泥炭也有其自身的缺陷，如泥炭多形成于沼泽生境系统中，资源储备较少、地带分布不均匀、大量开采极易导致当地环境受到破坏，且不同地域的产品品质间存在差异，这都为统一质量根瘤菌剂的制备增加了难度。

表 4-68 贮藏不同时间后各固体菌剂的活菌数、杂菌数及杂菌率

接菌处理	贮藏时间											
	7天			30天			60天			150天		
	泥炭	蛭石	茎叶粉	泥炭	蛭石	茎叶粉	泥炭	蛭石	茎叶粉	泥炭	蛭石	茎叶粉
活菌数 (10^9 cfu/g)												
S.12531f	0.50±0.04b	1.17±0.11a	2.92±0.12b	1.84±0.07a	2.00±0.08b	7.22±0.16b	1.55±0.08b	1.76±0.08b	2.95±0.04c	0.76±0.02a	1.19±0.02a	1.59±0.11b
R.gn5f	0.82±0.07a	1.30±0.11a	3.50±0.23a	2.24±0.29a	3.12±0.16a	10.48±0.93a	1.82±0.07a	2.33±0.11a	3.54±0.18a	0.62±0.03b	0.95±0.05b	1.56±0.09b
R.LH3436f	0.74±0.02a	1.03±0.02a	2.18±0.11c	1.85±0.06a	2.25±0.10b	6.42±0.09b	1.87±0.04a	2.22±0.04a	4.17±0.14a	0.81±0.02a	1.23±0.07a	2.32±0.16a
杂菌数 (10^7 cfu/g)												
S.12531f	—	—	—	0.48±0.08a	0.47±0.04a	5.32±0.50a	2.83±0.20a	2.39±0.21a	12.56±0.49a	2.65±0.15a	2.54±0.01a	14.81±0.72a
R.gn5f	—	—	—	0.28±0.07b	0.58±0.06a	5.38±0.31a	1.00±0.10b	1.55±0.11b	6.81±0.19b	0.89±0.05b	2.52±0.34a	11.50±0.56b
R.LH3436f	—	—	—	0.01±0.01c	0.02±0.01b	0.17±0.09b	0.27±0.06c	0.25±0.05c	1.13±0.08c	0.20±0.03c	0.28±0.02b	1.24±0.05c
杂菌率 (%)												
S.12531f	0	0	0	0.26±0.03a	0.23±0.02a	0.73±0.06a	1.79±0.09a	1.34±0.06a	4.09±0.21a	3.35±0.13a	2.09±0.05b	8.57±0.20a
R.gn5f	0	0	0	0.13±0.04b	0.19±0.02a	0.51±0.04b	0.54±0.04b	0.66±0.06b	1.89±0.06b	1.41±0.07b	2.55±0.22a	6.89±0.18b
R.LH3436f	0	0	0	0.01±0.01c	0.01±0.01b	0.03±0.01c	0.14±0.04c	0.11±0.02c	0.27±0.02c	0.24±0.04c	0.23±0.01c	0.53±0.02c

注: 同列数据不同小写字母表示处理间差异显著 ($P<0.05$), 下同

本试验还测定了玉米茎叶粉作为根瘤菌剂基质的潜力。茎叶在日常农业生产中资源丰富,成本低廉,却含有丰富的氮、磷、钾、钙、镁和有机质,以及粗纤维和木质素等,可以提供菌种培养时所需的营养环境。但在本试验中,以茎叶粉做基质载体却导致了菌株繁殖速度过快及菌剂的高污染率等问题,这可能与茎叶粉中营养成分过多,而且浸提不充分有关,并不能完全否定茎叶粉作为菌剂载体基质的潜力,而关于具体浸提浓度的确定,还需进行更加深入和具体的研究予以确定。

本小节研究获得:将苦参碱抑菌剂用作固体根瘤菌剂的添加剂可有效降低各载体基质中菌剂在贮藏期间的高污染率问题,并一定程度上稳定各固体菌剂的 pH 变化,同时,添加了抑菌剂的液体根瘤菌剂对空气和土壤源杂菌的抗污染能力也得到增强,表现为杂菌数的减少。因此,将苦参碱用作根瘤菌剂的抑菌剂存在可行性。不同接菌处理在不同载体基质中的存活及代谢状况各有不同,基质本身属性及所含元素的丰富程度是决定菌剂质量的关键。在苦参碱抑菌剂存在的前提下,将玉米茎叶粉用作根瘤菌剂基质,菌剂 pH 变化幅度加大,杂菌数量增加,效果不是很理想。

第五章 苜蓿与根瘤菌高效共生匹配性选择机制

第一节 苜蓿品种与根瘤菌株结瘤效应及亲属性关系

一、苜蓿品种随机接种根瘤菌群体结瘤效应特征

（一）材料与方法

根瘤菌株采用 32 株 *E. meliloti* 菌及对照菌株 S.12531 和 R.gn5。种子处理和幼苗培育、根瘤菌菌液制备和接种方法同前文。

接种 45 天后（植株生长 60 天），收获苜蓿植株并清洗干净，用滤纸吸干水分。每管随机选取 3 株，测算单株结瘤数、单株有效根瘤重、根瘤直径、根瘤等级（Li et al., 2011c）、固氮酶活性（Zaied et al., 2009）；单株叶片数、株高、根长、地上生物量、地下生物量、叶绿素含量（Jennifer and Jac, 2004）、粗蛋白含量（瞿先中等, 2006）。

（二）结果与分析

1. 根瘤菌与紫花苜蓿品种共生结瘤效应

不同根瘤菌株接种甘农 3 号苜蓿植株结瘤性能差异明显。32 株 *E. meliloti* 根瘤菌中（图 5-1），菌株 G3L2 和 G3L3 对甘农 3 号苜蓿有效根瘤重的提升效果最明显（图 5-2）。菌株 G3L2、G3L3、LL2 和 QL2 对甘农 3 号苜蓿植株生长促进效果明显，LL2 和 QL2 接种对生物量的促进作用最佳。

大部分 *E. meliloti* 菌株接种甘农 9 号苜蓿单株结瘤数、有效根瘤重、根瘤等级、根瘤直径和固氮酶活性差异不显著（$P > 0.05$）（图 5-3）。菌株 G3L3 接种对甘农 9 号苜蓿植株总体结瘤性能促进作用最好。所有菌株接种对甘农 9 号苜蓿植株生长的促进作用不明显，植株生物量差异明显（图 5-3），其中 G3L3 和 LL11 接种分别对地上鲜重和地上干重的促进作用最佳。

E. meliloti 菌株 G9L3 和 LL2 接种陇中苜蓿没有产生根瘤（图 5-4）。其余菌株中，LP3 接种对陇中苜蓿结瘤特性、植株生长和生物量的促进作用最强。

所有菌株接种均促进了清水苜蓿根瘤的生长（图 5-5），其中 WLP2 接种对单株结瘤数和有效根瘤重的促进作用最强。与 CK 相比，菌株 WLP2 接种显著提高了清水苜蓿地上、地下鲜重和干重（$P < 0.05$），促进效果最好。

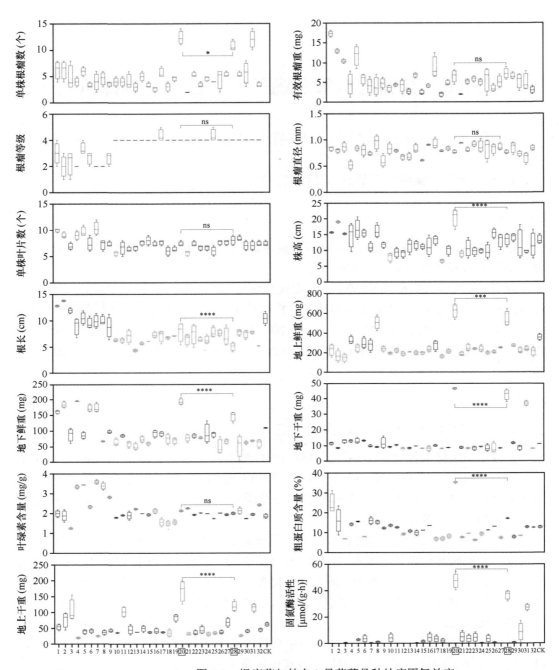

图 5-1　根瘤菌与甘农 3 号苜蓿品种结瘤固氮效应

1. 横坐标 1~32 分别表示根瘤菌株 G3L2、G3L3、G3L4、G3L5、G3L6、G3L7、G3L8、G3L9、G3L10、G3L12、G3L13、G3T2、G9L3、G9L4、G9L5、G9L6、G9L7、G9L8、LL1、LL2、LL5、LL6、LL7、LL8、LL10、LL11、LP3、QL2、QL4、QL5、WLG1 和 WLP2，CK 表示无菌水接种处理；2. 红色和绿色箱表示数据显著高于和低于 CK（$P<0.05$）；3. 红色方框表示用于后期转录组测序的菌株；4. ****$P<0.0001$，***$P<0.001$，**$P<0.01$，*$P<0.05$，ns 不显著，$P>0.05$

彩图请扫二维码

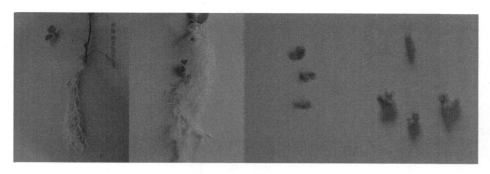

图 5-2　*Ensifer meliloti* 菌株接种紫花苜蓿品种后的根瘤

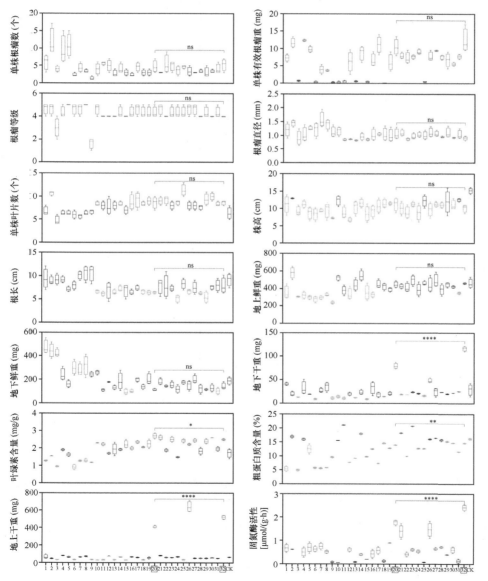

图 5-3　根瘤菌与甘农 9 号苜蓿品种结瘤固氮效应

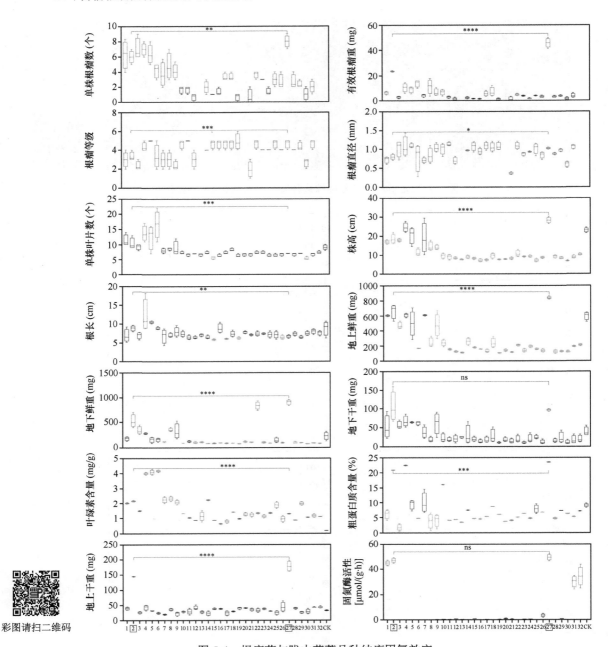

图 5-4 根瘤菌与陇中苜蓿品种结瘤固氮效应

与未接种 CK 相比，*E. meliloti* 菌株接种对 WL168HQ 苜蓿地上生物量没有明显促进作用（图 5-6）。G3L5 菌株接种对 WL168HQ 单株结瘤数和根瘤等级的促进作用最强，G3L6 接种对 WL168HQ 苜蓿的生长促进作用最强。部分菌株接种 WL168HQ 苜蓿对植株地上鲜重（G3L3、G3L4、G3L6、G3L8、G3L10）和地下鲜重（G3L3、G3L6、G3L7、G3L8、G3L9、G3T2、G9L8、LL6）的促进作用显著大于 CK（$P<0.05$）。

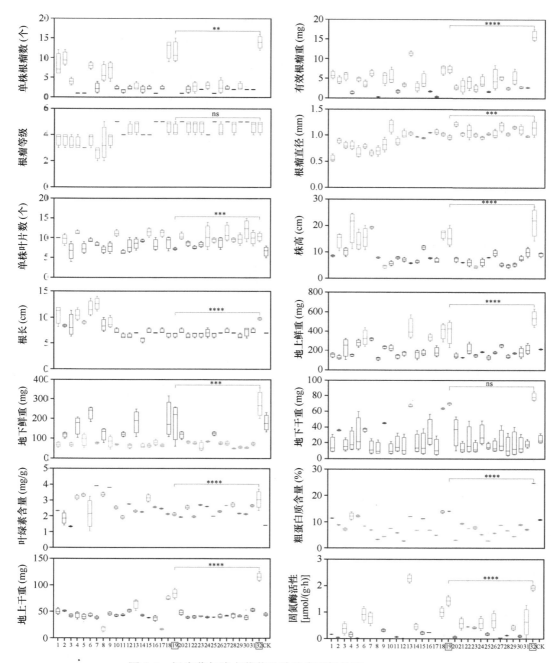

图 5-5 根瘤菌与清水苜蓿品种结瘤固氮效应

2. 共生对苜蓿生物量贡献率代表性指标筛选

32 株 *E. meliloti* 菌接种 5 个紫花苜蓿品种后，各指标测定值有明显差异（图 5-7）。对 14 个共生指标在不同苜蓿品种上菌株间的样本方差进行分析（表 5-1），结果表明，5

个苜蓿品种 *E. meliloti* 菌株间样本方差差异显著（*P*<0.05）；接种甘农 3 号、甘农 9 号和清水苜蓿后，菌株间样本方差明显小于接种陇中苜蓿和 WL168HQ 苜蓿的处理。

　　对 32 株 *E. meliloti* 菌接种 5 个紫花苜蓿后的 14 个指标进行主成分分析，结果表明在标准化变量中第一主成分解释了总变异的 54.97%，第二主成分解释了总变异的16.65%（图 5-8）。就群体共生效应而言，32 株根瘤菌接种后甘农 3 号、甘农 9 号和清

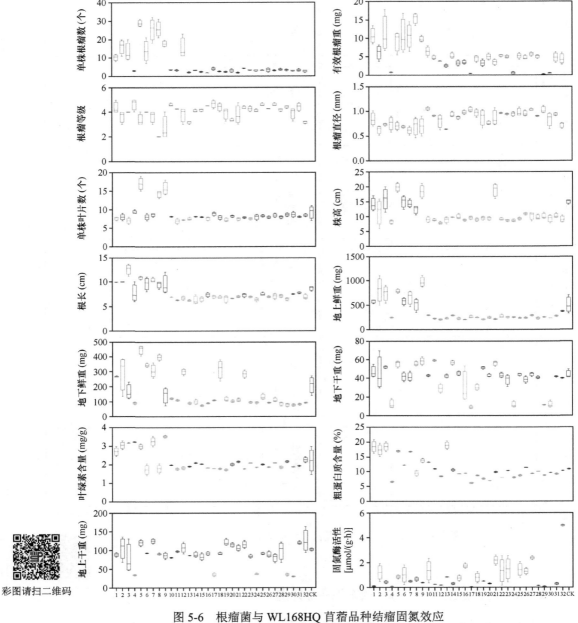

彩图请扫二维码

图 5-6　根瘤菌与 WL168HQ 苜蓿品种结瘤固氮效应

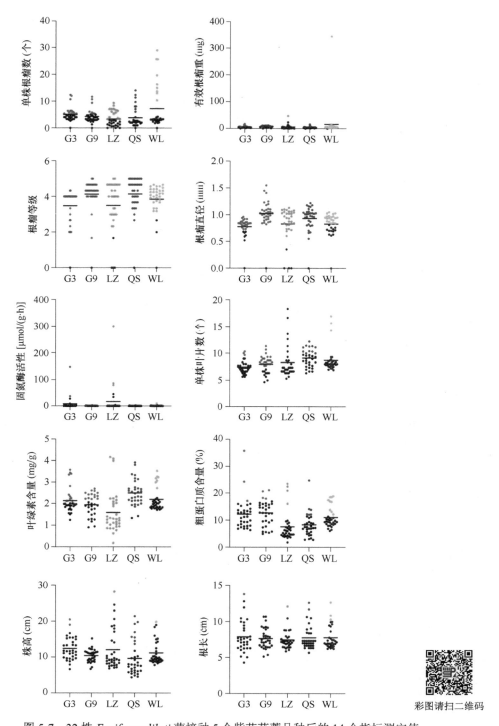

彩图请扫二维码

图 5-7　32 株 *Ensifer meliloti* 菌接种 5 个紫花苜蓿品种后的 14 个指标测定值

G3. 甘农 3 号苜蓿；G9. 甘农 9 号苜蓿；LZ. 陇中苜蓿；QS. 清水苜蓿；WL. WL168HQ 苜蓿；黑色短线代表 32 株菌接种每个紫花苜蓿品种后各指标的平均值；黑色圆点代表接种后各指标与 CK 差异不显著（$P>0.05$）或显著（$P<0.05$）小于 CK 的菌株；彩色圆点分别代表接种后在不同苜蓿品种上各指标显著（$P<0.05$）大于 CK 的菌株

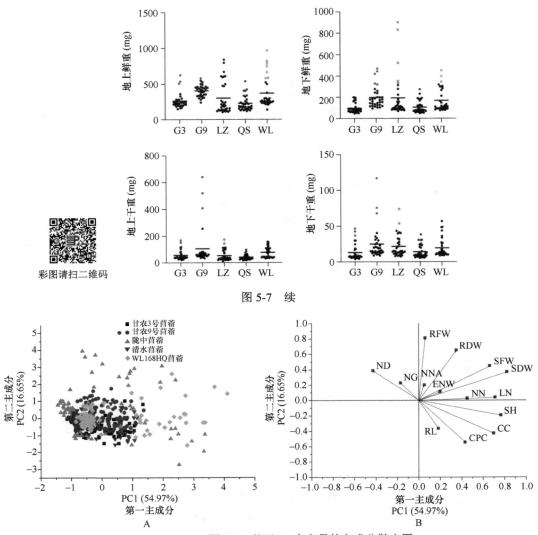

彩图请扫二维码

图 5-7 续

图 5-8 基于 14 个变量的主成分散点图

A. 每个小点代表 32 个菌株所测指标 1 个重复的两个标准化值（分别在 PC1 和 PC2 轴上）；B. 14 个变量包括 NN（单株结瘤数）、ENW（单株有效根瘤重）、ND（根瘤直径）、NG（根瘤等级）、NNA（固氮酶活性）、LN（单株叶片数）、SH（株高）、RL（根长）、SFW（地上鲜重）、RFW（地下鲜重）、SDW（地上干重）、RDW（地下干重）、CC（叶绿素含量）和 CPC（粗蛋白含量）；每个箭头表示对应于单个变量的特征向量

彩图请扫二维码

表 5-1　根瘤菌株 14 个共生指标在 5 个苜蓿品种上的样本方差

共生指标	甘农 3 号苜蓿	甘农 9 号苜蓿	清水苜蓿	陇中苜蓿	WL168HQ 苜蓿
单株结瘤数	22.21*	24.32*	36.44*	40.56*	205.85*
单株有效根瘤重	169.85*	25.88*	35.78*	500.65*	8012.27*
根瘤等级	1.76*	0.92*	1.53*	6.02*	2.39*
根瘤直径	0.07*	0.08*	0.07*	0.30*	0.10*
单株叶片数	4.45*	6.29*	6.96*	22.42*	26.36*

续表

共生指标	甘农 3 号苜蓿	甘农 9 号苜蓿	清水苜蓿	陇中苜蓿	WL168HQ 苜蓿
株高	26.57*	10.93*	56.40*	92.81*	75.13*
根长	4.64*	6.49*	9.29*	10.05*	19.41*
地上鲜重	30 616.74*	22.88*	34 684.71*	149 745.06*	168 023.82*
地下鲜重	15 987.84*	34 076.61*	25 388.75*	110 634.57*	46 552.94*
地上干重	3 784.68*	5 895.91*	1 329.92*	6 368.40*	52 213.37*
地下干重	1 162.68*	1 113.85*	374.20*	1 421.06*	16 17.74*
固氮酶活性	545.25*	3.44*	0.75*	13 488.08*	2 649.74*
叶绿素含量	1.01*	0.85*	0.77*	2.35*	1.56*
粗蛋白含量	41.81*	61.30*	57.00*	89.83*	100.62*

*栏本方差是供试菌株每个指标 3 次重复的多重比较结果（$P=0.05$）

水苜蓿的所有标准化值在 PC1 轴上聚集在–1～1，在 PC2 轴上聚集在–1.5～1.5；接种陇中苜蓿和 WL168HQ 苜蓿的标准化值则比较分散，PC1 轴上分散在–1.5～4，PC2 轴上分散在–3～4。根瘤菌株在甘农 3 号苜蓿、甘农 9 号苜蓿和清水苜蓿上的共生效应差异较小，在陇中苜蓿和 WL168HQ 苜蓿上的共生差异程度较大。在第一主成分上，地上干重（SDW）对苜蓿生物量的贡献率最大，因此筛选地上干重（SDW）作为共生对苜蓿生物量贡献率最大的代表性指标。

2. 苜蓿品种与根瘤菌株共生 SDW 效应特征与亲属性关系研究

选择在第一主成分上对共生效率贡献率最大的地上干重（SDW）为代表指标（图 5-8B）进行多重比较分析，当接种根瘤菌的苜蓿品种 SDW 显著高于未接种处理 CK 时，将根瘤菌与苜蓿品种共生效应标记为"正效应"E（effective）（$P<0.05$），表明根瘤菌株与苜蓿品种的共生结瘤对植株生长产生正效应；显著低于 CK 时标记为"负效应"I（inhibitive）（$P<0.05$），表明共生结瘤对植株生长产生负效应；与 CK 差异不显著时标记为"无效应"O（noneffective）（$P>0.05$），表明共生结瘤对苜蓿品种植株生长无效应（图 5-9）。

以苜蓿品种为甘农 3 号苜蓿、甘农 9 号苜蓿、陇中苜蓿、清水苜蓿和 WL168HQ 苜蓿的顺序，将各根瘤菌株共生效应的标记符号进行组合，通过各效应组分的数量获得根瘤菌共生模型，不同的共生模型中 E 组分和 I 组分的数量不同（表 5-2）。所有 *E. meliloti* 菌株在 5 个苜蓿品种上存在 6 种共生模型，分别为无共生效应（9 个）、1 个品种共生正效应专一性（6 个）、2 个品种共生正效应（2 个）、正负效应各 1 个品种的专一性共生（2 个）、1 个品种共生负效应专一性（12 个）、2 个品种共生负效应（1 个）。共生效应组分中相同组分的数量越多，专一性越弱。

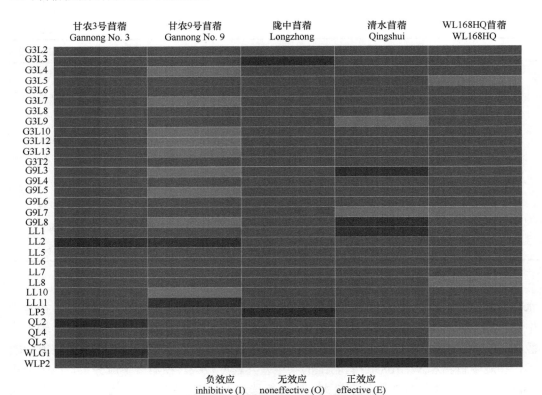

图 5-9 *Ensifer meliloti* 菌株在 5 个苜蓿品种上的共生效应

32 个菌株接种 5 个苜蓿品种后，当地上干重显著高于 CK、与 CK 差异不显著、显著低于 CK 时，标记共生效率为正效应（E）、无效应（O）、负效应（I）

彩图请扫二维码

表 5-2　32 株 *Ensifer meliloti* 菌在 5 个苜蓿品种上的共生效应值及模型

菌株	共生效应代表组合 a	共生效应组分数	EOI 组分比例	共生模型 b
G3L2、G3L6、G3L8、G3T2、G9L4、G9L6、LL5、LL6、LL7	OOOOO	1	0：5：0	无共生效应
G3L3、LP3	OOEOO	2	1：4：0	1 个品种共生正效应专一性
LL1	OOOEO	2	1：4：0	1 个品种共生正效应专一性
QL2、WLG1	EOOOO	2	1：4：0	1 个品种共生正效应专一性
LL11	OEOOO	2	1：4：0	1 个品种共生正效应专一性
LL2	EEOOO	2	2：3：0	2 个品种共生正效应专一性
WLP2	OEOEO	2	2：3：0	2 个品种共生正效应专一性
G9L3、G9L8	OIOEO	3	1：3：1	正负效应各 1 个品种的专一性共生
G3L5、LL8、QL4、QL5	OOOOI	2	0：4：1	1 个品种共生负效应专一性
G3L4、G3L7、G3L10、G3L12、G3L13、G9L5、LL10	OIOOO	2	0：4：1	1 个品种共生负效应专一性
G3L9	OOOIO	2	0：4：1	1 个品种共生负效应专一性
G9L7	OOOII	2	0：3：2	2 个品种共生负效应专一性

　　a. 共生效应代表字母 E、O、I 组合由菌株在 5 个苜蓿品种（以甘农 3 号苜蓿、甘农 9 号苜蓿、陇中苜蓿、清水苜蓿和 WL168HQ 苜蓿的顺序）上的共生效应合并得到；b. 通过 E、O、I 在 5 个品种上的分布比例获得 6 种共生模型

（三）小结

根瘤菌株 LL10、G3L7 和 G9L8 接种陇中苜蓿没有产生根瘤，而在其余 4 个苜蓿品种上均能结瘤，根瘤菌结瘤固氮明显受到苜蓿品种的影响。说明这些菌株与陇中苜蓿品种之间的信号识别和 NF 启动过程受到了阻碍（Cooper，2007；Lee and Hirsch，2006）。这种情况在 *Rhizobium leguminosarum* bv. *Trifolii* 和三叶草的共生关系中也有发现（Marek-Kozaczuk et al.，2017）。与真正的固氮共生体相反，有研究者根据结瘤和共同结瘤试验将细菌分为不定时发生的共生体（不规律地形成有效或无效的根瘤）和非共生菌株（不能结瘤但与其他根瘤菌共同接种却能结瘤）（Aserse et al.，2013；Li et al.，2012）。关于 *E. meliloti* 菌株单独不能在豆科树木上结瘤，但与 *Agrobacterium* 共同接种却能形成根瘤的情况也有过报道（Liu et al.，2010）。

就单独接种效应而言，菌株 LL2 接种对甘农 3 号苜蓿生长和生物量积累有明显作用；G3L3 接种对甘农 9 号苜蓿植株总体结瘤性能和生物量促进作用最好；WLP2 接种对清水苜蓿植株结瘤性能、生长和生物量累积均有显著促进作用，说明菌株 LL2 与甘农 3 号苜蓿、G3L3 与甘农 9 号苜蓿、WLP2 与清水苜蓿品种共生匹配和适应能力更强。LP3 菌株接种陇中苜蓿对结瘤特性、植株生长和生物量有促进作用；在 WL168HQ 苜蓿上，对结瘤性能、植株生长和生物量累积有提升效果的菌株也有差异，说明这些菌株与 WL168HQ 苜蓿品种匹配适应能力较弱。

根瘤菌的基因多样性会产生与共生相关的表型结果（Wielbo，2012）。尽管供试菌株表型和遗传型多样性丰富，但是在各苜蓿品种上菌株共生差异不同。32 株根瘤菌接种甘农 3 号苜蓿、甘农 9 号苜蓿和清水苜蓿后所有标准化值聚在一起，具有相似的共生效应。根瘤菌与这 3 个苜蓿品种的共生具有强烈的品种效应，其共生效应根据苜蓿品种不同而不是根瘤菌株不同而变，这与之前在各品种上的接种效果结果一致。相反，根瘤菌株在陇中苜蓿和 WL168HQ 苜蓿上的共生效应差异明显。Leite 等（2017）研究指出在根瘤菌-宿主互作体系中，植物基因型对细菌共生体的选择具有更大的影响。另外一个研究也指出当植物的基因型对细菌分子信号敏感的时候菌株才会表现出显著的共生效应（Mengoni et al.，2009）。说明根瘤菌株与陇中苜蓿和 WL168HQ 苜蓿品种间依赖于黄酮类物质的识别过程更充分、更强烈。

同一物种的根瘤菌株在 5 个苜蓿品种上的共生效应存在差异。就地上干重而言，所有菌株接种 WL168HQ 苜蓿均与未接种处理 CK 差异不显著（O），可见结瘤对苜蓿植株生长的正效应和负效应达到平衡，或者是结瘤对植株营养的消耗未体现在生物量上。菌株接种甘农 3 号苜蓿、甘农 9 号苜蓿、陇中苜蓿和清水苜蓿后地上干重显著高于 CK（E）、与 CK 差异不显著（O）或显著低于 CK（I），共生效应表现多样。共生效应表现为"负效应"I 的菌株对植株营养的消耗大于供给，表现出生长的负效应，固氮能力弱，共生能力和适应性差。NifH 和 Fixa 启动子对基因表达的抑制是造成 *E. meliloti* 和 *M. sativa* 共生效率低下的原因（Miller et al.，2007）。Price 等（2015）发现在蒺藜苜蓿变异体中 NCR（NCR169）的缺失会导致与特定共生体的无效共生。Baca 蛋白保护 *E. meliloti* 免受 NCR 肽的抗菌作用，使细菌在根瘤内持续存在，在共生中也发挥着关键作用（Haag et al., 2011）。而共生效应表现"正效应"E 的菌株在苜蓿品种上产生生长正效应，表现出强的共生能力和适应性，为根瘤菌与苜蓿品种间的亲属性关系提供了证据。同样地，以地下干重为衡量标准产生的专一性共生效应模型与地上干重（da silva et al.，2008；Calheiros et al.，2015）产生的模型相同，说明以生物量作为衡量根瘤菌与苜蓿品种专一性共生效应的标准具有一定的实际意义。

E 和 I 组分数量分别为 1 和 0 的共生模型所代表的菌株与相应紫花苜蓿品种存在强烈的正效应专一性共生，E 和 I 组分数量分别为 0 和 1 的共生模型所代表的菌株与相应紫花苜蓿品种存在强烈的负效应专一性共生。说明这些根瘤菌株与苜蓿品种之间的专一性共生信号分子（如宿主类黄酮物质、根瘤菌 NF、表面多糖和分泌蛋白等）识别能力很强。关于共生双方的专一性结瘤固氮的信号识别和监管途径仍需进一步研究。

本小节研究获得：①根瘤菌株接种 5 个紫花苜蓿品种共生表型效应不同，32 株 *E. meliloti* 根瘤菌接种甘农 3 号苜蓿、甘农 9 号苜蓿和清水苜蓿具有相似的共生表型效应，在陇中苜蓿和 WL168HQ 苜蓿上共生表型效应差异明显。说明 *E. meliloti* 菌株与紫花苜蓿品种的群体共生效应主要由苜蓿品种基因型决定，其次为菌株，不同紫花苜蓿品种对根瘤菌的识别能力和敏感性存在差异。②32 株 *E. meliloti* 菌在 5 个苜蓿品种上形成 6 种共生模型，其中 E 组分数量大于等于 1 的共生模型与苜蓿品种存在共生正效应，I 组分数量大于等于 1 的共生模型与苜蓿品种存在共生负效应。E 和 I 组分数量均等于 1 的共生模型与 2 个苜蓿品种存在一正一负效应专一性。E 和 I 组分数量均等于 0 的共生模型与 5 个苜蓿品种均无共生效应。每个专一性共生效应组合类型代表根瘤菌株与苜蓿品种之间的一种亲属性关系。

二、苜蓿品种与根瘤菌株的亲属性关系

共生效应组合 OOOOO 表示菌株与 5 个苜蓿品种均无亲属性关系；OOOOI、OIOOO 和 OOOIO 表示菌株分别仅与 WL168HQ 苜蓿、甘农 9 号苜蓿和清水苜蓿中的 1 个品种存在负效应亲属性关系；OOOII 表示菌株与清水苜蓿和 WL168HQ 苜蓿 2 个品种有负效应亲属性关系；EOOOO、OEOOO、OOEOO 和 OOOEO 表示菌株分别仅与甘农 3 号苜蓿、甘农 9 号苜蓿、陇中苜蓿和清水苜蓿中的 1 个品种具有正效应亲属性关系；EEOOO 表示菌株与甘农 3 号苜蓿和甘农 9 号苜蓿 2 个品种有正效应亲属性关系；OIOEO 表示菌株与甘农 9 号苜蓿有负效应，与清水苜蓿有正效应亲属性关系；OEOEO 表示菌株与甘农 9 号苜蓿和清水苜蓿 2 个品种均有正效应亲属性关系。根瘤菌与苜蓿品种之间的亲属性关系与菌株的宿主来源没有关系。WL168HQ 苜蓿作为美国引进品种，与本地根瘤菌资源的适应性、匹配性和亲属性关系较弱，它只能作为根瘤菌的共生体存在，但很难与其产生专一性共生和正效应亲属性关系。相反，国内育成品种甘农 3 号苜蓿、甘农 9 号苜蓿及地方品种陇中苜蓿和清水苜蓿已经带有本地基因或实现了基因的本土化，这些品种与本地根瘤菌资源更容易匹配，存在专一性共生和正效应亲属性关系的良好基础。

第二节 苜蓿根瘤菌生物型划分及专一性结瘤共生机制

一、苜蓿根瘤菌表型特征研究

（一）材料与方法

1. 供试材料

2014 年 5 月和 8 月从甘肃农业大学分别设立在甘肃省白银市会宁县会师镇（半干旱旱作区）、武威市凉州区黄羊镇（荒漠绿洲区）和兰州市安宁区（半干旱灌溉区）的牧草试验站采集已生长 2 年的国内选育品种甘农 3 号苜蓿（绿洲西北灌区高产、优质）和甘农 9 号苜蓿（抗虫、速生、高产）、地方品种陇中苜蓿（耐旱）和清水苜蓿（耐旱、根茎型）、引进美国品种 WL168HQ 苜蓿（抗寒、根蘖型），样地基本概况和苜蓿材料如表 5-3 所示。

表 5-3 样地概况

地理区域	地理位置	样地特点	紫花苜蓿品种	土壤质地
甘肃武威	102°50′ E，37°52′ N，1650m	河西走廊绿洲区	甘农 3 号苜蓿 甘农 9 号苜蓿	灰棕砂土
甘肃白银	105°06′ E，34°40′ N，1760m	黄土高原旱作区	陇中苜蓿 清水苜蓿	黄土、沙壤土
甘肃兰州	105°41′ E，34°05′ N，1517m	黄土高原灌溉区	WL168HQ 苜蓿	黄壤土

2. 培养基

根瘤菌用无氮培养基进行初步筛选，YMA 平板用于培养和短期保存，TY 平板用于活化根瘤菌菌株。表型生理生化反应采用淀粉培养基、明胶培养基、H_2S 试验培养基、葡萄糖蛋白胨液体培养基、蛋白胨液体培养基、柠檬酸盐斜面培养基、乳糖 YMA 培养基。

3. 根瘤菌的分离、纯化与保存

于 2014 年 5 月（初花期）在每个苜蓿品种样地内随机取 5 株植株，携带 10cm 内根际土壤连根挖起，抖落根际土壤并取样；田间土壤取植株周围 50cm、深度 20cm 内的土壤；8 月（成熟期）田间收集种子，并清选。分别装于自封袋，标记，冰盒冷藏条件带回实验室。清洗植株，晾干表面明水后用无菌剪刀将植株分为花、茎、叶、根瘤、根表皮和根中柱。

将种子及以上组织分别各称取 1g 置于无菌三角瓶内，灭菌、研磨并用稀释涂抹法在 YMA 刚果红和结晶紫固体培养基上划线培养，分离纯化并培养至单菌落。挑选符合根瘤菌基本特征的初筛菌株进行保存。采用 16S rRNA 序列测定方法进行根瘤菌株分子鉴定。

4. 根瘤菌株回接鉴定

将分离获得的纯菌株与相应苜蓿品种进行回接试验，以 S.12531 和 R.gn5 与苜蓿品种进行回接作为阳性对照,无菌水接种作为阴性对照。采用蛭石试管进行根瘤菌株回接鉴定,在幼苗生长第 15 天时进行菌液浇灌,接种 45 天后取出苜蓿植株测算单株根瘤数和结瘤率,将无结瘤能力的菌株判定为非根瘤菌或无效根瘤菌。幼苗培育及根瘤菌菌液制备方法同前。

5. 表型特征

通过唯一碳氮源利用、抗生素(红霉素、氯霉素、卡那霉素、氨苄青霉素、新霉素、链霉素、庆大霉素)耐受性(浓度梯度:$5\mu g/ml$、$50\mu g/ml$、$100\mu g/ml$ 和 $300\mu g/ml$)测定、染料(甲基红、甲基绿、溴酚蓝、亚甲基蓝、中性红、亚硝酸钠、孔雀石绿、溴甲基绿和刚果红)抗性测定、抗逆性(NaCl:1%、2%、4%、6%;pH:5、9、11;温度:8℃、37℃和40℃)测定、淀粉水解试验、明胶液化试验、产硫化氢试验、乙酰甲基甲醇试验、吲哚试验、BTB 产酸产碱试验、接触酶试验、柠檬酸盐试验、3-酮基乳糖反应(霍平慧等,2014)进行根瘤菌的表型特征鉴定。

6. 表型特征数值分类

对根瘤菌的表型特征进行数值分类分析。将测定的表型性状结果按阳性记为"1",阴性记为"0"进行编码后,输入计算机。剔除全同性状,利用 NTSYS-PC 2.2 软件(Rohlf,2005),基于 Jaccard 系数计算相似性,采用平均连锁法(unweighted pair-group method with arithmetic means,UPGMA)生成聚类树状图(Rouhrazi and Khodakaramian,2015)。

7. 数据分析

采用 Excel 2007 制表;Shannon-Weiner 多样性指数(H)、丰富度指数(S)和均匀度指数(E)计算方法分析菌株表型多样性(柯春亮等,2017)。

(二)结果与分析

1. 根瘤菌株数量及来源

共分离获得 103 株菌(表 5-4),其中,73 株为内生菌,分别来自根瘤、根表皮、根中柱、花、茎和种子,30 株菌来自田间土壤和根际土壤,叶片中未分离到菌株。就苜蓿品种而言,分离自甘农 3 号苜蓿的菌株最多,其次为陇中苜蓿、WL168HQ 苜蓿和甘农 9 号苜蓿,分离自清水苜蓿的菌株最少。经回接鉴定有 53 株菌能够在原苜蓿品种植株上结瘤固氮。

表 5-4　分离自不同苜蓿品种植物组织的菌株

菌株编号	部位组织	紫花苜蓿品种	菌株属及数量 [a]
G3G1、G3G2、G3G3、G3G4	根中柱		
G3T1、G3T2	根际土壤		*Enterobacter*(6)、*Rhizobium*(5)、
G3P2、G3P3	根表皮	甘农 3 号苜蓿	*Ensifer*(12)、*Variovorax*(1)、
G3L1~G3L13	根瘤		*Pseudomonas*(1)、*Acinetobacter*(1)
G3TT1、G3TT2、G3TT3、G3TT4、G3TT5	田间土壤		

续表

菌株编号	部位组织	紫花苜蓿品种	菌株属及数量 [a]
G9G1、G9G2	根中柱	甘农 9 号苜蓿	*Psychrobacillus*（1）、*Bacillus*（1）、*Leclercia*（2）、*Rhizobium*（4）、*Lysinibacillus*（4）、*Pseudomonas*（1）、*Ensifer*（6）
G9T1、G9T3	根际土壤		
G9P1、G9P2、G9P3	根表皮		
G9L2～G9L8	根瘤		
G9TT、G9TT2、G9TT3、G9TT4、G9TT5	田间土壤		
LG1	根中柱	陇中苜蓿	*Psychrobacillus*（1）、*Rhizobium*（3）、*Lysinibacillus*（5）、*Bacillus*（1）、*Exiguobacterium*（1）、*Ensifer*（9）、*Sphingomonas*（1）、*Phyllobacterium*（1）
LT1、LT2、LT3	根际土壤		
LP1、LP2、LP3、LP4、LP5	根表皮		
LL1～LL11	根瘤		
LTT1	田间土壤		
LH2	花		
QT1	根际土壤	清水苜蓿	*Psychrobacillus*（5）、*Lysinibacillus*（2）、*Erwinia*（2）、*Pseudomonas*（1）、*Phyllobacterium*（1）、*Ensifer*（3）
QP1、QP2、QP3、QP4、QP5	根表反		
QL1、QL2、QL3、QL4、QL5	根瘤		
QTT1、QTT2	田间土壤		
QH1	花		
WLT1、WLT2、WLT3	根际土壤	WL168HQ 苜蓿	*Rhizobium*（9）、*Lysinibacillus*（4）、*Pseudomonas*（4）、*Enterobacter*（3）、*Ensifer*（2）
WLP1、WLP2、WLP4	根表反		
WLL1、WLL2、WLL3、WLL4、WLL5	根瘤		
WLG1、WLG2	根中栏		
WLN3	种子		
WLJ1、WLJ3	茎		
WTT1、WTT2、WTT3、WTT4、WTT5、WTT6	田间土壤		

a. 根据 16S rRNA 基因测序结果定属

2. 根瘤菌株形态特征

53 株根瘤菌革兰氏反应阴性、短杆状（图 5-10）。菌落圆形、边缘整齐、产黏质胞外多糖。菌落直径在 4～6cm，菌株最大直径达到 9cm，在 YMA 培养基上形成直径

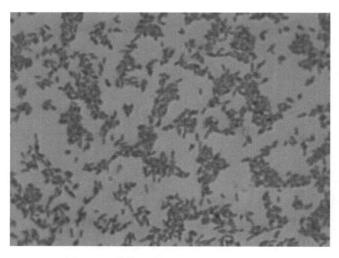

彩图请扫二维码

图 5-10　菌株形态和革兰氏染色结果

≥4mm 单菌落所需时间均少于 72h,符合快生型根瘤菌的特征描述。菌落呈半球形或平坦凸起、水状透明、乳白色和水乳状半透明。

3. 根瘤菌表型特征

唯一碳源、氮源利用分析:53 株根瘤菌和 2 株参比菌能利用多种碳源,唯一碳源利用能力很强,对氮源的利用能力较强。

抗生素耐性:菌株对低浓度的抗生素(5μg/ml、50μg/ml 和 100μg/ml)耐受性较强,对高浓度的抗生素(300μg/ml)耐受性较弱,对红霉素和庆大霉素的耐受性最差,分离自 WL168HQ 苜蓿的菌株及菌株 G3P2 抗生素耐性差。

染料抗性:菌株对不同染料的抗性差异明显,对亚甲基蓝的抗性最弱。

抗逆性:所有菌株均能在 NaCl 浓度为 1%、2% 和 4%,pH 为 5 和 9,37℃和 40℃高温下生长,对低浓度的 NaCl、弱酸、弱碱和高温抗性较强。

生理生化反应:根瘤菌株生理生化反应差异明显。所有根瘤菌株中只有部分能够水解淀粉和明胶;25 株菌不能产生硫化氢;除 G3G1、G3L3、G3T1、G3T2 和 WLP2 外均不能产生乙酰甲基甲醇;12 株菌能够产生吲哚;8 株菌在 BTB 反应中产碱,其余菌株产酸;所有菌株均能产生过氧化氢酶;21 株菌不能利用柠檬酸盐;除菌株 G9TT4、G9TT5、LP4 和 LT3 外均不能产生 3-酮基乳糖。

4. 根瘤菌表型多样性

在 100% 的相似性水平上 32 株中华根瘤菌和 2 株对照菌(R.gn5 和 S.12531)聚为 25 个群;在 77% 的相似性水平上聚为 6 个群(图 5-11)。21 株根瘤菌和 2 株对照菌(R.gn5 和 S.12531)在 77% 的相似性水平上聚为 8 个群(图 5-12)。菌株的表型聚群与其来源没有直接关系。

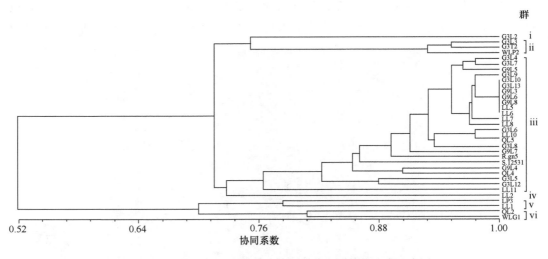

图 5-11 32 株中华根瘤菌和 2 株对照菌表型数值分类聚类图

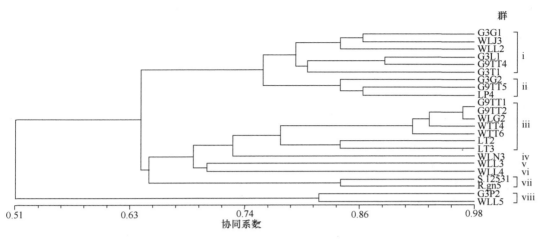

图 5-12　21 株根瘤菌和 2 株对照菌表型数值分类聚类图

32 株中华根瘤菌中，分离自兰州的菌株表型多样性最丰富，多样性（1.099）和均匀度（1.000）指数均显著高于其他两个栽培区域。来自武威和白银的根瘤菌丰富度和均匀度差异不明显，前者的多样性指数（0.557）显著低于后者（0.983）。就苜蓿品种而言，来自 WL168HQ 苜蓿的菌株多样性最丰富（1.099），甘农 9 号苜蓿的菌株表型多样性指数为 0，其余 3 个苜蓿品种的菌株多样性、丰富度和均匀度指数差异不显著。由于茎、种子、花和叶内分离的根瘤菌株极少或没有，所以在多样性指数计算过程中排除以上4 个部位。分离自根瘤和根表皮的菌株多样性指数分别为 0.757 和 0.693，其余部位菌株多样性指数为 0。

与中华根瘤菌相似，21 株根瘤菌中分离自兰州的菌株表型多样性最丰富。就苜蓿品种而言，来自 WL168HQ 苜蓿的菌株多样性（1.733）和丰富度（6）指数最高，甘农 3号苜蓿菌株均匀度指数最高（1.371），清水苜蓿的菌株多样性指数最低（0.000）。分离自根瘤的菌株表型多样性最丰富（1.332），其次为根中柱和田间土壤的菌株，根表皮和根际土壤的菌株多样性指数最低。总体而言，来自兰州市安宁区牧草试验站、WL168HQ苜蓿及根瘤内的菌株表型多样性最丰富。

（三）小结

根瘤菌株唯一碳氮源利用能力较强，除个别菌株外均能利用供试的多种碳源和氮源作为唯一碳、氮源。其中菌株对二糖（蔗糖和乳糖）的利用能力与关于 *Mesorhizobium* 的报道一致（Gnat et al.，2014），这是快生根瘤菌的典型特征，可以以此来区分慢生和快生根瘤菌。苹果酸和 D-果糖对菌株的生长有抑制作用，与张小甫等（2009）的研究结果一致。表明苜蓿根瘤菌与紫云英根瘤菌在利用甘氨酸和异亮氨酸方面存在实质性差异，苜蓿根瘤菌具有利用甘氨酸和异亮氨酸的特征。

部分根瘤菌株对 50μg/ml 和 100μg/ml 的抗生素表现出较低的耐性，对红霉素和庆大霉素敏感，这与 *Mesorhizobium*、*Rhizobium* 和 *Ensifer* 属的快生根瘤菌性状相似。随着浓度升高，菌株耐抗生素能力下降（张小甫等，2009）。分离自 WL168HQ 苜蓿的根瘤菌株抗生素耐性很差，这可能与宿主植物及菌株生存环境有关。与韦革宏等（2005）的研究结果相似，本试验亚甲基蓝虽对菌株的生长有抑制作用，但总体上根瘤菌株对染料的抗性较强，且不同菌株之间抗性存在差异。

供试根瘤菌株均能在 1%～4% NaCl、pH=5～9 和 37～40℃的环境下生长，大部分菌株能够在 6% NaCl、pH=11 和 8℃的条件下生长。韦革宏等（2005）对帕米尔高原豆科植物根瘤菌研究表明菌株普遍抗寒而不耐高温，本试验中甘肃省 3 个栽培生态区域的菌株耐高温而对低温敏感，充分说明菌株生存环境对其抗逆性有直接影响。祁娟和师尚礼（2007）的研究结果表明，部分种子内生根瘤菌最高抗盐量达 10%，能耐 pH 为 4 和 12 及 4℃的低温环境，说明对根瘤菌株尤其是组织内生根瘤菌株在高盐、强酸碱和极温环境下的抗逆性研究意义重大。

根瘤菌株过氧化氢酶反应均呈阳性，除个别菌株外均不代谢 3-酮基乳糖，BTB 反应中产酸，符合根瘤菌的代谢及生理特征。然而，仅有 45%的菌株不能产生硫化氢，部分菌株不能水解淀粉、不能利用柠檬酸盐，乙酰甲基甲醇试验中个别菌株反应呈阳性，这些结果均与前人研究结果不一致（张小甫等，2009）。可能初筛菌株中含有非根瘤菌株，也有可能这些菌株代表新的根瘤菌表型，是适应环境的结果（Fortuna et al.，2017）。

根瘤菌株具有分泌 IAA、溶解有机磷和无机磷的能力，与 Li 等（2008）的研究结果一致。E. meliloti 菌株分泌 IAA 能力最普遍，R. radiobacter 菌株次之。内生根瘤菌株中 21/45 的菌株能够分泌 IAA，分泌能力中等或较低（尤其是根瘤中菌株）；非内生根瘤菌株中 5/10 的菌株能分泌 IAA，且能力较强。IAA 能够促进植物修复，使得细菌容易通过植物防御机制（张丹，2016），这也是内生和非内生细菌普遍能够分泌 IAA 的原因。

在不同根瘤菌种内，R. radiobacter 菌株溶解有机磷和无机磷能力最强，其次为 S. meliloti 菌株。溶磷能力以非内生根瘤菌株溶解有机磷和无机磷能力比内生根瘤菌株更普遍。研究表明存在本土豆科植物的区域含有生理特征差异明显的根瘤菌种群（Wielbo et al.，2010；Wielbo，2011），这可能是此次试验 S. meliloti 和 R. radiobacter 菌株分泌 IAA 和溶磷能力不同的原因。Silva 等（2007）报道内共生环境与土壤的多样化是维持代谢能力巨大差异的一个主要原因。试验内生和非内生根瘤菌株促生能力分析说明遗传多样性丰富的非内生根瘤菌株分泌 IAA 能力更强，溶解有机磷、无机磷能力更普遍，这与以上研究结果一致。

经 72 项表型特征（除溶磷和分泌生长素能力）数值分类分析，32 株 Ensifer 菌和 21 株 Rhizobium 菌在 77%的相似性水平上分别聚为 6 个群和 8 个群，每个群都包含来自不同栽培区域、苜蓿品种和部位组织的根瘤菌株，菌株表型多样性丰富（Zaspel and Ulrich，2000）。32 株 Ensifer 菌和 21 株 Rhizobium 菌中，就地区而言，来自兰州的菌株多样性最丰富（H=1.099 和 1.733）；就苜蓿品种而言，自 WL168HQ 苜蓿分离的菌株 Shannon-Weiner 多样性指数最高（H=1.099 和 1.733）；就组织部位而言，来自根瘤的菌株多样性最丰富（H=0.757 和 1.332）。根瘤菌种群的多样性受到土壤类型、植物基因型、同一品种内不同植物个体、同一物种内不同接种菌株及土壤管理政策的影响（Leite et al.，2017），然而本研究根瘤菌株的表型聚类分群与其来源没有直接关系。丰富的表型多样性是菌株在不同环境条件下良好生存的必要属性，同时它也有利于菌株适应不断变化着的土壤条件（Gnat et al，2014）。来源于存在本土植物区域的根瘤菌种群包含大量生理上多样的菌株（Wielbo，2011）。本研究中根瘤菌株在唯一碳氮源利用、抗逆性、抗生素和染料耐性方面存在很大差异，说明环境的变异，如土壤和内共生环境，是出现较大生理代谢差异的原因之一（Silva et al.，2005）；同时根瘤菌基因组的结构和功能也会造成本地根瘤菌种群内部多样化（Wielbo et al.，2012）。这些可能性解释了菌株多样性与其来源没有直接关系的现象。

本小节研究获得：从干旱生境 3 个栽培区域 5 个紫花苜蓿品种的 9 个部位分离获得 53 株根瘤菌，其中，43 株为内生根瘤菌，10 株为非内生根瘤菌。内生和非内生根瘤菌 S. meliloti 和 R. radiobacter 促生能力有差异。根瘤菌株碳氮源利用谱广泛，抗生素和染料抗性较强，对盐碱和高温耐性较强。夹自不同栽培区域、苜蓿品种和部位组织的根瘤菌株表型多样性有差异；就地区而言，来自兰州市安宁区牧草试验站的菌株多样性最丰富；就苜蓿品种而言，来自 WL168HQ 苜蓿的菌株多样性最丰富；就组织部位而言，来自根瘤的菌株表型多样性最丰富。

二、苜蓿根瘤菌生物型划分

具有相同表型，并在苜蓿品种上表现相同共生效应的根瘤菌株代表一种生物型。本研究以同一物种内 5 个苜蓿品种为材料，根据表 5-2 共生模型划分结果，结合表型和共生模型进行根瘤菌生物型划分。32 株 E. meliloti 菌株被划分为 28 种生物型（表 5-5）；菌株 G3L10 和 G3L13（xiii，E 和 I 组分数量分别为 0 和 1）、G9L3 和 G9L8（xiii，E 和 I 组分数量均为 1）及 G9L6、LL5 和 LL6（xiii，E 和 I 组分数量均为 0）分别被划分为生物型 XIII、XIV 和 XV。其他每个菌株代表 1 种生物型。生物型 II、III、IV、V、VI、VIII、XXVII 和 XXVIII 分别与至少 1 个苜蓿品种产生共生正效应（E 数量≥1，I 数量等于 0），其中生物型 III（QL2）和 V（WLG1）与甘农 3 号苜蓿、生物型 XXVII（LL11）与甘农 9 号苜蓿、生物型 IV（LL1）与清水苜蓿、生物型 II（LP3）和 VI（G3L3）与陇中苜蓿之间具有强烈的专一性共生。

表 5-5　32 株 *Ensifer meliloti* 菌株基于表型和共生效应的生物分型

菌株	表型[a]	共生模型[b]	生物型[c]
G3L2	i	无共生效应	I
G3T2	vii	无共生效应	VII
G9L6、LL5、LL6	xii	无共生效应	XV
LL7	xiv	无共生效应	XVI
G3L6	xvi	无共生效应	XVIII
G3L8	xviii	无共生效应	XXI
G9L4	xx	无共生效应	XXIII
LP3	ii	1 个品种共生正效应专一性	II
QL2	iii	1 个品种共生正效应专一性	III
LL1	iv	1 个品种共生正效应专一性	IV
WLG1	v	1 个品种共生正效应专一性	V
G3L3	vi	1 个品种共生正效应专一性	VI

菌株	表型 [a]	共生模型 [b]	生物型 [c]
LL11	xxiv	1 个品种共生正效应专一性	XXVII
WLP2	viii	2 个品种共生正效应	VIII
LL2	xxv	2 个品种共生正效应	XXVIII
G9L3、G9L8	xiii	正负效应各 1 个品种的共生专一性	XIV
G3L4	ix	1 个品种共生负效应专一性	IX
G3L7	x	1 个品种共生负效应专一性	X
G9L5	xi	1 个品种共生负效应专一性	XI
G3L9	xii	1 个品种共生负效应专一性	XII
G3L10、G3L13	xiii	1 个品种共生负效应专一性	XIII
LL8	xv	1 个品种共生负效应专一性	XVII
LL10	xvii	1 个品种共生负效应专一性	XIX
QL5	xvii	1 个品种共生负效应专一性	XX
QL4	xxi	1 个品种共生负效应专一性	XXIV
G3L5	xxii	1 个品种共生负效应专一性	XXV
G3L12	xxiii	1 个品种共生负效应专一性	XXVI
G9L7	xix	2 个品种共生负效应	XXII

a. 表型聚类结果如图 5-11（100%相似性）所示；b. 共生模型如表 5-2 所示；c. 由表型和共生模型划分的生物型；下同

由于生物生存于多种不同的环境中，所以同一物种的菌株会表现出不同的表型。表型多样性可能导致根瘤菌对苜蓿品种共生效应的差异，因此将表型特征与共生效应模型相结合进行专一性共生生物型的划分是合理可行的。本研究以 5 个苜蓿品种为材料，将 32 株苜蓿根瘤菌划分为 28 种生物型。单一品种中不同生物型的存在扩大了根瘤菌对不同豆科植物生态位的适应性，在物种水平上对根瘤菌进行了有效的分类（Marie et al.，2003），并对与苜蓿品种兼容的根瘤菌资源进行了精确鉴定，对苜蓿品种与根瘤菌结瘤效应的利用具有重要的指导意义。

三、专一性结瘤共生机制研究

为了分析根瘤菌生物型与苜蓿品种的专一性共生机制，本研究在排除共生负效应（I 组分数量≥1）和无效应（E 和 I 组分数量均为 0）生物型的基础上，选择了 4 个专一性共生正效应生物型（II、III、IV 和 VI）和 2 个非专一性共生正效应生物型（VIII 和 XXVIII），及产生共生正效应的 4 个苜蓿品种（甘农 3 号苜蓿、甘农 9 号苜蓿、陇中苜蓿和清水苜蓿）进行转录组学分析。

（一）材料与方法

1. 紫花苜蓿品种和根瘤菌株鉴定

采用植物 DNA 提取试剂盒提取植物叶片组织总 DNA，利用 4 个持家基因 *matK1*、*matK2*、*matK3* 和 *rbcL* 进行 PCR 扩增和序列测定（李永青，2017）（表 5-6），DNA 测序由擎科生物技术公司（陕西西安，中国）完成。根据测序结果构建 5 个紫花苜蓿品种的系统发育树（Gage，2004），GenBank 中紫花苜蓿品种序列号为 MN159019～MN159037（www.ncbi.nlm.nih.gov/）。

表 5-6 紫花苜蓿品种鉴定基因引物序列

基因名称	引物	引物序列	片段长度
matK1	F-M1	5′-TATACCCACTTATTTTTCGGGAGTATA-3′	400bp
	R-M433	5′-ATGGATAGGATATGGTATTCGTATATCTG-3′	
matK2	F-M118	5′-TTGTAAAACGTTTAATTACTCGAATGTAT-3′	300bp
	R-M434	5′-ATGGATAGGATATGGTATTCGTATATCTG-3′	
matK3	F-M1262	5′-TATATACTTCGGCTTTCTTGTATTAAAACTT-3′	200bp
	R-M1472	5′-CGTTTCTGAAAAGAATATCCAAATACCAAA-3′	
rbcL	F-R1	5′-CCAAAGATACTGATATCTTGGCAGCAT-3′	450bp
	R-R452	5′-AGACATTCATAAACAGCTCTACCGT-3′	
ITS	F-T100	5′-CTTGGCTACATTCGCCCTAT-3′	250bp
	R-T350	5′-TGCGGTCGAGGCTCCATCTAT-3′	

2. 转录组样品准备和采集

（1）种子处理及幼苗培育

将河沙洗净、过筛（2mm），pH 调至中性后 105℃烘干，121℃灭菌 6h，冷却。在直径 13.2cm、高 10cm 的塑料盆中装入河沙 450g，并均匀植入 60 粒发芽种子（种子处理同前），深度 2cm。之后将塑料小盆放入 29cm×20cm×9.5cm 的塑料面盆中，每个面盆内放 2 个小盆，并浇灌 500ml 灭菌水。实验室培养条件为光照时间 12h/d，有光照时温度 21～25℃，无光照时温度 16～20℃，相对湿度(45±5)%。在第 7 天浇灌 500ml Hoagland 有氮营养液。

（2）根瘤菌株接种

在幼苗生长第 15 天（第 1 片真叶出现），将制备好的菌液（OD_{600nm}=0.5，方法同前）加入幼苗根部，每小盆 30ml，以不含根瘤菌的无菌水为对照。每个菌株/品种处理 4 个小盆作为重复。接种后每隔 7 天在塑料面盆中浇灌 Hoagland 无氮营养液 500ml。其余水分用灭菌蒸馏水补充。

（3）样品采集

接种 45 天后（植株生长 60 天），收获苜蓿植株并清洗干净，用滤纸吸干水分。每盆随机选取 10 株，进行单株结瘤数、单株有效根瘤重、根瘤直径、根瘤等级、固氮酶活性；单株叶片数、株高生物量、根长、地上生物量、地下生物量、叶绿素含量、粗蛋白含量测算，方法同前。在每个处理上采集的毛根，用锡箔纸包裹，并在泡沫盒内迅速用液氮冷冻，-80℃冰箱保存备用。

3. 总 RNA 提取和质量检测

（1）提取 RNA

采用 Trizol 法提取根瘤组织总 RNA（王丽娜，2018；崔慧琳，2018），具体操作如下：

1）向 100mg 植物组织和根瘤的混合物中加入液氮，迅速研磨至粉末，加入 SL 475μl 和 β-巯基乙醇 25μl，涡旋振荡混匀，12 000r/min 离心 2min。

2）将上清转至过滤柱 CS 中，12 000r/min 离心 2min，转移上清至新的 RNase-Free 离心管中。

3）加入无水乙醇（0.4 倍上清体积），混匀后转入吸附柱 CR3 中，12 000r/min 离心 15s，弃废液。

4）将 350μl 去蛋白质液 RW1 加入吸附柱 CR3 中，12 000r/min 离心 15s，弃废液。

5）DNase I 工作液：将 10μl DNase I 储存液加入新的 RNase-Free 离心管中，加入 RDD 溶液 70μl，轻柔混匀。

6）将 80μl DNase I 工作液加入吸附柱 CR3 中央，室温静置 15min。

7）将 350μl 去蛋白质液 RW1 加入吸附柱 CR3 中，12 000r/min 离心 15s，弃废液。

8）将 500μl 漂洗液 RW 加入吸附柱 CR3 中，12 000r/min 离心 15s，弃废液。

9）重复步骤 8）。

10）12 000r/min 离心 2min，将吸附柱 CR3 转移至新的 RNase-Free 离心管中，将 30～50μl RNase-Free ddH$_2$O 悬空滴入吸附膜中部，室温静置 2min，12 000r/min 离心 1min，收集 RNA 溶液。

11）取适量 RNA 进行浓度测定后进行琼脂糖电泳检测，其余保存于–80℃冰箱。

（2）总 RNA 的质量检测

采用 Nanodrop 微量紫外分光和 2%琼脂糖凝胶电泳定量检测 RNA 条带，再进行 Agilent 2100 片段检测，综合评估样品的浓度、纯度和完整性，其余–80℃冰箱保存备用。

4. cDNA 文库构建及上机检测

提取样品总 RNA，用带有 Oligo（dT）的磁珠富集真核生物 mRNA。首先，以短片段 mRNA 为模板，用六碱基随机引物（random hexamers）合成第一条 cDNA 链；其次，利用 dNTPs、缓冲液、DNA Polymerase I 和 RNase H 合成第二条 cDNA 链，通过 QiaQuickPCR 试剂盒纯化、EB 缓冲液洗脱、末端修复、加 poly（A）和连接测序接头，采用琼脂糖凝胶电泳选择长度为 150～200bp 的片段。最后，采用 Phusion 高保真度 DNA 聚合酶、通用 PCR 引物和 index（X）引物进行 PCR 扩增，并用 Agilent 2100 检测扩增产物质量。建好的 12 个 cDNA 测序文库用广州赛哲生物有限公司的 Illumina NovaSeq 6000 平台进行测序。

5. 转录本正组装和基本注释

利用 FastQC（v0.11.5）对测序得到的 raw data 进行质控，滤去含 adapter、N 比例 >10%及低质量的 reads，获得高质量的 clean reads；并通过碱基组成、质量值分布图和饱和度分析检测数据质量情况。由于缺乏参考基因组，所以使用 Trinity（v2.2.0）组装软件对过滤后的高质量 clean reads 进行转录本重新组装（Grabherr et al.，2011），然后进行转录本聚类，取最长转录本为 unigene，最后通过 N50 数值和序列长度评估组装结果质量。

对转录本进行功能分类和基本注释。采用 Blast+（v2.4.0）将转录本注释到 Nr（non-redundant protein sequences from NCBI）、Swiss-prot（a manually annotated and non-redundant protein sequence database）、COG/KOG（cluster of orthologous groups of proteins）和 KEGG（Kyoto encyclopedia of genes and genomes）数据库；利用 Blast2Go（v2.3.5)软件进行GO(gene ontology)注释；利用 HMMER3 软件进行pfam(protein families database of alignments and hidden markov models）注释；采用 MISA（http：//pgrc.ipk-gatersleben.de/misa/misa.html）对转录本进行 SSR 鉴定。设定 E-value$\leq 1 \times 10^{-5}$，得到与给定 Unigene 具有最高序列相似性的蛋白质注释信息。

6. 基因差异表达分析

对基因的表达量进行定量和差异分析，对显著差异的基因进行富集分析。利用 RSEM 软件包（v1.2.31）将全长 reads 直接比对到参考 unigenes 上（Dewey and Li，2011），用 FPKM 值表示基因表达水平。采用 EdgeR 软件（v3.14.0）进行差异基因分析，错误发现率（false discover rate，FDR）≤ 0.05 且$|\log_2 FC|>1$ 为筛选 DEG 的条件（Wu and Nasu，2010），以表达差异倍数（fold change，FC）≥ 2 或≤ 0.5 表示表达上调或下调，在 12 个转录组比较组合中（图 5-13）选取 DEG。FDR 值越小，表达差异越显著。通过比对 GO 数据库对 DEG 进行功能注释和显著性富集分析；通过比对 KEGG 数据库，对 DEG 参与的细胞代谢途径及其产物功能进行系统分析（Minoru et al.，2007）。

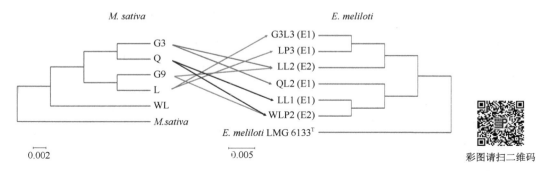

彩图请扫二维码

图 5-13 基于苜蓿品种和生物型菌株系统发育关系的转录实验设计

通过植物 *matK1*、*matK2*、*matK3* 和 *rbcL* 基因的合并序列分析构建 5 个苜蓿品种（G3、G9、L、Q 和 WL 分别代表甘农 3 号苜蓿、甘农 9 号苜蓿、陇中苜蓿、清水苜蓿和 WL168HQWL 苜蓿）的系统发育树（左）；利用 16S rRNA 基因构建了 6 株中华根瘤菌生物型菌株的系统发育树（右图）；长度单位 0.002 和 0.005 分别表示 0.2%和 0.5%的遗传距离；不同颜色的线条表示转录组实验设计：生物型菌株 QL2 和 LL2 接种 G3，LL1 和 WLP2 接种 Q，LL2 和 WLP2 接种 G9，菌株 LP3 和 G3L3 接种 L

7. 权重基因共表达网络分析

本研究使用 WGCNA R 软件包进行权重基因共表达网络分析（Langfelder and Steve，2008）。选择变异系数≥ 0.35 的阈值涵盖所有响应生物型比较组合的 DEG，并利用蒺藜苜蓿基因表达图谱（MtGea）的编译数据，对不同的生物型比较组合的非加权基因共表达网络进行预测。通过计算每个识别模块的 Eigengene 值检验与不同生物型接种比较组合的相关性，用 Cytoscap（v3.0.1）软件确定与共生性状最相关的模块。

8. 差异表达基因 qRT-PCR 验证

随机选择 12 个与生物型鉴定相关的 DEG,借助实时荧光定量 PCR(qRT-PCR)进行差异基因验证分析,引物设计采用在线 Primer-NCBI(表 5-7)。采用 cDNA 合成试剂盒(GoScript 逆转录系统,Promega A5001)将 RNA 反转录为 cDNA,以 cDNA 为模板,内参基因 β-actin 为对照,采用 GoTaqqPCR Master Mix(A6002)试剂盒进行荧光定量检测。PCR 反应条件:95℃预变性 10min,95℃变性 15s,60℃退火 20s,72℃延伸 20s,45~70 个循环。每个样品设 3 个生物学重复,每个生物学重复设 3 次独立技术重复,相对表达量采用 ΔΔCT 和 $2^{-\Delta\Delta CT}$ 法计算(Saad et al.,2008)。

表 5-7   qRT-PCR 引物序列

基因名称	引物序列(5'—3')(正向/反向)	扩增产物 Tm(℃)
A042737_05	GCACCCACCACTACCTGTAGTC/CTGCCCAAACATTGAAAAGTATC	78.8
A024093_07	AATTTCGTTCCTTCCACGATTC/TTTTCACGACCCTTGATTTCTAC	77.9
A036015_02	CCCACTCAAGCTCTCGAAAAAG/ATAACGAATCTGGTTGGGACACT	80.9
A029652_05	ACCAGGGAGAGGTCCTTTTACT/TAGCAAGGTAAAAGACAAACAACAG	79.1
A062210_04	GGTCAATTCGGCACCACATATC/GAACCTCTCTCAGAACATCATCG	79.5
A055212_05	AAACATCAAAGCAATGGAGCAC/AAACATCAAAGCAATGGAGCAC	77.2
A029860_03	CAACGACGGTGGACTTCCTG/CTTGTCTCGCTCTCTCGCACT	83.1
A064210_09	TTTTAGAGCATGACACAGGGTAGT/CATCATTCTCACAGCCTTTATCC	79.9
A031775_02	GAGCAAGGTGTACAAGTTTCAGAG/GTTGTCTCCTGAGCCACTTGTTC	79.2
A069578_02	GGAATGGCTGTGAAAGATCGTAG/AATCTGTCACCCATTGTTTGATTG	78.9
A006062_03	GATGAAAGCAAAGAGTGTGGAAT/TCCCTCGCTACTTTCACCAAC	79.9
A004577_01	GCCATCAGAATAAGCAGTGTCAT/CAGAAAGAAAAGATGGCCGAG	79.1
β-actin	AAGTCCAAAATGATGCGATAATG/CCTCCGATCTCACCTCTTATCC	78.5

9. 数据分析

采用 GraphPad Prism 8.0 软件对共生表型效应指标和基因表达量进行单因素方差分析,Duncan 法进行多重比较(P=0.05),采用 R 软件 pheatmap 包制作热图,采用 Cytoscape 软件进行关键基因互作网络图构建。

(二)结果与分析

1. 转录组试验设计

根据共生试验和生物型划分的结果,我们假设①紫花苜蓿品种对根瘤菌生物型侵染的响应存在差异;②特定苜蓿品种与根瘤菌生物型共生存在特有的基因转录模式。为了验证以上假设,本试验采用产生共生正效应的 6 株根瘤菌生物型和 4 个苜蓿品种共生组合进行转录组分析,共形成 12 个转录组接种处理(图 5-13)。G3-QL2、L-LP3、L-G3L3 和 Q-LL1 植物-生物型接种组合代表 1 个品种共生正效应专一性生物型(effective one-cultivar specific biotype,EOB)与其特定品种之间的互作;G3-LL2、G9-LL2、G9-WLP2 和 Q-WLP2 代表 2 个品种共生正效应生物型(effective two-cultivars specific biotype,ETB)与 2 个苜蓿品种之间的互作;L-CK、Q-CK、G3-CK 和 G9-CK 植物-无菌水接种组合代表未接种对照。

图 5-13 分别对 5 个苜蓿品种和 6 个根瘤菌生物型菌株与其相关参比植物或菌株进行了系统发育关系研究。利用 4 个持家基因（*matK1*、*matK2*、*matK3* 和 *rbcL*）的串联序列构建植物系统发育树，5 个苜蓿品种的序列相似性＞97%。通过 16S rRNA 基因序列分析对 6 株根瘤菌生物型菌株的亲缘关系进行了估计，结果表明，6 个菌株与模式菌株 *E. meliloti* LMG 6133^T 的序列相似性均达 99%。由于就显著增加的 SDW 值而言，紫花苜蓿品种 WL 与 32 个根瘤菌株中的任何一个都没有产生共生正效应，所以 WL 被排除在 RNA-seq 分析之外。

2. 转录组测序数据及基本注释

通过 Illumina NovaSeq 6000 测序，36 个样本（12 个样本×3 个重复）共得到 4511.2 万～6478.6 万条 raw reads，质控得到 4491.9 万～6441.7 万条 clean reads，有效比例为 99.2%～99.6%。通过转录组 *de novo* 文库组装，共获得转录本 253 535 个，其中包括 95 120 个平均片段长度为 1130bp 的 unigene（表 5-8）。通过对 unigene 序列进行相似性比对和功能注释，得到了组装后转录本的基本数据（表 5-8）和长度分布（图 5-14）。

表 5-8　紫花苜蓿转录本组装和功能注释基本数据

类型	数量
Total raw reads	1 923 792 442
Total clean reads	1 913 483 492
Total transcripts	253 535
Total length of transcripts（bp）	247 565 414
Transcripts with N50 length（bp）	1 310
Transcript mean length（bp）	976
Total unigenes	95 120
Total length of unigenes（bp）	107 561 403
Unigenes with N50 length（bp）	1 430
Unigenes mean length（bp）	1 130
Nr database	67 815
KEGG database	20 444
Swissprot database	41 046
KOG database	34 745

（第一组"测序和组装"，第二组"功能注释"）

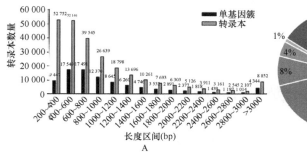
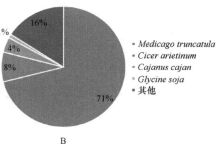

图 5-14　紫花苜蓿组装数据长度

　　为了鉴别 orthologous 基因产物，34 745 个基因被注释到 25 个 KOG 功能类型（图 5-15）。其中"一般功能预测"族群占比最高，其次为"信号转导机制""翻译后修饰、蛋白周转和陪伴""翻译、核糖体结构与生物发生"和"碳水化合物转运与代谢"。"细胞核结构"和"细胞运动"是 KOG 功能分类中占比最小的两个族群。

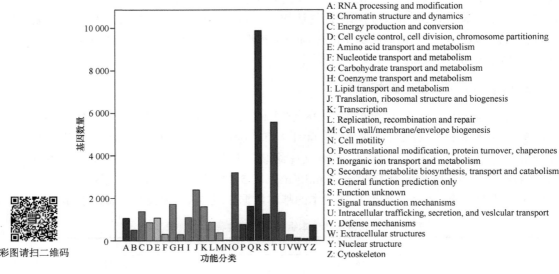

图 5-15　紫花苜蓿转录组 KOG 功能分类

　　利用 Blast2GO 软件对紫花苜蓿基因进行 GO 功能注释，67 815 个基因被分为 3 个功能群，分别为生物过程（50 330 个）、细胞组分（46 167 个）和分子功能（32 231 个），每个功能群又被分为 20 个、15 个和 11 个亚群，表明紫花苜蓿转录本功能类型多样（图 5-16A）。为了分析紫花苜蓿基因与已知代谢通路的关联性，对紫花苜蓿基因进行 KEGG 功能注释（图 5-16B）。20 444 个组装的 unigene 共与 127 个 KEGG 通路和 19 个 2 级通路有关，这些通路根据与植物生命的关系又被划分为新陈代谢、遗传信息加工、细胞过程、环境信息加工和有机体系统。基于 GO 和 KEGG 的功能注释和通路分析表明紫花苜蓿转录本中的功能蛋白和代谢通路多样性丰富。

　　通过对组装后紫花苜蓿的 unigene 进行搜索，共得到 27 866 个串联重复单元（SSR），其中 motif 长度在 2~6 个核苷酸的 SSR 有 25 490 个（表 5-9）。3-核苷酸的 motif 最多（8322 个），其次为 2-核苷酸的 motif（11 150 个）。出现频率最高的 2-核苷酸和 3-核苷酸 SSR 分别为 AG/CT（5685，20.4%）和 AAG/CTT（1923，12.2%）。SSR 重复单元的具体频率如图 5-17 所示。

3. 不同生物型菌株接种苜蓿品种产生的 DEG 数量差异显著

　　本试验采用|log$_2$（FC）|＞1 且 FDR＜0.05 为确定 DEG 的条件。为了检测苜蓿品种对生物型接种的响应，共设计了 4 个 CK vs. E1 对比组合，包括 G3（CK vs. QL2）（G3

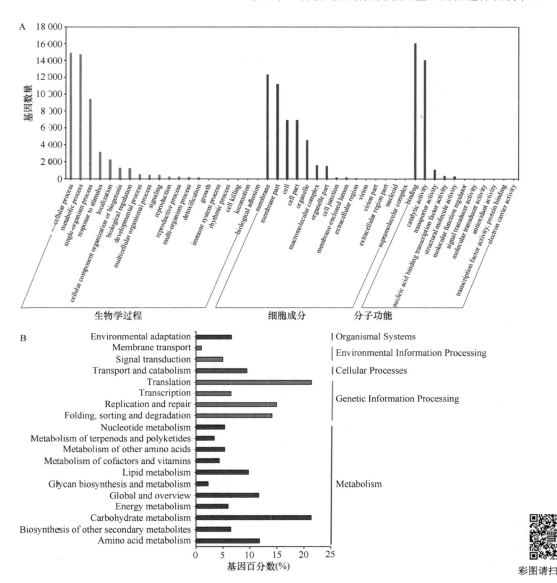

图 5-16　紫花苜蓿转录本 GO 分布（A）和 KEGG 通路注释（B）

表 5-9　转录本数据的 SSR 鉴定

模体长度类型	重复单元的数量								重复单元的总和	模体长度类型出现的频率
	4	5	6	7	8	9	10	>10		
双-	0	0	3 011	1 595	1 117	892	661	1 046	8 322	32.71
三-	0	6 065	2 613	1 181	589	319	215	168	11 150	43.83
四-	2 440	670	215	84	23	5	10	21	3 468	13.63
五-	1 263	284	30	20	19	0	0	8	1 624	6.38
六-	705	117	24	12	3	7	0	9	877	3.45
总和	4 408	7 136	5 893	2 892	1 751	1 223	886	1 252	25 441	

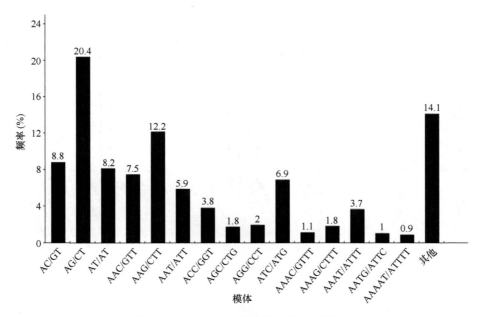

图 5-17　　EST-SSR 重复单元的具体频率

未接种和 G3 接种 QL2 处理）、Q（CK vs. LL1）（Q 未接种和 Q 接种 LL1 处理）、L（CK vs. G3L3）（L 未接种和 L 接种 G3L3 处理）和 L（CK vs. LP3）（L 未接种和 L 接种 LP3 处理），以及 4 个 CK vs. E2 对比组合，包括 G9（CK vs. LL2）（G9 未接种和 G9 接种 LL2 处理）、G9（CK vs. WLP2）（G9 未接种和 G9 接种 WLP2 处理）、G3（CK vs. LL2）（G3 未接种和 G3 接种 LL2 处理）和 Q（CK vs. WLP2）（Q 未接种和 Q 接种 WLP2 处理）。

苜蓿品种在接种 2 个不同生物型菌株后产生的 DEG 数量差异极显著（$P <$ 0.01）（图 5-18A）。接种 E2 后，甘农 9 号苜蓿品种上接种组合 G9（CK vs. LL2）（10 053）产生的 DEG 数量显著高于 G9（CK vs. WLP2）（7596）。对比组合 CK vs. E1 产生的差异基因极显著超过 CK vs. E2（$P < 0.01$），如甘农 3 号苜蓿品种上的 G3（CK vs. QL2）（10 929）和 G3（CK vs. LL2）（7112），以及清水苜蓿品种上的 Q（CK vs. LL1）（6416）和 Q（CK vs. WLP2）（4715）（图 5-18B）。陇中苜蓿品种上 2 个 E2 菌株接种后产生的 DEG 数量差异极显著，如 L（CK vs. G3L3）（3889）和 L（CK vs. LP3）（7895）。就 E2 菌株 LL2 和 WLP2 而言，G9（CK vs. LL2）和 G9（CK vs. WLP2）对比组合产生的 DEG 分别极显著高于 G3（CK vs. LL2）和 Q（CK vs. WLP2）（$P < 0.01$），说明在转录组水平上，甘农 9 号苜蓿品种对 E2 菌株侵染的敏感性比甘农 3 号苜蓿和清水苜蓿品种更强。

在 4 个苜蓿品种上，由生物型对比组合 G9（LL2 vs. WLP2）、G3（LL2 vs. QL2）、Q（WLP2 vs. LL1）和 L（G3L3 vs. LP3）引起的 DEG 数量达 8111 个，占模式植物蒺藜苜蓿总基因组（47 529 个，Mt 3.5 版，www.plantgdb.org/MtGDB/）的 17.1%（图 5-18B）。G9（LL2 vs. WLP2）代表 2 个 E2 菌株之间的差异；对比组合 G3（LL2 vs. QL2）和 Q（WLP2 vs. LL1）代表 E1 菌株与 E2 菌株之间的接种差异；（LG3L3 vs. LP3）分析了 2 个 E1 菌株之间的区别。每个生物型对比组合均展现出特定的表达模式，表明了苜蓿品种对生物型的专一性响应。接种陇中苜蓿品种上的 E1 菌株 G3L3 和 LP3 之间的差异最显著［L（G3L3 vs. LP3）］，二者共产生 5816 个差异基因（12.2%），其中大部分基因表达受到抑制（733 个上调；5083 个下调）。相比而言，清水苜蓿［Q（WLP2 vs. LL1）；2.7%；519 个上调；774 个下调］和甘农 3 号苜蓿［G3（LL2 vs. QL2）；1.7%；356 个上调；428 个下调］品种接种 E1 和 E2 菌株后产生的 DEG 数量较少，且基因的诱导和抑制表达比较均衡。相反地，接种 2 个 E2 菌株的甘农 9 号苜蓿品种[G9（LL2 vs. WLP2）]仅引起了 218 个基因（0.5%；86 个上调；132 个下调）的差异表达。各生物型对比组合间差异显著（P＜0.01）。

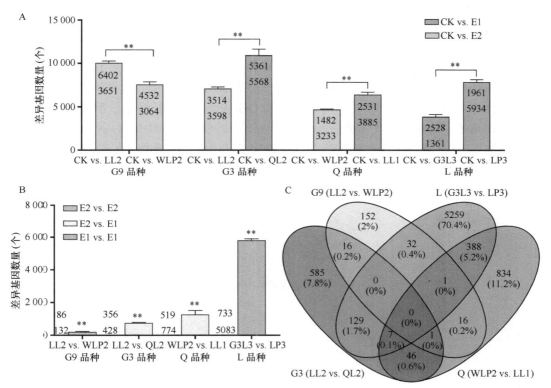

图 5-18　根瘤菌生物型菌株接种处理之间（A 和 B）的差异表达基因及韦恩图（C）

以|log₂（FC）|＞1 且 FDR＜0.05 为确定差异表达基因的条件；许多 DEG 参与到不止一个比较组合中；E2 表示 2 个品种正效应生物型，E1 表示 1 个品种正效应专一性生物型，CK 表示未接种对照；每个柱形图中（或左侧）显示的数字表示上调（上）和下调（下）基因的数量；**表示 P＜0.01；数据是 3 个生物学重复的平均值±标准误

彩图请扫二维码

　　对 4 组生物型对比组合产生的差异基因作韦恩图分析，共产生 15 组基因（图 5-18C）。4 组表示对比组合专一性的基因（仅在 1 个对比组合中诱导或抑制表达的基因）占总差异表达基因的 84%，其中对比组合 G9（LL2 vs. WLP2）、G3（LL2 vs. QL2）、Q（WLP2 vs. LL1）和 L（G3L3 vs. LP3）分别包含 152 个（62 个上调；90 个下调）、585 个（245 个上调；340 个下调）、834 个（416 个上调、418 个下调）和 5259 个（629 个上调；4630 个下调）基因。一组由 E2 vs. E1 对比组合 G3（LL2 vs. QL2）和 Q（WLP2 vs. LL1）共有的基因（12 个上调；9 个下调；25 个表达不一致）代表了由生物型专一性调控的基因。

4 个对比组合无共有的 DEG，说明各苜蓿品种对生物型接种的响应机制不同。其余 9 组基因被 2 个或 3 个对比组合所共享，在本研究中不予讨论。

4. 不同生物型菌株与苜蓿品种共生系统差异基因的 GO 富集分析

对 4 个苜蓿品种上生物型对比组合的差异基因进行 GO 富集分析，结果如图 5-19 所示。4 个苜蓿品种上的生物型对比组合差异基因共注释到 41 个 GO 功能，其中 21 个 GO 功能为 4 个对比组合所共有。与 E2 vs. E1 对比组合相比，E1 vs. E1 对比组合[L（G3L3 vs. LP3）]的差异基因注释到更多的 GO 功能。就显著富集的 GO 功能而言（$q<0.05$），E2 vs. E2 对比组合 [G9（LL2 vs. WLP2）] 的差异基因没有注释到任何 GO 功能。对 E2 vs. E1 对比组合而言，G3（LL2 vs. QL2）对比组合的差异基因在内吞（及受体介导的）调控作用、过氧化氢和活性氧的代谢过程中显著富集，而 Q（WLP2 vs. LL1）对比组合的差异基因主要参与细胞多糖、葡聚糖、肽、酰胺和碳水化合物的代谢过程。在 E1 vs. E1 对比组合 L（G3L3 vs. LP3）中，显著富集的 GO 功能主要包括多糖、葡聚糖、脂质、磷、钙、离子、碳水化合物和硫酸盐的代谢过程。其中"分子传感器活性"（26）、"抗氧化活性"（19）及"免疫系统过程"、"结构分子活性"、"病毒粒子"和"病毒粒子部分"（16、29、40、41）功能分别仅由 G3（LL2 vs. QL2）、Q（WLP2 vs. LL1）和 L（G3L3 vs. LP3）对比组合的差异基因所注释。

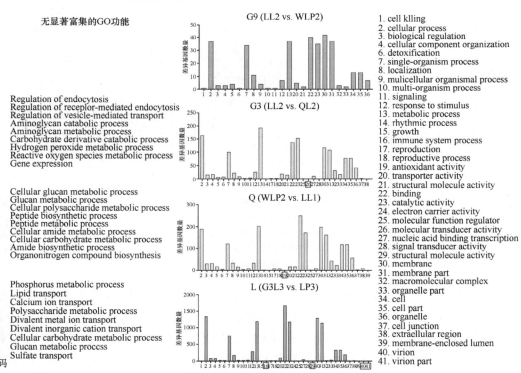

彩图请扫二维码

图 5-19　接种不同根瘤菌生物型后 4 个苜蓿品种差异表达基因的 GO 富集分析

GO 富集分析共注释到 41 个 GO 功能（右），分别是生物过程（1～18）、细胞组分（19～29）和分子功能（30～41），其中 21 个基因 GO 功能（2～13、20、22、23、30～36）在 4 个苜蓿品种中均有注释；带有红框的功能条目仅富集在 1 个苜蓿品种对比组合中；左侧内容显示前 9 个显著富集的功能条目（$q<0.05$）

5. 不同生物型菌株与苜蓿品种共生系统差异基因的 KEGG 富集分析

对 4 个苜蓿品种上生物型接种对比组合的差异基因进行 KEGG 通路注释分析，其中显著富集（$q<0.05$）的通路如表 5-10 所示。与 GO 富集分析结果相似，由 E2 vs. E2 对比组合差异基因注释到的 KEGG 通路最少，E2 vs. E1 对比组合富集到的 KEGG 通路比 E1 vs. E1 组合少。例如，G9（LL2 vs. WLP2）对比组合的差异基因仅与"氧化磷酸化作

表 5-10　接种不同根瘤菌生物型后 4 个苜蓿品种差异表达基因的 KEGG 通路富集

对比	KEGG 通路	q 值
G3-LL2 vs. G3-QL2	Ribosome	1.17×10^{-18}
	Diterpenoid biosynthesis	4.82×10^{-3}
	Phenylpropanoid biosynthesis	8.15×10^{-3}
	Valine，leucine and isoleucine biosynthesis	3.15×10^{-2}
	Plant-pathogen interaction	1.18×10^{-2}
G9-LL2 vs. G9-WLP2	Oxidative phosphorylation	3.99×10^{-3}
Q-LL1 vs. Q-WLP2	Ribosome	1.60×10^{-21}
	Sesquiterpenoid and triterpenoid biosynthesis	2.26×10^{-3}
	Circadian rhythm - plant	6.71×10^{-3}
	Valine，leucine and isoleucine biosynthesis	1.05×10^{-2}
	Amino sugar and nucleotide sugar metabolism	3.71×10^{-2}
	Plant-pathogen interaction	2.49×10^{-2}
	Flavonoid biosynthesis	1.52×10^{-2}
L-G3L3 vs. L-LP3	Flavonoid biosynthesis	3.72×10^{-12}
	Plant-pathogen interaction	9.35×10^{-11}
	Alpha-linolenic acid metabolism	7.34×10^{-9}
	Phenylpropanoid biosynthesis	3.33×10^{-7}
	Stilbenoid，diarylheptanoid and gingerol biosynthesis	1.12×10^{-6}
	Plant hormone signal transduction	1.95×10^{-6}
	Circadian rhythm - plant	1.80×10^{-5}
	Starch and sucrose metabolism	2.44×10^{-5}
	Pentose and glucuronate interconversions	4.34×10^{-5}
	ABC transporters	2.16×10^{-4}
	Linoleic acid metabolism	1.18×10^{-3}
	Carotenoid biosynthesis	2.71×10^{-3}
	Terpenoid backbone biosynthesis	6.39×10^{-3}
	Biosynthesis of unsaturated fatty acids	1.22×10^{-2}
	Glucosinolate biosynthesis	1.23×10^{-2}
	Zeatin biosynthesis	2.49×10^{-2}
	Phosphatidylinositol signaling system	3.56×10^{-2}
	Cyanoamino acid metabolism	3.64×10^{-2}
	Glycerophospholipid metabolism	3.79×10^{-2}

用"通路显著相关；对比组合 G3（LL2 vs. QL2）和 Q（LL1 vs. WLP2）中的差异基因与"核糖体"与"缬氨酸、亮氨酸和异亮氨酸生物合成"密切相关。除"类黄酮化合物的生物合成"这个主要参与的途径外，对比组合 L（G3L3 vs. LP3）的差异基因还涉及"植物激素信号转导""淀粉和蔗糖代谢""戊糖和葡萄糖酸的相互转化""ABC 转运体"、"类胡萝卜素生物合成""不饱和脂肪酸的生物合成""玉米素生物合成"和"磷脂酰肌醇信号系统"等通路。此外，G3（LL2 vs. QL2）、Q（LL1 vs. WLP2）和 L（G3L3 vs. LP3）对比组合的差异基因与"植物-病原菌互作""萜类生物合成"（双萜类、倍半萜和三萜、萜类骨架）、"植物次生代谢物合成"（苯丙氨酸、氨基糖和核苷酸糖、类黄酮、α-亚麻酸、二苯乙烯类、二芳基庚烷和姜油酸、硫苷、氰基氨基酸、甘油酯）通路显著相关。

6. 根瘤菌生物型菌株系统发育距离与差异基因之间的关系

对每组生物型对比组合中 2 个生物型菌株的系统发育距离（16S rRNA 基因）进行分析，结果表明菌株 G3L3 和 LP3 的遗传距离最远（系统发育距离=0.0328）（图 5-20）。在 E2 vs. E1 对比组合中，接种清水苜蓿品种 Q 的生物型菌株 WLP2 和 LL1（0.0069）遗传距离较接种甘农 3 号苜蓿品种 G3 的生物型菌株 LL2 和 QL2（0.0062）稍远。两个 E2 生物型菌株 LL2 和 WLP2 之间的系统发育距离最近（0.0015）。生物型菌株之间的系统发育距离与对比组合中的差异基因数量（$r=0.9980$）和 KEGG 通路数量（$r=0.9988$）显著正相关（$P<0.01$）。

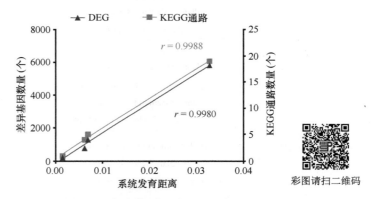

图 5-20 根瘤菌生物型菌株系统发育距离与差异基因之间的关系

以差异基因数量和 KEGG 通路数量表示植物转录组对根瘤菌生物型菌株系统发育距离的响应，采用 GraphPad Prism 8.0 计算 Pearson 相关系数

7. 编码 nodule inception（NIN）、豆血红蛋白和谷氨酰胺合成酶差异基因的表达

编码 NIN 蛋白的基因 Medsa027206 在 4 个生物型对比组合中均上调表达，表明 NIN 基因与专一性互作有关。4 个生物型对比组合中共鉴定出 22 个豆血红蛋白基因，其中，21 个基因在 G9（CK vs. LL2）、G9（CK vs. WLP2）和 L（CK vs. G3L3）中上调表达，另一个基因 Medsa009985 在除 G9（CK vs. LL2）以外的 7 个 CK vs. 生物型组合中均上调表达（图 5-21）。G3（CK vs. LL2）（10）、G3（CK vs. QL2）（8）和 Q（CK vs. LL1）（5）中差异表达的所有豆血红蛋白基因（除 Medsa009985 外）均高度表达且呈下调趋势，

表明 G3 和 Q 品种已进化出了不同的调控机制。编码谷氨酰胺合成酶基因的差异表达呈现出一种品种专一性的调控模式，E2 菌株接种后，相对于 G3（CK vs. LL2）和 Q（CK vs. WLP2），特定基因仅在 G9（CK vs. LL2）（Medsa024023、Medsa002574、Medsa021159）和 G9（CK vs. WLP2）（Medsa021159 和 Medsa021161）中特异性表达。

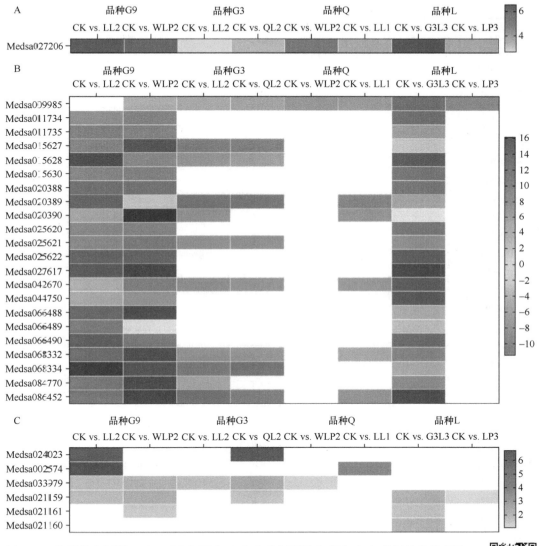

图 5-21　编码结瘤识别（A）、豆血红蛋白（B）和谷氨酰胺合成酶（C）基因的差异表达
以 log$_2$（fold change）值表示差异基因的表达水平

彩图请扫二维码

8. 与类黄酮合成和植物-病原菌互作柜关的差异基因

　　鉴于黄酮类化合物在根瘤菌共生过程中的显著作用，我们进一步分析了黄酮类化合物合成途径中的基因。类黄酮合成基因以菌株特异的方式差异表达，包括查尔酮合酶（chalcone synthase，CHS）、莽草酸酯羟基肉桂基转移酶（shikimate-O-hydroxycinnamoyl transferase，HCT）、二氢黄酮醇-4-还原酶（dihydroflavonol-4-reductase，DFR）、3-双加氧酶（naringenin-3-dioxygenase，F3H）和查尔酮异构酶（chalcone isomerase，E5.5.1.6）。4 个苜蓿品种中 41 个基因的表达水平有显著差异（表 5-11），表明根瘤菌在共生过程中可能改变类黄酮的分泌模式。

表 5-11　不同生物型对比组合中参与类黄酮合成通路的差异基因

苜蓿品种对比组合基因编号	G9 LL2 vs. WLP2	G3 LL2 vs. QL2	Q WLP2 vs. LL1	L G3L3 vs. LP3	基因	基因描述
Medsa009599	-3.7[a]				CHS	chalcone and stilbene synthase family protein
Medsa059715				-3.7	CHS	naringenin-chalcone synthase，partial
Medsa044389				-2.8	CHS	chalcone synthase 3, partial
Medsa086087				-2.5	CHS	naregenin-chalcone synthase，partial
Medsa009493				-2.1	CHS	chain A，chalcone synthase—F215s mutant
Medsa030411				-2	CHS	chalcone synthase 2
Medsa026473				-1.9	CHS	chalcone and stilbene synthase family protein
Medsa044387				-1.7	CHS	chalcone synthase
Medsa026474				-1.6	CHS	chalcone synthase 4, partial
Medsa072385				-1.4	CHS	chalcone synthase 3, partial
Medsa028257			4.4		F3H	naringenin 3-dioxygenase（flavanone-3-hydroxylase）
Medsa086086				-1.3	CHS	chalcone synthase
Medsa055925				-1.2	CHS	chain A, chalcone synthase
Medsa055923				-2.2	CHS	chalcone synthase, partial
Medsa077779				-6.5	CHS	chalcone synthase
Medsa063968				-1.5	CHS	chalcone-flavanone isomerase family protein
Medsa014983		-1.5			HCT	HXXXD-type acyl-transferase family protein
Medsa030991				1.7	HCT	hydroxycinnamoyl-CoA: shikimate hydroxycinnamoyl transferase
Medsa005120				1.4	HCT	hydroxycinnamoyl-CoA: shikimate hydroxycinnamoyl transferase
Medsa031435				-8.3	HCT	spermidine hydroxycinnamoyl transferase
Medsa024093				-2.8	DFR	dihydroflavonol 4-reductase
Medsa031435			-7.7		HCT	spermidine hydroxycinnamoyl transferase
Medsa016755				-6.3	HCT	HXXXD-type acyl-transferase family protein
Medsa018594		-1.9			DFR	dihydroflavonol 4-reductase-like protein
Medsa017082				-5.7	HCT	HXXXD-type acyl-transferase family protein
Medsa017084				-5.6	HCT	HXXXD-type acyl-transferase family protein
Medsa016758				-5.4	HCT	HXXXD-type acyl-transferase family protein
Medsa032425				-5.1	HCT	anthranilate N-benzoyltransferase
Medsa017083				-5	HCT	HXXXD-type acyl-transferase family protein
Medsa084572				-4.3	HCT	anthranilate N-benzoyltransferase
Medsa016757				-4	HCT	anthranilate N-benzoyltransferase
Medsa084570				-2.9	HCT	anthranilate N-benzoyltransferase
Medsa046285				-1.9	HCT	HXXXD-type acyl-transferase family protein

续表

苜蓿品种 对比组合	G9 LL2 vs. WLP2	G3 LL2 vs. QL2	Q WLP2 vs. LL1	L G3L3 vs. LP3	基因	基因描述
Medsa076343				−3.4	HCT	HXXXD-type acyl-transferase family protein
Medsa020332			2.7		HCT	HXXXD-type acyl-transferase family protein
Medsa075370				−2.4	HCT	HXXXD-type acyl-transferase family protein
Medsa032175				−2	HCT	HXXXD-type acyl-transferase family protein
Medsa064961				−2.1	HCT	anthranilate N-benzoyltransferase
Medsa075250				−2.3	HCT	anthranilate N-benzoyltransferase
Medsa010989				1.6	HCT	anthranilate N-benzoyltransferase
Medsa019200				−6.6	E5.5.1.6	chalcone-flavanone isomerase family protein

注：数据是每个差异表达基因的 $\log_2$（fold change）值

为探讨细胞防御反应的差异，进一步分析了植物与病原菌的相互作用途径（表 5-12）。4 个品种在该功能中注释到的差异基因数量各不相同，G9、G3、Q 和 L 中差异基因数量分别为 10 个、53 个、63 个和 722 个。与未接种处理相比，大多数差异基因（92%～95%）下调表达，其中 NBS-LRR（nucleotide binding site-leucine rich repeats）和 LRR-RLK（leucine-rich repeat receptor-like kinase）基因在 4 个苜蓿品种中占比最大。相反，CERK1（chitin elicitor receptor kinase 1）、CNGCs（cyclic nucleotide gated channels）、FLS2（flagellin sensing 2）、HSP90β（heat shock protein 90kDa beta）、LysM-RLK 和 PTI1（pto-interacting protein 1）仅在 1 个苜蓿品种中差异表达。以上结果表明细胞防御机制在物种水平以下专一性互作中的潜在功能。

表 5-12　参与植物-病原菌互作及编码植物多肽的差异基因数量

苜蓿品种 对比组合 差异基因表达		G9 LL2 vs. WLP2		G3 LL2 vs. QL2		Q WLP2 vs. LL1		L G3L3 vs. LP3	
		上调	下调	上调	下调	上调	下调	上调	下调
	CALM					3	1	2	28
	CDPK							1	16
	CERK1				1				
	CNGCs								6
	EDS1						1		1
	FLS2								6
	HSP90B						1		
植物-病原菌互作	LRR-RLK	5	11	7	5		1	5	123
	LysM-RLK							1	6
	MEKK1				1				21
	PR1						3	1	
	PTI1								1
	RBOH				1				8
	RPP13	1			1				
	NBS-LRR		4	10	9	33	9	5	396

续表

苜蓿品种 对比组合 差异基因表达		G9 LL2 vs. WLP2		G3 LL2 vs. QL2		Q WLP2 vs. LL1		L G3L3 vs. LP3	
		上调	下调	上调	下调	上调	下调	上调	下调
	NB-ARC			7	1	4	2	3	85
	WRKY25			1					6
	WRKY29			2	1				1
	CLE			1	1				
	GRPs						14		30
植物多肽	NCR	1	3				118		476
	PSK				1				
	RALF			1					9
	SNARPs						5		13

9. 编码结瘤素、多肽和转座子的差异基因表达

结瘤素蛋白在结瘤中起关键作用，但在 G9 品种中并未鉴定到能够编码结瘤素蛋白的差异基因（表 5-13）。G3、Q 和 L 品种中共鉴定到 35 个结瘤素基因，其中有完全不同的 8 个、3 个和 13 个基因分别在 G3（LL2 vs. QL2）、Q（WLP2 vs. LL1）和 L（G3L3 vs. LP3）中差异表达。其他 11 个基因在后两个品种中共享并且均下调表达。G3（LL2 vs. QL2）和 Q（WLP2 vs. LL1）中没有共同的结瘤素编码基因。以上数据充分表明，结瘤素蛋白对专一性种间相互作用负有部分责任。

表 5-13　35 个参与编码结瘤素的差异表达基因

基因编码的 蛋白质名称	苜蓿品种对比组合 基因编号	G3 LL2 vs. QL2	Q WLP2 vs. LL1	L G3L3 vs. LP3
Early nodulin-12B	Medsa039711		−6	−8.7
Early nodulin-16	Medsa050076			−5.4
Early nodulin-20	Medsa041425		−9.7	−11.4
Early nodulin-75	Medsa030522	1.5 [a]		
	Medsa041869	1.4		
Early nodulin-like protein	Medsa025394		−4.8	
Early nodulin-NMS-8	Medsa039710		−5.7	−10.7
	Medsa034197	−3.1		
Nodulin MtN21/EamA-like transporter family protein	Medsa063638	−2		
	Medsa036754	2.6		
	Medsa085504	2.3		
	Medsa051201	−1.7		
	Medsa039080	−1.7		
	Medsa050637		−4.9	−9.6
	Medsa042406		−3.1	
	Medsa078338		3.3	
	Medsa034378			−2

续表

基因编码的蛋白质名称	基因编号	G3	Q	L
		LL2 vs. QL2	WLP2 vs. LL1	G3L3 vs. LP3
	Medsa020000		−9.5	−7
	Medsa074298			1.3
	Medsa037266			−8.8
	Medsa085797			1.3
Nodulin-1	Medsa050303			−7.1
Nodulin-22	Medsa004209			1.3
Nodulin-25	Medsa026012		−8.6	−13
	Medsa026013		−9.7	−13.2
	Medsa026014			−7.3
	Medsa062064		−11.7	−14.7
	Medsa062065			−11.2
Nodulin-26	Medsa026111		−3.4	−5.1
Nodulin-6	Medsa076070			−2.6
Nodulin-like/MFS transporter	Medsa081077			−2.1
	Medsa024741			−1.9
Vacuolar iron transporter-like protein	Medsa028561		−5.3	−10.2
	Medsa028596		−6.1	−9.5
	Medsa059717			−2.1

注：表中数字是差异表达基因的 $\log_2$（fold change）；G9（LL2 vs. WLP2）对比组合中无编码结瘤素的差异基因

植物多肽是检测根瘤菌结瘤因子的关键信号分子，4 个生物型对比组合共鉴定到 673 个编码多肽的差异基因，占总差异基因的 8.3%（表 5-12）。L（G3L3 vs. LP3）中的 528 个差异基因共编码 4 类植物多肽，Q（WLP2 vs. LL1）中的 137 个差异基因编码了 NCR、GRPs 和 SNARPs。然而，G3（LL2 vs. QL2）中鉴定到 3 个完全不同的多肽，如 CLE（CLAVATA3/embryo-surrounding region）、PSK（phytosulfokine）和 RALF（rapid alkalinization factor）。G9（LL2 vs. WLP2）中只有编码 NCR 的基因差异表达。

转座子是植物基因组的普遍特征，紫花苜蓿也不例外。在 G3 和 Q 品种上，E2 vs. E1 侵染组合均会引起编码转座子 Ty3-I Gag-pol polyprotein 基因（Medsa090988）的下调表达，如 LL2 vs. QL2 和 WLP2 vs. LL1（表 5-14）。

表 5-14 与生物型菌株的品种专一性谱相关的 21 个差异基因

基因	描述	G3（LL2 vs. QL2）	Q（WLP2 vs. LL1）
Medsa042668	ubiquitin1	5.8	3.5
Medsa090988	Transposon Ty3-I Gag-pol polyprotein，partial	−4.5	−2
Medsa070600	subtilisin-like serine protease	−1.5	−1.1
Medsa033982	Sporozoite surface protein 2	−1.8	−1.5
Medsa017908	Transcription factor bHLH100	−2	−2
Medsa054952	NADp-dependent glyceraldehyde-3-phosphate dehydrogenase	1.8	2.7
Medsa047698	Kunitz type trypsin inhibitor / Alpha-fucosidase	2.9	2.4
Medsa045026	Hypothetical protein TSUD_339160	2.5	2.7
Medsa031174	Hypothetical protein MTR_3g111095	−5.1	−5.8
Medsa033325	Horseradish peroxidase-like protein	2.1	2.4

续表

基因	描述	G3（LL2 vs. QL2）	Q（WLP2 vs. LL1）
Medsa009230	DUF1442 family protein	−1.3	−1.6
Medsa041850	Disease resistance protein（TIR-NBS-LRR class）	1.7	2.1
Medsa041941	Disease resistance protein（TIR-NBS-LRR class）	3.5	4
Medsa088244	Disease resistance protein（TIR-NBS-LRR class）	7	8
Medsa057523	Disease resistance protein（TIR-NBS-LRR class）	4.6	2.5
Medsa024638	Cytochrome p450 family ent-kaurenoic acid oxidase	2.6	4
Medsa003249	Branched-chain amino acid aminotransferase	3.3	4.3
Medsa035785	Alpha-amylase carboxy-terminal beta-sheet domain protein	−4.5	−6.7
Medsa017564	Unknown	7.5	3.9
Medsa033887	Unknown	−4.8	−3.7
Medsa049192	Unknown	9.2	12.1

注：表中数据为 $\log_2$（fold change）是甘农 3 号苜蓿和清水苜蓿品种上分别接种 1 个品种专一性生物型和 2 个品种生物型菌株后 3 个生物学重复的平均值

10. 4 种生物型对比组合中共同注释蛋白的 DEGs 表达

虽然 4 种生物型对比组合之间没有共有的 DEGs，但这些组合中的不同 DEGs 共同编码了 15 个蛋白质（除编码植物多肽和参与植物-病原体相互作用的蛋白质外），这些蛋白质与根瘤菌生物型菌株对紫花苜蓿品种特异性互作识别有关（图 5-22）。尽管每个

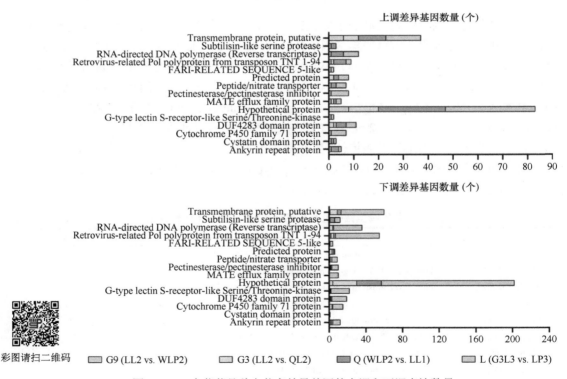

图 5-22　4 个苜蓿品种上共享差异基因的上调和下调表达数量

除了植物多肽和参与植物-病原体互作的蛋白质以外，其他 15 种共享蛋白质的上调和下调 DEGs 均如图所示

苜蓿品种上 DEGs 的数量和平均 $\log_2$（FC）不同，但在所有生物型对比组合中均检测到了编码假定蛋白（hypothetical protein）、跨膜蛋白（transmembrane protein）、逆转录病毒相关 Pol 多聚蛋白（retrovirus-related pol polyprotein from transposon TNT 1-94）、RNA 介导的 DNA 聚合酶（RNA-directed DNA polymerase）和锚定重复序列蛋白（ankyrin repeat protein）的 DEGs。此外，与 E2 菌株相比，甘农 3 号苜蓿和清水苜蓿品种中 E1 菌株均诱导了编码预测蛋白（predicted protein）、MATE 流家族蛋白（MATE efflux family protein）、域蛋白（DUF4283 domain protein）和 ankyrin repeat protein 基因的表达。

11. 根瘤菌生物型诱导的差异表达基因

G3（LL2 vs. QL2）和 Q（LL1 vs. WLP2）分别代表甘农 3 号苜蓿和清水苜蓿品种上接种 1 个品种专一性生物型（E1）和 2 个品种生物型（E2）菌株的对比组合（表 5-14），因此在这两个对比组合中协调表达的差异基因与生物型菌株的品种专一性谱相关。本研究共检测到 21 个与生物型菌株的品种专一性谱相关的差异基因，其中，13 个基因上调表达，9 个基因下调表达。

12. 权重基因共表达网络分析

本研究根据两个共生参数（地上干重和地下干重）的基因表达趋势及基因间的成对相关关系建立了共表达网络，其中具有高度相关性的基因被定义为模块。如图 5-23A 所示，WGCNA 分析确定了 48 个独特的模块，每个基因由一片叶子描述。每个模块的基因表达谱 ID 代表其最显著的组成部分及特征，由此产生的 48 个特征与这两个性状的相关性也不同（图 5-23B）。值得注意的是，有 3 个表达模块是由与地上干重和地下干重高度相关的基因组成的，包括 MEcoral 1、MEfloralwhite、MElightsteelblue1、MEdarkorange、MEgrey60（$r>0.5$，图 5-23B）。每个模块都能识别一组基因，如参与 MEcoral 1 模块的1942 个基因、MEfloralwhite 模块的 2070 个基因、MElightsteelblue1 模块的 2934 个基因、MEdarkorange 模块的 533 个基因和 MEgrey60 模块的 2047 个基因均与这两个共生参数显著相关（$P<0.05$），这些基因参与了氨基酸和核糖核苷代谢，碳水化合物合成，糖酵解，维生素 B_1、维生素 B_6 和多糖合成，苯丙素合成，淀粉和蔗糖代谢，植物激素转导等过程，与地上和地下生物量的积累过程显著相关，以上结果也与共生效应分析一致，其中生物型接种植株的地上干重和地下干重与未接种对照具有相同的显著性。参与MEtan（3505）、MElightpink4（119）、MEdarkseagreen4（114）、MEthistle2（139）和MEyellow（2155）模块的基因仅与地上干重显著相关（$P<0.05$），功能注释分析指出这些基因参与了植物-病原菌互作、苯丙基氨酸合成、氧化磷酸化、丙氨酸代谢、双萜类、胡萝卜素和黄酮类合成及亚麻酸和谷胱甘肽代谢途径；与地下干重显著相关的模块包括MErcyalblue（533）、MEdarkred（526）、MEindianred4（58）、MEgreenyellow（1381）、MEmaroom（121）、MEyellowgreen（184）和 MEplum1（179），它们主要参与了倍半萜和三萜类合成，甘油酯和脂肪酸代谢，角质、亚氨酸和蜡合成，转录因子，硫中继系统，糖基磷脂酰肌醇（GPI）锚定蛋白合成，mRNA 监控通路，氧化磷酸化，牛磺酸和次牛磺酸代谢和谷胱甘肽代谢途径（$P<0.05$）。

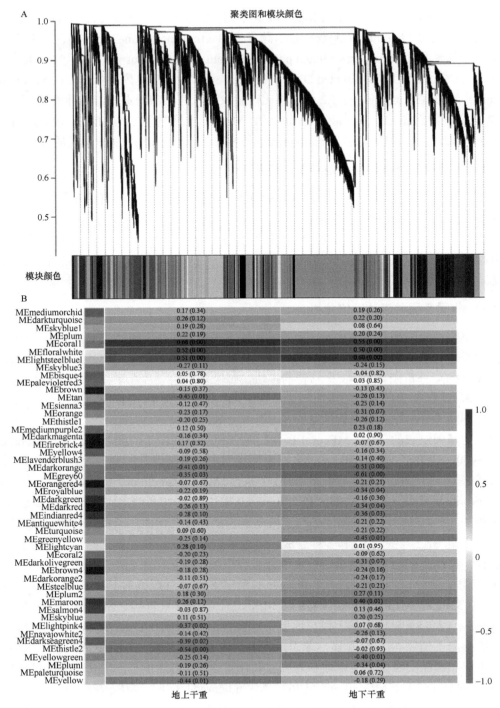

图 5-23　紫花苜蓿差异基因共表达网络检测

A. 权重基因共表达模块分层聚类树。树上的每一片叶子都是一个基因；主要的树枝组成了 48 个不同颜色的模块；B. 模块-属性关系。每一行对应一个模块；在行列交互作用下，每个单元格的颜色表示模块与特征之间的相关系数（括号内为 P 值）；一个特定模块与该性状之间的高度相关性是由深红或深绿色表示的

彩图请扫二维码

13. 差异基因的 qRT-PCR 验证

为了进一步验证 RNA-seq 测序所揭示的生物型相关基因的表达模式，采用 qRT-PCR 技术对各生物型对比组合中重叠的差异基因（9 个）表达水平进行了检测，qRT-PCR 引物序列见表 5-15。如图 5-24 所示，对比组合 G3（LL2 vs. QL2）、Q（WLP2 vs. LL1）和 L（G3L3 vs. LP3）共有 7 个基因（Medsa004474、Medsa025205、Medsa053760、Medsa057934、Medsa062433、Medsa067873 和 Medsa084795）共同表达，对比组合 G9（LL2 vs. WLP2）、Q（WLP2 vs. LL1）和 L（G3L3 vs. LP3）中仅有 1 个基因（Medsa002736）

表 5-15　qRT-PCR 引物序列

基因	引物序列（5'—3'）	Tm（℃）
Medsa004474	GCACCCACCACTACCTGTAGTC/CTGCCCAAACATTGAAAAGTATC	78.8
Medsa025205	AATTTCGTTCCTTCCACGATTC/TTTTCACGACCCTTGATTTCTAC	77.9
Medsa053760	CCCACTCAAGCTCTCGAAAAAG/ATAACGAATCTGGTTGGGACACT	80.9
Medsa057934	ACCAGGGAGAGGTCCTTTTACT/TAGCAAGGTAAAAGACAAACAACAG	79.1
Medsa062433	GGTCAATTCGGCACCACATATC/GAACCTCTCTCAGAACATCATCG	79.5
Medsa067873	AAACATCAAAGCAATGGAGCAC/AAACATCAAAGCAATGGAGCAC	77.2
Medsa084795	CAACGACGGTGGACTTCCTG/CTTGTCTCGCTCTCTCGCACT	83.1
Medsa002736	GAGCAAGGTGTACAAGTTTCAGAG/GTTGTCTCCTGAGCCACTTGTTC	79.2
Medsa002106	GATGAAAGCAAAGAGTGTGGAAT/TCCCTCGCTACTTTCACCAAC	79.9
β-actin2	AAGTCCAAAATGATGCGATAATG/CCTCCGATCTCACCTCTTATCC	78.5

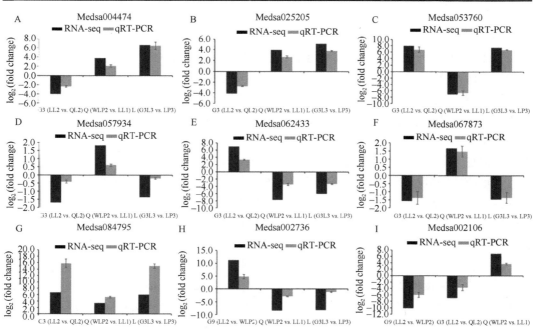

图 5-24　差异基因 qRT-PCR 验证

利用 $2^{-\Delta\Delta C_T}$ 方法测定基因表达量 $\log_2$（fold change），且用平均值±标准误表示 qRT-PCR 验证的数值；A～G 苜蓿品种 G3、Q 和 L 中共同表达的 7 个差异基因；H. 苜蓿品种 G9、Q 和 L 中共同表达的 1 个差异基因；I. 苜蓿品种 G9、G3 和 L 中共同表达的 1 个差异基因共同表达，基因 Medsa002106 也仅在对比组合 G9（LL2 vs. WLP2）、G3（LL2 vs. QL2）和 Q（WLP2 vs. LL1）中共同表达。qRT-PCR 结果与 RNA-seq 的表达数据一致。

（三）小结

豆科植物可通过同源根瘤菌的共生定植和侵染改变自身的基因表达模式，但对物种水平以下转录反应程度的研究较少。由于尚未发现共生负效应和无效应根瘤菌的利用价值，所以本试验仅对表现共生正效应的生物型菌株进行转录组学分析。转录组分析在 12 个比较组合中共鉴定出 95 120 个基因，其中通过 Nr、KEGG、Swissport 和 KOG 数据库分别注释到了 67 815 个、20 444 个、41 046 个和 34 745 个基因。以 KOG、GO 和 KEGG 为基础的功能注释和路径分配表明紫花苜蓿转录组中的功能蛋白和代谢途径高度多样化。SSR 因其在真核生物基因组中高可变性、高重复性和丰富性的特点，在遗传学研究中得到了广泛的应用（Silva et al.，2013）。与 *Sophora moorcroftiana*（Li et al.，2015）和 *Ammopiptanthus mongolicus*（Liu et al.，2013）相似，AG/CT 和 AAG/CTT 是紫花苜蓿中最常见的二核苷酸和三核苷酸 SSR 重复序列，这是因为它们都属于豆科植物，其基因组中可能含有相似的 SSR 特征。

用 $|\log_2（FC）|>1$ 和 FDR（Corrected-P value）<0.05 筛选的 DEG 表明生物型接种处理与未接种的对照组有显著差异。同时，与 G9（CK vs. LL2）、G9（CK vs. WLP2）和 L（CK vs. G3L3）相比，G3（CK vs. LL2）、G3（CK vs. QL2）、L（CK vs. LP3）、Q（CK vs. LL1）和 Q（CK vs. WLP2）中下调的 DEG 明显较多。这表明同一种生物型菌株对不同苜蓿品种的接种效果不同，两种不同生物型对一个苜蓿品种的接种效果也不同，反映了生物型与苜蓿品种间的专一性共生。为了阐明在甘农 3 号苜蓿、甘农 9 号苜蓿、清水苜蓿和陇中苜蓿品种上生物型划分的分子基础，测定了对比组合 G3（LL2 vs. QL2）、G9（LL2 vs. WLP2）、Q（WLP2 vs. LL1）和 L（G3L3 vs. LP3）中的重叠表达基因。其中，G9（LL2 vs. WLP2）与 G3（LL2 vs. QL2）、Q（WLP2 vs. LL1）与 L（G3L3 vs. LP3）没有共享 DEG，G9（LL2 vs. WLP2）的 DEG 没有显著富集的 GO 条目，KEGG 分析中也仅与细胞呼吸和 ATP 合成中的一个重要代谢过程——"氧化磷酸化"显著相关。氧化磷酸化是新陈代谢的重要组成部分，但它会产生活性氧（reactive oxygen species，ROS）（如超氧化物和 H_2O_2），对根瘤的有效形成、固氮和衰老造成影响（Barloy-Hubler et al.，2004）。这表明非专一性生物型之间差异很小，基于甘农 9 号苜蓿的生物型分类机制可能与其他 3 个苜蓿品种不同。因此，本研究采用 G3（LL2 vs. QL2）、Q（WLP2 vs. LL1）和 L（G3L3 vs. LP3）中共同表达的 68 个 DEG 来分析生物型分类的共同机制。这些 DEG 均与"植物与病原菌的相互作用""萜类生物合成"和"植物次生代谢产物合成"显著相关，但 $|\log_2（FC）|$ 在 1.0~11.0，表达谱差异明显；接种陇中苜蓿的专一性对比组合 L（G3L3 vs. LP3）中 DEG 的表达量高于接种清水苜蓿 Q（WLP2 vs. LL1）和甘农 3 号苜蓿 G3（LL2 vs. QL2）的非专一性和专一性对比组合，其中变化倍数大于 5.0 的 DEG 分别占 22%、19% 和 9%。它们同时参与了 23 条 KEGG 和 5 条未知途径，主要与"植物-病原体相互作用""吞噬体""RNA 转运""核糖体""氰基氨基酸代谢"和一些未知功能密切相关。

WGCNA 是一种用于分析不同基因之间关系和网络的系统生物学方法（Langfelder

and Stere，2008）。基于 WGCNA 的基因共表达网络分析确定了 3 个与地上干重和地下干重高度相关的模块，每个模块分别由 1942 个、2070 个和 2934 个基因组成。这些基因中只有 45 个基因与 G3（LL2 vs. QL2）、Q（WLP2 vs. LL1）和 L（G3L3 vs. LP3）的 68 个共同表达 DEG 重叠，意味着这 45 个基因主要参与了以地上干重衡量的共生效应为依据的生物型分类，它们主要参与了苜蓿品种的类黄酮等 *nod* 基因诱导剂信号因子产生、根瘤菌生物型菌株的 NF 合成及植物与根瘤菌免疫反应。

植物向根际释放类黄酮化合物，并被根瘤菌中的 NodD 蛋白所识别，是根瘤菌与苜蓿互作特异性的开始（Jiménez-Guerrero et al.，2017）。根瘤菌识别黄酮类化合物后产生 NF，引发共生双方的特异性识别及诱导结瘤基因的表达（Damiani et al.，2016）。类黄酮化合物对植物适应不断变化的环境条件有重大贡献（Garcia-Seco et al.，2015），其合成途径具有强诱导性，对细菌刺激特别敏感（Capanoglu，2010）。参与类黄酮生物合成的 2 个编码细胞色素 P450 家族黄酮合成酶（cytochrome P450 family flavone synthase）和二氢黄酮醇-4-还原酶（dihydroflavonol-4-reductase）的基因，在 G3（LL2 vs. QL2）、Q（WLP2 vs. LL1）和 L（G3L3 vs. LP3）中均有差异表达，说明根瘤菌生物型的分化在对类黄酮化合物的识别过程中就已经开始。

除类黄酮化合物外，根系分泌物中的氨基酸和二元酸等趋向化合物也能促进根瘤菌的定植（Cooper，2007）。在共生营养缺陷型和高柠檬酸合成条件下，类杆菌将必需化合物的生物合成控制权让给植物，并起到类似细胞器的作用。在根瘤菌和苜蓿的共生过程中，根瘤菌由于类杆菌中氨基酸合成的停止而变得营养不足，苜蓿植株就向类杆菌提供氨基酸作为共生固氮之前的氮源（Udvardi and Poole，2013）。本研究中 6 个 DEG 参与了氨基酸代谢，|log$_2$（FC）|范围在 1.1～3.3。天冬酰胺是根瘤中氮输出的主要形式，氨基酸被剥夺以后天冬酰胺合成酶（asparagine synthetase，AsnB）被诱导并催化天冬酰胺和谷氨酸相互转化为天冬氨酸和谷氨酰胺（Colebatch et al.，2004）。类杆菌的固氮作用是由二羧酸（主要是苹果酸和琥珀酸酯）的代谢激活的。为了提供固氮所需的能量和还原剂，这些输入到类杆菌内的二羧酸需要氧化脱羧，而二羧酸氧化则需要乙酰 CoA 的合成（Zhang et al.，2012）。本研究中编码丙酮酸-磷酸二激酶（pyruvate-phosphate dikinase，PPDK）的 DEG 参与糖酵解途径，并催化磷酸烯醇-丙酮酸（phosphoenol-pyruvate，PEP）与丙酮酸的相互转化（Udvardi and Poole，2013），其中丙酮酸是合成乙酰 CoA 的必需物质。

一种与共生相关的性状——植物激素的合成首先受到根瘤菌中类黄酮化合物和 NodD 蛋白的调控（Jiménez-Guerrero et al.，2017）。在本研究转录组数据集中发现了与茉莉酸（jasmonic acid，JA）、赤霉素（gibberellin，GA）、生长素和脱落酸（abscisic acid，ABA）生物合成途径有关的 DEG。作为一种非黄酮类 *NOD* 基因的诱导剂，茉莉酸盐也被认为是植物基因的诱导剂，涉及对病原体的防御反应（Mabood et al.，2006）。此外，赤霉素对丛枝的形成也起着负调节作用（Foo et al.，2013）。生长素在细胞增殖和分化的不同方面起着至关重要的作用，它以皮层细胞阶段依赖的方式控制着根瘤的发育（Suzaki et al.，2012）。生长素响应蛋白 SAR71 被认为会调节生长素转运和生长素信号转导下游的细胞扩增，它可以作为信号分子以确保细胞增殖和扩张的协调，可在根瘤发育期间诱导皮层细胞的分化和细胞分裂（Boscari et al.，2013）。脱落酸（ABA）是一种抑制种子萌发和发育并调节植物应激反应的小分子物质（Hubbard et al.，2010）。作为 ABA 受体的 PYLs（pyrabactin resistance likes）蛋白可负向调控 ABA 活性（Park et al.，2009）。本研究也证明了类黄酮生物合成基因与辅助因子、花青素、木质素、萜类和聚酮、脂类和异黄酮类化合物在生物型对比组合 G3（LL2 vs. QL2）、Q（WLP2 vs. LL1）和 L（G3L3 vs. LP3）中的协同表达。Gallego-Girald 等（2014）研究指出，木质素修饰会增加根瘤数目，但会负面影响根系发育，促进固氮活性的潜力也有限。这些调节共生基因的激素和次级代谢物是 *E. meliloti* 内生根瘤菌生物型出现的一个原因（Jardinaud et al.，2016；Powell and Doyle，2017）。

类杆菌将大气中的氮转化为氨，以此为交换，紫花苜蓿为类杆菌提供碳水化合物，并通过吸收这些氨进行固氮。植物光合作用产生的蔗糖是根瘤氮代谢的主要碳水化合物来源（Udvaidi and Poole，2013）。3 个参与淀粉和蔗糖代谢的蛋白质在生物型对比组合中均有差异表达。研究报道根瘤发育过程中糖酵解途径（蔗糖被蔗糖合成酶切割并代谢）在转录水平上发生上调（Udvaidi and Poole，2013）。NADP 依赖的甘油醛-3-磷酸脱氢酶也是糖酵解的一个重要组成部分。抗坏血酸参与了细胞分裂和细胞增殖等关键生长发育过程的调控，抗坏血酸合成调节蛋白 GME（GDP-mannose3,5-epimerase）代表着抗坏血酸与植物非纤维素细胞壁多糖生物合成的密切联系（Gilbert et al.，2009）。作为一种主要的抗氧化剂，抗坏血酸也能够确保植物细胞免受活性氧的危害（Gilbert et al.，2009），而苜蓿对 ROS 氧化爆发的反应是控制苜蓿侵染和结瘤的关键（Barloy-Hubler et al.，2004）。

在根瘤菌侵染或添加 NF 后，植物通过产生 ROS 和积累水杨酸来启动其免疫防御系统（Tóth and Stacey，2015）。在共生相互作用的早期阶段，ROS 在识别、侵染起始、信号传递和免疫过程中的关键作用已经被证明，但持续升高的 ROS 水平也不利于结瘤（Tóth and Stacey，2015）。过氧化氢（H_2O_2）是活性氧的主要形式，主要分布在侵染线（infection thread，IT）和侵染细胞中，在 IT 伸长过程中起着积极的作用（Damiani et al.，2016）。H_2O_2 会破坏细胞的脂质（如膜）、蛋白质和核酸，并参与细胞的退化（如根瘤中类杆菌的衰老）。作为过氧化氢产生酶（Tisi et al.，2008），PAO（Polyamine oxidase）对有效地结瘤和固氮有重要作用。

EF-hand pair 蛋白与植物病原体信号和先天免疫应答相关，它通常作为次要信使参与钙的信号转导。钙激化是植物根毛对 NF 的最早反应之一，所以钙在建立共生关系时特别重要（Santos et al.，2000）。研究表明有 6 个与共生相关的钙调蛋白是根瘤专一性的重要决定因素（Roux et al.，2014）。此外 EF-hand pair 蛋白可能在控制根瘤菌侵染方面也发挥着作用（kawasaki and Kretsinger，2017）。SAUR（small auxin up RNA）蛋白与钙调蛋白的体外结合已经被证实，表明 SAUR 是钙调蛋白第二信使系统与生长素信号转导之间的联系环节（Yang，2000）。Pathogenesis-related 1（PR-1）是一种植物免疫信号蛋白的标记物，能编码小的抗微生物蛋白并结合甾醇类物质，减轻由于病原体对甾醇类物质的封存而引起的对病原体生长的抑制作用（Gamir et al.，2017）。转录因子 WRKY 也可能参与了防御-应答信号通路的初始步骤，在调节根瘤菌侵染和各种非生物胁迫防御方面发挥着重要作用（Zhang et al.，2015；Wu et al.，2016）。

NodD 可诱导编码 LCO 生物合成和输出过程中所含的酶（又称为 NF）的结瘤基因（*nod*、*nol*、*noe*）的表达。然而由于 NF 对所有植物中几丁质酶的耐水解性，*E. meliloti* 中丰富的 NF 会被迅速降解。据报道，一个与碳水化合物代谢有关的编码 NOD 因子水解酶蛋白 1（nod factor hydrolase protein 1）的基因能够有效地水解所有检测到的 *E. meliloti* 菌中的 NF，并能完全释放 NF 中的脂多糖类（Tian et al.，2013）。这为 LysM-RLK（如 NOD 因子受体）对 NF 的识别及后续诱导根瘤菌侵染植物和根瘤原生质体的形成奠定了基础。根瘤菌合成的化合物不仅包括 NF，还包括 3-吲哚乙酸（indole-3-acetic acid，IAA）。IAA 在初生根瘤原生质体部位的局部积累可能是根瘤发生的关键步骤，报道称 flavin containing monooxygenase YUCCA 家族蛋白能催化吲哚-3-丙酮酸（indole-3-pyruvic acid，IpyA）转化为 IAA（Stepanova et al.，2011）。2 个差异表达的腈酶/腈水合酶 NIT4A（nitrilase/nitrile hydratase NIT4A-like，CitNIT 4）基因也参与了 IAA 的生物合成（Hijaz et al.，2018）。

IT 内的根瘤菌通常会受到氧化胁迫和其他外界压力，通过产生解毒酶来保护氧化应激对侵染过程中共生根瘤菌的生存至关重要（Santos et al.，2000）。添加 NF 可抑制蒺藜苜蓿和紫花苜蓿根部的免疫应答反应（Tóth and Stacey，2015）。谷氨酸是一种强大的抗氧化剂，在保护细胞免受各种环境胁迫方面起着至关重要的作用（Dunn，2015）。一个维生素 B$_6$ 依赖的能催化谷氨酸盐脱羧为 γ-氨基丁酸（γ-aminobutyrate acid，GABA）的谷氨酸脱羧酶（glutamate decarboxylase，GAD）是正常氧化胁迫耐受性所必需的（Coleman et al.，2001；Capitani et al.，2003；Ham et al.，2012）。毛状体能够合成、储存和分泌有助于防御的多种次级代谢产物，包括萜类、酰基糖、苯基丙醇和类黄酮（Rogers et al.，2012；Yang and Ye，2013）。茉莉酮酸酯 ZIM-结构域蛋白（JAZ）与基本螺旋环螺旋（basic helix loop helix，bHLH）家族转录因子之间的相互作用可抑制 JA 调节的毛状体启动（Qi et al.，2011），有助于根瘤菌抑制植物的氧化胁迫反应。

本小节研究获得：共生正效应生物型的转录组学研究表明生物型菌株接种处理与未接种对照在转录组水平上差异明显；WGCNA 分析确定了 3 个与地上干重和地下干重相关性最高的模块，证实了根据地上干重衡量共生效应的可靠性。各苜蓿品种上 2 个接种处理之间的差异基因数量差异显著，共有 8111 个差异基因特异性表达，占苜蓿总基因组的 17.1%。每个苜蓿品种上由不同生物型根瘤菌引起的差异基因在 0.5%～12.2%。与类黄酮生物合成和植物病原菌互作（NBS-LRR）相关的基因差异表达最显著。Medsa002106 及其他编码结瘤素和 NCR 的基因也在此过程中特异性表达。更重要的是，在植物转录组（DEGs 和 KEGG 通路）和接种的两个根瘤菌生物型的系统发育距离之间观察到极强的显著正相关性。植物基因转录模式受到根瘤菌株品种专一性范围的调控，品种专一性谱越广，建立高效共生系统的能力越强；调控强共生能力的基因差异小（保守），调控专一性的基因差异较大（变异）。综上所述，在物种水平（生物型或菌株）以下，苜蓿品种对不同根瘤菌的侵染存在明显不同的响应基因群，Medsa002106 及编码结瘤素、NCR 和 NBS-LRR 家族蛋白的基因与专一性相互作用有关。

第六章　苜蓿内生根瘤菌共生体构建

第一节　自然条件下根瘤菌在苜蓿植株中的内生途径

一、根瘤菌在苜蓿植株体内的分布动态

（一）材料与方法

1. 试验材料

供试苜蓿品种材料为种植 3 年的陇东苜蓿和游客苜蓿植株，表面处理药剂为碘伏（聚乙烯吡咯烷酮碘）消毒液，稀释 1 倍后有效碘数量为 2500mg/L，ST 液：0.9%NaCl，0.5%吐温 50，75%乙醇。

2. 植物材料的取样、表面消毒及组织器官的分离

分别于营养期、现蕾期、花期和结荚期在各品种种植小区内随机取 3 株植株，连根挖起后清洗整株，晾干表面明水后用无菌剪刀分离为根、茎、叶、茎尖四部分，其中，根再分离为主根、侧根、毛根三部分。用无菌手术刀自花芽（花芽仅在营养期取样，下同）与植株的连接处将花芽切下。分别称取 1g 上述组织材料置于无菌三角瓶中，碘伏溶液振荡灭菌 5min，无菌水冲洗 5 次，再用无菌 ST 液洗涤 1min，无菌水冲洗 5 次，以上过程对根、叶片和茎重复 2 次，对茎尖及花芽进行 1 次。冲洗后再将主根用无菌手术刀解剖分离为中柱和皮层（包括内外皮层和表皮）。

植株上的花蕾、花或荚果则分别在现蕾期、花期及结荚期用无菌手术刀自花梗（荚果梗）与植株连接的部位分离，并用上述方法表面消毒 1 次，其中碘伏溶液消毒时间为 3min。在无菌工作台内晾干表面明水后置于无菌解剖镜下，用手术刀先将花梗（荚果梗）切下，再用无菌解剖针将花瓣去除，将花蕾分离为花药、花丝、雌蕊和花托，将雌蕊在解剖镜高倍镜下再分离为柱头、花柱和子房。以花期苜蓿花的形态特征变化，即龙骨瓣的位置判断该花是否已授粉（陈宝书，2001）。

以上过程除室外采样及植株表面清洗外均在无菌条件下完成，花内组织和种子等细微结构的解剖和分离均在无菌解剖镜下进行。

3. 植物组织中根瘤菌的分离和数量测定

将经过表面消毒的茎、叶、茎尖、花芽、毛根、侧根及主根（皮层和中柱两部分）等各组织置于无菌研钵中，用 2ml 无菌水研磨均匀。以 10 枚花或荚果为 1 个样品单位，将花梗、花蕾、花和荚果及分离出的花药、柱头、子房等组织分别加 2ml 无菌水研磨。3 次重复。转移 2ml 组织匀浆至 20ml 刻度试管，加无菌水至刻度后配制成匀浆稀释液，

并用无菌水依次配制成 10^{-2}、10^{-3}、10^{-4}、10^{-5} 的稀释液。每浓度 3 次重复,离心(4000r/min,10min)后取上清液 0.2ml,涂抹至含刚果红的 YMA 培养基上。28℃培养48h 后,区分并记录每培养皿的根瘤菌单菌落数量,根瘤菌数量测定和回接鉴定方法同前。

(二)结果与分析

1. 不同生育时期植株地下部分各部位的根瘤菌数量

根瘤菌在陇东苜蓿和游客苜蓿两个品种根部的各个部位均有分布,且分布规律基本一致(表 6-1),即根瘤菌在各个时期均主要存在于毛根内,两个品种的最大可能菌数分别为 3 196 370cfu/g FW 和 7 037 810cfu/g FW,侧根和主根内的最大根瘤菌数量不足毛根组织根瘤菌数量的 0.2%。主根的根瘤菌主要分布于根的表皮和皮层,同时期主根中柱内的根瘤菌平均数量均仅为皮层和表皮根瘤菌数量的 13.6%~19.5%。

表 6-1　不同生育时期根部根瘤菌数量

检测部位	生育时期	根瘤菌数量(cfu/g FW)		平均
		陇东苜蓿	游客苜蓿	
主根 表皮及皮层	营养期	810	130	470
	盛花期	252	280	266
	结荚期	4786	2090	3438
主根 中柱	营养期	106	22	64
	盛花期	78	25	52
	结荚期	708	390	549
侧根	营养期	848	673	761
	盛花期	1438	520	979
	结荚期	6120	3326	4723
毛根	营养期	707 546	990 212	848 879
	盛花期	732 532	874 796	803 664
	结荚期	3 196 370	7 037 810	5 117 090

不同生育时期各部位的根瘤菌数量差异较大,主根、侧根、毛根内的根瘤菌数量均在结荚期最大。陇东苜蓿、游客苜蓿两个品种在盛花期和营养期主根内的根瘤菌数量分别仅为结荚期(5494cfu/g FW、2480cfu/g FW)的 6.0%和/16.7%、12.3%和 6.1%;两品种在营养期和盛花期侧根的根瘤菌数分别仅有结荚期(6120cfu/g FW、3326cfu/g FW)的 13.9%和 23.5%、20.2%和 15.6%。

2. 不同生育时期植株地上部分根瘤菌数量

苜蓿植株地上部分仅在茎和花(在不同生育时期分别指代花芽、花和荚果)内携带根瘤菌,叶片中在任一生育时期均无根瘤菌检出,但有大量杂菌存在,茎尖内则始终无任何可培养的菌落检出。根瘤菌在茎内的分布在时间上是不连续的,即仅在营养期和结荚期有根瘤菌存在,且两个时期的根瘤菌数量相对稳定(陇东苜蓿分别为 130cfu/g FW、170cfu/g FW,游客苜蓿分别为 84cfu/g FW、80cfu/g FW),两个品种的蕾期与花期均只有杂菌而无根瘤菌检出（表 6-2）。

表 6-2　不同生育时期植株地上部分根瘤菌数量

品　种	生育时期	根瘤菌数量（cfu/gFWFW）		
		茎	叶片	茎尖
陇东苜蓿	营养期	130	+	–
	蕾期	+	+	–
	花期	+	+	–
	结荚期	170	+	–
游客苜蓿	营养期	84	+	–
	蕾期	+	+	–
	花期	+	+	–
	结荚期	80	+	–

注："+"表示无根瘤菌，但有其他菌检出，"–"表示无任何可培养菌种检出

花芽在营养期末形成，含有大量的根瘤菌，陇东苜蓿（8600cfu/g FW）和游客苜蓿（9600cfu/g FW）两个品种植株花芽内的根瘤菌数量分别为同时期茎内根瘤菌数量的 66.15 倍和 114.28 倍（表 6-3）。花蕾、花和荚果内均含有数量不等的根瘤菌，从花蕾到荚果，陇东苜蓿和游客苜蓿两品种花内的根瘤菌数分别增高了 241.86 倍和 327.81 倍，说明根瘤菌在花到荚果的整个发育过程中是不断增殖的。然而植株地上部分的根瘤菌数量仍不足根内根瘤菌数量的 0.23%，说明根瘤菌与多数内生细菌一样能在植物体内转移，并对特定的部位有所偏好（卢镇岳等，2006）。

表 6-3　不同生育时期花芽/花/荚果的根瘤菌数量

生育时期	花器部位	苜蓿品种		单位
		陇东苜蓿	游客苜蓿	
营养期	花芽	8600	9600	cfu/g FW
蕾期	花蕾	2.8	5.9	cfu/花蕾
花期	花	33.6	41.6	cfu/花
结荚期	荚果	680	1940	cfu/荚

3. 授粉前后花器各部位根瘤菌的分布和数量变化

苜蓿为异花授粉植物，在开花前雌蕊保持着未授粉的状态，此时的花药和柱头均无根瘤菌存在（图 6-1）。而在雌蕊柱头以下的花柱和子房内有根瘤菌分布，在花托和花梗内亦有少量根瘤菌存在。其中两品种子房内的根瘤菌数量最高，平均数量分别为花柱、花梗和花托根瘤菌数量的 226.31%、204.76% 和 537.5%，差异极显著（$P<0.01$，LSD）；花托内的平均根瘤菌数量最低，仅为花柱和花梗根瘤菌数量的 42.1% 和 38.09%。

开花后，子房内的平均根瘤菌数量（21.4cfu/花）迅速增高到授粉前的 497.67%，花柱和花托内的平均根瘤菌数量亦分别增加到授粉前的 210.52% 和 362.55%（图 6-2）；与其他组织不同的是，花梗在授粉后无根瘤菌检出；表明根瘤菌在子房中的积累速度明显

快于其他部位。柱头内的根瘤菌数量变化与花粉内的变化趋势相一致，因此，可以推测花粉携带的根瘤菌随着花粉在柱头上萌发而形成的花粉通道进入柱头组织。

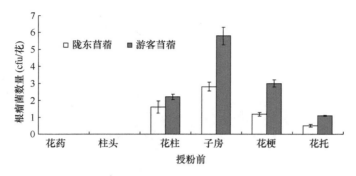

图 6-1　授粉前花各部位组织的根瘤菌数量

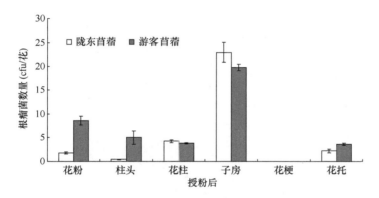

图 6-2　授粉后花各部位组织的根瘤菌数量

二、根瘤菌在荚果内的分布及运移动态

（一）材料与方法

1. 供试材料

试验所用的子房、幼嫩荚果和成熟荚果分别在营养期、现蕾期、花期、结荚期采集已生长 3 年的陇东苜蓿和游客苜蓿品种（同前文）。为提高试验数据的可靠程度，另以同一试验地内阿尔冈金苜蓿和德福苜蓿品种为参比品种。供试材料采样地概况、表面处理剂和培养基同前。

2. 植物材料的处理

试验所用花蕾、花或荚果分别在现蕾期、花期、结荚期和种子成熟期用无菌手术刀自花梗（荚果梗）与植株连接的部位分离，成熟种子从荚果中直接取出。将分离后的组织材料置于无菌三角瓶中，按上述方法进行表面消毒，在无菌工作台内晾干表面明水后置于解剖镜下，用手术刀先将花梗（荚果梗）切下，再用无菌解剖针将花瓣去除，取发育良好的子房，将子房壁小心剖开，取出其中的胚珠。用解剖针挑开荚果，取出其中的幼嫩种子与荚果皮分开置于无菌离心管中备用。

　　子房和胚珠、种子等细微结构的解剖和分离均在无菌解剖镜下进行。种子的胚珠阶段和受精胚珠阶段的判别需要在无菌环境下于 40～100 倍显微镜下镜检观察,以雌蕊组织中是否已存在到达胚珠的花粉通道来判定(图 6-3～图 6-5)。

彩图请扫二维码

彩图请扫二维码

图 6-3　落于柱头的花粉颗粒　　　　图 6-4　花粉内容物通过花粉管运输

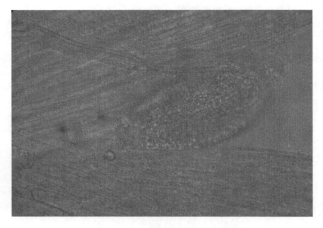

彩图请扫二维码

图 6-5　已到达胚珠的花粉管

3. 根瘤菌的分离、鉴别和数量测定

　　以 10 枚花或荚果、100 粒种子为 1 个样品单位,将花梗、花蕾、花和荚果及分离出的胚珠、子房壁、荚果皮等组织分别加 2ml 无菌水研磨。根瘤菌的分离、鉴别和数量测定及回接鉴定方法同前文。

（二）结果与分析

1. 不同发育阶段子房壁（荚果皮）内的根瘤菌数量

　　在苜蓿荚果发育的过程中,雌蕊子房中的胚珠受精后发育为种子,而子房壁则发育为荚果皮,种子成熟后,荚果皮逐渐失水木质化。这一过程中子房壁(荚果皮)内的根瘤菌数量呈先上升再下降的趋势,在结荚期达到峰值,在种子成熟期降至蕾期的水平。具体表现为 4 个品种苜蓿植株子房壁的根瘤菌在现蕾期的平均最大菌数为 3.96cfu/花蕾,在花期授粉后达到平均 12.52cfu/花,为现蕾期的 3.16 倍。进入结荚期后,由子房壁发育而来的荚果皮的根瘤菌数量迅速增大至最高值，其中游客苜蓿子房壁内的根瘤菌数量增大至花期的 232.38 倍，而阿尔冈金苜蓿、德福苜蓿和陇东苜蓿子房壁内的根瘤菌数量也分别比花期增大了 178.61 倍、30.37 倍和 28.74 倍，与花期和现蕾期均存在极显著的差异（$P<0.01$）。到种子成熟期，随着荚果皮的失水和木质化，荚果皮中的根瘤菌数量迅速降低，接近现蕾期子房壁的水平，陇东苜蓿荚果皮内的根瘤菌数甚至仅有其现蕾期子房壁中的 58.13%（表 6-4）。

表 6-4　不同生育时期子房壁根瘤菌数量

生育时期	各品种根瘤菌数量				单位
	阿尔冈金苜蓿	德福苜蓿	陇东苜蓿	游客苜蓿	
现蕾期	2.46±0.62Bb	8.12±0.54Bb	3.32±0.24Bb	1.92±0.30Bb	cfu/花蕾
花期	4.12±0.64Bb	21.46±1.46Bb	17.48±1.22Bb	7±0.94Bb	cfu/花
结荚期	740±91.64Aa	673.32±122.24Aa	520±11.34Aa	1626.66±64.28Aa	cfu/荚
种子成熟期	6.93±0.31Bb	4.45±0.72Bb	1.93±0.14Bb	19.93±2.06Bb	cfu/粒

注：同列不同小写字母表示差异显著（$P<0.05$），同列不同大写字母表示差异极显著（$P<0.01$）

2. 不同发育阶段种子（胚珠）内的根瘤菌数量

种子（胚珠）在其发育过程中根瘤菌数量的变化呈不断上升的趋势，4 个品种苜蓿的未受精胚珠内均无可在 YMA 培养基上检出的菌类。花授粉后胚珠内出现根瘤菌，但其数量很低，陇东苜蓿（0.527cfu/粒）、游客苜蓿（0.673cfu/粒）、阿尔冈金苜蓿（0.32cfu/粒）和德福苜蓿（0.727cfu/粒）的胚珠内平均根瘤菌数量不足 1 个。胚珠发育为幼嫩种子后，根瘤菌数量增高至受精胚珠的 2.12～4.34 倍。种子成熟期与结荚期相比较，不同品种间的根瘤菌数量变化有较大差异，游客苜蓿和德福苜蓿两品种根瘤菌数量仅增加了 1.13 倍和 1.07 倍，而陇东苜蓿和阿尔冈金苜蓿的根瘤菌数量则分别增大了 3.09 倍和 2.74 倍（图 6-6）。可见，在胚珠向种子发育的过程中，不同苜蓿品种间种子（胚珠）的根瘤菌数量及其增长量间的差距随种子的发育而逐渐增大。

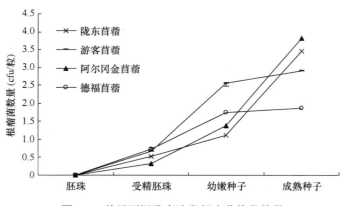

图 6-6　种子不同发育阶段根瘤菌携带数量

3. 不同发育阶段种子（胚珠）和子房壁（荚果皮）内的根瘤菌数量分布变化

以每荚果平均 10 粒种子计，种子（胚珠）根瘤菌数在子房（荚果）总根瘤菌数中的比例在种子不同发育时期差异显著，伴随着种子的形成有一个升高、降低、再升高的趋势。花期胚珠受精后有根瘤菌检出，除阿尔冈金苜蓿胚珠内的根瘤菌仅占子房总根瘤菌数的 15.47%以外，其余 3 个品种胚珠内的根瘤菌数均已超过或接近子房总根瘤菌数的一半，而在结荚期这一比例锐减至 1.06%～3.68%，平均不足 2.21%。在种子成熟期，虽然种子内根瘤菌数仅比结荚期增高 1.09～3.07 倍，但由于荚果皮内的有效根瘤菌数降低，种子内的平均根瘤菌数达到荚果内总菌数的 77.43%（表 6-5）。可见，根瘤菌在种子和荚果内的增殖速率是不同步的，结荚期荚果皮内的根瘤菌增殖速率远高于幼嫩种子内，其数量较种子内高出 26.17～93.34 倍，这也许与荚果内的富营养环境有关。

表 6-5　种子/胚珠与子房壁根瘤菌数量的比值（每荚果内 10 粒种子）

时期	陇东苜蓿	游客苜蓿	阿尔冈金苜蓿	德福苜蓿	平均
现蕾期	0	0	0	0	0
花期	56.11	47.44	15.47	50.93	42.489 133 63
结荚期	1.49	3.68	2.60	1.06	2.208 845 172
种子成熟期	80.69	90.94	87.41	50.67	77.431 717 21

4. 不同发育（贮存）时期种子/胚珠根瘤菌的优势度

本研究蕾期胚珠内不存在 YMA 培养基上检出的菌体（图 6-7），在结荚期和胚珠内仅含有少量的根瘤菌，霉菌、放线菌及芽孢杆菌等杂菌在种子成熟期首次于种子内检出，平均含量为 0.41cfu/粒，储存 1 年后种子内杂菌平均数量（0.63cfu/粒）仅比种子刚收获时增加了 0.57 倍。两时期种子内杂菌数量仅分别为同培养条件下总菌数的 14.48%和 3.85%。种子成熟期及成熟 1 年之后种子内根瘤菌数比杂菌数分别高出 4.78 倍和 52.3 倍。表明种子的内环境对于维持根瘤菌在种子内生菌群落（相同或相近生态位下）中的优势度有积极的作用。

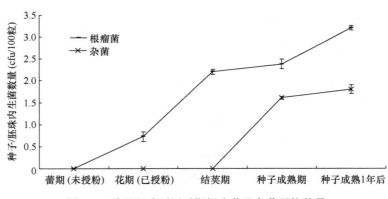

图 6-7　种子胚珠不同时期根瘤菌及杂菌平均数量

（三）小结

苜蓿植株内根瘤菌的数量分布在空间和时间上具有异质性。空间分布上，根瘤菌数量随植株光合产物源—库的运输方向有逐渐增大的趋势，即绝大部分的根瘤菌分布于植株的根系和荚果，其次阶段性地分布于作为运输部位的茎和花梗。在时间分布上，结荚期根、荚果的根瘤菌数量明显高于其他时期，花内各器官（不包括花梗）在授粉后根瘤菌数量迅速增加。随着花芽、花、幼嫩荚果和成熟种子的形成，植株地上部分根瘤菌的数量呈富集—降低—再增多的趋势。

根瘤菌主要在植株根部分布，并主要存在于毛根，侧根及主根的根瘤菌数量相近，不足毛根组织根瘤菌数量的 0.3%，主根根瘤菌则主要分布于根表皮和皮层，不同生育时期根各部位的根瘤菌数量差异较大，结荚期最高，营养期最低。植株地上部分根瘤菌数量不足根内的 0.23%，且仅存在于茎、花芽、花（荚果），叶片内只有大量的杂菌，而茎尖内则无可培养的菌落检出。根瘤菌在茎内的分布在时间上是不连续的，仅存在于营养期和结荚期，在蕾期与花期只有杂菌分布。

本研究发现苜蓿种子内生根瘤菌可能的来源途经：①在现蕾期和花期，存在于花粉表面和子房壁的根瘤菌进入子房壁和珠被的细胞间隙，或通过由花粉萌发后穿过柱头和花柱到达珠被的花粉管进入胚珠；②根瘤菌在花期和结荚期先富集于子房壁，再通过子房壁与胚珠珠被联结的营养输送通道进入胚珠；前者使根瘤菌进入胚珠并迅速增殖，后者使根瘤菌伴随着营养物质一同补充到种子中去。

第二节　荧光蛋白标记根瘤菌在苜蓿体内的运移和定植

一、荧光标记根瘤菌构建

（一）材料与方法

1. 培养基、营养液

YMA 培养基、TY 培养基、LB 培养基、SM 培养基。

混合维生素液：1ml；pH：7.0。

微量元素液：H_3BO_3：5g/L；Na_2MoO_4：5g/L。

混合维生素：硫胺素：10mg；烟酰胺：10mg；泛酸钙：10mg；生物素：1mg；dH_2O：100ml，0.22μm 无菌滤膜过滤除菌后保存，待培养基冷却至 40℃后加入。

基础培养基：蔗糖：30g/L；蛋白胨：1g/L；K_2HPO_4：0.2g/L；$MgSO_4$：0.1g/L；$MnSO_4$：0.1g/L；NH_4NO_3：1g/L。

以上培养基和营养液均在 121℃灭菌 26min。

2. 三亲本杂交法合成荧光标记根瘤菌

青色荧光蛋白 CFP 标记根瘤菌构建方法同第四章第一节。

3. 标记根瘤菌株荧光活性检测

用手提式长波紫外灯（336nm）照射固体平板，可检测到 CFP 标记根瘤菌菌落所发的青色荧光，并使用蔡司荧光倒置显微镜检测，及时拍照记录结果。

4. 标记根瘤菌的遗传稳定性检测

将筛选出的接合子点接在不加抗生素的 TY 固体培养基，连续转接 8 次，于 28℃ 培养至长出菌落，检查菌落的发光情况，计数并计算出外源质粒的丢失率。

5. 标记根瘤菌的回接鉴定

参照上述方法制备 S.12531 和 R.gn5 标记菌的菌液、种子和塑料杯基质，待芽苗长出第一片真叶时，接菌悬液 20ml/盆，以不接菌为对照，每日及时补充散失水分，45 天后洗出幼苗，对其生物量、株高、根长、根瘤数、根瘤重及固氮酶活性（乙炔还原法）进行测定。荧光标记菌占瘤率：选取各处理植株生长良好的根瘤，灭菌、研磨并涂抹于 TY 平板，待菌落长出后，以手提式紫外灯（336nm）照射，计数并拍照。

6. 外源物质对荧光标记根瘤菌生长速率的影响

（1）外源物质的制备

胞外多糖的制备：将 S.12531f、R.gn5f 菌株按上述方法调制成 OD_{600nm} 光密度值为 0.5 的菌悬液。各取 2ml 菌悬液分别接种于 100ml 基础培养基，于 30℃、180r/min 振荡培养，24h 后取出，用等体积的无菌水稀释发酵菌液，10 000r/min 离心 30min 后，将上清液用 0.22μm 无菌滤膜过滤即得多糖。

$LaCl_3$ 溶液的配制：将 La_2O_3 与 HCl 按物质的量比为 1:6 混合，沸水浴加热，并轻轻搅拌使其充分反应，待水分完全蒸发后即得含结晶水的氯化镧固体 $LaCl_3 \cdot 7H_2O$（霍春芳等，2002）。用无菌水配制浓度为 10mg/L、50mg/L、100mg/L 的 $LaCl_3$ 溶液，并以 0.22μm 无菌滤膜进行过滤除菌，常温保存备用。

将甘农 5 号苜蓿根瘤清洗并装入容积为 17ml 的西林瓶中，分别将 10mg/L、50mg/L、100mg/L $LaCl_3$ 溶液加入各西林瓶中，以不加 $LaCl_3$ 溶液为对照，盖紧橡皮塞使瓶内达到气密状态，用 1ml 无菌注射器抽出 1.7ml 瓶内空气后，注入 1.7ml 纯度为 99.999% 的乙炔气体（终浓度为 10%），25℃下反应 1h 后测定反应产生的乙烯气体含量（De Felipe et al.，1987），根据乙烯峰面积值计算各浓度 $LaCl_3$ 溶液处理下根瘤的固氮酶活性。以此来确定用 $LaCl_3$ 溶液和标记根瘤菌菌液的混合液处理苜蓿植株时 $LaCl_3$ 溶液的最适浓度。将最适浓度的 $LaCl_3$ 溶液经 0.22μm 的无菌滤膜过滤后备用。

IAA 溶液的配制：称取 8mg 3-吲哚乙酸（IAA），用无水乙醇溶解得到浓度为 0.08mg/ml 的 IAA 母液，取 1ml 经 0.22μm 无菌滤膜过滤的 IAA 母液，加入 999ml 无菌水，即得浓度为 0.08mg/L 的 IAA 溶液。各浓度 IAA 溶液于 4℃避光保存。

植物体液制备：取甘农 5 号苜蓿植株地上部分 2g，用碘伏表面灭菌 3min，无菌水冲洗 8 次后，用 5ml 无菌水充分研磨后转入 50ml 无菌刻度离心管中，并定容至

50ml，6000r/min 离心 10min，用 0.22μm 无菌滤膜对上清液进行过滤，即得植物体液。

（2）外源物质对荧光标记根瘤菌生长和增殖的影响

胞外多糖 EPS：将 S.12531f、R.gn5f 菌株的 EPS 按体积比 1∶10 分别加入 YMA 固体/液体培养基，并将 S.12531、S.12531f 接种于含 R.gn5f 胞外多糖的 YMA 固体/液体培养基，将 R.gn5、R.gn5f 接种于含 S.12531f 胞外多糖的 YMA 固体/液体培养基上，28℃培养 22h 和 46h 后测定 4 种菌株在含 EPS 的 YMA 平板上的菌落直径和含 EPS 的 YMA 液体培养基中的菌液 OD_{600nm} 吸光度值。

$LaCl_3$、IAA 和植物体液：分别将无菌的 $LaCl_3$、IAA 和植物体液加入 YMA 固体/液体培养基，并将 S.12531f、S.12531、R.gn5f、R.gn5 菌株分别接种于含有不同外源物质的 YMA 固体/液体培养基，22h 和 46h 后测定 4 种菌株在含外源物质 YMA 固体培养基上的菌落直径和在 YMA 液体培养基中的菌液 OD_{600nm} 吸光度值。以此判断 $LaCl_3$、IAA 和植物体液对荧光标记根瘤菌及其原菌株生长和增殖的影响。

（二）结果与分析

1. 荧光标记根瘤菌接合子的筛选

通过筛选得出 S.12531 菌株的 8 个接合子（5、6、7、8、12、14、16、39）及 R.gn5 菌株的 11 个接合子（1、2、5、11、12、15、22、26、27、41、42）所有重复在无氮固体培养基上能正常生长（表 6-6）。

2. 荧光标记根瘤菌的遗传稳定性

CFP 荧光质粒在转移过程中丢失率极低，连续传代 8 次后 CFP 荧光质粒丢失率均 ≤10%，遗传稳定（表 6-7）。且丢失率为 0 的 S.12531-CFP6、S.12531-CFP8、R.gn5-CFP5 及 R.gn5-CFP9 4 个接合子荧光表达能力较强，故选择这 4 个接合子进行回接试验，并测定其占瘤率。

表 6-6A　S.12531 菌株接合子的筛选

S.12531接合子	无氮生长情况	S.12531接合子	无氮生长情况	S.12531接合子	无氮生长情况	S.12531接合子	无氮生长情况	S.12531接合子	无氮生长情况
1	− + +	11	− − +	21	− − −	31	− − −	41	− − −
2	+ − +	12	+ + +	22	− − −	32	− − −	42	− − −
3	+ − +	13	+ + −	23	− − −	33	− − −	43	− − −
4	− + −	14	+ + +	24	− − +	34	− − +	44	− + −
5	+ + +	15	− − −	25	− − +	35	− − +	45	− − −
6	+ + +	16	+ + +	26	+ − +	36	− − −	46	− − −
7	+ + +	17	− − +	27	+ − +	37	− − −	47	− − −
8	+ + +	18	− − +	28	− + −	38	− + −	48	− − −
9	− − −	19	− − −	29	− − −	39	+ + −	49	− − −
10	+ − −	20	− + −	30	− − −	40	− − −	50	− − −

注："+"表示菌株能够生长，"−"表示菌株不能生长

表 6-6B　R.gn5 菌株接合子的筛选

R.gn5接合子	无氮生长情况	R.gn5接合子	无氮生长情况	R.gn5接合子	无氮生长情况	R.gn5接合子	无氮生长情况	R.gn5接合子	无氮生长情况
1	+++	11	+++	21	+−+	31	++−	41	+++
2	+++	12	+++	22	+++	32	−++	42	+++
3	++−	13	−++	23	−−−	33	−−−	43	−−−
4	−−−	14	−++	24	++−	34	−++	44	−++
5	+++	15	+++	25	−−−	35	−−+	45	−−−
6	−++	16	−++	26	+++	36	++−	46	−+−
7	—+	17	−−−	27	+++	37	−−−	47	−−−
8	+−+	18	−−−	28	−−−	38	−+−	48	++−
9	−++	19	−++	29	−++	39	−++	49	−−+
10	−−−	20	++−	30	−−−	40	−−−	50	−−−

注："+"表示菌株能够生长，"−"表示菌株不能生长

表 6-7A　S.12531 菌株接合子荧光质粒丢失率

接合子	发光菌落数	点接菌落数	丢失百分率（%）
S.12531-CFP1	97	100	3
S.12531-CFP2	91	100	9
S.12531-CFP3	93	100	7
S.12531-CFP4	90	100	10
S.12531-CFP5	98	100	2
S.12531-CFP6	100	100	0
S.12531-CFP7	95	100	5
S.12531-CFP8	100	100	0
S.12531-CFP9	99	100	1

表 6-7B　R.gn5 菌株接合子荧光质粒丢失率

接合子	发光菌落数	点接菌落数	丢失百分率（%）
R.gn5-CFP1	94	100	6
R.gn5-CFP2	91	100	9
R.gn5-CFP3	95	100	5
R.gn5-CFP4	93	100	7
R.gn5-CFP5	100	100	0
R.gn5-CFP6	97	100	3
R.gn5-CFP7	94	100	6
R.gn5-CFP8	99	100	1
R.gn5-CFP9	100	100	0
R.gn5-CFP10	90	100	10
R.gn5-CFP11	99	100	1

3. 荧光标记根瘤菌的筛选

回接标记菌菌液的处理与未接种菌液的处理（CK）对苜蓿幼苗生物量及株高的影响有较大差异（表 6-8）。4 株标记根瘤菌接种处理的生物量和株高均高于对照，除一个生物量外其余均差异显著（$P<0.05$）；标记菌回接对根长无显著影响。S.12531-CFP6 处理与 S.12531-CFP8 处理间对幼苗生长的影响无明显差异，R.gn5-CFP5 处理的幼苗生物量和株高均显著高于 R.gn5-CFP9 处理。接种荧光标记根瘤菌能增大苜蓿植株地上生物量：促进幼苗生长，且荧光标记根瘤菌对苜蓿幼苗的根系不会产生影响，但对苜蓿幼苗有明显的促生作用。

表 6-8　标记根瘤菌对苜蓿幼苗生长的影响

接合子	生物量（g）	株高（cm）	根长（cm）
S.12531-CFP6	0.42±0.03a	17.83±1.82a	15.3±4.62a
S.12531-CFP8	0.4±0.05a	18.1±2.40a	13.2±1.08a
R.gn5-CFP5	0.43±0.04a	16.73±3.02a	15.47±1.55a
R.gn5-CFP9	0.24±0.00b	12.37±1.36b	13.23±1.05a
CK	0.21±0.03b	6.7±1.15c	15.57±0.96a

4 个不同标记菌菌株回接处理的根瘤数、单个根瘤鲜重及固氮酶活性均显著高于未接种菌液对照 CK（表 6-9），根瘤切开剖面的荧光表达强度较高（图 6-8 和图 6-9）。S.12531-CFP6 处理除占瘤率高于 S.12531-CFP8 处理 18.6%外，其他根瘤指标与 S.12531-CFP8 处理差异不大，R.gn5-CFP5 处理的所有根瘤指标测定结果均显著高于 R.gn5-CFP9 处理（$P<0.05$）。

表 6-9　标记根瘤菌对苜蓿幼苗根瘤的影响

接合子	根瘤数（个）	单个根瘤鲜重（g）	固氮酶活性 [μmol/(g·h)]	占瘤率（%）
S.12531-CFP6	18±1.73a	0.010±0.001b	23.27±2.08b	70%
S.12531-CFP8	16±1.53a	0.010±0.001b	19.99±0.31b	59%
R.gn5-CFP5	15±3.21a	0.017±0.004a	28.13±1.42a	78%
R.gn5-CFP9	9±1.73b	0.008±0.002b	13.37±0.39c	66%
CK	4±1.53c	0.002±0.001c	0.91±0.15d	0

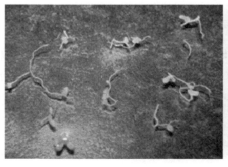

彩图请扫二维码

图 6-8　回接荧光标记根瘤菌后发光菌占瘤率

（师尚礼等，2015）

图 6-9 标记菌侵染形成的发光根瘤

(师尚礼等，2015)

因此，确定选用 S.12531-CFP6 及 R.gn5-CFP5 为本研究的外源荧光标记根瘤菌及内源荧光标记根瘤菌，分别命名为 S.12531f 及 R.gn5f。

4. 不同浓度 LaCl$_3$ 溶液对苜蓿根瘤固氮酶活性的影响

浓度为 10～100mg/L 的 LaCl$_3$ 溶液均能不同程度地增大苜蓿根瘤菌固氮酶活性（图 6-10），50mg/L 时苜蓿根瘤固氮酶活性最高[7.58μmol/(g·h)]，是对照和 100mg/L 处理的 6.78 倍和 2.47 倍，差异显著（$P<0.05$）。因此，选择 50mg/L 为 LaCl$_3$ 处理的最适浓度。

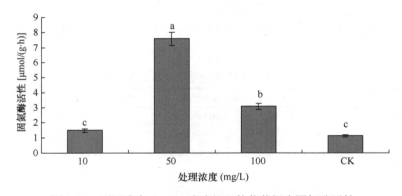

图 6-10 不同浓度 LaCl$_3$ 溶液处理的苜蓿根瘤固氮酶活性

5. LaCl$_3$、IAA、植物体液及 EPS 处理对荧光标记根瘤菌生长和增殖的影响

培养 22h，S.12531f、R.gn5f、S.12531 及 R.gn5 菌株在 LaCl$_3$、IAA、植物体液及 EPS 处理下均能正常生长并增殖，且能不同程度促进荧光标记根瘤菌及其原始菌株的生长（图 6-11A），其中，R.gn5f、S.12531 及 R.gn5 在含 LaCl$_3$、IAA、植物体液及 EPS 的固体培养基上增殖速度较快，与对照相比差异显著（$P<0.05$）。4 个菌株中，R.gn5 在不同物质处理下生长速度最快，为对照的 233%～250%，苜蓿植株体液较其他 3 种物质更能促进菌株的生长和增殖。

46h 时，S.12531f、R.gn5f、S.12531 及 R.gn5 菌株在 LaCl$_3$、IAA、植物体液及 EPS

处理下的增殖趋势与 22h 时大体相同（图 6-11B），不同的是，对各个菌株生长速度影响最显著的是 LaCl$_3$ 溶液，这可能是由 La^{3+}对菌体的促生作用在短时间内（22h）表现比较缓慢所致。此外，22h 时 4 个菌株在 5 个添加不同物质处理下的生长速度随其培养方式的改变有所不同（图 6-11C）。

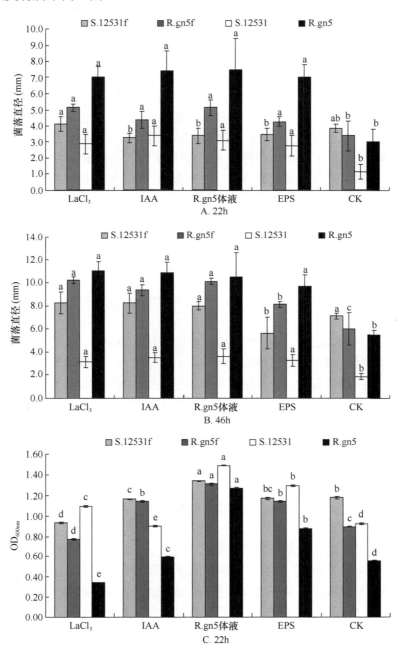

图 6-11　LaCl$_3$、IAA、植物体液及 EPS 处理下荧光标记根瘤菌的 22h、46h 生长速度

（三）小结

细菌间 DNA 的转移方式主要有转化、转导、接合及原生质体的细胞融合。三亲本杂交是基于双亲本杂交法的接合转移。本研究以三亲本杂交法将 CFP 荧光蛋白表达基因的载体质粒导入苜蓿根瘤菌中，并将获得的荧光标记根瘤菌在无抗生素选择压力的 TY 固体培养基上连续传代 8 次后发现，CFP 荧光质粒丢失率均≤10%。由此可见，CFP 荧光质粒在转移过程中丢失率极低，遗传稳定。通过回接宿主试验，发现接种荧光标记根瘤菌能增大苜蓿植株地上生物量及其固氮能力，能促进幼苗生长，且荧光标记根瘤菌对苜蓿幼苗的根系不会产生影响，对苜蓿幼苗有明显的促生作用。

革兰氏阴性细菌的细胞壁内膜由磷脂链、蛋白质构成，其外膜由脂多糖（LPS）、肽聚糖和周质构成。足够的 Ca^{2+} 可维持脂多糖的稳定性，否则会使脂多糖解体。Liu 等（2004）认为稀土离子与 Ca^{2+} 半径相接近，可作为 Ca^{2+} 拮抗剂，并取代 Ca^{2+} 在细菌中的结合位点，使细菌核心中形成更为稳定的配合物。稀土离子能与细胞膜上的转运蛋白结合使蛋白质活性发生改变，或与膜代谢蛋白质相互作用从而改变细胞膜通道的大小，以提高细胞膜主动或被动运移的能力。稀土离子还可与氨基酸形成配合物，并与多种蛋白质相结合。生理条件下，高浓度的稀土严重阻碍 DNA 的自我复制，并使 DNA 分子上的磷酸键断裂，使 DNA 分子水解。Hormesis 效应是指某些物理或化学因素在低剂量时对生物机体产生有益反应而高剂量时产生有害反应的现象（孙冬梅等，2005）。目前的研究表明稀土化合物在与动物、植物或微生物的作用效果中都存在 Hormesis 效应。

Glickmann 和 Dessaux（1995）研究发现分离自植物根际，能进入根表细胞或细胞间隙与植物联合共生的多数固氮菌都有分泌 IAA 的能力。李剑峰等（2015）也指出很多根瘤菌菌株在纯培养条件下会分泌生长素，在宿主体内也会通过自身分泌或经由菌体与宿主间的信号识别诱导宿主植物分泌来提高宿主体内的激素水平。

根瘤菌在其生长繁殖过程中会产生多种如胞外多糖、荚膜多糖、脂多糖及环葡聚糖在内的多糖类物质，胞外多糖可分泌到细胞表面，并抵御外来侵害等，是参与共生固氮的重要物质。根瘤菌产生的胞外多糖能富集土壤中的营养成分，并作为信号分子参与根瘤菌与宿主植物之间的交流（王鹏等，2010），胞外多糖还能改变植物根毛的细胞骨架结构，协助根瘤菌侵染宿主植物，并对宿主结瘤的专一性起决定性作用，还能参与根瘤菌抵御宿主防御系统。

两株标记根瘤菌菌株及其原始菌均能在含 $LaCl_3$、IAA 及 EPS 的 YMA 固体及液体培养基上正常生长并增殖，并有不同程度的促进作用。各菌株在 $LaCl_3$ 浓度为 50mg/L 的固体培养基上的增殖速度高于液体培养基，这可能是由于在固体培养基中，菌落仅其底部接触 $LaCl_3$，作用到上层菌体的 La^{3+} 在透过菌体细胞及菌体本身所产多糖时形成垂直向上且逐渐减小的浓度梯度，使上层菌体感受到的 $LaCl_3$ 浓度有所降低，并正好对菌体产生低毒刺激作用，因此表现出菌体在固体培养基上的生长速度大于液体培养基上的现象。在培养基中加入植物体液可模拟根瘤菌在植物体内的生长环境，以此排除植物内环境对标记根瘤菌生长和增殖的影响。将各菌株点接于含 GN5 苜蓿植株体液的培养基后发现，苜蓿植株体液较其他 3 种外源物质更能促进根瘤菌的生长和增殖。

本小节研究获得：①采用质粒三亲本杂交转导法将供体菌株 *E. coli* pMp45179 中的青色荧光质粒 CFP 成功导入苜蓿中华根瘤菌 S.12531 及甘农 5 号苜蓿内生根瘤菌 R.gn5 菌株。通过培养基传代检测及宿主回接试验，筛选出荧光表达能力强、质粒能稳定遗传、对宿主植物结瘤促生作用明显的外源荧光标记根瘤菌 S.12531f 及内源荧光标记根瘤菌 R.gn5f。经过标记菌植株体内运移的示踪试验验证表明，两株标记菌在培养基上的荧光表达量高，发光特征明显，实验结果直观可靠，数据可重复性好，可以作为内生根瘤菌研究的有效工具。②$LaCl_3$ 溶液浓度为 50mg/L 时，苜蓿根瘤菌固氮酶活性最高，为 7.58μmol/(g·h)，是对照处理（未加 $LaCl_3$ 溶液）的 6.78 倍，是 $LaCl_3$ 溶液浓度为 100mg/L 处理的 2.47 倍，差异显著（$P < 0.05$）。因此，本研究选择 50mg/L 为 $LaCl_3$ 处理的最适浓度。S.12531f、R.gn5f、S.12531 及 R.gn5 菌株均能在含 $LaCl_3$、IAA 及 EPS 的 YMA 固体及液体培养基上正常生长并增殖，并有不同程度的促进作用。

二、荧光标记根瘤菌对苜蓿芽苗的侵染及体内运移

（一）材料与方法

1. 供试菌株及植物材料

供试菌株：S.12531f 和 R.gn5f 荧光标记根瘤菌株，4℃保存于 TY 斜面。

供试植物材料：草业生态系统教育部重点实验室（甘肃农业大学）提供的甘农 5 号苜蓿种子。

2. 荧光标记根瘤菌菌液制备

月 TY 培养基将 S.12531f 和 R.gn5f 根瘤菌活化至菌液光密度值（OD_{600nm} 值）≥1，离心并用无菌水打散、调制成 OD_{600nm} 光密度值为 0.5 的菌悬液，备用。

3. 水培试验

将表面灭菌的甘农 5 号苜蓿种子置于铺有双层无菌滤纸的无菌培养皿中，24℃避光催芽，72h 后将芽苗转入容积为 2L 的水培盒中，置于培养箱培养，每日光照 14h，强度 260μmol/(m^2·s)，温度 25℃；暗培养 10h，温度 20℃。每水培盒中置入 6 个容积为 200ml 的网底塑料杯，将芽苗的幼茎朝外，幼根穿过杯底网孔反向进入杯内，固定于倒置的网底塑料杯杯底上部，并使芽苗的幼根完全处于 1/2 Hoagland 营养液中，每塑料杯置入 5 株幼苗，每日用蒸馏水补充散失水分。

4. 切根处理下标记根瘤菌在芽苗内的运移试验

将水培芽苗用无菌水冲洗 5 次后置于滤纸上，分别将完整根部芽苗、切去 1/2 根部芽苗置于装有 0.4ml S.12531f 菌悬液的无菌西林瓶中，将剪去 1/2 片真叶并在伤口部位涂抹菌液的芽苗置于装有 0.4ml 无菌水的西林瓶中，每瓶放置 1 棵芽苗，以上处理仅根尖浸于菌液中，瓶口用浸湿但不滴水的无菌棉封口，25℃恒温培养，每处理 3 次

重复。培养 24h 后将芽苗取出，用无菌水冲洗 3 次后，将芽苗分离为幼根、幼茎、子叶、真叶四部分，切去 1/2 片真叶处理芽苗分离为幼根、幼茎、子叶、损伤叶、真叶五部分，分别用碘伏表面灭菌 3min，无菌水冲洗 8 次。将灭菌后的植物材料在 TY 平板上进行表面翻滚贴板以通过平板培养检测植物材料表面是否存在菌体污染，如平板在 5 天内出现菌落则表明灭菌不彻底，试验重新进行，若无特别说明，则本研究中全部试验的植物材料均通过该方法验证。

将表面灭菌的各植物组织置于无菌研钵中，加入 2ml 无菌水，充分研磨后置于 2ml 无菌离心管中，4000r/min 离心 5min，取上清液 0.2ml 涂抹于 TY 固体培养基，24h 后观察菌落生长情况。每处理 3 次重复。R.gn5f 的处理方法同上。

5. 外源物质处理下荧光标记菌在苜蓿芽苗内的运移试验

将 10ml S.12531f + R.gn5f 多糖混合液（荧光标记菌菌液和多糖按体积比 1∶1 混合）、10ml S.12531f+0.08mg/L IAA 混合液、10ml S.12531f+50mg/L LaCl$_3$ 的混合液分别加入盛有 100ml 1/2 Hoagland 营养液的小烧杯中；将水培芽苗连同塑料杯放入小烧杯 25℃恒温培养，24h 后取出芽苗，用无菌水冲洗 5 次后，将芽苗分离为幼根、幼茎、子叶、真叶四部分，将各分离组织分别称重后置于无菌三角瓶中，灭菌后将研磨液涂抹至 TY 固体培养基，24h 后观察菌落生长情况。以仅加 S.12531f 的处理为对照，每处理 3 次重复。R.gn5f 的处理方法同上，多糖选用 S.12531f 菌株多糖。外源物质的制备和浓度同前。

（二）结果与分析

1. 切根处理对标记根瘤菌在芽苗体内运移的影响

根系是否存在易于侵入的通道对于根瘤菌的侵入有直接的影响。切断部分根系和完整根系（CK）的幼苗在菌液浸根 24h 后，荧光标记的内源根瘤菌 R.gn5f 和外源根瘤菌 S.12531f 都能进入苜蓿芽苗的根部和茎部（图 6-12）。无论是否进行切根处理，只有内源根瘤菌 R.gn5f 能在 24h 内进入芽苗子叶，两株标记菌都无法在短期内进入芽苗真叶。

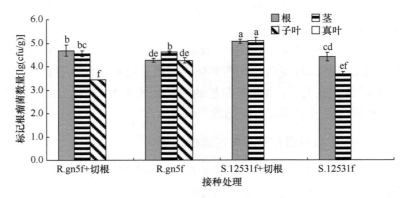

图 6-12 切根和完整根系（CK）处理菌液浸根 24h 后标记根瘤菌在芽苗体内的运移

切根处理后，芽苗茎中 R.gn5f 的菌体数量无显著变化，根内 R.gn5f 数量增加了 165.38%，而子叶内数量降低了 74.58%。根和茎中 S.12531f 的数量分别显著升高了 362.99%和2519.37%。根和茎中的内源菌 R.gn5f 数量分别为外源菌 S.12531f 的 41%和 30%，差异显著（P＜0.05）。切根处理形成了更多的侵染路径，能明显提高标记根瘤菌在根内的数量和促进向茎部的运移，但不论根系是否存在创口，只有源于宿主内生根瘤菌的内源标记菌 R.gn5f 才能在短期内运移至芽苗的子叶。

2. 混合相异菌株胞外多糖（EPS）接种后标记根瘤菌在芽苗体内的运移

不同菌株分泌的胞外多糖结构不同，在本研究中，将内源菌 R.gn5f 所分泌的多糖与外源菌 S.12531f 的菌体混合接种 24h 后，芽苗茎和根中 S.12531f 的数量较单纯接种 S.12531f 的处理分别高出 589.02%（P＜0.05）和 26.64%，但两种 S.12531f 接种处理下，子叶内均没有标记菌出现（图 6-13）。内源根瘤菌 R.gn5f 在混合了外源菌 S.12531f 的胞外多糖后，R.gn5f 在芽苗根和茎内的标记菌数为未混合外源菌多糖处理的 11.43 倍和 1.71 倍，差异显著（P＜0.05）。在混合了内源菌/外源菌的胞外多糖后，外源菌 S.12531f/内源菌 R.gn5f 侵入宿主植物芽苗根和茎的能力有所增强。内/外源菌的多糖并未对外/内源菌在子叶内的运移或繁殖产生积极影响。

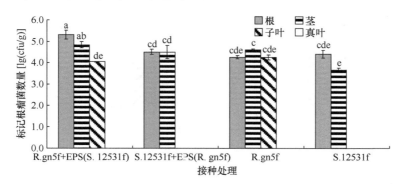

图 6-13 外源菌（内源菌）胞外多糖混合内源菌（外源菌）菌液浸根处理 24h 后标记根瘤菌在芽苗各组织内的数量分布

3. La³⁺离子对标记根瘤菌在芽苗体内运移的影响

由图 6-14 可见，50mg/L 的 LaCl₃可使根内 R.gn5f 和 S.12531f 的数量比对照（仅使用菌悬液浸根）处理增加 656.83%和 303.19%，差异显著（P＜0.05）。在 La³⁺作用下，原本在 24h 内可进入子叶和茎的内源菌 R.gn5f 却未能检出，茎内外源标记根瘤菌 S.12531f 的数量显著降低，仅为对照的 3.64%。表明 La³⁺的确促进了标记菌向苜蓿芽苗根部的侵染和运移，但并不利于标记菌向茎和子叶内运移。

4. 生长素（IAA）对标记根瘤菌在芽苗体内运移的影响

标记根瘤菌添加外源 IAA 的菌液对芽苗浸根处理并不影响根瘤菌在芽苗体内的分布，但影响标记菌在不同部位的存在数量（图 6-15）。此外，芽苗根内 R.gn5f 和 S.12531f 的数量变化一致，比对照（仅用菌液浸根）分别增加了 18.34 倍和 12.11 倍，差异显著

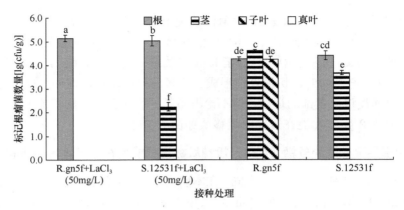

图 6-14 50mg/L LaCl₃ 混合菌液浸根 24h 后标记根瘤菌在芽苗内的分布

（$P<0.05$）；IAA 降低了内源菌在茎和子叶内的数量（仅为对照的 75.45% 和 4.13%），却提高外源菌数量（163.09%）。

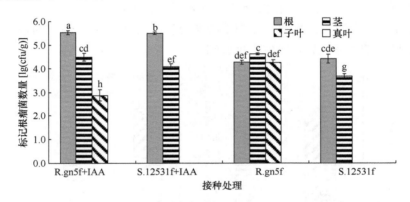

图 6-15 0.08mg/L IAA 混合菌液浸根处理 24h 后标记根瘤菌在芽苗内的分布

5. 顶叶创面涂抹标记根瘤菌在芽苗体内的运移及分布

对芽苗带伤叶片的涂抹实验可探明在芽苗时期，是否存在根瘤菌由苜蓿叶片向植株其他部位运移的途径和通道。对芽苗的真叶做创面处理，并涂抹 24h 后，两种标记菌在植株各部位均未出现。表明根瘤菌接种于芽苗期的创伤叶片后，根瘤菌没有向根、茎和子叶转运的途径，也无法定植于涂抹的真叶内。

6. 不同浸根处理下标记根瘤菌在芽苗各部位微环境中的数量优势度

不同浸根处理下标记菌在组织中总菌数的比例差异较大（表 6-10）。在菌液中混合多糖、LaCl₃、IAA 或切断根系后进行浸根处理都能提高根系中标记菌的比例，表明多糖、LaCl₃ 及 IAA 都有促使菌体进入根系的作用，而切根处理也能产生菌体侵入的快捷通道。其中，标记菌的比例在 S.12531f+IAA 的处理下达到最高，为其对照处理（S.12531f）的 8.86 倍；R.gn5f+多糖处理下次之，为其对照处理（R.gn5f）的 6.67 倍，差异显著（$P<0.05$）。不同处理下芽苗茎内两种标记菌的比例变化趋势不同（表 6-10）。内源菌在

侵染芽苗期的宿主并向茎内运移时较外源菌有先天优势，但在 La^{3+} 存在或者宿主根系遭到机械破坏后，菌体的数量和在总菌数中的比例都可能下降。而外源菌则在胞壁间隙增大（IAA 或 La 离子作用），获得新的入侵途径（切根形成宿主创口）或借助内源菌的胞外多糖同时增加菌体的数量和在全部内生菌中的比例。在顶叶涂抹的处理中，真叶及子叶内有其他菌落的出现，但未分离出标记菌。

表 6-10   不同处理浸根 24h 后芽苗各部位标记根瘤菌占总可检出菌数的比例

处理	标记菌占总菌数比例（%）			
	根	茎	子叶	真叶
R.gn5f	2.19 ± 0.06l	2.25 ± 0.24kl	3.27 ± 0.13i	—
S.12531f	2.22 ± 0.18kl	0.18 ± 0.01n	—	—
R.gn5f +根切	2.69 ± 0.21jk	1.76 ± 0.06l	5.51 ± 0.08gh	—
S.12531f+根切	5.07 ± 0.06h	5.59 ± 0.36g	—	—
R.gn5f+EPS	14.60 ± 0.57c	3.30 ± 0.10i	10.05 ± 0.07d	—
S.12531f+EPS	2.92 ± 0.04ij	3.40 ± 0.40i	—	—
R.gn5f +LaCl₃	4.48 ± 0.03i	—	—	—
S.12531f +LaCl₃	7.89 ± 0.86e	1.06 ± 0.02m	—	—
R.gn5f +IAA	5.68 ± 0.39fg	6.09 ± 0.09f	17.63 ± 0.33b	—
S.12531f+IAA	19.69 ± 0.45a	2.92 ± 0.12ij	—	—

"—'表示未检测到标记根瘤菌

（三）小结

内源标记菌 R.gn5f 的原始菌 R.gn5 分离自宿主植物甘农 5 号苜蓿的种子。其最终来源是上代苜蓿植株的内生根瘤菌，通过垂直传代进入种子。因此可以认为内源标记菌 R.gn5f 与宿主甘农 5 号苜蓿间是高度相容的。外源标记菌 S.12531f 的原始菌 S.12531 则购自中国科学院微生物研究所菌种保藏中心（CCMCC），虽经过回接结瘤实验证明侵染宿主甘农 5 号苜蓿并形成有效根瘤，但毕竟未经历长期的相互识别和体内共生过程。在本研究前期，我们推测同样作为可侵染的菌株，R.gn5f 和 S.12531f 在对宿主植株的侵染和运移过程中可能存在相似性和异质性。在本研究中，标记菌对宿主芽苗侵染和运移的实验结果证实了这一推测。其相似性在于内源根瘤菌和外源根瘤菌都能在 24h 内进入宿主芽苗的根和茎内，表明两种菌株在侵染宿主时有着相似的过程，即都可以在芽苗期侵入宿主的根系并转移至茎内。其异质性表现在：①内源菌在无外源因素作用下（如外源 IAA、多糖和 La^{3+}）在根系内的菌体数目与茎内相近，甚至菌体密度低于茎内；②外源菌则正好相反，茎内的菌体密度总是显著低于根内，说明由根向茎的运移过程中，对外源菌存在选择性的通过性阻碍。

内源根瘤菌在短期内（24h）可进入芽苗的子叶，La^{3+}可阻碍或延缓这一过程，外源 IAA 或外源菌的多糖可以改变迁移进入子叶的标记菌数量，但不能改变内源菌的分布部位；外源菌在所有处理中都不能迅速进入芽苗的子叶，表明在茎与子叶之间，存在选择性通过的屏障。由于子叶由胚乳发育而来，所以如果外源菌同样不能进入胚乳的话，则可能这一屏障在种子形成过程中就已存在，目的在于防范非内源或不能识别的微生物侵入种子，如宿主的病原菌。此外，在本研究中这一屏障的选择性不受 La^{3+}、外源 IAA 或内源菌多糖的干扰，一方面可能是屏障选择性对外源菌的菌体敏感性高，另一方面可能是因为外源物质仅直接接触根系，无法作用于子叶或作用浓度较低。

内源根瘤菌和外源根瘤菌侵入宿主芽苗的过程也形象地反映了在田间环境下，种子内生根瘤菌和土壤根瘤菌对苜蓿芽苗的侵染过程，证明了种子内生根瘤菌和土壤根瘤菌一样都能在种子自然萌发和生长过程中侵染根系并产生有效根瘤，验证了之前我们关于种皮内生根瘤菌是植株自结瘤现象来源的推断。在我们之前的研究中发现，在种皮内侧、萌发种子的子叶和茎内都存在根瘤菌，而在下胚轴或幼根（<7 天）中无根瘤菌。在种子萌发初期通过剥去种皮并以无菌水冲洗可以消除种子内生根瘤菌对回接结瘤实验的干扰，这暗示着芽苗子叶和茎内存在的根瘤菌不能迁移至根部。本研究发现标记内源根瘤菌可以从根系迁移至芽苗茎和子叶，综合分析两次研究结果，可以推断在芽苗期，存在着根瘤菌从根系向茎和子叶运移的单向过程。

芽苗根系接种标记根瘤菌时，无论根系是否存在机械破损，以及在接种时是否混合了 IAA 或内源菌分泌的胞外多糖，内源菌 R.gn5f 都可以进入子叶，外源菌则不能；类似的结果也出现在幼苗和田间植株中，内源菌 R.gn5f 可进入宿主植物的叶片，而外源菌则无法进入。张淑卿（2012）在苜蓿内生根瘤菌的空间分布研究中，在不同生育期的叶片中均未检出根瘤菌。表明在相对稳定而封闭的植物内环境中，叶片并不是内生根瘤菌的适生部位，至于为何内源根瘤菌能运移至叶片而植株内生根瘤菌无法在叶中检出，需要进一步的研究探讨。

本小节研究获得：通过比较外源标记根瘤菌 S.12531f 和内源标记根瘤菌 R.gn5f 侵入苜蓿芽苗后的短期运移过程，指出内源菌 R.gn5f 和外源菌 S.12531f 对宿主芽苗的侵染和在芽苗体内的运移过程存在相似性和异质性。相似性在于两种标记菌都能侵染芽苗根系并进入茎内。异质性表现为内源菌在植株茎和根内的菌体密度差异小，并能进入芽苗的子叶，而外源菌 24h 内不能进入芽苗子叶，且菌体密度在宿主植株根内和茎内差异很大。表明根瘤菌在芽苗内由根系向茎和子叶运移的过程存在选择性屏障，第一个选择性屏障出现在芽苗的根茎之间，可降低外源菌的通过数量而对内源菌没有影响，第二个选择性屏障出现在茎与子叶之间，能够阻断外源菌向子叶的运移。人为制造根系损伤（切根处理）能增大两种标记菌进入宿主根系并迁移至茎内的菌体数量，但不能使外源菌进入子叶，并会减少子叶中内源菌的数量。

三、荧光标记根瘤菌对室内苜蓿幼苗的侵染、运移、定植影响因素

（一）材料与方法

1. 沙培试验

将灭菌的甘农 5 号苜蓿种子播入直径 7cm、高 7.5cm、容积 200ml 的盛有 480g 无菌清洁河沙的塑料花盆中，覆沙 40g 后将盆栽置入盛有 1/2 Hoagland 营养液的水培盒中，使营养液自盆底向上缓慢渗透至沙土表面（李剑峰等，2009a）。

2. 划伤及叶片涂抹接种对标记根瘤菌在幼苗体内运移和分布的影响

用碘伏对沙培幼苗茎中部进行擦拭消毒，用无菌手术刀片在消毒部位划一道长5mm、深 0.5mm 的创口。在无菌脱脂棉上加滴 0.5ml 外源标记菌 S.12531f 的菌悬液，以无菌棉含菌液的一面朝向创口包裹在幼苗茎部。48h 后将幼苗洗出，用无菌水冲洗 3 次后，对幼苗进行分离，分离方法见图 6-16。

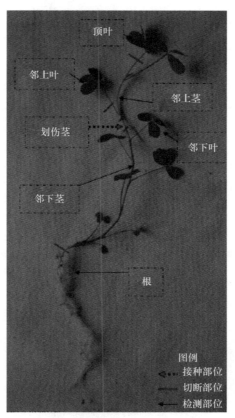

彩图请扫二维码

图 6-16　划伤接种幼苗的组织分离示意图

用无菌棉蘸取 S.12531f 菌悬液，涂抹于不同幼苗顶端叶片、中部叶片及靠近茎基的叶片（何红等，2004），48h 后将幼苗洗出，用无菌水冲洗 3 次后，对幼苗进行分离，分离方法见图 6-17。

将各分离组织分别称重后置于无菌三角瓶中，用碘伏表面灭菌 3min，无菌水冲洗 8 次。灭菌情况检查及各组织中菌落生长情况观察方法同前。R.gn5f 的处理同上。

3. 常温和低温处理对标记根瘤菌在幼苗体内运移和分布的影响

将接种了 S.12531f 菌液的沙培盆栽幼苗在 25℃和 4℃下分别培养，48h 后将幼苗洗出，用无菌水冲洗 3 次后，对幼苗进行分离，分离方法见图 6-18。各分离组织灭菌和菌落生长情况观察方法同前。R.gn5f 的处理同上。

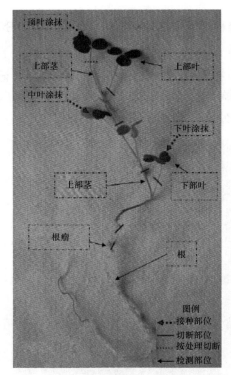

彩图请扫二维码

图 6-17 叶片涂抹接种幼苗的组织分离示意图

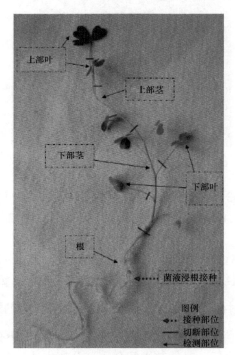

彩图请扫二维码

图 6-18 温度、外源物质、营养条件对幼苗体内标记菌运移影响试验的组织分离示意图

4. 外源物质和营养条件对标记根瘤菌在幼苗体内运移和分布的影响

制备①S.12531f 菌悬液和 R.gn5f 胞外多糖体积比 1∶1 混合液、②S.12531f 菌悬液和 0.08mg/L IAA 混合液、③S.12531f 菌悬液和 50mg/L LaCl₃ 混合液或④S.12531f 菌悬液的 1/2 Hoagland 无氮营养液、1/2 Hoagland 完全营养液及蒸馏水，分别取 5ml 加入 50ml 1/2 Hoagland 营养液中，将沙培幼苗洗出并洗净表面沙土后使其根系完全浸入营养液中做浸根处理，25℃恒温培养。48h 后将幼苗洗出用无菌水冲洗 5 次，浸洗 3 次后，对幼苗进行分离，分离方法见图 6-18。将各分离组织分别称重后置于无菌三角瓶中，灭菌和菌落生长情况观察方法同上。R.gn5f 的处理同上，多糖使用 S.12531f 分泌的胞外多糖。

5. 浸根处理对荧光标记菌在苜蓿幼苗体内的运移动态的影响

将沙培幼苗洗出并冲洗干净后，置于含 5ml S.12531f 菌悬液的 50ml 1/2 Hoagland 营养液中，使幼苗根系完全浸入营养液中，于培养 1 天、2 天、3 天、4 天、5 天、6 天、7 天时将幼苗洗出，用无菌水冲洗 3 次后，将幼苗进行分离，分离方法见图 6-18，将各分离组织分别称重后置于无菌三角瓶中，灭菌和菌落生长情况观察方法同上。

（二）结果与分析

1. 茎部划伤接种对荧光标记菌在苜蓿幼苗内不同部位运移的影响

茎中部划伤并接种荧光标记菌 2 天后，在划伤涂抹部位相邻的下部叶片、下部茎秆和根系中均有内源和外源荧光标记菌的分布。茎秆接种部位、相邻上部叶片和植株顶端叶片中均未检出标记菌（图 6-19A）。表明根瘤菌通过茎中部创口进入植株后，有一个

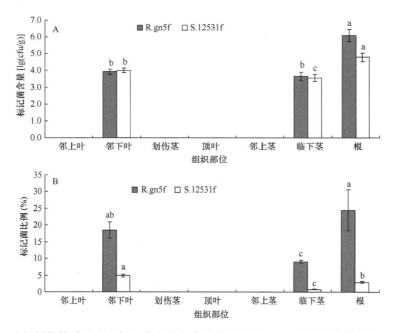

图 6-19　茎部划伤接种处理下标记菌在幼苗中的数量分布（A）和在内生菌中的比例（B）

向下运移到茎和下部相邻叶片的过程，但不能由接种部位向上迁移。此外，内源及外源标记根瘤菌在下部相邻茎和叶中的分布密度相近，而内源菌 R.gn5f 在根内的菌体密度较外源菌 S.12531f 高 17.55～23.30 倍，差异显著（$P < 0.05$）。各检出部位中，内源菌 R.gn5f 比例达 9.01%～18.42%，均显著高于外源菌 S.12531f（$P < 0.05$）（图 6-19B）。尽管部分组织中标记菌的数量相近，但其在全部内生菌中的比例差异甚高，说明进入宿主组织的不同标记菌对其他内生菌的数量和分布也有明显的影响。

2. 叶片涂抹接种对荧光标记菌在苜蓿幼苗体内运移的影响

所有叶片涂抹处理都能在根系中分离出外源和内源标记菌；除植株下部茎外，其他部位均未检出标记菌（图 6-20A）。说明对幼苗期的植株而言，根瘤菌菌体的确存在由叶片进入植株并向下运移到根系的过程，但菌体无法长期在叶片和上部茎中持续存在。同时，标记根瘤菌由茎秆划伤部位进入植株体后的迁移与由叶片涂抹进入植株后向下迁移不是同一条路径，进一步推断出根瘤菌由植株中部向根系运移的过程在空间上存在一条以上的路径或通道，通过其中的一条可进入下部相邻的叶片，而另一条则直接通向下部茎和根。

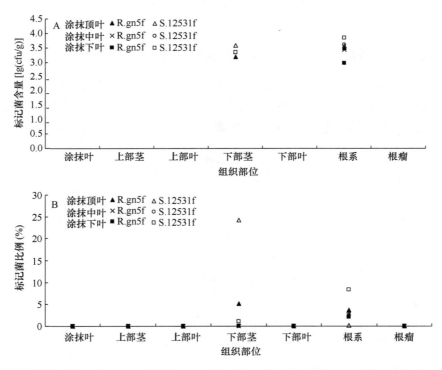

图 6-20　不同叶片涂抹处理下标记菌在幼苗中的数量分布（A）和在内生菌中的比例（B）

除涂抹叶片外，其他叶片没有标记菌也没有其他可检出的菌体，证明了叶片和上部茎内的微环境不适于内生菌的定植。在顶叶和中部叶片涂抹处理后的叶片中不存在根瘤菌，但出现其他可培养微生物，相应位置未做涂抹的叶片中则没有任何菌体检出。说明标记根瘤菌能够经由叶片表面进入植株体内，虽无法在叶片内长期定植，但其侵染进入叶片的过程却为其他外源微生物提供了进入植物体的机会和通道。根瘤菌相比其他的外源微生物，可能存在其特有的侵入叶片的机理，需要进一步的研究。更重要的是，在所有叶片涂抹处理中根系内都有标记根瘤菌出现，但在根系取样部位附着的根瘤中则完全没有标记菌检出，这一结果指出存在于植株体内其他部位的内生根瘤菌可能无法进入已形成的根瘤中。

叶片涂抹处理中，经由叶片进入植株体下部茎的标记根瘤菌占全部内生菌的 5.08%～24.24%，根内标记菌仅占 3.65%～0.22%（图 6-20B）。顶叶涂抹处理中，外源菌 S 12531f 占下部茎中全部内生菌的比例较内源菌 R.gn5f 高 3.77 倍，而在根内则正好相反，仅为 R.gn5f 的 6.03%，差异显著（$P<0.05$）。

3. 常温和低温浸根处理对荧光标记菌在苜蓿幼苗体内运移的影响

不同温度条件浸根处理 2 天后，标记菌在植株体内的数量分布存在明显差异（图 6-21A）。25℃下，两种标记菌集中在幼苗的根、茎部位，都能进入植物根系和下部茎，内源菌 R.gn5f 甚至可以进入植株下部叶片；R.gn5f 在根（$5.18×10^4$cfu/g）和茎（$5.15×10^4$cfu/g）内的数量无显著差异，在叶片中仅有少量分布。下部茎内外源菌 S.12531f 的菌体密度仅为根内的 8.12%，为茎中内源菌 R.gn5f 密度的 32.09%，差异均显著（$P<0.05$）。这一结果指出常温下根瘤菌能够在 2 天内由根部外环境侵入根系并运移至茎，少量的内源标记菌能进入下部叶片。但同时幼苗的茎部环境对菌种具有一定的选择性，外源菌在茎内虽可以存在，但数量和在总内生菌中的比例均显著低于相同部位的内源菌（$P<0.05$）（图 6-21A）。

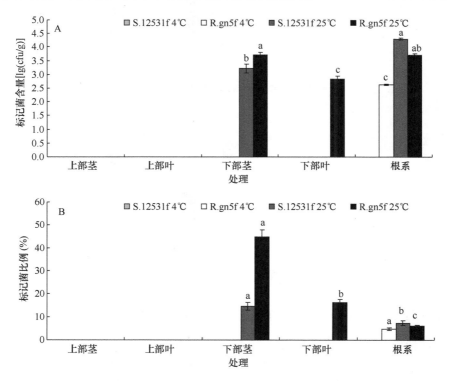

图 6-21 不同温度条件下标记菌在幼苗中的数量分布（A）和在内生菌中的比例（B）

4℃低温下，内源菌 R.gn5f 在幼苗根内有少量分布，密度仅为常温下的 8.38%，差异显著（$P<0.05$）；数量占该部位全部可检出菌数的 2.6%，为常温下该比例的 70.3%（图 6-21B），其他部位均未检出标记根瘤菌。说明 4℃低温能够强烈抑制根瘤菌侵入宿主根系并抑制根瘤菌在宿主体内的迁移，且对外源根瘤菌的抑制作用强于对内源根瘤菌。

4. 菌液混合菌体胞外多糖浸根处理对荧光标记菌在苜蓿幼苗体内运移的影响

与芽苗结果试验一致，将内源菌 R.gn5f 分泌的多糖与外源菌 S.12531f 的菌体混合后对幼苗浸根，2 天后幼苗根和茎中外源菌 S.12531f 的数量分别较单纯接种外源菌的处理高出 106.52% 和 168.13%（$P<0.05$）（图 6-22A）。将外源菌 S.12531f 分泌的多糖与内源菌菌体混合后对幼苗浸根，2 天后幼苗根内源 R.gn5f 的数量较单纯接种内源菌的处理高出 19.37%，但茎中的标记菌减少了 92.96%，且标记菌在下部叶片中也未能检出。标记菌在检出部位全部菌数中的比例也反映出相同的趋势（图 6-22B）。

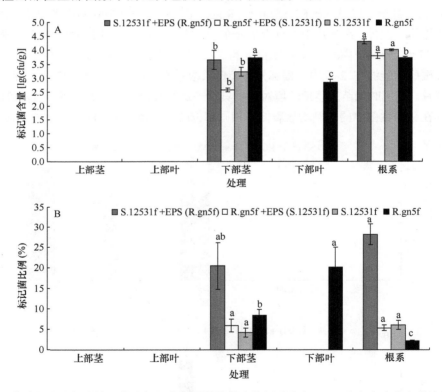

图 6-22　菌液混合胞外多糖后荧光标记菌在苜蓿幼苗内的运移分布（A）和在内生菌中的比例（B）

5. 菌液混合外源 IAA 对荧光标记菌在苜蓿幼苗体内运移的影响

菌液混合外源 IAA 处理根系 2 天后，根系中外源和内源标记菌的含量分别增高 1.22 倍和 1.20 倍（图 6-23A）；茎中外源菌的数量较未添加 IAA 的对照高出 25.24 倍，而内源菌的数量仅为对照的 48.30%，差异显著（$P<0.05$）。菌液混合外源 IAA 接种后，

外源菌在根和茎可检出菌中的比例较对照分别高出 10.85%和 307.98%；内源菌在根中的比例较对照高 172.65%，但在茎内比例仅有对照的 39.05%（图 6-23B）。这与芽苗试验中的结果一致，即 0.08mg/L 的外源 IAA 能明显促进根瘤菌侵入根内，但对内源菌由根向幼苗茎部的迁移有微弱的抑制。

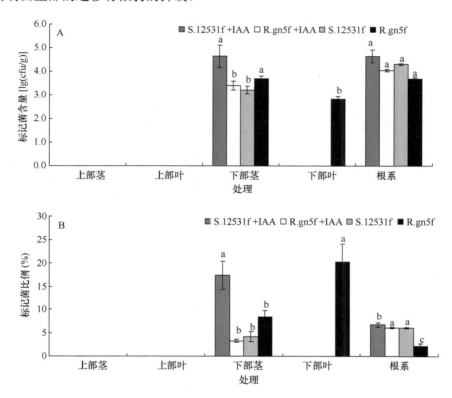

图 6-23　菌液混合外源 IAA 后荧光标记菌在苜蓿幼苗内的运移分布（A）和在内生菌中的比例（B）

6. 菌液混合 LaCl₃ 浸根处理对荧光标记菌侵入苜蓿幼苗及体内运移的影响

浸根处理 2 天后，两种标记菌都能进入幼苗的根系，并迁移至植株下部茎内，但只有少量内源菌能够迁移至植株下部叶片，而 LaCl₃ 能使幼苗下部叶片中的内源菌数降低至对照的 29.53%（图 6-24A）。4 天后混合 LaCl₃ 处理内源菌在下部叶中消失，其他处理的标记菌分布部位与处理 2 天后相同（图 6-24B）。表明 50mg/L 的 LaCl₃ 对内源标记根瘤菌自根至下部叶片的迁移有抑制作用。2 天内 LaCl₃ 能使根系中的外源菌增加 14.04 倍，并降低茎内的内源标记菌数至对照的 52.64%。4 天时 50mg/L 的 LaCl₃ 降低了所有检出部位的标记菌密度。但除 LaCl₃ 作用下根系中的外源菌和下部叶片中的内源菌数量减少或消失外，其他部位内标记菌的数量不论是否有 LaCl₃ 作用都有随处理时间的持续而逐渐增加的趋势。表明 4 天内进入根、茎和叶的标记菌都能稳定增殖或能持续由根部向检出部位迁移。LaCl₃ 在 2 天内表现出刺激外源菌增殖或迁移的能力，但随着处理时间的持续，4 天时对内源菌和外源菌的增殖和迁移都表现出抑制。

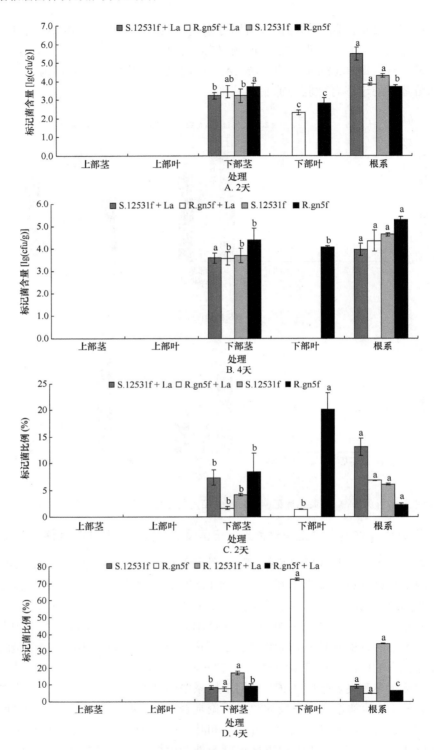

图 6-24 $LaCl_3$ 对荧光标记菌侵入苜蓿幼苗并在体内运移的影响（A、B）及荧光标记菌在内生菌中的占比（C、D）

不同小写字母表示同一处理不同取样部位间差异显著（$P<0.05$）

菌液混合 LaCl$_3$ 浸根 2 天后，内源及外源标记菌在根系可检出菌中的比例分别高出对照 307.98%和 206.28%，在茎中可检出菌的比例高出对照 75%，但内源标记菌在茎中的比例则仅为对照的 19.12%；在 LaCl$_3$ 作用下内源菌在植株下部叶片可检出菌中的比例仅有对照的 6.93%（图 6-24C）。菌液混合 LaCl$_3$ 浸根 4 天后，内源及外源标记菌在下部茎秆中可检出菌的比例分别高出对照 19.07%和 105.35%，在根系中分别高出对照 37.87%和 284.53%，但在植株下部叶片中内源菌仅在未经 LaCl$_3$ 处理下存在，且占可检出菌的 72.53%（图 6-24D）。

7. 不同营养条件处理荧光标记菌侵染苜蓿幼苗及体内运移的影响

含氮营养液及对照处理下根内标记菌数较无氮营养液处理高 0.5～1.31 个数量级，而在可检出菌中的比例分别比无氮营养液处理高 3.25 倍和 12.71 倍（图 6-25）。说明短期内提供全面营养或不提供任何营养都能促进标记根瘤菌侵入根系。茎和叶中内源根瘤

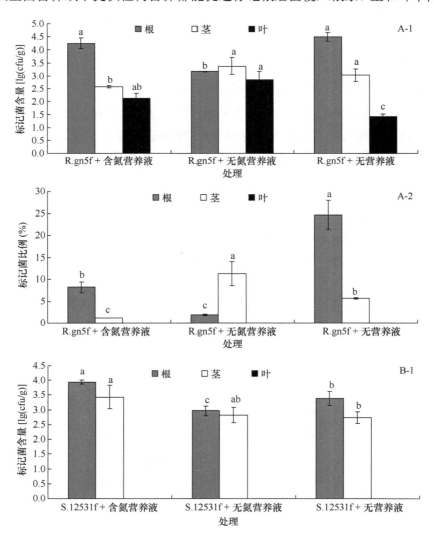

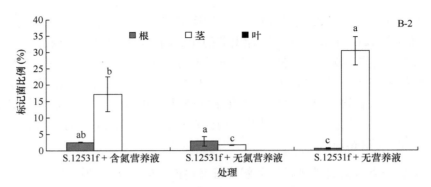

图 6-25 水培营养条件对荧光标记菌侵入苜蓿幼苗并在体内运移的影响（A）和荧光标记菌在内生菌中的比例（B）

菌的数量变化趋势与根系恰好相反。这一结果表明营养供给的均衡性（包括全面营养和无营养）能促进根瘤菌侵入植株根系，而单一缺乏氮素营养的微环境则有利于标记根瘤菌向宿主幼苗的茎部迁移。这一现象指出内生根瘤菌的迁移转运不仅受到宿主防御系统的调控，还受到温度、营养等环境的影响。

8. 浸根处理后荧光标记菌的运移动态

为明确外源和内源标记根瘤菌在宿主植物中的短期运移规律，本研究对含标记菌营养液培养的苜蓿幼苗进行了连续 7 天的体内标记根瘤菌数量及分布测定。结果表明，两株标记菌的运移特性并不完全一致。外源菌 S.12531f 在处理 24h 后即可侵入苜蓿幼苗的根系内（图 6-26A），48h 内已进入植株下部茎，3～4 天时标记菌在根和下部茎中稳定增加，5 天时迁移至上部茎中，并在各部位达到最大密度（图 6-27），而在 6～7 天时持续出现在植株的上部茎、下部茎和根系内。整个过程中，始终未能从叶片中检出标记菌，表明外源标记菌侵入根系后的 7 天内存在一个由根至植株上部茎持续转移的过程。内源菌 R.gn5f 在处理 24h 后仅存在于苜蓿幼苗根系，48h 后除存在于根系外还能在植株下部茎和叶片中检出，2～4 天中内源标记菌的分布部位不变且菌体密度持续增加，5 天时植株的上部茎中也出现了标记菌的存在，并在 5～7 天中持续出现在植株根系、上部茎、下部茎和叶内，但在上部和下部茎中的菌体密度有逐渐减少的趋势（图 6-26B）。

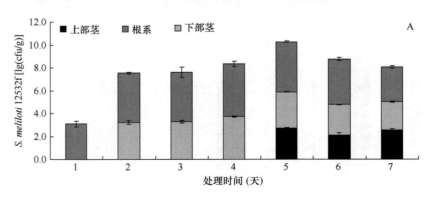

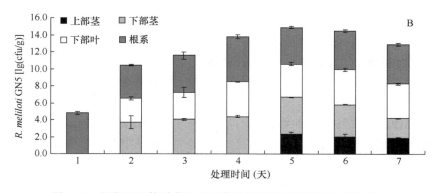

图 6-26　浸根处理接种荧光标记菌在幼苗各组织部位的数量动态

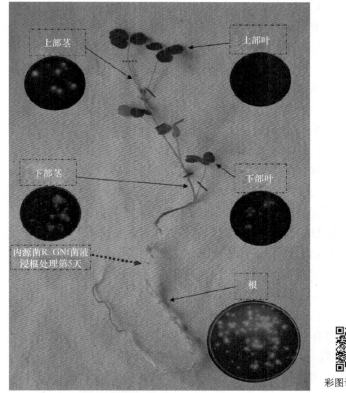

彩图请扫二维码

图 6-27　标记内源菌浸根处理第 5 天时幼苗各部位标记菌分布及数量
（师尚礼等，2015）

（三）小结

　　对紫花苜蓿的幼苗采取含菌营养液浸根、菌液涂抹叶片和茎部划伤菌液接种，结果表明，只有茎部划伤接种能够使外源标记菌 S.12531f 进入叶片，且只限于划伤接种部位相邻的下部叶片。这一现象指出标记根瘤菌由茎秆划伤部位进入植株体后的运移路径与从叶片表面和根系进入植株的运移路径在空间上至少不是完全重合的，或者是茎部的损伤造成的通道改变。在进一步观察幼苗菌液浸根处理后连续 7 天的标记菌分布时发现，内源菌能持续进入与下部茎相连的叶片，表明存在标记菌由茎向叶片运移的物理通道；外源菌能够抵达植株的上部和下部茎，但无法进入叶片，进一步证实茎—叶通道中有某种选择性屏障的存在。迟峰（2006）研究内生根瘤菌在水稻体内的运移时发现，根瘤菌能由水稻根向上运移至叶和叶鞘，并在短期内保持菌体密度的增加。根瘤菌在烟草植株中也有相似的运移机理，菌液浸根后，根瘤菌菌体首先定植于根表，之后侵入根系内部并向上运移至叶片和茎部，部分菌体从叶片气孔运移至叶片表面。在连续 7 天的幼苗浸根试验中发现，内源和外源标记菌都能进入植株的上部茎内，尽管根瘤菌在上部茎中的定植在整个营养期内可能是不连续的，但标记菌运移试验证实了根瘤菌自根向茎顶部的运移通道是存在的。

随着植物组织的老化和木质化程度的加剧，植物的生理条件发生变化，当组织内环境不再适合菌体生存时，根瘤菌的适宜定植部位可能发生变化。因此在芽苗试验之后，本研究在幼苗期也进行了根瘤菌胞外多糖、外源 IAA 和 LaCl$_3$ 对根瘤菌在植株体内运移影响的研究。结果表明在根瘤菌对宿主的侵染和在宿主体内的运移过程中，所遇到的阻碍或屏障包括机械阻隔、菌体对宿主内环境的适应性和信号物质识别所引起的植物防御反应。在 La^{3+} 直接作用减弱的根—茎运移中，用于根瘤菌相互识别的表面膜结构和多糖构象获得宿主防御系统识别的可能性降低，导致标记菌向茎和子叶的运移减缓或停滞。IAA 抑制植物防御系统的胞壁降解酶（如几丁质酶、1,3-葡聚糖酶）的酶活，使入侵菌体易定植于植物组织而不会破坏宿主胞壁的完整性，也不会对侵入的菌体造成生理伤害。外源 IAA 能使宿主体内的标记菌数量保持在一个较高的数量级，而不会与 La^{3+} 一样对内源标记菌向茎和子叶的运移产生阻断。根瘤菌胞外多糖通过表面包被减少菌体与宿主细胞的直接接触，以规避或减弱宿主植物的防御性反应。Yanni 等（2001）的研究进一步证明外源根瘤菌在宿主茎内的数量显著升高；这一结果可能与多糖对宿主植物的防御性反应的诱发和减弱程度有关。在单纯菌液+完整根系的浸根处理中，供试的植物材料等都完全相同的条件下，数量和分布的差异表明内源菌进入植株后可被宿主识别而不会引起剧烈的防御性反应，使宿主防御性反应削弱，进入运移的外源菌菌体数目增加。

温度可通过影响微生物细胞内容物大分子的活性来影响微生物的生命活动。一方面，随着温度的升高，细胞内的酶反应速度加快；另一方面，随着温度的进一步升高，细胞内的蛋白质、核酸等生物活性物质会发生变性，导致细胞功能下降，甚至死亡（李爱江等，2007）。但低温会减缓或停止微生物的代谢过程，温度低于冰点时，可使原生质内的水分结冰，导致细胞死亡。Hoch 和 Kirchman（1993）的研究发现，当温度低于12℃时，微生物的生长速率与温度呈正相关。本研究中，在 25℃下两种标记菌都能进入植物的根系和下部茎，内源菌 R.gn5f 甚至可以进入植株下部的叶片，但在 4℃低温下，除内源菌 R.gn5f 在幼苗的根内有少量分布以外，处理幼苗的其他部位均没有标记根瘤菌检出，且低温下根系中 R.gn5f 的菌密度仅为常温下的 8.38%，说明 4℃低温能够强烈抑制根瘤菌侵入宿主根系并抑制根瘤菌在宿主体内迁移。

Rudrappa 等（2008）认为，植物组织内充足的营养、水分和机械保护条件能够促成内生菌形成团聚体膜（biofilm），有助于菌体黏附并形成优势微群落。本试验将标记根瘤菌菌悬液加入不同营养条件的营养液中，并以此培养苜蓿幼苗，发现菌液连续浸根

2 天后，标记菌在幼苗内的根、茎和叶中（主要分布在植株下部的茎及叶片内）均有分布。但含氮营养液及对照处理（无菌水+菌悬液）下根内的标记菌数较无氮营养液的处理高出 0.5～1.31 个数量级，说明短期内提供全面营养或不提供任何营养都能促进标记根瘤菌侵入根系。无氮营养液处理下，茎中标记菌含量分别较含氮营养液处理和无营养对照高出 6.26～1.29 倍，而含氮营养液处理下茎中的外源标记菌数则分别比无氮营养液和对照处理高出 3.62～4.73 倍。由此可见，营养供给的均衡性（包括全面营养和无营养）能促进根瘤菌侵入植株根系，而单一缺乏氮素营养的微环境则有利于标记根瘤菌向宿主幼苗的茎部迁移。

本小节研究获得：1）根瘤菌通过茎中部的创口进入植株后，有一个向下运移到茎和下部相邻叶片的过程，但不能由接种部位向上迁移；茎秆划伤接种及叶片涂抹接种都能使标记根瘤菌进入植株并向下迁移，但不是同一路径。常温下根瘤菌能够在 2 天内由根部外环境侵入根系并运移至茎，少量的内源标记菌能进入下部叶片。但幼苗的茎部环境对菌种有选择性，外源菌在茎内虽可以存在，但数量和在总内生菌中的比例均显著低于相同部位的内源菌；4℃低温能够强烈抑制根瘤菌侵入宿主根系并抑制根瘤菌在宿主体内的迁移，且对外源根瘤菌的抑制作用强于内源根瘤菌。

2）低浓度的 IAA 能明显促进根瘤菌侵入根内，但对内源菌由根向幼苗茎部的迁移有微弱的抑制；$LaCl_3$ 短期（2 天）内刺激外源菌增殖或迁移，长期（4 天）则抑制内源和外源菌的增殖和迁移；其他菌种的胞外多糖使根系中标记菌密度增加，但对内源菌自根向茎的迁移稍有抑制；外源 IAA 和环境温度差异试验一致表明在下部的叶片与下部茎之间存在选择性屏障，只能允许内源菌进入叶片。

3）两株标记菌随时间变化的运移动态过程不完全一致。外源菌在处理 24h 后即可侵入苜蓿幼苗的根系内，48h 内已进入植株下部的茎内，3～4 天中标记菌在根和下部茎中稳定增加、5 天时迁移至上部茎中，而在 6～7 天中持续出现在植株的上部茎、下部茎和根系内。内源菌在处理 24h 后仅存在于苜蓿幼苗的根系，48h 后除存在于根系外还能在植株下部的茎和叶片中检出，2～4 天中内源标记菌的分布部位不变且菌体密度持续增加，5 天时植株的上部茎中也出现了标记菌的存在，并在 5～7 天中持续出现在植株的根系、上部茎、下部茎和叶内，但在上部和下部茎中菌体密度有逐渐减少的趋势。

4）均衡的营养供给水平（包括全面营养和无任何营养）能促进根瘤菌侵入植株根系，单一缺乏氮素营养的微环境则有利于标记根瘤菌向宿主幼苗的茎部迁移。内源标记菌和外源标记菌在进入根系的阶段受营养条件的影响基本一致，而在茎中则表现出明显的差异。内源菌在茎和叶中的数量变化与根系恰好相反。

四、荧光标记根瘤菌对田间植株的侵染、运移、定植及影响

（一）材料与方法

1. 茎部划伤接种对荧光标记菌在苜蓿田间植株体内分布的影响试验

在苜蓿营养生长初期，选择健康且长势良好的甘农 5 号田间苜蓿植株，用碘伏在

苜蓿植株茎中部进行擦拭消毒，用无菌手术刀片在消毒部位划一道长 5mm、深 0.5mm 的创口。

在无菌脱脂棉上加滴 0.5ml 外源标记菌 S.12531f 的菌悬液，以无菌棉含菌液的一面朝向创口包裹在划伤茎部。48h 后连根取出苜蓿植株，自来水冲洗表面泥土后，再用蒸馏水冲洗 3 次，按划伤部位将苜蓿植株分离为划伤部位上部叶、上部茎、划伤部位所在茎节、划伤部位下部叶、下部茎及根 6 部分。将各分离组织分别称重后置于无菌三角瓶中，灭菌和菌落生长情况观察方法同前。同时，将植物组织进行徒手切片，每次用 75%的乙醇及无菌水冲洗刀片，并用无菌吸水纸擦干，避免切片过程中的交叉污染。将各植株各部位的切片置于蔡司荧光倒置显微镜下观察荧光标记菌的分布及菌体密度。

2. 外源物质对荧光标记菌在苜蓿田间植株体内分布的影响试验

在无菌脱脂棉上加滴 0.5ml ①外源标记菌 S.12531f 的菌悬液和 50mg/L LaCl$_3$ 混合液、②外源标记菌 S.12531f 的菌悬液和 R.gn5f 胞外多糖的混合液（荧光标记菌菌液和多糖按体积比 1：1 混合）或③外源标记菌 S.12531f 的菌悬液和 0.08mg/L IAA 混合液，分别以无菌棉含菌液的一面朝向创口包裹在划伤茎部。48h 后连根取出苜蓿植株，自来水冲洗表面泥土后，再用蒸馏水冲洗 3 次，按划伤部位将苜蓿植株分离为划伤部位上部叶、上部茎、划伤部位所在茎节、划伤部位下部叶、下部茎及根 6 部分，将各分离组织分别称重后置于无菌三角瓶中，灭菌和菌落生长情况观察方法同上。荧光标记菌的分布及菌体密度观察方法同上。内源菌 R.gn5f 的处理同上，多糖使用 S.12531f 分泌的胞外多糖。

3. IAA 对荧光标记菌在苜蓿田间植株体内分布的影响试验

根据外源物质对荧光标记菌在苜蓿田间植株体内分布的影响试验的结果，在 IAA 混合菌液处理时，同时做茎部划伤接种及茎髓部注射接种 2 个处理。在苜蓿营养生长初期，选择健康且长势良好的甘农 5 号田间苜蓿植株，用碘伏在苜蓿植株茎中部进行擦拭消毒，用 2ml 无菌注射器吸取 0.5ml 外源标记菌 S.12531f 菌悬液和 0.08mg/L IAA 的混合液，将其注射到苜蓿植株茎髓部，为避免注射时菌液从注射创口处进入植株表皮，先将无菌针头单独扎入茎秆髓部，再将吸有标记菌菌液的注射器与针头连接，注射完毕之后，抽出少许植株体内空气再将针头拔出，可避免菌液溢出时自针孔进入植株表皮，以此区别于茎秆表皮划伤接种。接种 48h 后连根取出苜蓿植株，植株分解方法及标记菌的分离、涂抹同茎部划伤接种。同时，以不加 IAA 的标记菌液接种注射处理为对照。R.gn5f 的处理同上。

4. 切根瘤浸根处理对荧光标记菌在苜蓿田间植株体内分布的影响试验

将健康且长势良好的甘农 5 号田间苜蓿植株连根取出，自来水洗净表面泥土，再用蒸馏水冲洗植株根系 3 次，无菌手术刀切去根瘤后，将植株置于 200ml S.12531f 菌悬液中做浸根处理，20min 后取出，用无菌土栽入花盆中，室温培养。40天后洗出苜蓿植株，用自来水洗净表面泥土，再用蒸馏水冲洗 3 次后，用无菌手术剪从植株地上部分 1/2 处剪断，按剪断部位将苜蓿植株分离为上部茎、上部叶、下部茎、下部叶及根 5 部分，将各分离组织分别称重后置于无菌三角瓶中，灭菌和菌落生长情况观察方法同上。R.gn5f 的处理同上。

5. 根部接种对荧光标记菌在苜蓿田间植株体内分布的影响试验

在苜蓿营养生长初期，选择健康且长势良好的甘农 5 号田间苜蓿植株，将植株连同根际土壤取出后移栽至直径 35cm、高 40cm 的塑料盆中，盆栽 30 天使移栽时受到损伤的根系得以恢复，将 S.12531f 菌悬液浇入移栽至花盆的 GN5 苜蓿植株根际，40 天后连根取出，用自来水洗净表面泥土，再用蒸馏水冲洗 3 次后，用无菌手术剪从植株地上部分 1/2 处剪断，按剪断部位将苜蓿植株分离为上部茎、上部叶、下部茎、下部叶及根 5 部分，将各分离组织分别称重后置于无菌三角瓶中，灭菌和菌落生长情况观察方法同上。

同时，为探明标记根瘤菌在植株茎内的运移动态，选取地上部分仅 4 个茎节且已接种标记菌液的苜蓿植株，从各茎节连接处将植株做分段处理，将各分离组织分别称重后置于无菌三角瓶中，灭菌和菌落生长情况观察方法同上。R.gn5f 的处理同上。

（二）结果与分析

1. 茎部划伤并涂抹接种后荧光标记菌在田间植株体内的分布

对田间植株的茎中部进行表皮划伤并涂抹菌液 2 天后，外源标记菌 S.12531 和内源标记菌 R.gn5f 均运移至根系，且两种标记菌的密度相近（图 6-28）。与内源菌的分布略有不同，外源标记菌还能存在于划伤处下部茎内，但数量（18～29cfu/g）仅为根组织内标记菌密度的 0.43%～0.86%。两种标记菌在接种部位均未被检出，表明标记根瘤菌从

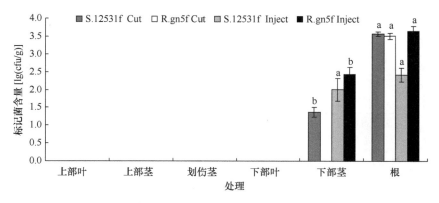

图 6-28　茎部划伤接种与茎部注射菌液后标记菌在田间植株体内的数量分布
Cut. 茎部划伤接种；Inject. 茎部注射接种；下同

田间植株茎表的伤口只能向下运移至根系，但无法向上运移，也不能长期定植于接种部位和茎基至伤口间的运移通道内。

相同的处理时间和环境下，将菌液注射于植株中部茎的髓部后，内源和外源标记菌都能运移至植株的根系和注射部位相邻的下部茎组织内。与茎表划伤涂抹菌液的处理相比，注射处理植株中外源标记菌在根系内的菌体密度降低了 94.72%，但茎中的菌体密

度升高了 0.82～7.27 倍，差异显著（$P < 0.05$）；同样是茎部接种，两种接种方式间根组织内的内源菌密度差异并不显著（$P > 0.05$）。这表明两种标记菌在茎秆表皮和髓部向下迁移的速率并不一致：外源菌自茎秆表层伤口进入植株后，向根系迁移的速率高于由茎秆中髓部向根系迁移的速率，在茎秆髓部向下迁移的速率更快。另外，根系和下部茎内的菌体数目差异也可能是由于外源菌在髓部运移的过程中所受到的植物防御反应的选择压力要高于由茎秆表面伤口—根系的运移通道中所受压力。因为经注射处理进入根系的外源菌菌体密度比涂抹处理有明显的降低，而内源菌由于在髓部受到的防御反应压力较轻，菌体不仅可以在迁移通道内保持较长的滞留时间，且根系的菌体密度也较外源菌高出 36.87%。可见，由茎表伤口侵入植株的方式有利于外源菌的运移，而注射处理后由茎秆髓部向根系的迁移通道更适宜内源菌的转运。

为侧重探讨外源标记根瘤菌在植物体内的运移过程，我们根据以上推论在探讨外源物质 $LaCl_3$ 和菌体胞外多糖对茎部接种的影响时，选择有利于外源菌运移的茎表涂抹接种试验，而仅在 IAA 混合菌液处理时，对两种接种方式同时做了测定和分析。

2. 茎部划伤以菌液混合 $LaCl_3$ 涂抹处理后标记菌在田间植株内的分布

$LaCl_3$ 对外源菌和内源菌在田间植株中运移的影响结果正好相反（图 6-29）。即与仅接种菌液的对照相比，$LaCl_3$ 能提高内源菌 R.gn5f 在根系中的分布密度，并能使菌体在下部茎内存在 2 天以上；而对外源菌，$LaCl_3$ 会使根系内的菌体密度降低至对照的 39.45%～53.29%，同时使植株下部茎内的外源标记菌消失。

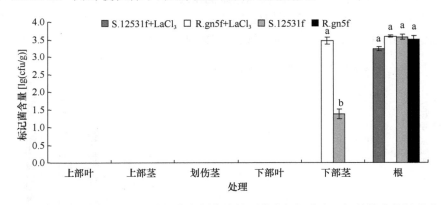

图 6-29 菌液混合外源 $LaCl_3$ 进行茎秆划伤涂抹后荧光标记菌在田间植株内的运移分布

3. 茎部划伤以菌液混合不同菌体胞外多糖涂抹后标记菌在田间植株内的分布

内源菌 R.gn5f 分泌的胞外多糖能显著提高外源菌 S.12531 在宿主芽苗根系中的数量，田间植株中情况相似（图 6-30），外源菌（/内源菌）混合内源菌（/外源菌）的胞外多糖在茎表伤口接种后，根系中标记菌的密度升高了 1～2 个数量级，外源和内源标记菌的平均菌密度分别比对照增加 47.39 倍和 13.73 倍，差异显著（$P < 0.05$）。但与幼苗和芽苗的试验结果不同的是，外源菌分泌的胞外多糖不能增加内源菌在茎内的数量，反而使茎中原本存在的少量标记菌（对照处理）也消失了，而外源菌则无论是否有外源菌胞外多糖的参与，均未能在除根以外的其他部位检出。

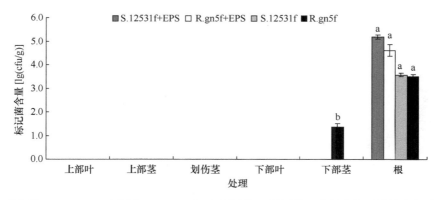

图 6-30　外源菌 S.12531f（/内源菌 R.gn5f）混合内源菌（/外源菌）胞外多糖对植株中部茎秆划伤涂抹后，荧光标记菌在田间苜蓿植株内的运移分布

4. 菌液混合 IAA 对划伤茎表涂抹接种及对茎髓部注射接种后标记菌在田间植株体内的分布

菌液混合外源 IAA 涂抹茎表伤口 2 天后，两种标记菌在植株下部茎和根系内均有分布（图 6-31A），但 IAA 的存在使田间植株根系中的内源及外源标记菌平均密度显著降低（$P<0.05$）；涂抹接种 2 天后下部茎中仍有内源标记菌检出，且菌体平均密度达到根系的 51.63%。但外源菌在茎内的平均密度在外源 IAA 作用下显著降低（$P<0.05$）。

菌液混合外源 IAA 向茎中部注射接种 2 天后，内源和外源标记菌在植株根系和茎内均有分布（图 6-31B）。与只注射菌液的对照相比，混合外源 IAA 外源菌在根系内菌体密度降低 75.28%～89.62%，而茎内的菌体密度略有增加；内源菌的表现趋势正好相反，混合外源 IAA 使植株下部茎内的菌体密度降低 82.07%～92.02%，而根系中菌体密度略有升高，这与幼苗试验中的结果有相似之处。

以上结果表明，外源 IAA 对根瘤菌迁移速率的影响根据运移路径的不同而有明显差异。在标记菌由茎表创口进入，经过韧皮部向根系运移的过程受到外源 IAA 的缓滞作用；外源 IAA 对标记菌由茎中柱或髓部向根系的运移对内源与外源标记菌的作用相反，对内源菌向根系的运移有促进作用，对外源菌的运移则表现为阻滞。这可能与外源 IAA 影响植物防御反应强度有关。

5. 去根瘤后菌液浸根重栽及根部回接菌液后标记菌在田间植株体内的分布

去除根瘤以菌液浸根并重栽 40 天后，两种标记菌在苜蓿植株根系和下部茎内都能被检出（图 6-32 和图 6-33）。内源（4.76×10^5cfu/g）及外源（4.32×10^5cfu/g）标记菌在根系中的菌密度相近，而在茎中仅为根系的 0.9%～7.3%。表明通过根系切去根瘤时留下的伤口进入植株的标记根瘤菌主要存在于植物根系中，少量的标记菌也能运移至茎部并在 40 天内保持存在。直接在田间植株的根际土壤中施入菌液也能使标记菌侵入宿主植物的根系，并运移至植株下部茎内，但只有内源菌 R.gn5f 可进入植株上部叶片。表明由完整根系的根际侵入植株的标记根瘤菌在处理 40 天后仍存在由根系向地上部位运移迁移的过程，在植株体内的标记菌运移通道中依旧存在茎与叶片间的选择透过性屏障，

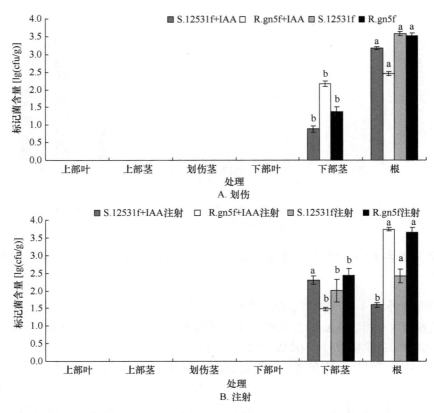

图 6-31　菌液混合 IAA 划伤涂抹（A）和注射（B）接种苜蓿田间植株体内荧光标记菌的分布

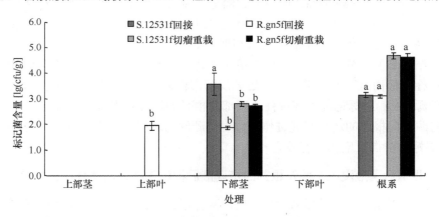

图 6-32　苜蓿田间植株切去原根瘤再以菌液浸根并重栽处理及植株根际回接菌液 40 天后，荧光标记菌
在苜蓿田间植株内的运移分布

使内源标记菌能够进入叶片，而外源标记菌则仅限于在植物根系和下部茎内转运。与去
除根瘤并接种重栽植株相比，直接向根际回接菌液 40 天后，根组织内标记根瘤菌的菌
体密度均显著下降（*P*<0.05）。说明对于田间植株而言，根系是否存在伤口及是否已结
根瘤对标记菌的侵染和运移有明显影响。标记菌在根系未受损伤且已形成大量根瘤的田
间植株根组织中菌密度较低，但始终保持着向上运移的趋势，尤其是内源菌，能够进入

彩图请扫二维码

图 6-33　去根瘤菌液浸根重栽 40 天后田间苜蓿植株体内的标记内源菌分布
（师尚礼等，2015）

植株上部叶片中。对于切去根瘤接种后重新栽培的植株，切去根瘤时在根表留下的伤口和创面为标记菌的侵入提供了便利的通道，也使得菌体获得了更多的侵入机会，表现为根组织内的标记菌密度增大。

　　直接回接菌液处理，植株上部叶片有根瘤菌检出，说明标记菌存在由根际转运至植株上部的运移通道。而切去根瘤接种后重新栽培的植株，菌体的运移通道会由根系延伸至何处并不明确。因此对该处理的植株进行分段组织的标记菌检测（图 6-34）。两种标记菌都能由根系迁移至下部茎内（距根系 2 个茎节），茎基组织中内源菌及外源菌的菌体密度差异很小，而在向上迁移一个茎节之后，外源菌 S.12531 的菌体密度有所升高（图 6-34）。

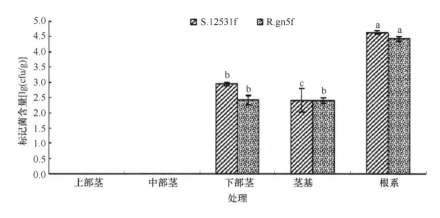

图 6-34　标记菌菌液浸根重栽 40 天后苜蓿田间植株体内的标记菌分布

表明在运移通道的不同部位，标记菌的分布和不同菌株的适生性也有所差异。

6. 不同方法茎部接种 48h 后荧光标记菌在田间植株各组织部位内生菌中的比例

划伤茎部并接种的不同处理间，标记菌占总检出菌的比例差异明显（表 6-11）。在接种菌液中混合 0.08mg/L 的 IAA、50mg/L 的 $LaCl_3$ 和其他菌种的胞外多糖均能提高标记菌在根组织总检出菌中的比例。其中，混合 IAA 接种处理中内源菌的比例高达 52.1%，增幅 27.94 倍；外源菌在根组织中占可检出菌的比例为 9.4%，高出对照 4.88 倍，但在茎中降低至对照的 44.68%，差异显著（$P<0.05$）。$LaCl_3$ 可以提高内源菌在茎中可检出菌中的比例，但对根系中标记菌比例的影响较弱，表明田间植株茎中的内生菌对 $LaCl_3$ 较为敏感。

表 6-11　茎部划伤并涂抹菌液 48h 后标记菌在田间植株各部位内生菌中的比例　（%）

分段部位	划伤 CK		$LaCl_3$		IAA		EPS	
	S.12531f	R.gn5f	S.12531f	R.gn5f	S.12531f	R.gn5f	S.12531f	R.gn5f
上部叶	—	—	—	—	—	—	—	—
上部茎	—	—	—	—	—	—	—	—
划伤茎	—	—	—	—	—	—	—	—
下部叶	—	—	—	—	—	—	—	—
下部茎	14.1 ± 0.3	—	—	45.8 ± 8.2	6.3 ± 0.6	21.0 ± 3.1	—	—
根	1.6 ± 0.2	1.8 ± 0.1	1.6 ± 0.1	1.8 ± 0.2	9.4 ± 0.6	52.1 ± 20.6	3.1 ± 0.1	9.5 ± 0.7

"—"表示未检测到标记根瘤菌

田间植株在茎中部注射接种菌液 2 天后，外源菌 S.12531f 和内源菌 R.gn5f 在可检出菌中的比例有明显差异，且易受 IAA 的影响（表 6-12）。在仅注射菌液处理下，外源菌在下部茎中比例高出根系 16.5 倍；内源菌正好相反，在茎组织可检出菌中的比例仅为根系中的 10.53%。在混合 IAA 注射后，内源菌和外源菌不论在组织中的菌体密度是否有变化，在可检出菌中的比例均有明显的降低。表明外源 IAA 对组织内的其他内生菌有着更为明显的促进作用。

表 6-12　茎内髓部注射菌液 48h 后标记菌在田间植株各部位内生菌中的比例　（%）

分段部位	注射 CK		IAA 注射	
	S.12531f	R.gn5f	S.12531f+IAA	R.gn5f+IAA
上部叶	—	—	—	—
上部茎	—	—	—	—
划伤茎	—	—	—	—
下部叶	—	—	—	—
下部茎	28.0 ± 4.6	2.8 ± 0.6	0.5 ± 0.1	0.6 ± 0.2
根	1.6 ± 0.4	26.6 ± 12.3	1.2 ± 0.0	3.3 ± 0.1

7. 不同方法根部接种 40 天后荧光标记菌在田间植株各组织部位内生菌中的比例

采用不同方式进行根部接种标记菌 40 天后，两种标记菌在下部茎组织内可检出菌中的比例均高于其他部位（表 6-13）。菌液根际回接或去除根瘤并以菌液回接 40 天后，下部茎外源和内源标记菌在内生菌中的比例均高于根系。所有处理中，内源菌 R.gn5f 在各部位可检出菌中的比例均低于外源菌 S.12531f。

表 6-13　根部接种菌液 40 天后标记菌在田间植株各部位内生菌中的比例　　（%）

分段部位	菌液回接		切瘤后接种重栽	
	S.12531f	R.gn5f	S.12531f	R.gn5f
上部茎	—	—	—	—
上部叶	—	1.40 ± 0.02	—	—
下部茎	19.99 ± 4.43	2.02 ± 0.09	50.79 ± 6.39	41.39 ± 4.25
下部叶	—	—	—	—
根系	2.81 ± 0.14	0.14 ± 0.02	5.16 ± 2.6	2.60 ± 0.03

田间植株在去除根瘤、以菌液浸根并重栽 40 天后，内源和外源标记菌在检出部位内生菌中的比例随运移路径变化有所差异（表 6-14）。内源标记菌自根系向茎部在组织中的比例逐渐增加，而外源菌在茎基可检出菌中的比例最高，分别为下部茎和根系的 1.49 倍和 17.41 倍。

表 6-14　田间植株除去根瘤并于根部接种菌液 40 天后，标记菌在各部位内生菌中的比例
（%）

分段部位	S.12531f	R.gn5f
上部茎	—	—
中部茎	—	—
下部茎	39.03 ± 1.36	34.15 ± 3.95
茎基	58.14 ± 2.41	14.00 ± 1.15
根系	3.34 ± 0.66	3.40 ± 0.64

（三）小结

对紫花苜蓿田间植株采取了菌悬液根际浇灌、去除根瘤以菌液浸根两种根部接种方法和对茎部划伤部位涂抹、茎秆中部注射菌液接种两种茎部接种处理方法，通过比较发现，无论从根表、根面创口还是茎秆接种，都能使标记根瘤菌最终进入苜蓿田间植株的根系。表明从幼苗到越冬返青后的田间植株，都存在着从茎部迁移至根系的根瘤菌运移通道，存在于茎秆中部的髓部和茎秆表面的韧皮部。根瘤菌在这两个部位的通道迁移时有明显的差别，通过韧皮部向下迁移的过程是即时性的，在迁移完成后不会有菌体定植于茎内，而从茎秆中间的髓部向下迁移时，菌体会少量分布于组织中。由根表面自然侵入的内源标记菌能由根系向上运移到植株上部的叶片，而下部的叶片和茎尖内却无标记菌检出，指出根瘤菌在植株体内的迁移和定植并不是随机的，而是有其特殊的定植部位。这也暗示着在营养生长初期，由根系向地上部分包括叶片的内生根瘤菌迁移通道是贯通的，并对侵入的微生物有选择通过性，且选择压力的强弱在植株的不同部位有很大差异。在多数处理中幼苗和田间植株的根系内两种标记菌均有分布，菌体密度较高且内源标记菌和外源标记菌间的密度差异相对较小，表明根系对侵入根瘤菌的选择压力低于其他部

位。叶片中的选择压力最高，在没有外源物质影响下，叶片中或者没有标记菌存在，或者只允许内源标记菌进入。

就茎—叶间的根瘤菌运移通道而言，随着植株的生长发育、组织结构发生变化的同时，标记根瘤菌的转运通道也产生了相应的改变。田间植株的多次试验均证实由茎表面创口侵入的外源标记菌无法进入叶片，而由幼苗茎表创面进入的外源标记菌可进入下部相邻的叶片组织，田间植株由于株龄较大，由茎表向叶片的运移屏障受茎表创伤的影响减弱，使外源菌不再能透过。注射接种后，外源标记菌由茎髓部运移至根时，在解剖学上根部接收标记菌的部位最有可能的是根的中柱。内生根瘤菌在根组织中主要分布于毛根、侧根和主根的皮层内，而在主根中柱内的根瘤菌密度较低（张淑卿等，2009b），说明根的中柱部位并不是适宜内生根瘤菌定植的处所，这解释了为何由茎髓部进入根系（中柱）部位的外源标记菌明显少于由茎表韧皮部进入根皮层的标记菌。

在可检出标记菌的处理中，0.08mg 的 IAA、50mg/L 的 $LaCl_3$ 和外源菌（内源菌）的胞外多糖混合菌液接种后均能提高标记菌在根组织总检出菌中的比例。表明这三种外源物质对植物组织中的原有内生菌均有不同程度的抑制，或者对植物组织内生菌的增殖的刺激作用远低于对标记菌的增效。这三种外源物质对植物组织内标记菌密度的增减也有明显的影响，但具体作用根据植物所处的生长时期、菌种、接种部位、迁移路径和检测组织部位不同而不同（表 6-15）。

表 6-15　外源 IAA、$LaCl_3$ 和根瘤菌胞外多糖对标记菌组织内分布密度的影响

接种部位	植物材料	菌株	组织部位	外源物质				
				$LaCl_3$		IAA	EPS (R.gn5f)	EPS (S.12531f)
根	芽苗	内源菌 R.gn5f	根	↑		↑	—	↑
			茎	//		↓	—	↑
			真叶	×		×	—	×
			子叶	//		↓	—	↓
		外源菌 S.12531f	根	↑		↑	↑	—
			茎	↓		↑	↑	—
			真叶	×		×	×	—
			子叶	×		×	×	—
				2天	4天			
茎部	幼苗	内源菌 R.gn5f	根	↑	↑	↑	—	↑
			上部茎	×	×	×	—	×
			上部叶	×	×	×	—	×
			下部茎	↓	↑	↓	—	↓
			下部叶	↓	//	//	—	//
		外源菌 S.12531f	根	↑	↑	↑	↑	—
			上部茎	×	×	×	×	—
			上部叶	×	×	×	×	—
			下部茎	↑	↑	↑	↑	—
			下部叶	×	×	×	×	—

续表

接种部位	植物材料	菌株	组织部位	外源物质				
				LaCl₃	IAA		EPS（R.gn5f）	EPS（S.12531f）
					划伤	注射		
茎部	田间植株	内源菌 R.gn5f	根	↑	↓	↑	—	↑
			上部茎	×	×	×	—	×
			上部叶	×	×	×	—	×
			下部茎	↑	↓	↓	—	×
			下部叶	×	×	×	—	×
		外源菌 S.12531f	根	↓	↓	↓	↑	—
			上部茎	×	×	×	×	—
			上部叶	×	×	×	×	—
			下部茎	//	↑	↑	//	—
			下部叶	×	×	×	×	—

注：↑：菌体密度增大；↓：菌体密度降低；//：对照中存在标记菌，但混合该物质接种的处理未检出标记菌；×：与对照一致，未检出标记菌；—:对照即处理

　　LaCl₃ 能提高内源菌 R.gn5f 在根系中的分布密度，使菌体在下部茎内存在 2 天以上，但降低了外源菌在根系内的菌体密度，并使植株茎内的外源标记菌消失。这与幼苗试验的结果有所不同，同样是混合 LaCl₃ 接种 2 天之后的标记菌分布，LaCl₃ 能刺激幼苗体内外源菌增殖或迁移，同时对内源菌有所抑制。可见不同的植株生长阶段，体内标记菌的迁移和增殖受 LaCl₃ 的影响并不一致，这可能与不同生长时期宿主植株的组织细胞对 LaCl₃ 的反应差异有关，相对于幼苗和芽苗，已生长 1 年的田间植株对 La³⁺ 的抗性增强，La³⁺ 在植株体内对入侵外源微生物的防御反应由幼苗阶段的干扰作用转变为低毒刺激的 Hormesis 效应，使防御反应（孙冬梅等，2005）增强，因此不可被宿主识别的外源菌在根系和茎内的数量均降低甚至消失。可被宿主识别的内源菌，则可能会借助 La³⁺ 对宿主胞壁的变松作用在宿主体内获得更多生存空间。其具体的机理还需要进一步的探讨和验证。

　　本小节研究获得：田间营养生长初期的植株菌液浸根接种 40 天后，标记菌仍由根系向植株地上部分运移，且只有内源菌能进入植株上部叶片。表明返青后的田间植株在营养生长初期，体内存在根瘤菌向上运移的通道，但标记菌在运移通道中的分布是不连续的，在部分通道组织内只能选择性允许标记菌通过，不能长期定植。并指出外源菌在宿主根和茎内能够存在 40 天且菌体密度逼近内源菌，但不能像内源菌一样进入植株上部叶片，证明苜蓿植株体内存在菌体运移的选择性屏障。

五、外源物质对标记根瘤菌在苜蓿体内运移和定植的调控

（一）材料与方法

1. 试验材料

供试菌株：草业生态系统教育部重点实验室（甘肃农业大学）提供青色荧光标记根

瘤菌 *Rhizobium* LH3436f（3436f，其原始菌株分离自 WL343HQ 紫花苜蓿）（霍平慧，2014）、*Ensifer meliloti* 12531f（S.12531f，其原始菌株为购自中国科学院微生物研究所菌种保藏中心的中华苜蓿根瘤菌，为参比菌）和 *Rhizobium* gn5f（R.gn5f，其原始菌株分离自甘农 5 号苜蓿）。

供试苜蓿种子：购自美国 Monsanto 公司的 WL343HQ 紫花苜蓿（*M. sativa* 'WL343HQ'），发芽率为 84.5%。甘肃农业大学草业生态系统教育部重点实验室（甘肃农业大学）提供甘农 5 号苜蓿种子，净度为 97%，发芽率为 84%。

供试硼：硼酸（H_3BO_3）（兰州博域生物科技有限责任公司），含量不少于 99.5%。

供试赤霉素（gibberellin，GA3）：购自兰州博域生物科技有限责任公司，含量不少于 90%。

供试苦参碱：购自宝鸡方晟生物开发有限公司（浓度 10%），棕色瓶内保存于 23～26℃。

供试黄腐酸（fulvic acid，FA）：购自麦瑞博生物公司，含量≥95%。

供试植株：甘肃农业大学兰州牧草试验站穴播方式种植的 1 年龄 WL343HQ 紫花苜蓿和甘农 5 号苜蓿，试验站位于兰州市安宁区，36°05′N，103°41′E，海拔 1525m，地处黄土高原西端，土壤类型为黄土，可灌溉，日照时数 2446h，全年无霜期 210 天，年均温 8.9℃。

2. 外源物质浓度筛选及培养基的制备

（1）硼酸、赤霉素和苦参碱

按照前期的试验结果设置硼酸浓度为 0mg/L、0.01mg/L、0.5mg/L、1mg/L、10mg/L 和 100mg/L；赤霉素浓度为 0mg/L、0.5mg/L、1mg/L、10mg/L 和 100mg/L；苦参碱浓度为 0mg/L、100mg/L、200mg/L、300mg/L 和 400mg/L。

将硼酸、赤霉素和苦参碱分别置于无菌三角瓶中，无菌操作台内紫外杀菌 1h 后无菌水（硼酸）或少量乙醇（赤霉素和苦参碱）溶解并用无菌滤膜（直径 0.22μm）过滤 3 次。以 TY 液体培养基为基础培养基，按需要的浓度将硼酸、赤霉素和苦参碱分别加入配制好的 40ml TY 液体培养基中。

将荧光标记根瘤菌 S.12531f 和 R.gn5f 活化培养至 OD_{600nm}=0.5～0.8，将该菌液按 10%浓度加入不同硼、赤霉素和苦参碱浓度的液体培养基内，其余方法同上。

（2）磷酸二氢钾（KH_2PO_4）和黄腐酸（fulvic acid，FA）

设置 KH_2PO_4 终浓度分别为 0mg/L（PCK）、50mg/L、100mg/L、200mg/L、400mg/L、600mg/L；FA 终浓度为 0（HCK）、0.01%、0.02%、0.04%、0.06%、0.08%、0.10%。

将 KH_2PO_4 和 FA 分别置于无菌三角瓶中，无菌操作台内紫外杀菌 1h 后无菌水溶解并用无菌滤膜（直径 0.22μm）过滤 3 次。以 TY 液体培养基为基础培养基，按需要的浓度将 KH_2PO_4 和 FA 分别加入配制好的 50ml TY 液体培养基中。

培养液及菌液制备：用 TY 液体培养基活化标记根瘤菌用 TY 液体培养基活化，调制成 OD_{600nm}=0.5 的菌液。将标记根瘤菌 R.LH3436f、S.12531f、R.gn5f 的菌液按每瓶 1ml 分别加入装有不同浓度的 KH_2PO_4 和 FA 液体培养基内，每处理重复 4 次，28℃、

180r/min 培养 1 周,以检测并筛选出 3 个 KH_2PO_4 和 FA 浓度,用于苗期试验(R.LH3436f、S.12531f、R.gn5f 未添加 KH_2PO_4 和 FA 的处理分别表示为 PCK1、PCK2、PCK3)。

3. 荧光标记根瘤菌在苜蓿体内运移和定植的测定

（1）硼酸、赤霉素和苦参碱添加接种

苜蓿幼苗的培养方法同上文。待苜蓿幼苗长出真叶后,每杯定苗 25 株,将已制好的菌悬液浇于盆栽表面,25ml/杯。每处理重复 6 次,以无菌蒸馏水接种处理为对照。幼苗生长过程中用无菌蒸馏水补充水分,接种后每 15 天浇灌 500ml/盒 Hoagland 无氮营养液,至 60 天幼苗收获。

（2）KH_2PO_4 和 FA 添加接种

沙培法栽培苜蓿幼苗,选取健康、饱满的 WL343HQ 紫花苜蓿种子和甘农 5 号苜蓿种子 20g,分别在无菌操作台内用医用碘伏消毒 2min 后用无菌水清洗 3～4 次,无菌滤纸吸干水分待用。细沙洗净烘干,121℃、102.9kPa、26min 灭菌 3 次后装入底部扎有网眼的塑料杯(直径 10cm、深 12cm,500g/杯)内,放入水培盒中。每杯播种 45 粒已消毒的种子,表面覆盖已灭菌干沙 1cm 左右。每处理水培盒内加 Hoagland 有氮营养液 1L,使沙杯内沙子完全湿润,发芽前以无菌水补充水分。

待苜蓿幼苗长出真叶后,将 3 株标记根瘤菌分别等量接种于添加不同浓度 KH_2PO_4 或 FA(筛选出的每株标记根瘤菌对应的 3 个浓度和 0 浓度)的液体培养基内,28℃、180r/min 摇床培养 24h,分别用针管向苜蓿沙培杯的沙子里注射 30ml 菌液,确保除幼苗根系以外其他部位不接触菌液,分别按表 6-16 和表 6-17 设计试验处理,以单独添加无菌水处理为对照(WPCK、GPCK),每处理重复 6 次。接种后每个水培盒每隔 10 天浇灌无氮营养液 500ml,无菌水补充水分,至 60 天植株收获。

表 6-16　磷酸二氢钾试验处理

处理	苜蓿品种	根瘤菌株	磷酸二氢钾浓度（mg/L）
WPCK		无菌水	
WwP0			0
WwP5			50
WwP1		R.LH3436f	100
WwP2			200
WbP0			0
WbP5	WL343HQ 苜蓿		50
WbP1		S.12531f	100
WbP4			400
WgP0			0
WgP5			50
WgP1		R.gn5f	100
WgP2			200
GPCK	甘农 5 号苜蓿	无菌水	
GwP0		R.LH3436f	0

续表

处理	苜蓿品种	根瘤菌株	磷酸二氢钾浓度（mg/L）
GwP5			50
GwP1			100
GwP2			200
GbP0			0
GbP5		S.12531f	50
GbP1	甘农 5 号苜蓿		100
GbP4			400
GgP0			0
GgP5		R.gn5f	50
GgP1			100
GgP2			200

表 6-17　黄腐酸试验处理

处理	苜蓿品种	根瘤菌株	FA 浓度（%）
WHCK		无菌水	
WwH0			0
WwH1		R.LH3436f	0.01
WwH2			0.02
WwH8			0.08
WbH0	WL343HQ 苜蓿		0
WbH2		S.12531f	0.02
WbH4			0.04
WbH6			0.06
WgH0		R.gn5f	0
WgH1			0.01
WgH2			0.02
WgH8			0.08
GHCK		无菌水	
GwH0			0
GwH1		R.LH3436f	0.01
GwH2			0.02
GwH8			0.08
GbH0			0
GbH2	甘农 5 号苜蓿	S.12531f	0.02
GbH4			0.04
GbH6			0.06
GgH0			0
GgH1		R.gn5f	0.01
GgH2			0.02
GgH8			0.08

（3）适宜荧光标记根瘤菌生长的外源物质浓度测定

接种后 1 天、3 天、5 天、7 天和 9 天的相同时间测定含不同浓度硼、赤霉素和苦参碱的培养基菌液 OD_{600nm} 吸光度值。

紫外分光光度计测定第 1 天、2 天、3 天、4 天、5 天和 6 天菌液 OD_{600nm} 值。根据吸光度值选择出每株标记根瘤菌适宜生长的 3 个 KH_2PO_4 和 FA 浓度，用于苗期试验。

（4）荧光标记根瘤菌运移和定植能力测定

方法参考 Miao 等（2018）的根瘤菌运移及定植的检测。各处理随机挖取 3 株幼苗，前 15 天每 5 天检测一次，每株分为根、茎、叶，后 30 天每 10 天检测一次，每株分为根、下部茎、下部叶、上部茎、上部叶（从第 4 真叶处分上部和下部），称取 1g 左右。无菌操作台内用医用碘伏消毒 1～2min，无菌水冲洗，将样品各面在固体培养基表面放置 30min 后取出，28℃培养 48h，未长出菌落则表面已消毒彻底。将彻底表面消毒后的样品放入已灭菌的 5ml 离心管中，加 2ml 无菌水和 3～5 粒小钢珠，研磨后离心（4000r/min，5min），吸取 0.2ml 上清液，用涂布器均匀涂于 TY 固体培养基表面，28℃培养 48h。培养结束后于暗室内用手提紫外灯（波长 336nm）观察记录每培养皿内标记根瘤菌菌落个数后换算出每克样品中标记根瘤菌数量（李剑峰等，2015）。

（5）指标测定

最后一次检测苜蓿幼苗体内标记根瘤菌运移与定植情况时（接种第 45 时），各处理随机取 10 株（保持根系完整），小心清洗根系周围细沙，测定其单株结瘤数，参考 5 分值计分法划分根瘤等级（李剑峰等，2010）；测定其单株叶片数（复叶）、株高、根长；称取地上和根部鲜重（滤纸吸干表面水分）和干重（烘箱中 105℃杀青 20min，然后 80℃烘干至恒重）。

4. 接种方法对苜蓿体内荧光标记根瘤菌运移和定植的影响

荧光标记根瘤菌菌液制备方法同上，在 S.12531f 和 R.gn5f 菌液中各加入无菌苦参碱制成含 600mg/L 苦参碱的菌液。

（1）接种方法

对蕾期、初花期、结荚期的苜蓿分别采用以下 4 种方法接种。

1）主根微破损浇灌：将苜蓿植株根部四周 10cm 范围内挖深约 5cm 坑，将露出的主根用剪刀划出深 2cm 的伤痕，侧根、毛根切断，将制备好的荧光标记根瘤菌悬液按 50ml/株均匀浇灌于根部，然后覆土埋根。

2）根部浇灌：将苜蓿植株根部四周 10cm 范围内挖深约 5cm 坑，露出主根、侧根、毛根，将制备好的标记菌液按 50ml/株均匀浇灌于根部，然后覆土埋根。

3）花部喷射：初花期，选取枝条上刚开放的小花用无菌注射器吸取两种荧光标记根瘤菌液均匀喷射于花冠和柱头上，接种过程中将花朵置于塑料板上，避免标记菌滴落到土壤或接触其他部位，待菌液干后移开塑料板。每朵花的喷射接菌量以菌液欲滴而未滴为合适。每一枝条取最上端 5 朵小花，一株苜蓿随机接种 5 个枝条。

4）添加苦参碱的菌液根部浇灌：同根部浇灌，将含 600mg/L 苦参碱的荧光标记根瘤菌液进行根部浇灌。以上处理均以无菌蒸馏水接种为对照，每处理接种 5 株。

（2）荧光标记根瘤菌的检测时期及检测组织

1）现蕾期—成熟期：检测根、茎、叶、花、种子；

2）开花期—成熟期：检测根、茎、叶、花雌蕊（胚珠、花柱、柱头）、花雄蕊（花药、花丝）、花瓣；

3）结荚期—成熟期：检测幼嫩种子、成熟种子、荚果皮。

（3）荧光标记根瘤菌的检测方法

1）取样。分别于现蕾期、初花期、结荚期采用不同接种方法接菌后的 5 天、15 天、30 天、60 天苜蓿植株取样检测分析，直至种子收获；取苜蓿单株，随机分离出 5～10cm 深土层的毛根、侧根皮层、侧根中柱；茎、叶均随机取自同一植株，且分离为上部茎、下部茎、上部叶和下部叶、花（花丝、花瓣、胚珠、花柱、柱头、花药）、荚果皮和种子；取来的样品组织用自来水冲洗干净，自然晾干。

2）平板数量检测。根、茎、叶各称取 1g，花 10 朵/花序、荚果皮 10 个/花序、种子 10 粒/花序。灭菌、研磨和稀释涂抹方法同第四章第一节一、（一）2。黑暗条件下用手提紫外灯观察每皿内发光的荧光标记根瘤菌个数，并算出每克样品（鲜重）内荧光标记根瘤菌的数量。

（4）体式荧光显微镜检测

采用 Stereo Fluorescence Microscopy（V20 Stereo Fluorescence Microscopywith FS47 filter）体式荧光显微镜检测苜蓿植株各组织内荧光标记根瘤菌运移和定植的状况。用绿光激发，滤片为 FS47，将消毒后的各组织置于体式荧光显微镜载物台上观察照相。原理为绿光激发时 CFP 会发白光。因此，含 CFP 标记根瘤菌的苜蓿组织为白色，不含的组织为黑色。对照用同样方法进行检测。

5. 生殖生长期外源物质对苜蓿体内根瘤菌运移及定植的影响

生长于草业生态系统教育部重点实验室（甘肃农业大学）兰州牧草试验站 2 年龄的甘农 5 号苜蓿和 WL343 紫花苜蓿。

分别制成添加 1mg/L 和 100mg/L 硼的 S.12531f 和 R.gn5f 荧光标记根瘤菌液；添加 1mg/L 和 10mg/L 赤霉素的 R.gn5f 和 S.12531f 荧光标记根瘤菌液；添加 100mg/L 和 300mg/L 苦参碱的 R.gn5f 和 S.12531f 荧光标记根瘤菌液。按上文所选的浓度制成含 KH_2PO_4、FA 的菌液，试验处理见表 6-18。

表 6-18　苜蓿品种、根瘤菌株和外源物质及浓度组合试验处理

处理	苜蓿品种	根瘤菌株	外源物质	浓度
WCK			无菌水	
WwCK			—	—
WwP		R.LH3436f	KH_2PO_4	50mg/L
WwH	WL343HQ 紫花苜蓿		FA	0.01%
WbCK			—	—
WbP		S.12531f	KH_2PO_4	50mg/L
WbH			FA	0.06%

续表

处理	苜蓿品种	根瘤菌株	外源物质	浓度
WgCK			—	—
W3P		R.gn5f	KH_2PO_4	200mg/L
WgH			FA	0.08%
GCK			无菌水	
GwCK			—	—
GwP		R.LH3436f	KH_2PO_4	200mg/L
GwH			FA	0.02%
GbCK	甘农5号苜蓿		—	—
GbP		S.12531f	KH_2PO_4	400mg/L
GbH			FA	0.06%
GgCK			—	—
GgP		R.gn5f	KH_2PO_4	50mg/L
GgH			FA	0.02%

（1）荧光标记根瘤菌的接种

初花期和结荚期：根部浇灌、添加苦参碱的菌液根部浇灌和花部喷射。

初花期：添加硼、赤霉素、KH_2PO_4、FA的菌液花部喷射。

结荚期：添加硼、赤霉素、KH_2PO_4、FA的菌液荚果喷射。

以上处理均以接种无菌蒸馏水为对照，每处理接种5株。

（2）荧光标记根瘤菌的检测时期及检测组织

硼、赤霉素和苦参碱：①开花期—成熟期：检测根、茎、叶、花雌蕊（胚珠、花柱、柱头）、花雄蕊（花药、花丝）、花瓣、荚果皮、种子；②结荚期—成熟期：检测幼嫩种子、成熟种子、荚果皮。

KH_2PO_4、FA：①花期：于接菌后的10天、20天、30天、40天和50天取样检测分析，10～20天检测根、茎、叶、花瓣、雄蕊、雌蕊，30～50天检测根、茎、叶、荚果皮、种子；②结荚期：于接菌后的10天、20天和30天取样检测分析，检测根、茎、叶、荚果皮、种子。

（3）荧光标记根瘤菌的检测方法

硼、赤霉素和苦参碱：①取样。分别于现蕾期、初花期、结荚期采用不同接种方法接菌后的7天、14天、21天、28天、45天和60天苜蓿植株取样检测分析，直至种子收获；取苜蓿单株，随机分离出5～10cm深土层的根；茎、叶均随机取自同一植株，且分离为上部茎、下部茎、上部叶和下部叶、花（花丝、花瓣、胚珠、花柱、柱头、花药）、荚果皮和种子；用自来水冲洗干净选取的样品并自然晾干。②平板数量检测。根、茎、叶各称取1g，花10朵/花序、荚果皮10个/花序、种子10粒/花序。检测方法同前。

KH_2PO_4、FA：①取样。分别于花期接菌后的10～60天、结荚期接菌后的10～30天取样检测分析，随机取3株苜蓿，将各植株用自来水冲洗干净并晾干。分离出土层5～10cm深处的毛根、茎、叶，分别称取0.5g左右；随机取10朵小花分为花瓣、雄蕊、雌蕊或 5 个荚果分为荚果皮。试验所用花或荚果用无菌手术刀自花梗/荚果梗从植株上分离，置于解剖镜下，先用手术刀除去梗，再用解剖针将花瓣、雄蕊、雌蕊分离，荚果则用解剖针挑开，将种子和荚果皮分离。②检测。无菌操作台内将各样品组织放入 50ml 无菌锥形瓶内，灭菌和检测方法同上，最后换算出每克或每朵小花或每个荚果样品中标记根瘤菌数量。

（二）结果与分析

1. 硼对根瘤菌运移、定植及苜蓿幼苗生长的影响

（1）硼对荧光标记根瘤菌生长的影响

适宜硼浓度对两种荧光标记根瘤菌的生长具有促进作用（图 6-35）。随着生长时间的增加和硼浓度的升高，S.12531f 和 R.gn5f 的生长速度与未添加硼处理（对照）呈现先增加后降低的趋势。其中 1mg/L 硼对 S.12531f 生长稍有促进作用（图 6-35A），而 100mg/L 硼对 R.gn5f 生长初期效果较好（图 6-35B），随着时间的延长则无明显作用。

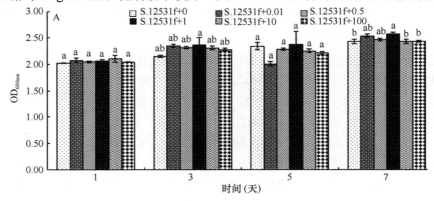

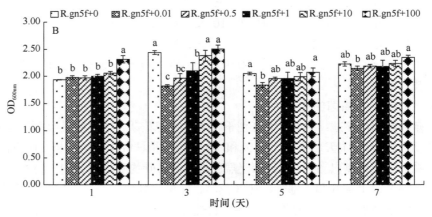

图 6-35　硼对 S.12531f 和 R.gn5f 生长的影响

A：硼对 S.12531f 生长的影响；B：硼对 R.gn5f 生长的影响

A：S.12531f+0、S.12531f+0.01、S.12531f+0.5、S.12531f+1、S.12531f+10 和 S.12531f+100 表示 S.12531f 接种液分别添加 0mg/L、0.01mg/L、0.5mg/L、1mg/L、10mg/L 和 100mg/L 硼；B：R.gn5f+0、R.gn5f+0.01、R.gn5f+0.5、R.gn5f+1、R.gn5f+10 和 R.gn5f+100 表示 R.gn5f 接种液分别添加 0mg/L、0.01mg/L、0.5mg/L、1mg/L、10mg/L 和 100mg/L 硼。不同小写字母表示差异显著（$P<0.05$），下同

（2）硼对荧光标记根瘤菌在苜蓿根内定植的影响

两种荧光标记根瘤菌均可长时间在根部定植，但硼对二者定植的影响不同。100mg/L 硼利于 S.12531f 定植于根部（图 6-36A），15 天时根部 S.12531f 数量最多（2184.99cfu/g）。0.5mg/L 硼利于 R.gn5f 定植于根部，60 天时根内 R.gn5f 数量最高（58 307.11cfu/g）（图 6-36B）。未添加硼处理和对照均未检出 S.12531f 和 R.gn5f。

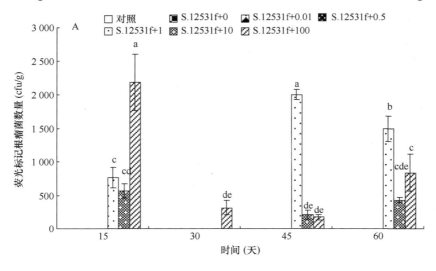

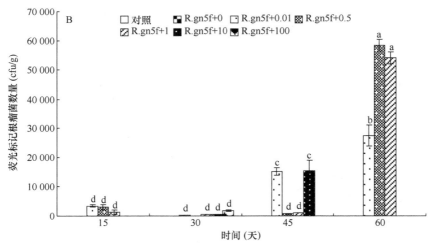

图 6-36 硼对 S.12531f 和 R.gn5f 在苜蓿根内运移与定植的影响

A. S.12531f 的定植数量；B. R.gn5f 的定植数量

（3）硼对荧光标记根瘤菌在苜蓿地上各组织内运移和定植的影响

两种荧光标记根瘤菌在苜蓿地上表现出不同的运移及定植规律，受菌种来源及遗传特性决定。硼促进了 S.12531f 向下部叶和下部茎内运移并定植（图 6-37A），S.12531f 在下部茎内定植 45 天时数量最高。硼对 R.gn5f 在苜蓿下部叶和上部茎叶内的运移和定植影响较小，15 天时 R.gn5f 在下部茎内定植数量（57.55cfu/g）达最高，以后数量逐渐降低（图 6-37B）。

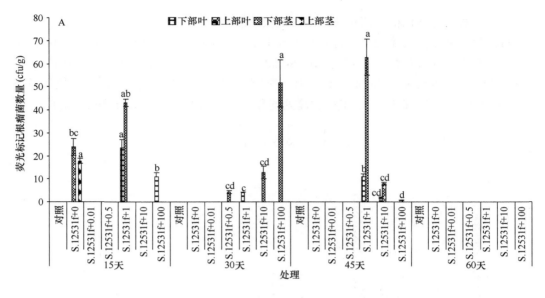

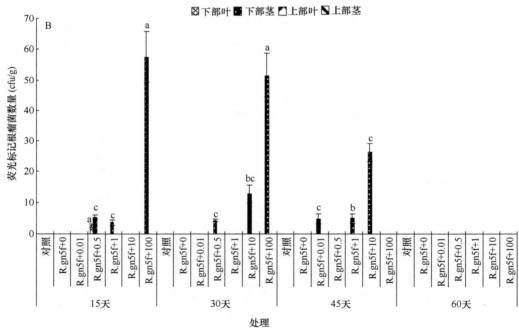

图 6-37 硼对 S.12531f 和 R.gn5f 在苜蓿地上各组织内运移和定植的影响

A. S.12531f 的定植数量；B. R.gn5f 的定植数量

（4）荧光标记根瘤菌液添加硼接种对甘农 5 号苜蓿结瘤的影响

只有在适宜硼添加浓度下接种才可促进苜蓿根瘤的形成，且不同来源的根瘤菌要选择不同的硼浓度。S.12531f 仅在添加 1mg/L 硼时苜蓿单株结瘤数和单株根瘤重高出对照和单独接菌处理（表 6-19），R.gn5f 仅在添加 100mg/L 硼处理时单株结瘤数最高，但均与对照差异不显著（$P>0.05$）。两种荧光标记根瘤菌添加适宜浓度硼接种后均可增加苜蓿幼苗生物量，且生物量随浓度的升高逐渐增加（表 6-20）。1mg/L 硼与 S.12531f 接种、100mg/L 硼与 R.gn5f 接种时地上鲜干重和根鲜干重均达最高，与对照和单独接菌处理差异显著（$P<0.05$）。

表 6-19　S.12531f、R.gn5f 添加硼对甘农 5 号苜蓿单株结瘤数及根瘤重的影响

硼浓度（mg/L）	单株结瘤数（个）		单株根瘤重（g）	
	S.12531f	R.gn5f	S.12531f	R.gn5f
对照	13.6±1.9ab	13.6±1.9a	0.0300±0.0037ab	0.0300±0.0037ab
0	12.6±2.4ab	14.6±3.4a	0.0146±0.0032bc	0.0168±0.0048c
0.01	11.0±2.4ab	1.2±0.6b	0.0134±0.0038c	0.0015±0.0008d
0.5	7.2±2.4ab	5.0±0.2b	0.0167±0.0033bc	0.0212±0.0040bc
1	16.5±6.9a	6.5±0.9b	0.0404±0.0096a	0.0260±0.0015abc
10	6.2±1.1ab	14.0±1.2a	0.0187±0.0006bc	0.0247±0.0036bc
100	3.7±0.22b	16.8±3.6a	0.0030±0.0004c	0.0365±0.0020a

表 6-20　S.12531f、R.gn5f 添加硼接种对甘农 5 号苜蓿生物量的影响

硼浓度（mg/L）	地上鲜重（g/株）		地上干重（g/株）		根鲜重（g/株）		根干重（g/株）	
	S.12531f	R.gn5f	S.12531f	R.gn5f	S.12531f	R.gn5f	S.12531f	R.gn5f
对照	0.3888±0.0034d	0.3888±0.0034bc	0.0743±0.0011c	0.0743±0.0011c	0.1314±0.0003d	0.1315±0.0003c	0.0194±0.0003c	0.0194±0.0003c
0	0.4943±0.0033bcd	0.4668±0.0100b	0.0764±0.0006c	0.0757±0.0002c	0.1977±0.0007d	0.1641±0.0004c	0.0215±0.0004c	0.0216±0.0003c
0.01	0.6186±0.0537b	0.3281±0.0100c	0.1707±0.0185a	0.0508±0.0002c	0.4719±0.0010c	0.2523±0.0006c	0.0833±0.0002b	0.0208±0.0002c
0.5	0.8177±0.0081a	0.3455±0.0091c	0.1971±0.0027a	0.0560±0.0009c	0.7218±0.0049b	0.3228±0.0083c	0.1955±0.0153a	0.0275±0.0003c
1	0.8932±0.0053a	0.4481±0.0561b	0.2022±0.0037a	0.1151±0.0160b	0.9790±0.0345a	0.8971±0.0721b	0.1958±0.0069a	0.1877±0.0202b
10	0.5387±0.0649bc	0.5982±0.0131a	0.1345±0.0148b	0.1646±0.0041a	0.8253±0.0547b	1.0276±0.1555ab	0.1093±0.0000b	0.2665±0.0464a
100	0.4037±0.0890cd	0.6391±0.0529a	0.1114±0.0178b	0.1849±0.0139a	0.5037±0.0976c	1.1277±0.0534a	0.1007±0.0195b	0.2957±0.0149a

2. 赤霉素对根瘤菌运移、定植及苜蓿幼苗生长的影响

（1）赤霉素对荧光标记根瘤菌生长的影响

赤霉素对两种不同来源的荧光标记根瘤菌生长促进作用不同，不同赤霉素浓度对荧光标记根瘤菌 S.12531f 和 R.gn5f 生长的影响均为先增大后减小，其中 10mg/L 赤霉素对 S.12531f 生长稍有促进，但无明显作用（图 6-38A）。而 1mg/L 赤霉素对 R.gn5f 生长初期效果较好，但随着时间的延长则无明显作用（图 6-38B）。

（2）赤霉素对荧光标记根瘤菌在苜蓿根内定植的影响

荧光标记根瘤菌在根内的定植数量呈现"先上升后下降"的趋势，赤霉素对不同荧光标记根瘤菌在苜蓿根内运移和定植的影响不同。接种 15 天时，仅在添加 1mg/L 赤霉

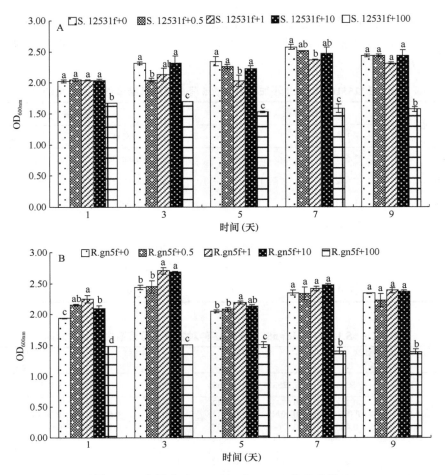

图 6-38 赤霉素对 S.12531f 和 R.gn5f 生长的影响

A. 赤霉素对 S.12531f 的影响；B. 赤霉素对 R.gn5f 生长的影响

A：S.12531f+0、S.12531f+0.5、S.12531f+1、S.12531f+10 和 S.12531f+100 表示 S.12531f 接种液分别添加 0mg/L、0.5mg/L、1mg/L、10mg/L 和 100mg/L 赤霉素；B：R.gn5f+0、R.gn5f+0.5、R.gn5f+1、R.gn5f+10 和 R.gn5f+100 表示 R.gn5f 接种液分别添加 0mg/L、0.5mg/L、1mg/L、10mg/L 和 100mg/L 赤霉素。不同小写字母表示差异显著（$P<0.05$），下同

素时根部可检测到 S.12531f，数量为 1801.80cfu/g（图 6-39A）。接种 15 天时根内 R.gn5f 数量较少，30 天后数量逐渐增加，至 45 天添加 10mg/L 赤霉素时 R.gn5f 含量高于添加 0.5mg/L 和 1mg/L 赤霉素的处理（$1.90×10^4$cfu/g），60 天时各处理和对照均未检测出 R.gn5f（图 6-39B）。

（3）赤霉素对荧光标记根瘤菌在苜蓿地上组织内运移和定植的影响

两种荧光标记根瘤菌在接种初期地上组织内的定植数量较多，后期逐渐下降；均可由苜蓿根部向地上运移并定植，但赤霉素对二者运移和定植的影响不同。赤霉素促进了 S.12531f 向下部茎、上部茎和上部叶内的运移和定植（图 6-40A），10mg/L 赤霉素利于 S.12531f 向地上部茎（16.72cfu/g）和叶（95.91cfu/g）内运移并定植；赤霉素促进了 R.gn5f 向下部茎和下部叶内运移并定植（图 6-40B），1mg/L 赤霉素利于 R.gn5f 定植于下部茎叶内，接种 30 天后不利于其在地上各组织内定植。因此，两种荧光标记根瘤菌在苜蓿地上组织表现出不同的运移及定植规律，受菌种来源及遗传特性影响。

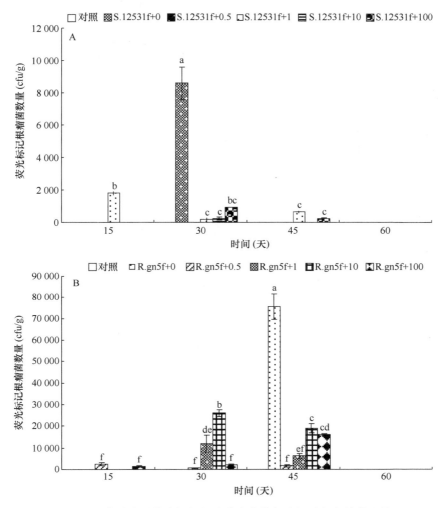

图 6-39　赤霉素对荧光标记根瘤菌在苜蓿根内运移与定植的影响

A. S.12531f 的定植数量；B. R.gn5f 的定植数量

（4）荧光标记根瘤菌液添加赤霉素接种对苜蓿结瘤和生物量的影响

只有在适宜赤霉素添加浓度下接种才可促进苜蓿根瘤的形成，且不同来源的根瘤菌要选择不同的赤霉素浓度（表 6-21）。S.12531f 添加 10mg/L 赤霉素、R.gn5f 添加 1mg/L 赤霉素接种后苜蓿单株结瘤数有所升高，但差异不显著（$P>0.05$）；单株根瘤重显著高于对照和单独接菌处理（$P<0.05$）。过高或过低赤霉素浓度对单株结瘤数和单株根瘤重均无促进作用。

添加适宜赤霉素的两种荧光标记根瘤菌接种可提高苜蓿幼苗的生物量，且随着赤霉素浓度的升高，苜蓿生物量逐渐增加（表 6-22）。10mg/L 赤霉素与 S.12531f、1mg/L 赤霉素与 R.gn5f 接种后地上鲜干重和根鲜干重均达最高，显著高于对照和单独接菌处理（$P<0.05$）。

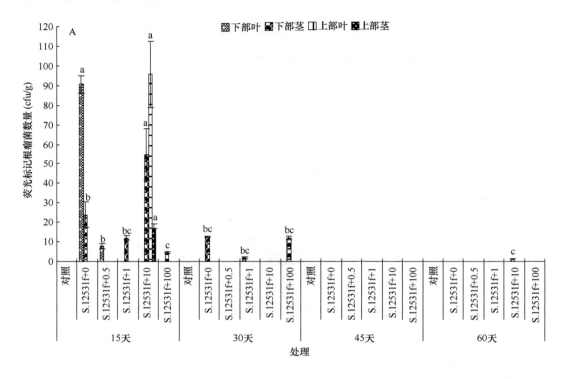

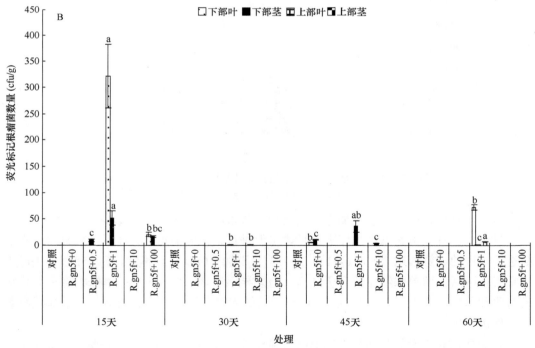

图 6-40　赤霉素对荧光标记根瘤菌在苜蓿地上各组织内运移与定植的影响

A. S.12531f 的定植数量；B. R.gn5f 的定植数量

表 6-21 荧光标记根瘤菌接种液添加赤霉素对苜蓿单株结瘤数及根瘤重的影响

赤霉素浓度（mg/L）	单株结瘤数		单株根瘤重（g）	
	S.12531f	R.gn5f	S.12531f	R.gn5f
对照	7.0±1.6a	7.0±1.6ab	0.0036±0.0011b	0.0036±0.0011b
0	11.0±2.4a	12.3±1.7a	0.0287±0.0045b	0.0140±0.0050b
0.5	0	0	0	0
1	0	12.8±3.7a	0	0.0287±0.0045a
10	12.3±1.7a	3.0±1.1b	0.0445±0.0138a	0.0071±0.0044b
100	0.7±0.02b	2.5±1.0b	0.0014±0.0001b	0.0033±0.0022b

表 6-22 S.12531f、R.gn5f 接种液添加赤霉素对苜蓿生物量的影响

赤霉素浓度（mg/L）	地上鲜重（g/株）		地上干重（g/株）		根鲜重（g/株）		根干重（g/株）	
	S.12531f	R.gn5f	S.12531f	R.gn5f	S.12531f	R.gn5f	S.12531f	R.gn5f
对照	0.3888±0.0034b	0.3888±0.0034d	0.0743±0.001b	0.0743±0.0011c	0.1315±0.0003d	0.1315±0.0003c	0.0194±0.0003c	0.0194±0.0003c
0	0.1603±0.0074c	0.4668±0.0100cd	0.0762±0.0004c	0.0757±0.0002c	0.1976±0.0006d	0.1641±0.0004c	0.0212±0.0002c	0.0217±0.0003c
0.5	0.4942±0.0033b	0.5975±0.0026bc	0.0196±0.004b	0.1094±0.0033b	0.2750±0.0031cd	0.2876±0.0033c	0.0256±0.0002c	0.0440±0.0006c
1	0.8411±0.1088a	0.8599±0.0720a	0.1997±0.0342a	0.1679±0.0197a	0.8425±0.2169b	1.1799±0.0746a	0.1451±0.0313b	0.1871±0.0144a
10	1.0411±0.1181a	0.6412±0.0809b	0.2335±0.0238a	0.1340±0.0133b	1.5496±0.3230a	0.6613±0.1636b	0.2437±0.0328a	0.1093±0.0203b
100	0.8414±0.0223a	0.5060±0.0034bcd	0.1822±0.0115a	0.1070±0.0005b	0.7875±0.1631bc	0.2789±0.0006c	0.1259±0.0162b	0.0471±0.0004c

3. 苦参碱对根瘤菌运移、定植及苜蓿幼苗生长的影响

（1）苦参碱对荧光标记根瘤菌生长的影响

如图 6-41 所示，添加不同浓度苦参碱后，不同时间 S.12531f 和 R.gn5f 的生长并无显著差异（$P>0.05$）。表明苦参碱对两种不同来源的荧光标记根瘤菌生长无明显作用。

（2）苦参碱对荧光标记根瘤菌在苜蓿根内定植的影响

苦参碱对不同荧光标记根瘤菌在苜蓿根内运移和定植的影响不同（图 6-42）。接种 7 天，添加 300mg/L 苦参碱时根部 S.12531f（$1.33×10^6$cfu/g）和 R.gn5f（$1.02×10^6$cfu/g）的定植数量最多，随后数量逐渐减少，14～28 天时定植数量趋于稳定，各处理间无显著差异（$P>0.05$），对照未检测出荧光标记根瘤菌（图 6-42）。

（3）苦参碱对荧光标记根瘤菌在苜蓿地上各组织内运移和定植的影响

两种荧光标记根瘤菌均可由苜蓿根部向地上运移并定植，但苦参碱对二者运移和定植的影响不同。300mg/L 苦参碱利于 S.12531f 向下部茎（$1.18×10^4$cfu/g）和上部茎（$3.03×10^2$cfu/g）内运移和定植（图 6-43A，图 6-43B），14 天时数量显著高于其他处理（$P<0.05$）。添加 100mg/L 苦参碱时仅有少量 S.12531f 可运移并定植到上部叶内（3.46cfu/g），其余时间其余处理未检测到（图 6-43B）。100mg/L 苦参碱利于 R.gn5f 定植于下部茎和上部茎（图 6-43C，图 6-43D），分别在 14 天（$9.00×10^3$cfu/g）和 7 天

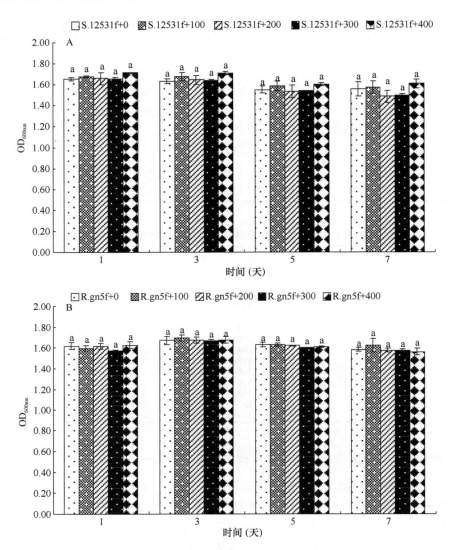

图 6-41　苦参碱对 S.12531f 和 R.gn5f 生长的影响

A. 苦参碱对 S.12531f 生长的影响；B. 苦参碱对 R.gn5f 生长的影响

A：S.12531f+0、S.12531f+100、S.12531f+200、S.12531f+300 和 S.12531f+400 表示 S.12531f 接种液分别添加 0mg/L、100mg/L、200mg/L、300mg/L 和 400mg/L 苦参碱；B.R.gn5f+0、R.gn5f+100、R.gn5f+200、R.gn5f+300 和 R.gn5f+400 表示 R.gn5f 接种液分别添加 0mg/L、100mg/L、200mg/L、300mg/L 和 400mg/L 苦参碱。不同小写字母表示差异显著（$P<0.05$），下同

（$1.47×10^2$cfu/g）数量达到最高。在上部叶内，添加 100mg/L 苦参碱处理下 R.gn5f 最高定植数量仅为 6.77cfu/g，14 天 R.gn5f+100mg/L、21 天 R.gn5f+100mg/L、21 天 R.gn5f+400mg/L 无显著差异（$P>0.05$）（图 6-43D）。因此，两种荧光标记根瘤菌在苜蓿地上组织表现出不同的运移及定植规律，受菌种来源及遗传特性影响。

（4）荧光标记根瘤菌添加苦参碱接种对甘农 5 号苜蓿结瘤和生物量的影响

添加适宜浓度苦参碱后的两种荧光标记根瘤菌接种苜蓿幼苗，可增加单株结瘤数和单株根瘤重（表 6-23），提高苜蓿幼苗的生物量（表 6-24）。S.12531f 添加 300mg/L 苦

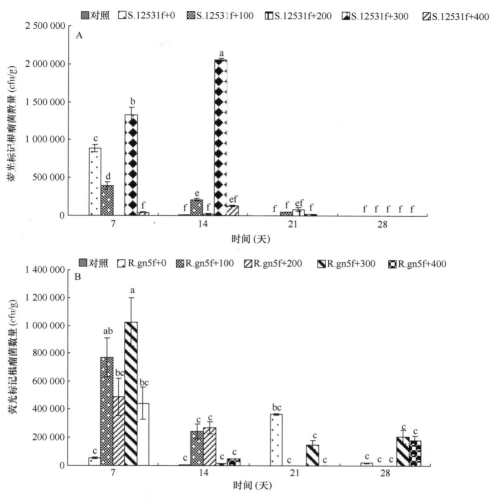

图 6-42 苦参碱对荧光标记根瘤菌在苜蓿根内运移与定植的影响

A. S.12531f 的定植数量; B. R.gn5f 的定植数量

参碱、R.gn5f 添加 100mg/L 苦参碱时单株结瘤数和单株根瘤重最高,后者与对照和单独接菌处理差异显著($P<0.05$)。表明只有在适宜苦参碱添加浓度下接种才可促进苜蓿根瘤的形成,且不同来源的根瘤菌要选择不同的苦参碱浓度。随苦参碱浓度的升高,生物量逐渐增加。S.12531f 添加 300mg/L 苦参碱、R.gn5f 添加 100mg/L 苦参碱后地上和根鲜干重均达最高,随后生物量逐渐降低,但均高于对照和单独接菌处理。

4. 接种方法对苜蓿体内荧光标记根瘤菌运移和定植的影响

(1)接种方法对蕾期苜蓿根内荧光标记根瘤菌运移与定植的影响

不同方法接种的两种荧光标记根瘤菌在苜蓿根系内的分布基本一致(图 6-44),主要定植于毛根内,最高菌落数分别达 8.22 ×10⁵cfu/g(S.12531f)和 1.21×10⁵cfu/g(R.gn5f);侧根(皮层和中柱)内荧光标记根瘤菌数量较少,对照各组织内未检测到荧光标记根瘤菌(图 6-44,图 6-45)。不同接种方法对两种荧光标记根瘤菌在根内的运移和定植影响不同。主根微破损处理下接种 60 天时毛根（9.00×10^2cfu/g）和皮层（1.06×10^2cfu/g）内 S.12531f 数量最大（图 6-44A）；在根部浇灌接种方法下毛根内数量（8.22×10^5cfu/g）显著高于其他处理（$P < 0.05$）（图 6-44B）。不同方法接种至 15 天时，主根微破损处理下毛根内 R.gn5f 数量最高（5.25×10^4cfu/g）；60 天时添加苦参碱浇灌接

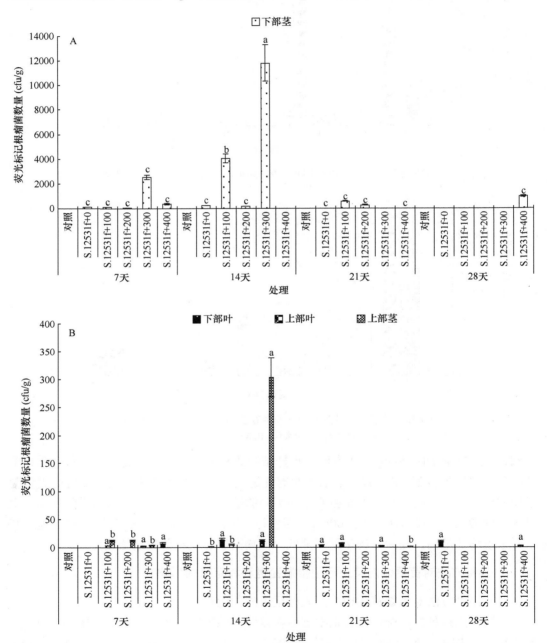

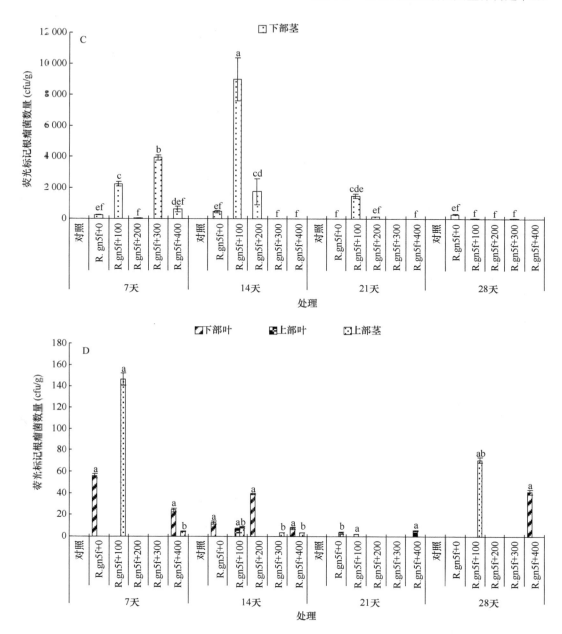

图 6-43　苦参碱对荧光标记根瘤菌在苜蓿地上各组织内运移和定植的影响

A. 下部茎内 S.12531f 的定植数量；B. 下部茎、上部叶和上部茎内 S.12531f 的定植数量；C. 下部茎内 R.gn5f 的定植数量；D. 下部茎、上部叶和上部茎内 R.gn5f 的定植数量

种方法下毛根内 R.gn5f 定植数量最高（1.21×10^5 cfu/g）（图 6-44C），主根微破损方法下皮层内数量最高达 5.45×10^2 cfu/g；中柱内定植数量与皮层无显著差异（$P > 0.05$）（图 6-44D）。

表 6-23　荧光标记根瘤菌接种液添加苦参碱对苜蓿单株结瘤数及根瘤重的影响

苦参碱浓度（mg/L）	单株结瘤数		单株根瘤重（g）	
	S.12531f	R.gn5f	S.12531f	R.gn5f
对照	2.9±0.5a	2.9±0.5a	0.0013±0.0060b	0.0013±0.0060b
0	4.5±1.2a	11.7±1.9a	0.0165±0.0082ab	0.0194±0.0038ab
100	9.3±3.2a	12.3±3.2a	0.0114±0.0026ab	0.0498±0.0282a
200	12.3±2.8a	11.8±2.8a	0.0139±0.0049ab	0.0110±0.0051ab
300	17.7±7.0a	11.1±3.3a	0.0214±0.0062a	0.0129±0.0036ab
400	9.7±4.5a	5.0±3.5a	0.0145±0.0000ab	0.0172±0.0121ab

表 6-24　荧光标记根瘤菌接种液添加苦参碱对苜蓿生物量的影响

苦参碱浓度（mg/L）	地上鲜重（g/株）		地上干重（g/株）		根鲜重（g/株）		根干重（g/株）	
	S.12531f	R.gn5f	S.12531f	R.gn5f	S.12531f	R.gn5f	S.12531f	R.gn5f
对照	0.2391±0.0296a	0.2391±0.0296b	0.0367±0.0047a	0.0367±0.0047b	0.0828±0.0167b	0.0828±0.0167a	0.0098±0.0006b	0.0098±0.0006b
0	0.3174±0.1108a	0.3048±0.0385ab	0.0675±0.0242a	0.0533±0.0080ab	0.3252±0.1217ab	0.1647±0.0464a	0.0498±0.0167ab	0.0212±0.0029ab
100	0.4395±0.1144a	0.5511±0.0510a	0.0943±0.0291a	0.1126±0.0148a	0.2486±0.0833b	0.1996±0.0106a	0.0390±0.0097ab	0.0379±0.0150a
200	0.4414±0.1068a	0.4100±0.1646ab	0.0969±0.0290a	0.0882±0.0365ab	0.2144±0.0727b	0.1921±0.0856a	0.0536±0.0162a	0.0373±0.0019a
300	0.4534±0.1335a	0.3565±0.1195ab	0.1020±0.0282a	0.0550±0.0182ab	0.5669±0.0244a	0.1855±0.0379a	0.0550±0.0042a	0.0225±0.0047ab
400	0.4228±0.1306a	0.2576±0.0503ab	0.0798±0.0239a	0.0395±0.0082b	0.2399±0.1120b	0.1695±0.0338a	0.0378±0.0169ab	0.0221±0.0021ab

　　接种后不同观察时间发现不同接种方法下两种荧光标记根瘤菌主要定植于营养组织内，繁殖组织内未检测到。浇灌接种 5 天时 S.12531f 可运移并定植于上部和下部叶；30 天时，叶内 S.12531f 消失，但下部茎内可检测到。苦参碱可促进大量 S.12531f 定植于下部茎，其余部位未检测到 S.12531f。苦参碱接种 5 天时，R.gn5f 可运移并定植于

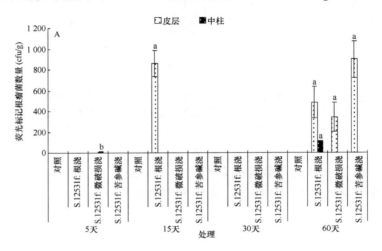

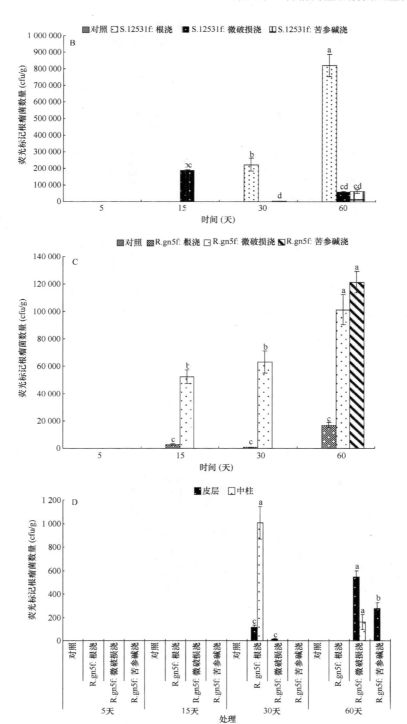

图 6-44　接种方法对 S.12531f 和 R.gn5f 在蕾期苜蓿根内运移和定植的影响

A. S.12531f 在皮层和中柱内的定植数量；B. S.12531f 在毛根内的定植数量；C. R.gn5f 在皮层和中柱内的定植数量；
D. R.gn5f 在毛根内的定植数量。"根部浇灌"简称"根浇"；"主根微破损浇灌"简称"微破损浇"；"含苦参碱菌液根部浇
灌"简称"苦参碱浇"；下同

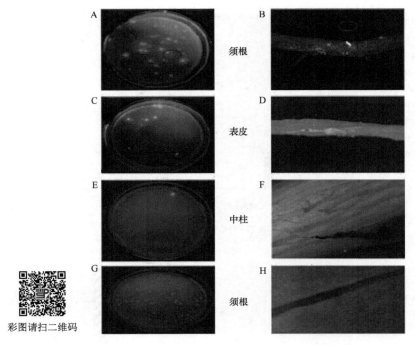

彩图请扫二维码

图 6-45　紫外灯（左）和体式荧光显微镜（右）检测苜蓿根部荧光标记根瘤菌定植动态

上部茎中，然后 R.gn5f 消失直至 30 天时，浇灌接种方法下可检测到 R.gn5f 在茎叶内连续运移并定植（图 6-46），下部茎和上部叶内定植数量多于上部茎和下部叶，其余接种方法其余组织内未检测到 R.gn5f。

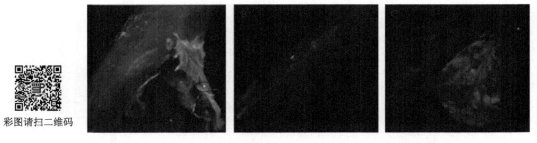

彩图请扫二维码

图 6-46　体式荧光显微镜下检测内源荧光标记根瘤菌 R.gn5f 在蕾期苜蓿茎和叶内的运移及定植
A. 下部茎和下部叶；B. 上部茎；C. 上部叶

（2）接种方法对花期苜蓿根内荧光标记根瘤菌运移与定植的影响

两种荧光标记根瘤菌主要定植于毛根内，侧根皮层和中柱内数量较少（图 6-47）。毛根内 R.gn5f 的数量（4.88×10^5 cfu/g）是 S.12531f（9.77×10^4 cfu/g）的 4.99 倍。对照各组织内未检测到荧光标记根瘤菌。

不同接种方法对两种荧光标记根瘤菌在根内的运移和定植影响不同。接种 S.12531f 菌液 5 天后，主根微破损和苦参碱接种方法下，S.12531f 便可定植于皮层和毛根内；60

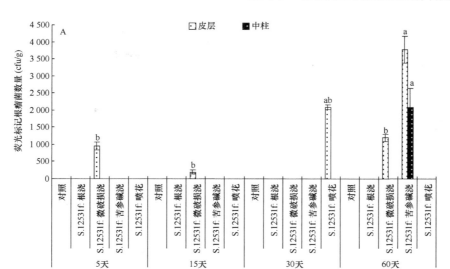

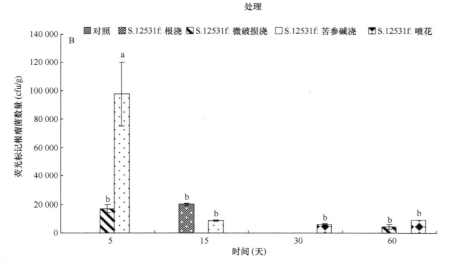

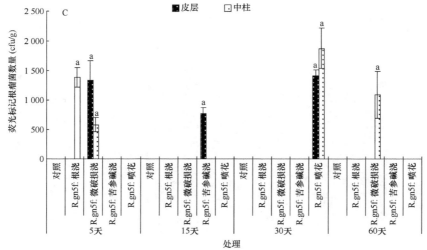

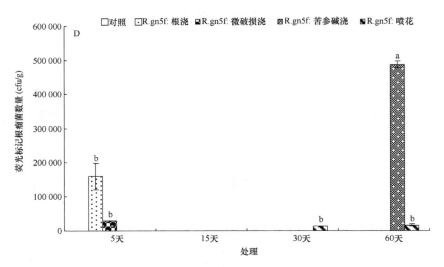

图 6-47　接种方法对 S.12531f 和 R.gn5f 在花期苜蓿根内运移和定植的影响
A. S.12531f 在皮层和中柱内的定植数量；B. S.12531f 在毛根内的定植数量；C. R.gn5f 在皮层和中柱内的定植数量；
D. R.gn5f 在毛根内的定植数量
花部喷射简称"喷花"，下同

天时皮层内 S.12531f 数量最高（3.78×10³cfu/g）；中柱内仅在苦参碱接种 60 天时检测到 S.12531f（2.08×10³cfu/g）（图 6-47A）。接种 5 天毛根内定植数量最多，苦参碱接种方法显著优于主根微破损的接种方法（$P<0.05$）；浇灌接种和花部接种方法下未检测到 S.12531f（图 6-47B）。

不同接种方法接种 5 天时，可在皮层、中柱和毛根内检测到 R.gn5f。中柱内 R.gn5f 减少消失后又逐渐增加，60 天时在主根微破损接种方法下仍可检测到，数量为 1.09×10³cfu/g（图 6-47C）。毛根内 R.gn5f 数量呈先降低后增加的趋势，至 60 天时在苦参碱接种方法下数量（4.88×10⁵cfu/g）显著高于其他接种处理（$P<0.05$）（图 6-47D）。

（3）接种方法对花期苜蓿地上组织内荧光标记根瘤菌运移与定植的影响

两种荧光标记根瘤菌主要定植于花内，茎内只在接种初期检测到，叶内未检测到。浇灌接种 5 天时 S.12531f 可运移并定植于上部茎和花药内，添加苦参碱后稍促进了 S.12531f 向花器内运移与定植（图 6-48）。主根微破损接种时可运移并定植于下部茎

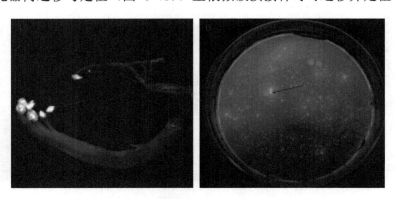

彩图请扫二维码

图 6-48　外源荧光标记根瘤菌 S.12531f 在花内的定植

（7.32cfu/g）；初花期喷射接种，S.12531f 可定植于花药、花柱+柱头和胚珠内，接种 30 天后花已开始授粉萌发，在花药、种子和荚果皮内可检测到 S.12531f。

茎叶内，仅在主根微破损接种时的下部茎内检测到 R.gn5f，其余时间未检测到。接种 5 天时，R.gn5f 可定植在花器内。添加苦参碱促进了 R.gn5f 向花器内运移与定植，雄蕊和雌蕊内均可检测到 R.gn5f，花药内数量最多，胚珠、花柱+柱头次之。喷射接种时，R.gn5f 可定植于花药、花柱+柱头和胚珠内，随后在各组织内未发现 R.gn5f，直至 60 天在苦参碱接种方式下荚果皮内检测到 1.20cfu/荚果。

（4）接种方法对结荚期苜蓿根内荧光标记根瘤菌运移与定植的影响

两种荧光标记根瘤菌主要定植于表面积较大的毛根内，侧根内数量较少（图 6-49）。毛根为 R.gn5f 的数量（5.21×10^{5}cfu/g）高于 S.12531f（1.12 × 10^{5}cfu/g）。对照各组织内未检测到荧光标记根瘤菌。不同接种方法对两种荧光标记根瘤菌在根内的运移和定植影响不同。接种 5 天后，S.12531f 只能定植于毛根，仅在根部浇灌和主根微破损的接种方法下能检测到。30 天时地下各组织内定植数量均达最高，其中苦参碱接种方法下毛根内 S.12531f 数量最高。60 天时苦参碱接种方法下 S.12531f 仍可稳定定植于毛根内（图 6-49B）。皮层和中柱内在接种 30 天后才可检测到 S.12531f。苦参碱接种 30 天时皮层内的定植数量（1.78×10^{4}cfu/g）显著高于其他接种方法（$P<0.05$）；中柱内仅在主根微破损的接种方法下可检测到（图 6-49A）。不同接种方法接种 5 天时，R.gn5f 只能在毛根内检测到；30 天时毛根和中柱内定植数量达最高，其中根部浇灌接种方法下毛根和中柱内 R.gn5f 数量均达最高；至 60 天时，同样在根部浇灌接种方法时 R.gn5f 大量定植于皮层内（4.16×10^{4}cfu/g），显著高于其他接种方法（$P<0.05$）（图 6-49C 和图 6-49D）。

（5）接种方法对结荚期苜蓿地上组织内荧光标记根瘤菌运移与定植的影响

结荚期两种荧光标记根瘤菌主要运移并定植在荚果皮（图 6-50）和种子内（图 6-51），茎和叶内未检测到。5 天时，主根微破损和添加苦参碱接种方式下 S.12531f 可运移并定植到荚果皮内；接种 30 天时，根部浇灌可使 S.12531f 运移并定植在种子（1.11cf/种子）中。苦参碱促进了 R.gn5f 向荚果皮和种子内运移与定植。接种 5 天时，数量分别为 2.00cfu/荚果和 2.10cfu/种子，显著高于其他时期其他接种方法（$P<0.05$）。至接种 30

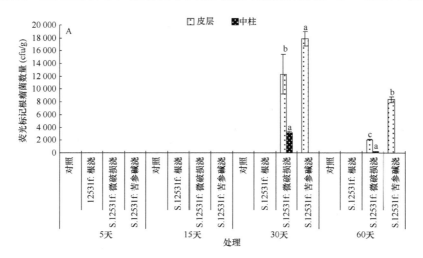

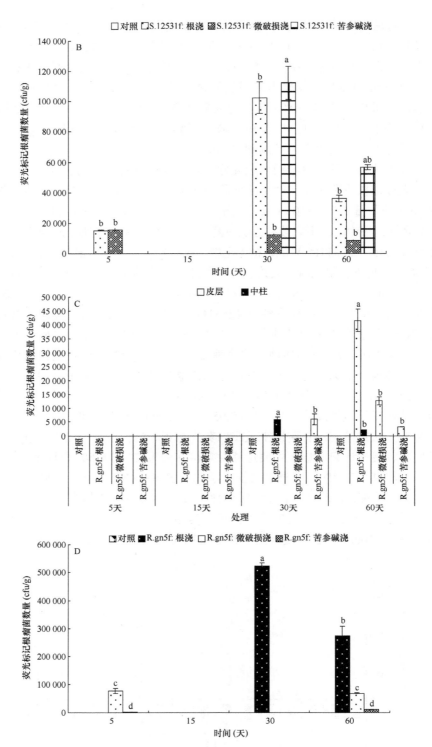

图 6-49 接种方法对 S.12531f 和 R.gn5f 在结荚期苜蓿根内运移和定植的影响
A. S.12531f 在皮层和中柱内的定植数量；B. S.12531f 在毛根内的定植数量；C. R.gn5f 在皮层和中柱内的定植数量；
D. R.gn5f 在毛根内的定植数量

天时仍可检测到 R.gn5f，但 60 天时消矢。因此，结荚期 R.gn5f 适宜与苦参碱混合接种促进其运移并定植于种子，S.12531f 适宜浇灌接种，可运移至种子并定植。

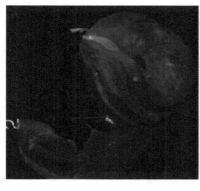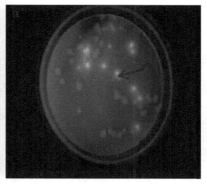

彩图请扫二维码

图 6-50　体式荧光显微镜和紫外灯下检测内源荧光标记根瘤菌 R.gn5f 在苜蓿荚果皮内的定植
A. 体式荧光显微镜下检测 R.gn5f 在荚果反内定植；B. 手提紫外灯检测 R.gn5f 在荚果皮内定植

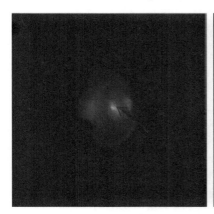

彩图请扫二维码

图 6-51　体式荧光显微镜和紫外灯下检测内源荧光标记根瘤菌 R.gn5f 在苜蓿种子内的定植
A. 体式荧光显微镜下检测 R.gn5f 在种子内定植；B. 手提紫外灯检测 R.gn5f 在种子内定植

5. 生殖生长期外源物质对苜蓿体内根瘤菌运移及定植的影响

（1）花期外源物质对苜蓿根内荧光标记根瘤菌运移与定植的影响

添加不同外源物质接种的两种荧光标记根瘤菌在苜蓿营养组织内的分布基本一致（图 6-52），即主要定植于根内，最高定植数量分别为 $6.61×10^4$cfu/g（S.12531f）和 $3.97×10^4$cfu/g（R.gn5f）。接种 7 天时仅在根部浇灌接种方法下，能检测到 S.12531f；14～28 天时 S.12531f 在根内的定植数量较稳定；45 天时，添加苦参碱接种方法下 S.12531f 定植数量最高（$6.61×10^4$cfu/g）；60 天时 S.12531f 仍可定植于根内（图 6-52A）。添加苦参碱接种 R.gn5f 直至 14 天时，才可在根内检测到（$6.16×10^3$cfu/g）；21 天时，添加不同外源物质接种均可检测到 R.gn5f，28～45 天效果不稳定；60 天时定植数量达最高，花部喷射接种下数量（$3.97×10^4$cfu/g）显著高于其他接种方法（$P<0.05$）（图 6-52B）。

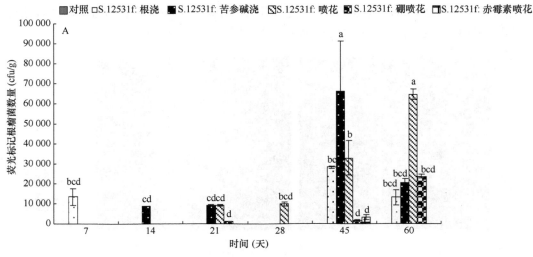

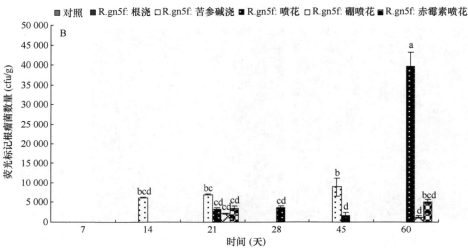

图 6-52　外源物质对苜蓿根内 S.12531f 和 R.gn5f 运移和定植的影响

A. S.12531f 在根内的定植数量；B. R.gn5f 在根内的定植数量；"根部浇灌"简称"根浇"，"含苦参碱菌液根部浇灌"简称"苦参碱浇"，"花部喷射"简称"喷花"，"含硼菌液花部喷射"简称"硼喷花"，"含赤霉素菌液花部喷射"简称"赤霉素喷花"。不同小写字母表示差异显著（$P < 0.05$），下同

（2）花期外源物质对苜蓿茎和叶内荧光标记根瘤菌运移与定植的影响

由表 6-25 可知，地上各组织，仅在接种 7 天时可检测到 S.12531f。其中，仅在添加赤霉素菌花部喷射和花部喷射接种处理时下部茎内可检测到，花部喷射时定植数量最多（5.04cfu/g），显著高于其他接种方法（$P < 0.05$）。根部浇灌和添加硼花部喷射接种处理时，分别在上部茎（2.29cfu/g）和上部叶（6.31cfu/g）内检测到 S.12531f。接种 R.gn5f 至 28 天时，根部浇灌方法上部茎内才可检测到 R.gn5f（1.65cfu/g），叶内仅在添加赤霉素菌液花部喷射接种 7 天时检测到，下部叶和上部叶内的定植数量分别为 12.34cfu/g 和 1.74cfu/g，其余时间其余处理未检测到。

表 6-25　外源物质对苜蓿茎和叶内 S.12531f 和 R.gn5f 运移和定植的影响

时间	处理	荧光标记根瘤菌数量（cfu/g）							
		S.12531f				R.gn5f			
		下部茎	下部叶	上部茎	上部叶	下部茎	下部叶	上部茎	上部叶
7 天	对照	0	0	0	0	0	0	0	0
	根浇	0	0	2.29±0.86a	0	0	0	0	0
	苦参碱浇	0	0	0	0	0	0	0	0
	喷花	5.04±0.63a	0	0	0	0	0	0	0
	硼喷花	0	0	0	6.31±2.02a	0	0	0	0
	赤霉素喷花	1.30±0.32b	0	0	0	0	12.34±3.04a	0	1.74±0.02a
14 天	对照	0	0	0	0	0	0	0	0
	根浇	0	0	0	0	0	0	0	0
	苦参碱浇	0	0	0	0	0	0	0	0
	喷花	0	0	0	0	0	0	0	0
	硼喷花	0	0	0	0	0	0	0	0
	赤霉素喷花	0	0	0	0	0	0	0	0
21 天	对照	0	0	0	0	0	0	0	0
	根浇	0	0	0	0	0	0	0	0
	苦参碱浇	0	0	0	0	0	0	0	0
	喷花	0	0	0	0	0	0	0	0
	硼喷花	0	0	0	0	0	0	0	0
	赤霉素喷花	0	0	0	0	0	0	0	0
28 天	对照	0	0	0	0	0	0	0	0
	根浇	0	0	0	0	3.10±0.62a	0	1.65±0.33a	0
	苦参碱浇	0	0	0	0	0	0	0	0
	喷花	0	0	0	0	0	0	0	0
	硼喷花	0	0	0	0	0	0	0	0
	赤霉素喷花	0	0	0	0	0	0	0	0

注："根部浇灌"简称"根浇"，"含苦参碱菌液根部浇灌"简称"苦参碱浇"，"花部喷射"简称"喷花"，"含硼菌液花部喷射"简称"硼喷花"，"含赤霉素菌液花部喷射"简称"赤霉素喷花"。表中数据为平均值±标准误，同列不同小写字母表示差异显著（$P<0.05$），下同

（3）花期外源物质对苜蓿繁殖组织内荧光标记根瘤菌运移与定植的影响

如表 6-26 和表 6-27 所示，接种 7 天时，仅在花部喷射和添加硼喷射接种时，S.12531f 可定植于花瓣内，其余组织内未检测到。接种 14 天时，根部浇灌处理下 S.12531f 可运移并定植到胚珠、花柱+柱头内，显著高于其他接种方法（$P<0.05$）。添加苦参碱接种促进了 S.12531f 在花丝内的定植（12.00cfu/g），显著高于其他接种处理（$P<0.05$）。接种 28 天时，S.12531f 才可运移并定植于荚果皮和种子内，至 45 天时定植数量最多，其中荚果喷射时荚果皮内数量最高（12.00cfu/g），与其他接种处理差异显著（$P<0.05$）。添加硼接种时种子内定植数量最多（5.33cfu/g），但与同样处理接种 28 天时差异不显著（$P>0.05$）。接种 60 天时仅在添加硼喷射处理的荚果皮内检测到 S.12531f（2.67cfu/g）。

表 6-26　外源物质对苜蓿花器内 **S.12531f** 和 **R.gn5f** 运移和定植的影响

时间	处理	荧光标记根瘤菌数量（cfu/g）									
		S.12531f					R.gn5f				
		花瓣	胚珠	花柱+柱头	花药	花丝	花瓣	胚珠	花柱+柱头	花药	花丝
7天	对照	0	0	0	0	0	0	0	0	0	0
	根浇	0	0	0	0	0	0	0	0	0	0
	苦参碱浇	0	0	0	0	0	0	0	0	0	0
	喷花	0.21±0.08a	0	0	0	0	0	0	0	0	0
	硼喷花	0	0	0	0	0	0	0	0	0.25±0.13a	0
	赤霉素喷花	0.58±0.18a	0	0	0	0	0.67±0.18a	0	0	0	5.13±1.46a
14天	对照	0	0	0	0	0	0	0	0	0	0
	根浇	0	82.26±8.69a	3.83±0.36a	0	0	0	0	0	0	0
	苦参碱浇	0	0	0	0	12.00±1.28a	0	0	0	0	0
	喷花	0	0	0	0	0	0	0	0	0	0
	硼喷花	0	0	0	0	0	0	0	0	0	0
	赤霉素喷花	0	0	0	0	0	0	0	0	0	0
21天	对照	0	0	0	0	0	0	0	0	0	0
	根浇	0	0	0	0	0	0.25±0.07ab	0	0	0	0
	苦参碱浇	0	0	0	0	0	0	0	0	0	0
	喷花	0	0	0	0	0	0	0	0	0	0
	硼喷花	0	0	0	0	0	0.17±0.04b	0	0	0	0
	赤霉素喷花	0	0	0	0	0	0	0	0	0	0
28天	对照	0	0	0	0	0	0	0	0	0	0
	根浇	0	0	0	0	0	0	0	0	0	0
	苦参碱浇	0	0	0	0	0	0.67±0.18a	0.25±0.13a	0	0	0
	喷花	0	0	0	0	0	0	0	0	0	0
	硼喷花	0	0	0	0.29±0.11a	0	0	0	0	0	0
	赤霉素喷花	0	0	0	0	0	0	0	2.88±0.19a	0	0

表 6-27　外源物质对苜蓿荚果皮和种子内 **S.12531f** 和 **R.gn5f** 运移和定植的影响

时间	处理	S.12531f		R.gn5f	
		荚果皮	种子	荚果皮	种子
28天	对照	0	0	0	0
	根浇	0	0	0	0
	苦参碱浇	0	0	0	0
	喷荚	0	0	0	0
	硼喷荚	5.67±0.88b	4.00±0.58a	0	0
	赤霉素喷荚	0	0	0	0

续表

时间	处理	S.12531f		R.gn5f	
		荚果反	种子	荚果皮	种子
45天	对照	0	0	0	0
	根浇	0	0	0	0
	苦参碱浇	0	0	0	0
	喷荚	12.00±1.15a	0	1.33±0.33a	0
	硼喷荚	3.00±0.58bc	5.33±1.45a	0	0
	赤霉素喷荚	4.33±0.88bc	0	0	0
60天	对照	0	0	0	0
	根浇	0	0	0	0
	苦参碱浇	0	0	0	0
	喷荚	0	0	1.33±0.33a	2.67±0.67a
	硼喷荚	2.67±0.57c	0	0	0
	赤霉素喷荚	0	0	0	0

接种 7 天时，添加赤霉素喷射接种促进了 R.gn5f 定植于花瓣和花丝内，添加硼喷射处理利于 R.gn5f 在花药内定植，数量为 0.25cfu/g，其余接种处理下未检测到。接种 28 天时，R.gn5f 仅定植于花瓣、胚珠、花柱+柱头内。接种 45 天后在荚果皮和种子内才可检测到 R.gn5f，至 60 天仅在荚部喷射处理下 R.gn5f 可定植到荚果皮和种子内。

（4）结荚期外源物质对苜蓿根内荧光标记根瘤菌运移与定植的影响

接种 7～14 天时在根部浇灌接种方法下能检测到 S.12531f（图 6-53A），至 21 天时仅在添加苦参碱的根部浇灌方法下能检测到，至 28 天时在该接种方法下根内定植数量最多（$1.06×10^5$cfu/g），显著高于其他接种处理（$P<0.05$）。45 天时各接种处理均可使 S.12531f 定植在根内，60 天时在根部接种和添加硼喷射处理下，S.12531f 仍可定植在根内。添加三种外源物质接种 7 天时 R.gn5f 便可在根内定植（图 6-53B），但各接种

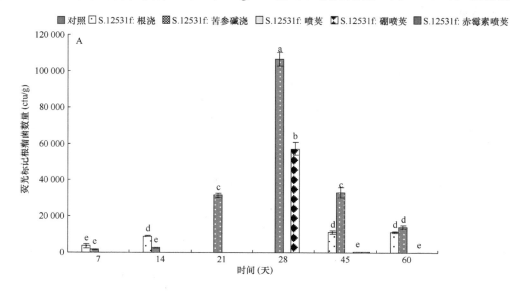

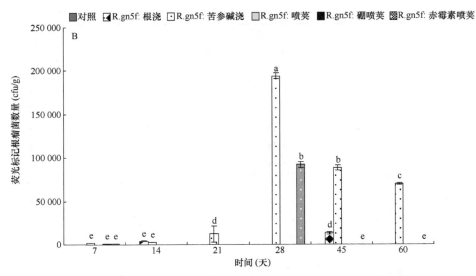

图 6-53 外源物质对结荚期苜蓿根内 S.12531f 和 R.gn5f 运移和定植的影响

A. S.12531f 的定植数量；B. R.gn5f 的定植数量；不同小写字母表示差异显著（$P<0.05$），下同

处理间差异不显著（$P>0.05$）。14 天时，根部接种处理（添加或不添加苦参碱）根内可检测到 R.gn5f，花部喷射处理检测不到。28 天时添加苦参碱接种方法下数量最高（$1.94 \times 10^5 \text{cfu/g}$），显著高于其他接种处理（$P<0.05$）。60 天时添加三种外源物质接种时根内仍可检测到 R.gn5f，但未添加外源物质的处理下未检测到。

（5）结荚期外源物质对苜蓿繁殖组织内荧光标记根瘤菌运移与定植的影响

接种 7 天时 S.12531f 便可定植于荚果皮内，14 天时数量最高（图 6-54A）；添加硼荚果皮喷射接种时数量最高达 25.33cfu/g，显著高于其他接种处理（$P<0.05$）。60 天时仅在添加硼的接种方法下可检测到 S.12531f。7 天时 S.12531f 便可定植于种子内，14 天时添加硼喷射时数量达最高（7.01cfu/g），随后在 21~28 天时消失，45 天和 60 天时仅在添加硼接种下可检测到。

接种 7 天时 R.gn5f 仅在荚果皮喷射和添加硼的荚果皮喷射处理时定植于荚果皮内（图 6-54B），14 天时添加硼荚果皮喷射接种时数量最高达 36.67cfu/g，显著高于其他接种处理（$P<0.05$）。60 天时在添加苦参碱根部浇灌和添加赤霉素荚果皮喷射接种方法下可以检测到 R.gn5f，其余接种处理检测不到。添加硼荚果皮喷射接种 7 天时 R.gn5f 定植在种子内（22.00cfu/g），显著高于其他时间其他接种处理（$P<0.05$）。14 天时添加 3 种外源物质接种 R.gn5f 可运移并定植在种子内，其余两种未添加外源物质处理下检测不到 R.gn5f，45 天和 60 天时在添加苦参碱和添加赤霉素接种下可检测到 R.gn5f。

6. 三株标记根瘤菌 R.LH3436f、S.12531f、R.gn5f 适宜生长的 KH_2PO_4 浓度筛选

（1）适宜浓度的 KH_2PO_4 可促进标记根瘤菌生长

随着培养天数的延长，R.LH3436f、S.12531f、R.gn5f 菌液的 OD_{600nm} 值均呈现先增加后降低的趋势。其中，适宜 R.LH3436f 生长的 KH_2PO_4 浓度为 50mg/L、100mg/L、200mg/L（图 6-55），适宜 S.12531f 生长的 KH_2PO_4 浓度为 50mg/L、100mg/L、400mg/L

（图 6-56），适宜 R.gn5f 生长的 KH₂PO₄ 浓度为 50mg/L、100mg/L、200mg/L（图 6-57）。

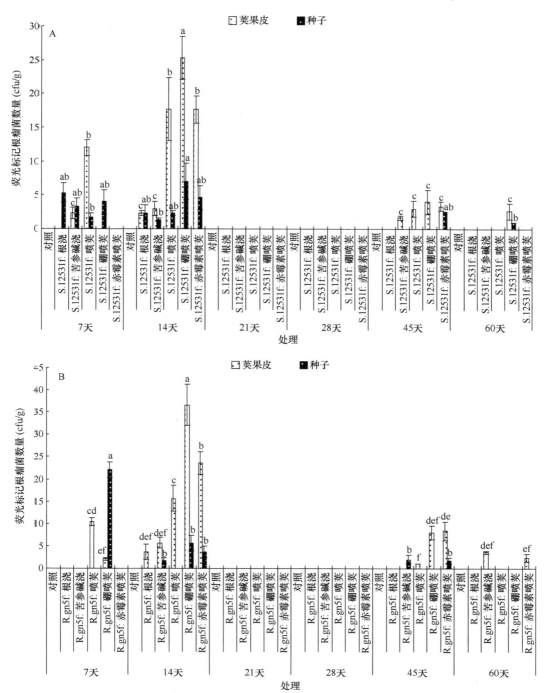

图 6-54　外源物质对结荚期苜蓿荚果皮和种子内 S.12531f 和 R.gn5f 运移和定植的影响
A. S.12531f 的定植数量；B. R.gn5f 的定植数量

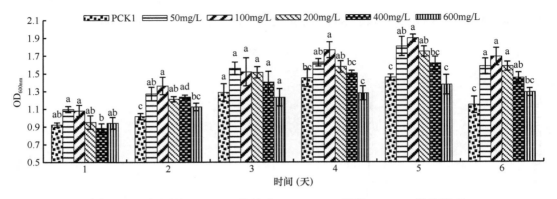

图 6-55　不同浓度 KH₂PO₄ 处理对 R.LH3436f 菌液 OD₆₀₀ₙₘ 值的影响

图中同一检测时间内不同小写字母表示差异显著（$P<0.05$），下同

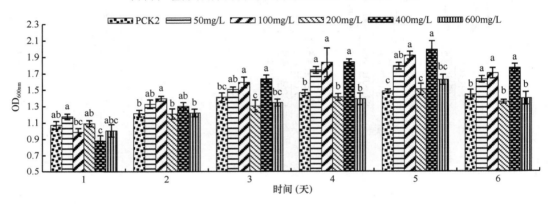

图 6-56　不同浓度 KH₂PO₄ 处理对 S.12531f 菌液 OD₆₀₀ₙₘ 值的影响

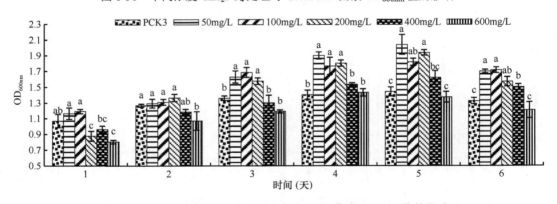

图 6-57　不同浓度 KH₂PO₄ 处理对 R.gn5f 菌液 OD₆₀₀ₙₘ 值的影响

（2）标记根瘤菌添加 KH₂PO₄ 接种后在 WL343HQ 紫花苜蓿幼苗体内运移及定植情况

结合图 6-58～图 6-60 可知，标记根瘤菌在 WL343HQ 紫花苜蓿体内运移及定植高峰期在 10 天左右，定植数量在根、茎、叶内递减。10 天时，R.LH3436f+50mg/L KH₂PO₄ 接种处理根系标记根瘤菌定植数量为 27 075.12cfu/g，运移至茎部为 674.44cfu/g，运移至叶部为 149.972cfu/g，均显著高于其他浓度处理（$P<0.05$）；S.12531f+50mg/L

KH_2PO_4 接种处理根系标记根瘤菌定植数量为 19 193.63cfu/g，运移至茎部为 435.53cfu/g，均显著高于单独接种 S.12531f 处理（$P<0.05$）；R.gn5f+ 200mg/L KH_2PO_4 接种的茎内标记根瘤菌数量为 630.01cfu/g，高于其他浓度处理。由此表明，3 株标记根瘤菌均可在 WL343HQ 紫花苜蓿根系内定植，但是运移及定植规律不同，添加 KH_2PO_4 有利于标记根瘤菌运移和定植于茎、叶部。R.LH3436f 在苜蓿体内运移速度较快，定植数量较大；S.12531f 和 R.gn5f 添加 KH_2PO_4 接种后分别可在 35 天和 45 天运移定植于上部茎。

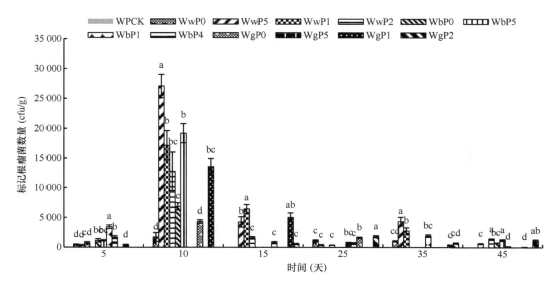

图 6-58　KH_2PO_4 对 WL343HQ 紫花苜蓿根内标记根瘤菌数量的影响

图中同一检测时间内不同小写字母表示差异显著（$P<0.05$），$n=3$，图例中不同编号参考表 6-16，下同

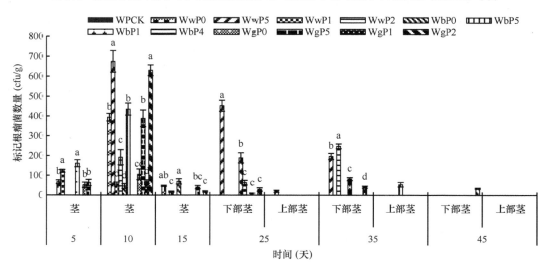

图 6-59　KH_2PO_4 对 WL343HQ 紫花苜蓿茎内标记根瘤菌数量的影响

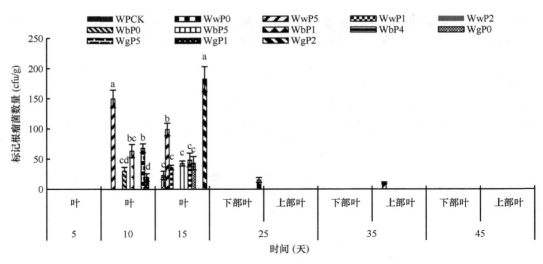

图 6-60 KH₂PO₄ 对 WL343HQ 紫花苜蓿叶内标记根瘤菌数量的影响

（3）标记根瘤菌添加 KH₂PO₄ 接种后在甘农 5 号苜蓿幼苗体内运移及定植情况

结合图 6-61～图 6-63 得知，标记根瘤菌在甘农 5 号苜蓿体内运移及定植高峰期在 10～15 天，且定植数量在根、茎、叶内递减。10 天时，R.LH3436f+200mg/L KH₂PO₄ 接种处理茎内标记根瘤菌定植数量（1008.81cfu/g）显著高于其他浓度处理（$P<0.05$），且先于其他浓度处理运移至叶部；S.12531f+400mg/L KH₂PO₄ 接种处理茎部标记根瘤菌定植数量为 1184.84cfu/g；R.gn5f+50mg/L KH₂PO₄ 接种处理根系标记根瘤菌定植数量为 31 750.31cfu/g，运移至茎部并定植的数量为 1381.32cfu/g，均显著高于其他浓度处理（$P<0.05$），运移至叶部的定植数量为 21.64cfu/g。15 天时，标记根瘤菌在苜蓿体内定植的数量仍然较大，根系定植数量最大处理为 S.12531f+400mg/L KH₂PO₄ 接种苜蓿处理（11 462.42cfu/g），茎部定植数量最大处理为 R.gn5f +50mg/L KH₂PO₄ 接种苜蓿处理

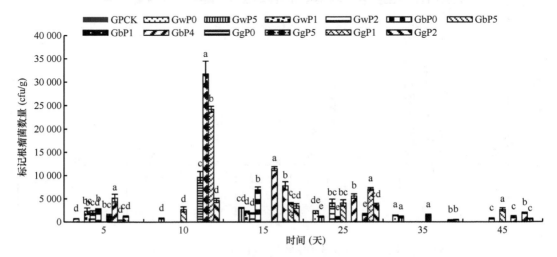

图 6-61 KH₂PO₄ 对甘农 5 号苜蓿根内标记根瘤菌数量的影响

图中同一检测时间内不同小写字母表示差异显著($P<0.05$)，$n=3$，图例中不同编号参考表 6-16，下同

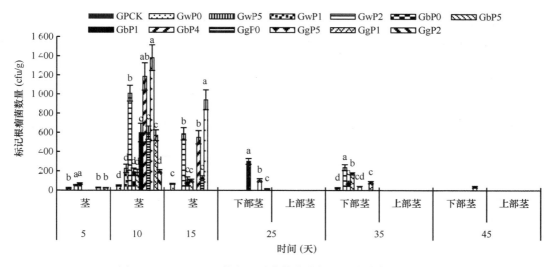

图 6-62　KH$_2$PO$_4$对甘农 5 号苜蓿茎内标记根瘤菌数量的影响

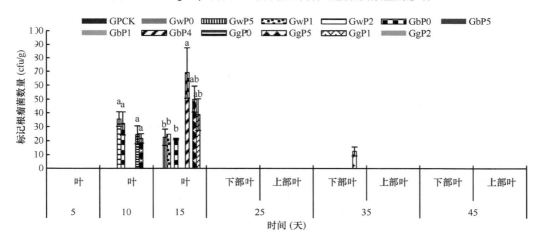

图 6-63　KH$_2$PO$_4$对甘农 5 号苜蓿叶内标记根瘤菌数量的影响

（940.34cfu/g），叶部定植数量最大处理为 S.12531f+400mg/L KH$_2$PO$_4$ 接种苜蓿处理（69.18 cfu/g）。由此表明，3 株标记根瘤菌均可定植在甘农 5 号苜蓿根系，但运移及定植规律不同，添加 KH$_2$PO$_4$ 利于标记根瘤菌运移并定植在茎部、叶部。R.LH3436f 和 S.12531f 在甘农 5 号苜蓿体内运移距离较短，定植数量较小，R.gn5f 在甘农 5 号苜蓿体内运移距离较远且定植数量较大。

（4）标记根瘤菌添加 KH$_2$PO$_4$ 接种对苜蓿幼苗单株结瘤数及根瘤等级的影响

3 株标记根瘤菌添加适宜浓度 KH$_2$PO$_4$ 后接种均可增加 2 个苜蓿品种幼苗单株结瘤数，提高根瘤等级。对于 WL343HQ 紫花苜蓿，R.LH3436f+50mg/L KH$_2$PO$_4$ 接种的苜蓿单株结瘤数和根瘤等级分别显著高出单独接种 R.LH3436f 处理 245.90%和 73.85%（$P<$ 0.05）；S.12531f+50mg/L KH$_2$PO$_4$ 接种的苜蓿根瘤等级显著高出 WPCK 93.13%（$P<$ 0.05）；R.gn5f 接种的苜蓿单株结瘤数和根瘤等级有所提高但与 WPCK 差异不显著（$P>$ 0.05）（表 6-28）。对于甘农 5 号苜蓿，R.LH3436f+50mg/L KH$_2$PO$_4$ 接种的苜蓿根瘤等级分别显著高出 GPCK 和单独接种 R.LH3436f 处理 73.58%和 50.88%（$P<0.05$）；S.12531f+400mg/L KH$_2$PO$_4$ 接种的苜蓿单株结瘤数和根瘤等级分别显著高出 GPCK 180.95%和 52.44%（$P<0.05$）；R.gn5f+ 50 mg/L KH$_2$PO$_4$ 接种的苜蓿单株结瘤数显著高出 GPCK 174.15%（$P<0.05$），根瘤等级分别显著高出 GPCK 和单独接种 R.gn5f 处理 81.71%和 52.56%（$P<0.05$）（表 6-29）。

表 6-28 **R.LH3436f、S.12531f、R.gn5f 添加 KH$_2$PO$_4$ 接种对 WL343HQ 紫花苜蓿幼苗单株结瘤数及根瘤等级的影响**

处理	单株结瘤数	根瘤等级
WPCK	1.67±0.33c	2.33±0.33c
WwP0	1.83±0.83c	2.83±0.83bc
WwP5	6.33±0.67a	4.92±0.08a
WwP1	2.67±0.67bc	4.67±0.33ab
WwP2	2.33±0.88c	3.44±0.73abc
WbP0	2±0.76c	3±1abc
WbP5	4.67±0.67abc	4.5±0.29ab
WbP1	2.67±1.2bc	3.17±0.93abc
WbP4	2.47±0.79bc	3.77±0.39abc
WgP0	2.33±1.33c	3.08±0.96abc
WgP5	3.17±0.6bc	4.33±0.17abc
WgP1	3.33±1.33bc	3.67±0.33abc
WgP2	5.33±0.88abc	4.58±0.3ab

注：表中数据为平均值±标准误，同列不同小写字母表示差异显著（$P<0.05$），处理编号参考表 6-16，下同

表 6-29 **R.LH3436f、S.12531f、R.gn5f 添加 KH$_2$PO$_4$ 接种对甘农 5 号苜蓿幼苗单株结瘤数及根瘤等级的影响**

处理	单株结瘤数	根瘤等级
GPCK	1.47±0.09b	2.46±0.27d
GwP0	1.87±0.33ab	2.83±0.33bcd
GwP5	2.57±1.23ab	4.27±0.64a
GwP1	2.3±0.15ab	3.57±0.3abcd
GwP2	3.63±0.73ab	3.83±0.19bcd
GbP0	3.33±0.49ab	2.63±0.2cd
GbP5	3.7±0.87ab	3.27±0.37abcd
GbP1	3.7±0.17ab	3.61±0.28abcd
GbP4	4.13±1.25a	3.75±0.38abc
GgP0	3.53±1.07ab	2.93±0.52bcd
GgP5	4.03±0.82a	4.47±0.35a
GgP1	3.2±0.6ab	3.97±0.38ab
GgP2	3.63±0.54ab	3.7±0.44abcd

（5）标记根瘤菌添加 KH_2PO_4 接种对苜蓿幼苗生长的影响

对于 WL343HQ 紫花苜蓿（表 6-30），R.LH3436f+50mg/L KH_2PO_4 接种其幼苗地上鲜重和根鲜重显著高出 WPCK 和单独接种 R.LH3436f 处理（$P<0.05$）。S.12531f+50mg/L KH_2PO_4 接种的苜蓿地上鲜重显著高出 WPCK 128.57%（$P<0.05$），根鲜重有所增加但差异不显著（$P>0.05$）。R.gn5f+200mg/L KH_2PO_4 接种的苜蓿地上和根鲜重显著高出 WPCK 和单独接种 R.gn5f 处理（$P<0.05$）。对于甘农 5 号苜蓿（表 6-31），R.LH3436f+ 200mg/L KH_2PO_4 接种、S.12531f+400mg/L KH_2PO_4 接种和 R.gn5f+ 50mg/L KH_2PO_4 接种后其地上和根鲜重分别显著高出 GPCK 和单独接种 R.LH3436f、S.12531f 和 R.gn5f 处理（$P<0.05$）。

表 6-30　R.LH3436f、S.12531f、R.gn5f 添加 KH_2PO_4 接种对 WL343HQ 紫花苜蓿生物量的影响

处理	地上鲜重（g/株）	根鲜重（g/株）
WPCK	0.21±0.03d	0.18±0.05d
WwP0	0.24±0.05cd	0.23±0.05cd
WwP5	0.66±0.02a	0.61±0.15a
WwP1	0.37±0.13bcd	0.29±0.05bcd
WwP2	0.47±0.09abcd	0.57±0.11ab
WbP0	0.24±0.05cd	0.23±0.04cd
WbP5	0.48±0.12abc	0.49±0.16abcd
WbP1	0.47±0.1bcd	0.47±0.04abcd
WbP4	0.36±0.05bcd	0.39±0.15abcd
WgP0	0.26±0.02cd	0.2±0.02d
WgP5	0.35±0.08bcd	0.3±0.1abcd
WgP1	0.6±0.05ab	0.53±0.07abc
WgP2	0.58±0.13ab	0.58±0.05ab

表 6-31　R.LH3436f、S.12531f、R.gn5f 添加 KH_2PO_4 接种对甘农 5 号苜蓿生物量的影响

处理	地上鲜重（g/株）	根鲜重（g/株）
GPCK	0.25±0.06d	0.23±0.08d
GwP0	0.28±0.04d	0.24±0.05d
GwP5	0.46±0.1abcd	0.42±0.08abcd
GwP1	0.26±0.06d	0.38±0.11bcd
GwP2	0.67±0.09ab	0.54±0.13abc
GbP0	0.26±0.04d	0.22±0.04d
GbP5	0.35±0.09d	0.33±0.08cd
GbP1	0.41±0.14bcd	0.36±0.04cd
GbP4	0.64±0.12abc	0.62±0.09ab
GgP0	0.28±0.03d	0.27±0.1d
GgP5	0.68±0.08a	0.65±0.05a
GgP1	0.39±0.04cd	0.44±0.03abcd
GgP2	0.46±0.05abcd	0.44±0.07abcd

综上结果，筛选出苜蓿品种、标记根瘤菌株与 KH₂PO₄ 浓度的最优组合为 WL343HQ+R.LH3436f+50mg/L KH₂PO₄ 、 WL343HQ+S.12531f+50mg/L KH₂PO₄ 、 WL343HQ+R.gn5f+200mg/L KH₂PO₄、甘农 5 号+R.LH3436f+200mg/L KH₂PO₄、甘农 5 号+S.12531f+400mg/L KH₂PO₄、甘农 5 号+R.gn5f+50mg/L KH₂PO₄。

7. 三株标记根瘤菌 R.LH3436f、S.12531f、R.gn5f 适宜生长的 FA 浓度筛选

（1）适宜浓度的 FA 可促进三株标记根瘤菌生长

随着培养时间的延长，R.LH3436f、S.12531f、R.gn5f 菌液 OD₆₀₀ₙₘ 值都呈现先逐渐增加后降低的趋势。其中，适宜 R.LH3436f 生长的 FA 适宜浓度为 0.01%、0.02%、0.08%（图 6-64）；适宜 S.12531f 生长的 FA 适宜浓度为 0.02%、0.04%、0.06%（图 6-65）；适宜 R.gn5f 生长的 FA 适宜浓度为 0.01%、0.02%、0.08%（图 6-66）。

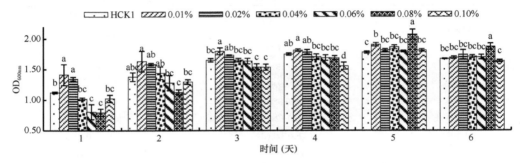

图 6-64　不同浓度 FA 处理对 R.LH3436f 菌液 OD₆₀₀ₙₘ 值的影响
图中同一天不同小写字母表示差异显著（P<0.05），下同

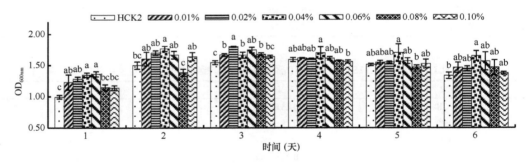

图 6-65　不同浓度 FA 处理对 S.12531f 菌液 OD₆₀₀ₙₘ 值的影响

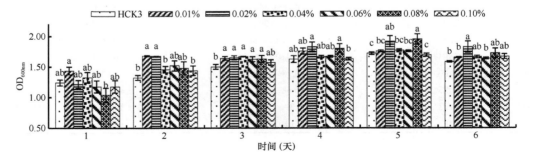

图 6-66　不同浓度 FA 处理对 R.gn5f 菌液 OD₆₀₀ₙₘ 值的影响

（2）标记根瘤菌添加 FA 接种后在 WL343HQ 紫花苜蓿幼苗体内运移及定植情况

结合图 6-67～图 6-69 得知，标记根瘤菌在 WL343HQ 紫花苜蓿体内运移及定植高峰期在 10～15 天，且定植数量在根、茎、叶内递减。10 天时，R.LH3436f+0.01%FA 接种处理体内标记根瘤菌首先由茎部运移至叶部；S.12531f+0.06%FA 接种处理体内标记根瘤菌运移至茎部后定植数量为 211.19cfu/g，运移至叶部后定植数量为 123.33cfu/g，显著高于其他处理（$P<0.05$）；R.gn5f 接种的苜蓿体内标记根瘤菌可运移至茎部，数量最高为 693.24cfu/g，但未运移至苜蓿叶部。15 天时，3 株标记根瘤菌接种的苜蓿根系标记根瘤菌定植数量均较大，在 8351.46～24 861.91cfu/g，且均可运移至茎叶内。由此表明，3 株荧光标记根瘤菌均可定植在 WL343HQ 紫花苜蓿根系，且表现出不同的运移及定植规律，添加 FA 利于标记根瘤菌运移并定植在茎部、叶部。R.LH3436f 在 WL343HQ 紫花苜蓿体内运移速度较快且定植数量较大，S.12531f 添加 FA 后在 35 天时也可运移至上部茎，而 R.gn5f 在 WL343HQ 紫花苜蓿体内运移距离较短且定植数量较少。

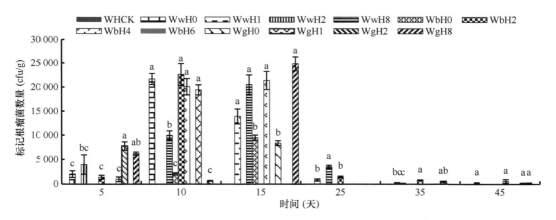

图 6-67　FA 对 WL343HQ 紫花苜蓿根内标记根瘤菌数量的影响

图中同一天不同小写字母表示差异显著（$P<0.05$），图例中不同编号参考表 6-17，下同

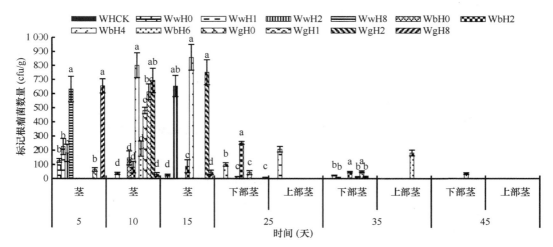

图 6-68　FA 对 WL343HQ 紫花苜蓿茎内标记根瘤菌数量的影响

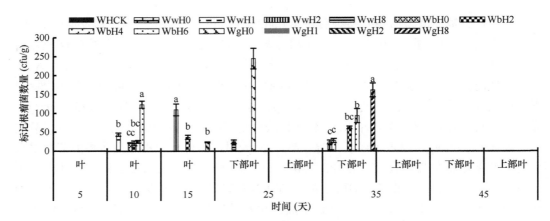

图 6-69 FA 对 WL343HQ 紫花苜蓿叶内标记根瘤菌数量的影响

（3）标记根瘤菌添加 FA 接种后在甘农 5 号苜蓿幼苗体内运移及定植情况

结合图 6-70～图 6-72 可知，标记根瘤菌在甘农 5 号苜蓿体内运移及定植高峰期在 10 天，定植数量在根、茎、叶内递减。10 天时，R.LH3436f+0.02%FA 接种后苜蓿根系标记根瘤菌定植数量为 28 155.34cfu/g，运移至茎部后定植数量为 100cfu/g，运移至叶部后定植数量为 27.76cfu/g；S.12531f+0.06%FA 接种后苜蓿根系标记根瘤菌定植数量为 10 169.49cfu/g，运移至茎部后定植数量为 867.89cfu/g，运移至叶部后定植数量为 149.18cfu/g；R.gn5f+0.02%FA 接种后苜蓿根系标记根瘤菌定植数量为 43 640.9cfu/g，运移至茎部后定植数量为 231.33cfu/g，运移至叶部后定植数量为 313.24cfu/g。由此表明，幼苗生长前期适宜浓度 FA 可促进各标记根瘤菌在甘农 5 号苜蓿体内运移及定植，但对 3 株标记根瘤菌影响程度不同，后期苜蓿体内标记根瘤菌定植数量逐渐减少，定植不稳定。

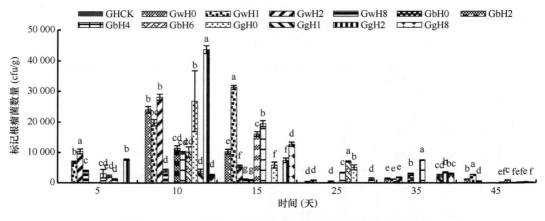

图 6-70 FA 对甘农 5 号苜蓿根内标记根瘤菌数量的影响

（4）标记根瘤菌添加 FA 接种对苜蓿幼苗单株结瘤数及根瘤重的影响

3 株标记根瘤菌添加适宜浓度的 FA 后接种可增加植株单株结瘤数和单株根瘤重（表 6-32 和表 6-33）。R.LH3436f +0.01%FA 接种的 WL343HQ 紫花苜蓿和 R.gn5f +

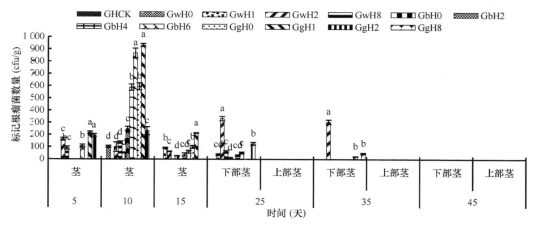

图 6-71　FA 对甘农 5 号苜蓿茎内标记根瘤菌数量的影响

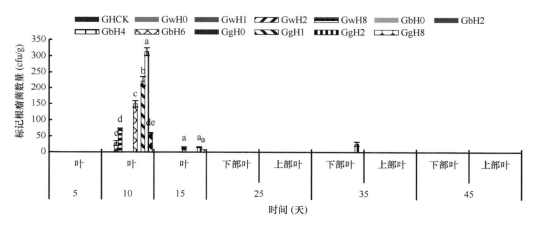

图 6-72　FA 对甘农 5 号苜蓿叶内标记根瘤菌数量的影响

表 6-32　R.LH3436f、S.12531f、R.gn5f 添加 FA 接种对 WL343HQ 紫花苜蓿单株结瘤数及根瘤重的影响

处理	单株结瘤数	单株根瘤重（g）
WHCK	2±1b	0.0176±0.0011b
WwH0	4±0ab	0.0381±0.0059ab
WwH1	6.7±1.8a	0.1004±0.0501a
WwH2	3.3±0.3ab	0.0136±0.0083b
WwH8	4.7±1.7ab	0.0453±0.0213ab
WbH0	4±1.7ab	0.0437±0.0165ab
WbH2	1.7±0.7b	0.0397±0.0129ab
WbH4	6±2.6ab	0.0712±0.0432ab
WbH6	5±1ab	0.0314±0.0113ab
WgH0	1.7±0.3b	0.0231±0.0005b
WgH1	2.7±1.7ab	0.0117±0.0049b
WgH2	2.7±0.9ab	0.036±0.0157ab
WgH8	3±1ab	0.0105±0.0019b

注：表中数据为平均值±标准误，同列不同小写字母表示差异显著（$P<0.05$），处理编号参考表 6-17，下同

表 6-33　R.LH3436f、S.12531f、R.gn5f 添加 FA 接种对甘农 5 号苜蓿单株结瘤数及根瘤重的影响

处理	单株结瘤数	单株根瘤重（g）
GHCK	2.3±0.9bc	0.0058±0.0011b
GwH0	2±0.6bc	0.0193±0.008ab
GwH1	1.7±0.7bc	0.009±0.0044ab
GwH2	1.7±0.7bc	0.0107±0.0017ab
GwH8	2.7±1.2bc	0.0147±0.0007ab
GbH0	1.3±0.3c	0.0173±0.0069ab
GbH2	4.7±0.9abc	0.0223±0.0046ab
GbH4	5.3±2ab	0.0207±0.0097ab
GbH6	3.7±2.2abc	0.024±0.0112ab
GgH0	1.7±0.3bc	0.021±0.0035ab
GgH1	1.7±0.7bc	0.0213±0.0044ab
GgH2	6.7±1.9a	0.0337±0.0128a
GgH8	1.7±0.7bc	0.0223±0.0109ab

0.02%FA 接种的甘农 5 号苜蓿单株结瘤数和单株根瘤重分别显著高出 WHCK 和 GHCK（$P<0.05$）。

（5）标记根瘤菌添加 FA 接种对苜蓿幼苗生长的影响

3 株标记根瘤菌添加适宜浓度 FA 接种可增加 2 个苜蓿品种幼苗的生物量。对 WL343HQ 紫花苜蓿生物量影响最大的处理为 R.LH3436f +0.01%FA 接种（表 6-34），该处理的苜蓿地上、根鲜干重均达到最重。对甘农 5 号苜蓿生物量影响最大的处理为 R.LH3436f+0.02%FA 接种（表 6-35），该处理下苜蓿的地上鲜重、根鲜重、地上干重和根干重显著高于其他处理（$P<0.05$）。

表 6-34　R.LH3436f、S.12531f、R.gn5f 添加 FA 接种对 WL343HQ 紫花苜蓿生物量的影响

处理	地上鲜重（g/株）	根鲜重（g/株）	地上干重（g/株）	根干重（g/株）
WHCK	0.1963±0.0131c	0.0664±0.0249c	0.0223±0.0066d	0.0139±0.0024c
WwH0	0.2613±0.038bc	0.1094±0.0112c	0.0394±0.005cd	0.0196±0.0022bc
WwH1	0.7029±0.0559a	0.6745±0.2595a	0.0919±0.0308a	0.0793±0.0146a
WwH2	0.3883±0.0113abc	0.1645±0.0283c	0.0526±0.0085abcd	0.0458±0.0034bc
WwH8	0.5924±0.0967ab	0.49±0.0657a	0.0719±0.1053abc	0.0419±0.0158bc
WbH0	0.3798±0.0126abc	0.3205±0.115bc	0.0598±0.0107abcd	0.0314±0.0061bc
WbH2	0.2232±0.0154bc	0.1475±0.0225c	0.0412±0.0025bcd	0.0209±0.0008bc
WbH4	0.2881±0.032bc	0.2769±0.0166bc	0.0606±0.0046abcd	0.0299±0.0032bc
WbH6	0.4289±0.0034ab	0.2656±0.0667bc	0.0732±0.0202abc	0.0445±0.0098bc
WgH0	0.2153±0.0505bc	0.111±0.0275c	0.0433±0.0032bcd	0.0219±0.0015bc
WgH1	0.3671±0.0244abc	0.1133±0.0213c	0.0633±0.002abcd	0.0283±0.0037bc
WgH2	0.2032±0.0053c	0.0944±0.0144c	0.0436±0.0011bcd	0.0221±0.0011bc
WgH8	0.5007±0.0103ab	0.2594±0.1193bc	0.0631±0.0025abcd	0.0615±0.0033ab

表 6-35　R.LH3436f、S.12531f、R.gn5f 添加 FA 接种对甘农 5 号苜蓿生物量的影响

处理	地上鲜重（g/株）	根鲜重（g/株）	地上干重（g/株）	根干重（g/株）
GHCK	0.1612±0.0036bcd	0.0927±0.0203cd	0.0361±0.0009cde	0.0166±0.0019cd
GwH0	0.1126±0.025d	0.0314±0.0061d	0.0232±0.0026e	0.0111±0.0022d
GwH1	0.1415±0.0387cd	0.2177±0.1039abcd	0.0242±0.0018e	0.0162±0.0029cd
GwH2	0.3591±0.1085a	0.3687±0.1374a	0.0814±0.01a	0.0456±0.0099a
GwH8	0.1975±0.0538bcd	0.2403±0.0772abc	0.0424±0.0046bcd	0.0406±0.0075ab
GbH0	0.161±0.0213bcd	0.1105±0.0669bcd	0.0328±0.0054de	0.0186±0.0009cd
GbH2	0.1263±0.0132d	0.0644±0.0264cd	0.0335±0.0075de	0.0234±0.0063cd
GbH4	0.2123±0.0013bcd	0.302±0.0666ab	0.0557±0.0068b	0.0285±0.005bc
GbH6	0.2864±0.035ab	0.1058±0.021bcd	0.0397±0.0012bcde	0.0244±0.0014cd
GgH0	0.2037±0.0248bcd	0.1061±0.0315bcd	0.0349±0.0017de	0.0226±0.0008cd
GgH1	0.1623±0.0206bcd	0.0306±0.0067d	0.0316±0.002de	0.0155±0.0036cd
GgH2	0.2267±0.021bcd	0.1342±0.0163bcd	0.0452±0.0025bcd	0.025±0.0016cd
GgH8	0.271±0.0422abc	0.1012±0.0031bcd	0.0522±0.009bc	0.027±0.0007c

综上结果，筛选出苜蓿品种与根瘤菌株、FA 浓度的最优组合为 WL343HQ+ R.LH3436f+ 0.01% FA、WL343HQ+S.12531f+0.06% FA、WL343HQ+R.gn5f+0.08% FA、甘农 5 号+ R.LH3436f 0.02% FA、甘农 5 号+S.12531f+0.06% FA、甘农 5 号+R.gn5f+0.02% FA。

8. KH_2PO_4 和 FA 对生殖生长期接菌的苜蓿体内标记根瘤菌运移与定植的促进效应

（1）KH_2PO_4 和 FA 对花期接菌的苜蓿营养器官内标记根瘤菌运移与定植的促进效应

花期接菌的 WL343HQ 紫花苜蓿根系中，接种 10 天时，仅在 R.LH3436f 添加 FA 接种的处理中检测到 97.68cfu/g 标记根瘤菌（表 6-36）。20 天时，3 株标记根瘤菌接种的苜蓿根系均可检测到标记根瘤菌，R.LH3436f 单独接种的苜蓿根系检测到的标记根瘤菌数量为 109.04cfu/g，S.12531f 添加 FA 接种的苜蓿标记根瘤菌数量显著高出单独接种 S.12531f 处理 695.38%（$P<0.05$），R.gn5f 添加 KH_2PO_4 接种的苜蓿标记根瘤菌数量显著高出单独接种 R.gn5f 处理 661.28%（$P<0.05$）。30 天时，苜蓿根系未检测到标记根瘤菌。40 天时，R.LH3436f 接种的苜蓿根系未检测到标记根瘤菌，S.12531f 添加 FA 接种的苜蓿根系标记根瘤菌定植数量为 4544.82cfu/g，显著高出添加 KH_2PO_4 接种处理 1024.90%（$P<0.05$），R.gn5f 单独接种的苜蓿根系检测到的标记根瘤菌数量为 1403.21cfu/g。50 天时，R.LH3436f 添加 FA 接种的苜蓿根系标记根瘤菌定植数量显著高出添加 KH_2PO_4 接种处理 516.65%（$P<0.05$），S.12531f、R.gn5f 添加 KH_2PO_4 接种的苜蓿根系可检测到标记根瘤菌。10～50 天，WCK 均未检测到标记根瘤菌。

花期接菌的 WL343HQ 紫花苜蓿茎中（表 6-36），接种 10 天时，3 株标记根瘤菌接种处理均可检测到标记根瘤菌，其中，R.gn5f 添加 FA 接种的苜蓿茎部标记根瘤菌定植数量显著高出单独接种 R.gn5f 处理 310.77%（$P<0.05$）。20 天时，除 WCK 和 R.LH3436f 添加 KH_2PO_4 接种处理外，其他处理均可检测到标记根瘤菌，其中，S.12531f 添加 KH_2PO_4 接种的苜蓿茎部标记根瘤菌定植数量分别显著高出单独接种 S.12531f 处理和添加 FA 处

表 6-36　KH$_2$PO$_4$ 和 FA 对花期接菌的 WL343HQ 紫花苜蓿根、茎、叶内标记根瘤菌数量的影响

时间	处理	荧光标记根瘤菌数量（cfu/g）		
		根	茎	叶
10 天	WCK	0	0	0
	WwCK	0	0	0
	WwP	0	155.16±18.52a	0
	WwH	97.68±6.89	0	0
	WbCK	0	69±9.76b	0
	WbP	0	50.36±10.01b	137.67±57.62
	WbH	0	0	0
	WgCK	0	30.27±10.08b	0
	WgP	0	0	0
	WgH	0	124.34±10.21a	0
20 天	WCK	0	0	0
	WwCK	109.04±44.79c	135.79±10.47b	0
	WwP	0	0	0
	WwH	0	600.73±244.19ab	1033.49±138.38a
	WbCK	197.92±19.9c	105.56±20.57b	0
	WbP	0	1107.38±451.97a	0
	WbH	1574.22±197.08b	35.27±9.27b	520.18±52.29b
	WgCK	589.47±131.05c	235.68±85.59b	102.35±14.58c
	WgP	4487.52±425.96a	244.3±44.52b	201.18±18.03c
	WgH	0	10.15±1.69b	0
30 天	WCK	0	0	0
	WwCK	0	73.92±7.41	0
	WwP	0	0	0
	WwH	0	0	120.61±64.28
	WbCK	0	0	0
	WbP	0	1301.93±298.14	0
	WbH	0	0	0
	WgCK	0	0	50.51±8.74
	WgP	0	0	0
	WgH	0	0	0
40 天	WCK	0	0	0
	WwCK	0	0	0
	WwP	0	0	0
	WwH	0	117.64±51.38	0
	WbCK	0	58.63±10.62	0
	WbP	404.02±43.2b	0	110.09±8.51a
	WbH	4544.82±444.78a	0	8.86±2.38b
	WgCK	1403.21±246.13b	0	34.11±4.85b
	WgP	0	0	0
	WgH	0	0	0

续表

时间	处理	荧光标记根瘤菌数量（cfu/g）		
		根	茎	叶
50 天	WCK	0	0	0
	WwCK	0	114.98±14.77b	0
	WwP	290.83±54.79c	0	224.02±28.94b
	WwH	1793.39±197.85a	472.69±38.48a	0
	WbCK	0	183.36±31.97b	788.85±34.04a
	WbP	913.11±118.44b	0	0
	WbH	0	436.51±19.93a	0
	WgCK	0	212.68±42.47b	0
	WgP	503.28±52.83bc	0	42.22±5.27b
	WgH	0	0	0

注：表中数据为平均值±标准误，同列不同小写字母表示差异显著（$P<0.05$），处理编号参考表6-18，下同

理 949.05%和 3039.72%（$P<0.05$）。30 天时，仅在 R.LH3436f 单独接种和 S.12531f 添加 KH_2PO_4 接种的苜蓿茎内检测到标记根瘤菌。40 天时，仅在 R.LH3436f 添加 FA 接种和 S.12531f 单独接种的苜蓿茎内检测到标记根瘤菌。50 天时，3 株标记根瘤菌接种的苜蓿茎部均可检测到标记根瘤菌，其中，R.LH3436f 添加 FA 接种的苜蓿茎部标记根瘤菌定植数量显著高出单独接种 R.LH3436f 处理 311.11%（$P<0.05$），S.12531f 添加 FA 接种的苜蓿茎部标记根瘤菌定植数量显著高出单独接种 S.12531f 处理 138.06%（$P<0.05$）。

花期接菌的 WL343HQ 紫花苜蓿叶部（表 6-36），接种 10 天时，仅在 S.12531f 添加 KH_2PO_4 接种的处理中检测到 137.67cfu/g 标记根瘤菌。接种 20 天时，3 株标记根瘤菌接种的苜蓿叶部均可检测到标记根瘤菌，其中 R.LH3436f 添加 FA 接种的苜蓿叶部标记根瘤菌定植数量为 1033.49cfu/g，显著高于其他处理（$P<0.05$）。接种 30 天时，仅在 R.LH3436f 添加 FA 接种和 R.gn5f 单独接种的苜蓿叶部检测到标记根瘤菌。40 天时，R.LH3436f 接种的苜蓿叶部未检测到标记根瘤菌，S.12531f 添加 KH_2PO_4 接种的苜蓿叶部标记根瘤菌定植数量显著高出添加 FA 接种处理 1142.55%（$P<0.05$），R.gn5f 单独接种的苜蓿叶部标记根瘤菌定植数量为 34.11cfu/g。50 天时，S.12531f 单独接种的苜蓿叶部标记根瘤菌定植数量显著高于其他处理（$P<0.05$）。

花期接菌的甘农 5 号苜蓿根系（表 6-37），接种 10 天时，仅在 R.LH3436f 和 R.gn5f 添加 FA 接种的处理中检测到标记根瘤菌。20 天时，添加 FA 后 3 株标记根瘤菌均可在苜蓿根系定植，R.LH3436f 添加 KH_2PO_4 接种的苜蓿根系标记根瘤菌定植数量显著高出添加 FA 接种处理 2867.27%（$P<0.05$）。30 天时，仅在 R.LH3436f 添加 FA 接种的苜蓿根系检测到标记根瘤菌。40 天时，3 株标记根瘤菌均可在苜蓿根系定植，其中 R.gn5f 添加 KH_2PO_4 接种的苜蓿根系标记根瘤菌定植数量达到 8739.85cfu/g。50 天时，3 株标记根瘤菌均可在苜蓿根系定植，其中 R.gn5f 添加 FA 接种的苜蓿根系标记根瘤菌定植数量分别显著高出单独接种 R.gn5f 处理和添加 KH_2PO_4 处理 173.40%、1090.20%（$P<0.05$）。

表 6-37　KH$_2$PO$_4$ 和 FA 对花期接菌的甘农 5 号苜蓿根、茎、叶内标记根瘤菌数量的影响

时间	处理	标记根瘤菌数量（cfu/g）		
		根	茎	叶
10 天	GCK	0	0	0
	GwCK	0	0	0
	GwP	0	0	0
	GwH	201.67±65.36	0	0
	GbCK	0	0	0
	GbP	0	0	0
	GbH	0	39.27±12.64b	0
	GgCK	0	9.76±3.67b	0
	GgP	0	128.24±8.4a	0
	GgH	1009.91±91.35	0	0
20 天	GCK	0	0	0
	GwCK	0	407.3±142.48a	304.7±46.91c
	GwP	8887.27±830.14a	0	645.96±119.77b
	GwH	299.51±39.88b	0	133.88±22.3cd
	GbCK	0	176.31±66.03ab	123.61±24.65cd
	GbP	0	216.96±54.16ab	25.82±1.85d
	GbH	120.66±24.2b	63.74±14.91b	1550.74±152.59a
	GgCK	0	87.25±21.78b	0
	GgP	0	0	159.05±10.55cd
	GgH	98.72±59.23b	10.78±2.03b	0
30 天	GCK	0	0	0
	GwCK	0	0	0
	GwP	0	0	0
	GwH	637.89±68.37	0	0
	GbCK	0	233.23±77.28	0
	GbP	0	0	0
	GbH	0	29.69±7.84	0
	GgCK	0	0	0
	GgP	0	0	11.18±3.21
	GgH	0	0	0
40 天	GCK	0	0	0
	GwCK	342.15±171.91b	33.85±10.63b	0
	GwP	0	258.47±8.51ab	0
	GwH	270.03±85.49b	0	0
	GbCK	0	0	0
	GbP	2509.56±530.24b	477.87±173.73a	0
	GbH	374.12±37.29b	226.93±17.14ab	27.38±2.54
	GgCK	8712.48±1404.56a	38.26±8.32b	0
	GgP	8739.85±309.92a	154.49±16.98b	0
	GgH	0	0	0

续表

时间	处理	标记根瘤菌数量（cfu/g）		
		根	茎	叶
50天	GCK	0	0	0
	GwCK	1084.12±153.89bc	0	0
	GwP	0	0	0
	GwH	2991.71±85.22ab	0	0
	GbCK	0	143.44±20.66b	194.13±32.63a
	GbP	2521.69±165.58ab	272.67±20.89a	29.8±5.22b
	GbH	0	46.25±9.23c	
	GgCK	1338.59±140.31bc	6.45±0.91c	156.66±31.54a
	GgP	307.49±35.23c	56.11±11.12c	0
	GgH	3659.75±1404.96a	59.34±19.76c	16.42±3.87b

花期接菌的甘农 5 号苜蓿茎内（表 6-37），接种 10 天时，R.LH3436f 接种处理未检测到标记根瘤菌，S.12531f 添加 FA 接种的苜蓿茎部根瘤菌定植数量为 39.27cfu/g，R.gn5f 添加 KH_2PO_4 接种的苜蓿标记根瘤菌定植数量显著高出单独接种 R.gn5f 处理 1213.93%（$P < 0.05$）。20 天时，3 株标记根瘤菌均可在苜蓿茎部定植。30 天时，R.LH3436f 和 R.gn5f 未在苜蓿茎中定植，S.12531f 添加 FA 接种的苜蓿茎部根瘤菌定植数量少于单独接种 S.12531f 处理。40 天时，3 株标记根瘤菌均可在苜蓿茎部定植。50 天时，除 GCK 和 R.LH3436f 接种外，其他处理的苜蓿茎部均有标记根瘤菌定植，其中 S.12531f 添加 KH_2PO_4 接种的苜蓿茎部根瘤菌定植数量显著高出单独接种 S.12531f 处理 90.09%（$P < 0.05$）。

花期接菌的甘农 5 号苜蓿叶内（表 6-37），在接种 10 天时未检测到标记根瘤菌。20 天时，3 株标记根瘤菌均可在苜蓿叶部定植，其中 R.LH3436f 添加 KH_2PO_4 接种的苜蓿叶部根瘤菌定植数量显著高出单独接种 R.LH3436f 处理 112.00%（$P < 0.05$），S.12531f 添加 FA 接种的苜蓿叶部标记根瘤菌定植数量显著高于其他处理，高出单独接种 S.12531f 处理 1154.54%（$P < 0.05$）。30 天时，除 R.gn5f 添加 KH_2PO_4 接种的苜蓿外，其他苜蓿叶部均未检测到标记根瘤菌。40 天时，除 S.12531f 添加 FA 接种的苜蓿外，其他处理的苜蓿叶部均未检测到标记根瘤菌。50 天时，GCK 和 R.LH3436f 接种的苜蓿叶部未检测到标记根瘤菌，S.12531f 和 R.gn5f 均是单独接种时在苜蓿叶部定植数量大。

（2）KH_2PO_4 和 FA 对花期接菌的苜蓿繁殖器官内标记根瘤菌运移与定植的促进效应

花期接菌的 WL343HQ 紫花苜蓿花瓣内（表 6-38），接种 10 天时未检测到标记根瘤菌。接种 20 天时，仅在 S.12531f 单独接种和添加 KH_2PO_4 接种的苜蓿花瓣内检测到标记根瘤菌，定植数量分别为 4.5cfu/花、23.5cfu/花。

花期接菌的 WL343HQ 紫花苜蓿雄蕊内（表 6-38），接种 10 天时未检测到标记根瘤菌。20 天时，R.LH3436f 添加 FA、S.12531f 添加 KH_2PO_4、R.gn5f 添加 KH_2PO_4 接种的 3 个处理的苜蓿雄蕊内有标记根瘤菌定植。

表 6-38　KH₂PO₄ 和 FA 对花期接菌的 WL343HQ 紫花苜蓿花瓣、雄蕊、雌蕊内标记根瘤菌数量的影响

时间	处理	荧光标记根瘤菌数量（cfu/花）		
		花瓣	雄蕊	雌蕊
10 天	WCK	0	0	0
	WwCK	0	0	0
	WwP	0	0	0
	WwH	0	0	0
	WbCK	0	0	0
	WbP	0	0	0
	WbH	0	0	0
	WgCK	0	0	0
	WgP	0	0	0
	WgH	0	0	1.3±0.3
20 天	WCK	0	0	0
	WwCK	0	0	0
	WwP	0	0	0
	WwH	0	3.5±0.76b	22.3±8a
	WbCK	4.5±0.5	0	1.33±0.12b
	WbP	23.5±4.5	9.67±1.2a	5.57±0.23b
	WbH	0	0	0
	WgCK	0	0	4.17±1.27b
	WgP	0	5.67±0.88b	7.1±1.24b
	WgH	0	0	27.33±0.88a

　　花期接菌的 WL343HQ 紫花苜蓿雌蕊内（表 6-38），接种 10 天时，除 R.gn5f 添加 FA 接种处理定植 1.3cfu/花外，其他处理均未检测到标记根瘤菌。20 天时，3 株标记根瘤菌均可在苜蓿雌蕊内定植，其中 R.gn5f 添加 FA 接种的苜蓿雌蕊内标记根瘤菌定植数量分别显著高出 R.gn5f 单独接种和添加 KH₂PO₄ 接种处理 555.40% 和 284.93%（$P<0.05$）。

　　花期接菌的 WL343HQ 紫花苜蓿荚果皮内（表 6-39），接种 30~40 天时未检测到标记根瘤菌。接种 50 天时，R.LH3436f 和 S.12531f 添加 FA 接种的苜蓿荚果皮内根瘤菌定植数量分别为 83.33cfu/粒和 110cfu/粒，R.gn5f 添加 KH₂PO₄ 接种的苜蓿荚果皮内根瘤菌定植数量显著高出单独接种 R.gn5f 处理 3426.94%（$P<0.05$）。

　　花期接菌的 WL343HQ 紫花苜蓿种子内（表 6-39），接种 30 天时，R.LH3436f 添加 KH₂PO₄ 接种、S.12531f 添加 FA 接种处理均检测到标记根瘤菌，R.gn5f 添加 FA 接种的苜蓿种子内标记根瘤菌定植数量显著高出单独接种 R.gn5f 处理 460%（$P<0.05$）。接种 40 天时，仅在 S.12531f 添加 FA 处理的苜蓿种子内检测到 1.75cfu/粒标记根瘤菌。接种

表 6-39　KH₂PO₄ 和 FA 对花期接菌的 WL343HQ 紫花苜蓿荚果皮和种子内标记根瘤菌数量的影响

时间	处理	荧光标记根瘤菌数量	
		荚果皮（cfu/粒）	种子（cfu/粒）
30 天	WCK	0	0
	WwCK	0	0
	WwP	0	1.17±0.26b
	WwH	0	0
	WbCK	0	0
	WbP	0	0
	WbH	0	3.88±0.44a
	WgCK	0	0.9±0.34b
	WgP	0	0
	WgH	0	5.04±0.8a
40 天	WCK	0	0
	WwCK	0	0
	WwP	0	0
	WwH	0	0
	WbCK	0	0
	WbP	0	0
	WbH	0	1.75±0.37
	WgCK	0	0
	WgP	0	0
	WgH	0	0
50 天	WCK	0	0
	WwCK	0	0
	WwP	0	0
	WwH	83.33±8.81b	0
	WbCK	0	0
	WbP	0	0
	WbH	110±17.3b	0.99±0.3b
	WgCK	36.67±8.82b	0.52±0.13b
	WgP	1293.33±88.19a	0
	WgH	0	1.69±0.13a

50 天时，S.12531f 添加 FA 处理的苜蓿种子内检测到 0.99cfu/粒标记根瘤菌，R.gn5f 添加 FA 接种的苜蓿种子内根瘤菌定植数量显著高出单独接种 R.gn5f 处理225%（$P<0.05$）。

花期接菌的甘农 5 号苜蓿花瓣内（表 6-40），接种 10 天时没有标记根瘤菌定植。20 天时，R.LH3436f 添加 FA 接种的苜蓿花瓣内标记根瘤菌定植数量为 6.33cfu/花，S.12531f 添加 FA 接种的苜蓿花瓣内标记根瘤菌定植数量显著高出添加 KH₂PO₄ 接种处理321.40%（$P<0.05$），GCK 和 R.gn5f 接种的苜蓿花瓣内均无标记根瘤菌定植。

花期接菌的甘农 5 号苜蓿雄蕊内（表 6-40），接种 10 天时，仅在 R.gn5f 添加 FA 接种处理中检测到标记根瘤菌。20 天时，R.LH3436f 添加 FA 接种的苜蓿雄蕊内标记根瘤菌定植数量显著高出添加 KH_2PO_4 接种处理 291.80%（$P<0.05$），S.12531f 添加 FA 接种的苜蓿雄蕊内标记根瘤菌定植数量分别显著高出 S.12531f 单独接种和添加 KH_2PO_4 接种 343.35% 和 64.24%（$P<0.05$），R.gn5f 添加 KH_2PO_4 接种的苜蓿雄蕊内标记根瘤菌定植数量为 3.83cfu/花。

表 6-40　KH_2PO_4 和 FA 对花期接菌的甘农 5 号苜蓿花瓣、雄蕊、雌蕊内标记根瘤菌数量的影响

时间	处理	荧光标记根瘤菌数量（cfu/花）		
		花瓣	雄蕊	雌蕊
10 天	GCK	0	0	0
	GwCK	0	0	0
	GwP	0	0	0
	GwH	0	0	0
	GbCK	0	0	0
	GbP	0	0	1.27±0.18
	GbH	0	0	0
	GgCK	0	0	0
	GgP	0	0	0
	GgH	0	1.33±0.28	0
20 天	GCK	0	0	0
	GwCK	0	0	0
	GwP	0	1.83±0.09c	0
	GwH	6.33±2.33b	7.17±0.6a	0
	GbCK	0	1.73±0.15c	0
	GbP	20.33±5.49b	4.67±0.88b	5.93±1.55b
	GbH	85.67±31.48a	7.67±1.45a	60±5.03a
	GgCK	0	0	0
	GgP	0	3.83±0.6bc	1.33±0.18b
	GgH	0	0	1.8±0.44b

花期接菌的甘农 5 号苜蓿雌蕊内（表 6-40），接种 10 天时，仅在 S.12531f 添加 KH_2PO_4 接种处理中有标记根瘤菌定植。20 天时，GCK 和 R.LH3436f 接种的苜蓿雌蕊内没有检测到标记根瘤菌，其他两种菌株均可在苜蓿雌蕊内定植，其中 S.12531f 添加 FA 接种的苜蓿雌蕊内标记根瘤菌定植数量显著高出添加 KH_2PO_4 接种处理 911.80%（$P<0.05$）。

花期接菌的甘农 5 号苜蓿荚果皮内（表 6-41），接种 30～40 天时未检测到标记根瘤菌。接种 50 天时，3 株标记根瘤菌均可在苜蓿荚果皮内定植，其中 R.gn5f 添加 KH_2PO_4 接种的苜蓿荚果皮内标记根瘤菌定植数量最大，为 130cfu/粒。

表 6-41　KH₂PO₄ 和 FA 对花期接菌的甘农 5 号苜蓿荚果皮和种子内标记根瘤菌数量的影响

时间	处理	荧光标记根瘤菌数量	
		荚果皮（cfu/荚）	种子（cfu/粒）
30 天	GCK	0	0
	GwCK	0	1.13±0.15bc
	GwP	0	1.6±0.52ab
	GwH	0	0
	GbCK	0	0.27±0.06c
	GbP	0	2.44±0.39a
	GbH	0	0.62±0.17bc
	GgCK	0	0.69±0.26bc
	GgP	0	0
	GgH	0	0
40 天	GCK	0	0
	GwCK	0	0
	GwP	0	0
	GwH	0	0
	GbCK	0	0
	GbP	0	0
	GbH	0	0
	GgCK	0	0
	GgP	0	0.46±0.09
	GgH	0	1.33±0.2
50 天	GCK	0	0
	GwCK	0	0
	GwP	40±11.55b	0
	GwH	83.33±23.33ab	0
	GbCK	0	0
	GbP	56.67±23.33b	0
	GbH	83.67±8.82ab	0
	GgCK	0	0
	GgP	130±15.27a	0
	GgH	0	0

花期接菌的甘农 5 号苜蓿种子内（表 6-41），接种 30 天时，3 株标记根瘤菌均可检测到，其中 S.12531f 添加 KH₂PO₄ 接种的苜蓿种子内标记根瘤菌定植数量分别显著高出 S.12531f 单独接种和添加 FA 接种 803.70% 和 293.55%（$P<0.05$）。40 天时，仅在 R.gn5f 添加 KH₂PO₄、添加 FA 接种的苜蓿种子内检测到标记根瘤菌。50 天时，苜蓿种子中未检测到标记根瘤菌。

（3）KH₂PO₄ 和 FA 对结荚期接菌的苜蓿营养器官内标记根瘤菌运移与定植的促进效应

结荚期接菌的 WL343HQ 紫花苜蓿根系内（表 6-42），接种 10 天时，WCK、R.LH3436f 和 S.12531f 单独接种处理中均未检测到标记根瘤菌，R.gn5f 添加 KH₂PO₄ 接种的苜蓿根系标记根瘤菌定植数量高出单独接种 R.gn5f 处理 269.06%。20 天时，3 株标记根瘤菌均可在苜蓿根系定植,其中 R.gn5f 单独接种的苜蓿根系标记根瘤菌定植数量为 5026.72cfu/g。30 天时,仅在 R.LH3436f、R.gn5f 单独接种的苜蓿根系检测到标记根瘤菌。

表 6-42　KH_2PO_4 和 FA 对结荚期接菌的 WL343HQ 紫花苜蓿根、茎、叶内标记根瘤菌数量的影响

时间	处理	标记根瘤菌数量（cfu/g）		
		根	茎	叶
10 天	WCK	0	0	0
	WwCK	0	50.35±30.18c	7.58±1.02
	WwP	0	1244.38±234.7a	0
	WwH	0	735.17±62.08b	0
	WbCK	0	0	10.34±2.15
	WbP	0	211.36±105.63c	0
	WbH	0	28.01±9.33c	0
	WgCK	663.81±36.21	104.44±11.65c	0
	WgP	2449.88±787.94	75.75±10.79c	0
	WgH	0	52.24±10.51c	0
20 天	WCK	0	0	0
	WwCK	0	233.42±23.29b	0
	WwP	0	1924.97±130.44a	0
	WwH	595.55±176.18c	65.78±9.38bc	0
	WbCK	0	91.78±20.11bc	0
	WbP	0	0	0
	WbH	1606.45±228.41b	22.2±1.04c	0
	WgCK	5026.72±323.88a	0	301.12±64.27
	WgP	164.19±43.94c	19.97±5.54c	0
	WgH	452.99±109.19c	0	153.45±51.74
30 天	WCK	0	0	0
	WwCK	1760.36±814.22	0	0
	WwP	0	0	0
	WwH	0	215.35±26.78a	0
	WbCK	0	36.26±12.07b	0
	WbP	0	0	0
	WbH	0	15.81±6.41b	0
	WgCK	1977.73±648.26	0	0
	WgP	0	158.24±10.5a	0
	WgH	0	0	0

　　结荚期接菌的 WL343HQ 紫花苜蓿茎内（表 6-42）,接种 10 天时,除 WCK 和单独接种 S.12531f 处理外,其他处理中均可检测到标记根瘤菌,其中 R.LH3436f 添加 KH_2PO_4 接种的苜蓿茎内标记根瘤菌定植数量显著高于其他处理,高出单独接种 R.LH3436f 处理 2371.46%（$P<0.05$）。20 天时,3 株标记根瘤菌均可在苜蓿茎内定植,R.LH3436f 添加 KH_2PO_4 接种的苜蓿茎内标记根瘤菌定植数量显著高于其他处理（$P<0.05$）,达到 1924.97cfu/g。30 天时,苜蓿茎内仍有标记根瘤菌定植。

结荚期接菌的 WL343HQ 紫花苜蓿叶内（表 6-42），接种 10 天时，仅在单独接种 R.LH3436f、单独接种 S.12531f 的处理中检测到标记根瘤菌。接种 20 天时，仅在单独接种 R.gn5f 和 R.gn5f 添加 FA 接种的苜蓿叶内检测到标记根瘤菌。接种 30 天时，苜蓿叶部未检测到标记根瘤菌。

结荚期接菌的甘农 5 号苜蓿根系（表 6-43），接种 10 天时，仅在 R.LH3436f 添加 FA 的接种处理中检测到标记根瘤菌，定植数量为 5051.49cfu/g。20 天、30 天时，分别仅在 R.gn5f 单独接种、S.12531f 添加 KH_2PO_4 接种的苜蓿根系检测到标记根瘤菌。

表 6-43 KH_2PO_4 和 FA 对结荚期接菌的甘农 5 号苜蓿根、茎、叶内标记根瘤菌数量的影响

时间	处理	标记根瘤菌数量（cfu/g）		
		根	茎	叶
10 天	GCK	0	0	0
	GwCK	0	19.57±6.41b	0
	GwP	0	0	0
	GwH	5051.49±674.28	0	0
	GbCK	0	0	0
	GbP	0	373.7±56.31a	0
	GbH	0	0	96.34±7.98
	GgCK	0	0	0
	GgP	0	0	0
	GgH	0	209.62±21.28a	115.62±12.87
20 天	GCK	0	0	0
	GwCK	0	0	0
	GwP	0	89.32±9.81a	0
	GwH	0	0	0
	GbCK	0	0	0
	GbP	0	0	1014.86±130.18a
	GbH	0	36.83±6.31b	47.23±4.41b
	GgCK	175.87±54.31	77.7±13.32a	31.92±0.92b
	GgP	0	0	0
	GgH	0	25.49±4.55b	0
30 天	GCK	0	0	0
	GwCK	0	0	0
	GwP	0	0	0
	GwH	0	0	0
	GbCK	0	0	0
	GbP	990.28±105.34	0	0
	GbH	0	177.24±11.75a	0
	GgCK	0	172.92±10.41a	0
	GgP	0	130.88±9.33b	0
	GgH	0	68.31±2.75c	0

结荚期接菌的甘农 5 号苜蓿茎内（表 6-43），接种 10～20 天时，3 株标记根瘤菌均可检测到。30 天时，GCK 和 R.LH3436f 接种的苜蓿茎内均未检测到标记根瘤菌，S.12531f 添加 FA 接种的苜蓿茎内标记根瘤菌定植数量达到 177.24cfu/g。

结荚期接菌的甘农 5 号苜蓿叶内（表 6-43），接种 10 天时，除 S.12531f 和 R.gn5f 添加 FA 接种的苜蓿外，其他处理均未检测到标记根瘤菌。20 天时，GCK 和 R.LH3436f 接种的苜蓿叶内均未检测到标记根瘤菌，S.12531f 添加 KH_2PO_4 接种的苜蓿叶内标记根瘤菌定植数量显著高出添加 FA 接种处理 2048.76%（$P<0.05$）。30 天时，苜蓿叶内未检测到标记根瘤菌。

（4）KH_2PO_4 和 FA 对结荚期接菌的苜蓿繁殖器官内标记根瘤菌运移与定植的促进效应

结荚期接菌的 WL343HQ 紫花苜蓿荚果皮内（表 6-44），接种 10 天时未检测到标

表 6-44　KH_2PO_4 和 FA 对结荚期接菌的 WL343HQ 紫花苜蓿荚果皮和种子内标记根瘤菌数量的影响

时间	处理	荧光标记根瘤菌数量	
		荚果皮（cfu/荚）	种子（cfu/粒）
10 天	WCK	0	0
	WwCK	0	0
	WwP	0	0
	WwH	0	0
	WbCK	0	3.36±1.3b
	WbP	0	9.43±0.86a
	WbH	0	0
	WgCK	0	0.95±0.16b
	WgP	0	0
	WgH	0	9.64±1.3a
20 天	WCK	0	0
	WwCK	26.67±3.33b	0.32±0.04a
	WwP	46.67±17.64ab	0
	WwH	0	0
	WbCK	0	0.68±0.18a
	WbP	76.67±23.33ab	0
	WbH	93.33±17.64a	0
	WgCK	30±10b	0
	WgP	66.67±6.67ab	1.23±0.64a
	WgH	0	0
30 天	WCK	0	0
	WwCK	0	0
	WwP	0	0
	WwH	0	0
	WbCK	0	0
	WbP	0	0
	WbH	0	0
	WgCK	0	0
	WgP	120±20	4.83±0.26
	WgH	0	0.79±0.04

记根瘤菌。20 天时，3 株标记根瘤菌均可在苜蓿荚果皮内定植，但数量与单独接菌处理差异不显著（$P>0.05$）。30 天时，仅在 R.gn5f 添加 KH_2PO_4 接种的荚果皮内检测到 120cfu/荚标记根瘤菌。

结荚期接菌的 WL343HQ 紫花苜蓿种子内（表 6-44），接种 10 天时，WCK 和 R.LH3436f 单独妾种处理内均未检测到标记根瘤菌，S.12531f 添加 KH_2PO_4 接种的苜蓿种子内标记根瘤菌定植数量显著高出单独接种 S.12531f 处理 180.65%（$P<0.05$），R.gn5f 添加 FA 接种的苜蓿种子内标记根瘤菌定植数量显著高出单独接种 R.gn5f 处理 914.74%（$P<0.05$）。20 天时，3 株标记根瘤菌均可在种子内定植但数量较小且差异不显著（$P>0.05$）。30 天时，WCK、R.LH3436f、S.12531f 接种的苜蓿种子内均未检测到标记根瘤菌。

结荚期接菌的甘农 5 号苜蓿荚果皮内（表 6-45），接种 10 天时，仅在 R.gn5f 添加

表 6-45　KH_2PO_4 和 FA 对结荚期接菌的甘农 5 号苜蓿荚果皮和种子内标记根瘤菌数量的影响

时间	处理	荧光标记根瘤菌数量	
		荚果皮（cfu/荚）	种子（cfu/粒）
10 天	GCK	0	0
	GwCK	0	0
	GwP	0	0
	GwH	0	2.24±0.62ab
	GbCK	0	0
	GbP	0	0
	GbH	0	3.21±0.25a
	GgCK	0	0
	GgP	97.5±12.5	0.92±0.56b
	GgH	0	0
20 天	GCK	0	0
	GwCK	0	0
	GwP	115±5	0
	GwH	0	0
	GbCK	0	0
	GbP	0	0
	GbH	0	0
	GgCK	0	0
	GgP	0	0
	GgH	118.5±8.2	0
30 天	GCK	0	0
	GwCK	0	0
	GwP	0	0
	GwH	83.33±6.67a	0
	GbCK	43.33±8.82a	0
	GbP	0	0
	GbH	0	0
	GgCK	70±25.16a	0
	GgP	0	0
	GgH	0	0

KH_2PO_4 接种的处理内检测到标记根瘤菌。20 天时，仅在 R.LH3436f 添加 KH_2PO_4 和 R.gn5f 添加 FA 接种的苜蓿荚果皮内检测到标记根瘤菌。30 天时，仅在 R.LH3436f 添加 FA、S.12531f、R.gn5f 单独接种的苜蓿荚果皮内检测到标记根瘤菌，数量差异不显著（$P >$ 0.05）。

结荚期接菌的甘农 5 号苜蓿种子内（表 6-45），接种 10 天时，3 株标记根瘤菌均可检测到，但数量较小。20～30 天时，苜蓿种子内均未检测到标记根瘤菌。

标记根瘤菌添加 KH_2PO_4、FA 接种于生殖生长期苜蓿，对于 WL343HQ 紫花苜蓿，0.01% FA 可使 R.LH3436f 在根、茎、叶、雌蕊内大量定植；0.08% FA 可促进 R.gn5f 运移至茎、雌蕊和种子内并定植。对于甘农 5 号苜蓿，200mg/L KH_2PO_4 可使 R.LH3436f 运移至根内并大量定植，并可运移至叶且定植；0.06% FA 可使 S.12531f 在叶、花瓣、雄蕊、雌蕊内大量定植。

（三）小结

3 株标记根瘤菌在苜蓿体内运移和定植的适宜外源物质浓度不同，产生的原因一方面是与菌株本身遗传特性有关，S.12531f 的原始菌株 *Sinorhizobium meliloti* 12531 为慢生型根瘤菌，代谢速率慢，而 R.LH3436f 和 R.gn5f 的原始菌株分别是 *Rzhizobium* LH3436、*Rzhizobium* gn5，为快生型根瘤菌，代谢速率快。另一方面是对于 WL343HQ 紫花苜蓿来说，R.LH3436f 为分离自本品种苜蓿体内的内生根瘤菌，S.12531f 和 R.gn5f 为分离自非本品种苜蓿植株的外源根瘤菌；对于甘农 5 号苜蓿来说，R.gn5f 是内生根瘤菌，S.12531f 和 R.LH3436f 为外源根瘤菌，S.12531f 是购自中国科学院微生物研究所菌种保藏中心且分离自非本苜蓿植株体内的外源根瘤菌。接种后竞争了宿主防御系统的应激位点或活性中心，使宿主植物对两种根瘤菌产生了不同的防御反应。

在营养生长初期，由根系向地上部分的内生根瘤菌运移通道是贯通的，但存在选择性屏障。该屏障存在于苜蓿根部和地上茎叶分界点之间及下部与上部的分界点之间，降低运移至苜蓿幼苗上部茎和叶内的 R.gn5f 根瘤菌数量，但上部叶内 S.12531f 数量高于下部叶片，又表明宿主对不同根瘤菌菌株的选择性屏障不同；也表明植物体对接种的根瘤菌有选择通过性，且选择压力的强弱在植株不同部位有很大差异，根系对接种根瘤菌的选择压力低于叶和茎。

研究内生菌在宿主体内的运移动态和定植规律常采用的接种方式有根部浇灌、茎叶涂抹等，不同的接种方式和不同的菌种类型会使内生菌的运移和定植具有明显的差异性。本研究对蕾期、花期和结荚期紫花苜蓿采取了根部浇灌和主根微破损浇灌的根部接种方式及花部喷射的地上接种方式。比较发现，在苜蓿生殖生长期体内都存在着根瘤菌的运移通道（李剑峰，2009a）。通过与张淑卿等（2009b）的研究结果进行比较，可推断在生殖生长期进入花器和种子的根瘤菌最可能来自于根系向上运移的菌体或由花器直接进入。但定植在花器及种子内的目标根瘤菌数量较少，定植时间短，因此寻找利于目标菌定植的外源扰动物质显得极为重要。

以未添加外源扰动物质接种菌液的处理为对照，选取的硼、赤霉素和苦参碱能不同程度地提高花期和结荚期苜蓿植株根系和地上各组织内荧光标记根瘤菌的定植数量。硼可有效促进目标根瘤菌在繁殖器官，尤其是在荚果皮和种子内的定植。结荚期朝荚果皮喷射接种时，荚果皮和种子内 R.gn5f 的定植数量高于 S.12531f。硼可间接通过参与 EPS 和 LPS 的形成，减少了菌体与苜蓿细胞的直接接触，从而降低了宿主苜蓿体内环境的选择压力。该时期在荚果皮和种子中，内源根瘤菌的定植数量高于外源根瘤菌，说明宿主对分离于自身的根瘤菌选择性屏障可能弱于对外源根瘤菌。赤霉素和苦参碱也可不同程度地促进两种荧光标记根瘤菌在苜蓿植株体内向上或向下运移和定植，但效果不如硼好。

研究采用示踪的方法在花期和结荚期采用不同接种方法接种标记根瘤菌时发现，花期 R.gn5f 添加苦参碱接种后可同时定植在胚珠、花柱+柱头和花药内，S.12531f 花部喷射也只能在花药、种子和荚果皮内定植，由此说明存在于花粉表面和子房壁内的根瘤菌可由穿过子房壁和珠被的花粉管进入胚珠。结荚期喷射荚果皮后两种根瘤菌可同时定植在荚果皮和种子内，此时并未接种花，表明种子内生根瘤菌的来源途径为富集于子房壁，并通过子房壁与胚珠珠被联结的营养输送通道进入胚珠，最后进入种子。证明苜蓿种子内生根瘤菌存在以上两种来源途径。同时也说明由根部或花部接种的根瘤菌有由接种部位向全株植株各组织扩散的趋势，且扩散后的根瘤菌在不同生长时期苜蓿各组织定植部位具有一定的偏好。由荚果皮接种的两种荧光标记根瘤菌可向内部的种子运移并大量定植，根瘤菌可通过表皮向细胞内扩散。

比较苗期和生殖生长期的苜蓿，标记根瘤菌 S.12531f、R.gn5f、R.LH3436f 均可大量定植在根系内，并可以在各组织内运移及定植，但根瘤菌在生殖生长期由繁殖器官向营养器官运移与定植的能力弱于苗期由根系向茎、叶的运移与定植，导致生殖生长期苜蓿地上各组织内定植的根瘤菌数量低于苗期。原因可能是田间植株所面临的自然环境条件与实验室幼苗所处的温室环境有很大的区别，并且田间苜蓿的根系、茎内的输导组织的结构、空间等与幼苗已有明显差异，因此根瘤菌在田间生殖生长期苜蓿与实验室幼苗期苜蓿体内的运移与定植情况存在差异。

花期接菌对根瘤菌的运移及定植的促进效果略优于结荚期接菌。可能是由于荚果皮作为种子的保护屏障，会阻碍细菌侵入荚果，而花的生物学功能是结合精细胞与卵细胞以产生种子，这一过程中花粉萌发形成花粉管后需要通过与外界相连通的花柱进入子房（Jin et al.，1999），花期在花朵上涂抹菌液，菌液内标记根瘤菌可能利用了花柱这一天然通道，从而更好地侵入植株，本试验中雌蕊内标记根瘤菌定植数量大于雄蕊，也印证了这一点，但具体侵染机制还有待进一步研究。

本小节研究获得：1）根部接种苜蓿幼苗，以未添加外源扰动物质的接种方法为对照，内源荧光标记根瘤菌 R.gn5f 添加 100mg/L 硼、1mg/L 赤霉素和 100mg/L 苦参碱利于其由根系向下部茎和下部叶运移并定植，外源荧光标记根瘤菌 S.12531f 添加 1mg/L 硼、10mg/L 赤霉素、300mg/L 苦参碱利于促进其由根系向下部茎、下部叶、上部茎和上部叶内的定植，且在相同定植部位，外源荧光标记根瘤菌 S.12531f 的最高定植数量高于内源荧光标记根瘤菌 R.gn5f。同时该浓度也可促进幼苗的生长。

2）采用不同接种方法接种生殖生长期苜蓿时，两荧光标记根瘤菌均可在体内运移并定植，定植存在相似性和异质性。相似性在于两种荧光标记根瘤菌主要定植于毛根内，而侧根中柱和侧根皮层内的数量不足毛根的 5%。在地上各组织内，蕾期主要定植于茎和叶内，花期主要定植于花内，结荚期则主要定植于荚果皮内。异质性在于不同生育时期利于两种荧光标记根瘤菌向地上各组织运移并最终定植到苜蓿体内的接种方法不同。即蕾期，根部浇灌接种 R.gn5f 可使其定植于茎和叶内，添加苦参碱接种 S.12531f 可促进其运移并定植到茎内。花期，苦参碱接种 R.gn5f 利于其在花器及荚果内定植，花部喷射接种 S.12531f 利于在花器和种子内运移并定植。结荚期，添加苦参碱接种 R.gn5f 促进其运移并定植于种子，浇灌接种 S.12531f 利于其运移至种子并定植。

3）添加适宜浓度 KH_2PO_4 或 FA 接种苜蓿可促进根瘤菌在苜蓿植株体内运移及定植，三种不同来源的根瘤菌在不同生育时期苜蓿体内的运移和定植规律有差异，添加 KH_2PO_4 对标记根瘤菌在苜蓿体内的定植数量促进效应更好，FA 对标记根瘤菌在苜蓿体内的定植时长和稳定性的促进效应更好。

4）综合生殖器官内两种荧光标记根瘤菌的定植数量，荧光标记根瘤菌 S.12531f 和 R.gn5f 的适宜接种时期为结荚期，适宜接种方法为添加硼的荚果皮喷射接种。由荚果皮接种的两种荧光标记根瘤菌可向内部的种子运移并大量定植，根瘤菌可通过表皮向细胞内扩散。

第七章　种子内生根瘤菌代际续传与共生效应稳定性

第一节　内生根瘤菌苜蓿种子贮藏后的变化特征

一、不同产地的种子内生根瘤菌变化特征

分离自美国、荷兰、加拿大及中国甘肃和新疆 5 个产地供试苜蓿的种子内生根瘤菌菌落特征相似。相同苜蓿品种，贮藏年限 1~5 年，种子内生根瘤菌数量差异较大（图 7-1），其内生根瘤菌数量呈逐年增加的趋势，不同苜蓿品种结果亦如此。说明收种后 5 年之内，贮藏年限的增长有利于苜蓿种子内生根瘤菌活性的提高。贮藏 1 年的苜蓿种子内生根瘤菌数量相对较少；贮藏 5 年以上的苜蓿种子内生根瘤菌数量随年限的增长亦逐渐减少，并且发现其他杂菌数量也逐渐减少。

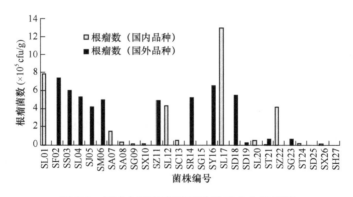

图 7-1　国内与国外苜蓿品种种子内生根瘤菌

大多数国外苜蓿品种，如 SS03（6×10^5 个/g）、SL04（5.3×10^5 个/g）和 SF02（7.35×10^5 个/g），根瘤菌数量明显多于国内苜蓿品种（图 7-1），如 SG09（0.1×10^5 个/g）和 SG27（0.2×10^5 个/g）。这可能与国外苜蓿在播种前要进行根瘤菌接种有关（耿华珠等，1995）。

二、不同贮藏年限的种子内生根瘤菌变化特征

（一）材料与方法

1. 试验材料

甘肃本地品种陇东苜蓿和引进美国的品种游客苜蓿植株已生长 3 年，健壮无病虫害，营养期取样时平均株高分别为 120cm 和 147cm，每品种 3 个种植小区，每种植小区 6m²，种植密度 12 株/m²。当年采收种子，室温放置 1 年，作为收获 1 年后的种子材料。11 个

苜蓿品种已储藏 4～5 年的种子（表 7-1）由甘肃农业大学牧草种质资源实验室提供。

表 7-1 供试苜蓿种子的品种、产地及贮藏年限

品种名与学名	种子产地	贮藏年限
陇东苜蓿 *Medicago sativa* 'Longdong'	甘肃	5
游客苜蓿 *Medicago sativa* 'Eureka'	美国	5
甘农 1 号苜蓿 *Medicago sativa* 'Gannong No.1'	甘肃	4
天水苜蓿 *Medicago sativa* 'Tianshui'	甘肃	4
苜蓿王 *Medicago Sativa* 'Alfaking'	加拿大	5
三德利苜蓿 *Medicago sativa* 'Sanditi'	荷兰	5
甘谷苜蓿 *Medicago sativa* 'Gangu'	甘肃	4
阿尔冈金苜蓿 *Medicago sativa* 'Algonquin'	甘肃	5
金皇后苜蓿 *Medicago ativa* 'Golden Empress'	加拿大	5
中兰 1 号苜蓿 *Medicago sativa* 'Zhonglan No.1'	甘肃	4
德福苜蓿 *Medicago sativa* 'Defi'	美国	5

表面处理药剂：碘伏（聚乙烯吡咯烷酮碘）消毒液，稀释 1 倍后有效碘数量为 2500mg/L；

ST 液：0.9%NaCl，0.5%吐温 50，75%乙醇（袁保红等，2007）。

2. 植物材料的处理

成熟种子的取样和表面消毒：采集成熟的种子室温贮存 1 年后取出，并进行表面消毒：加入碘伏消毒液（有效碘浓度为 2500mg/L）50ml，摇动消毒 5min，无菌水冲洗 5～8 次，加入无菌 ST 液，荡洗 1min，无菌水冲洗 5～8 次；重复 1 次。表面消毒后的种子整齐置于垫有无菌滤纸的无菌培养皿中，加入适量无菌水，28℃培养；另取部分种子以上述方法进行表面消毒后去除种皮，置入无菌尼龙网袋后以无菌水流式冲洗 30s，整齐置于垫有滤纸的无菌培养皿中，加入适量无菌水，28℃恒温培养。

贮存 1 年的陇东苜蓿和游客苜蓿种子经表面消毒（方法同上）后置于无菌培养皿中，加入适量无菌水，28℃恒温培养 3～5h 后（种皮泡胀，但未破裂）在无菌条件下分离为种皮及种胚（含子叶和胚）两部分，分别置于加入 15ml 无菌水的无菌试管中待用。

11 个品种储存 4～5 年的种子经表面消毒（方法同上）后取 100 粒在无菌解剖镜下，解剖分离为胚、子叶、种皮三部分。

为检验表面消毒的效果，用无菌镊子夹住表面消毒后的材料，在 YMA 平板上触划 4 次。培养 5～10 天后，若平板上有微生物长出，则视为消毒不彻底，本次结果不可取。

3. 根瘤菌的分离、鉴别和数量测定

取分离出的组织材料，以 10 粒种子或组织为单位，以稀释平板法分别加 2ml 无菌水在无菌研钵中研磨，3 次重复。具体方法同上。

4. 根瘤菌回接鉴定

将初步分离纯化后保存的根瘤菌株，用 YMA 固体平板培养基和液体培养基活化并活化调制成 OD$_{600nm}$ 光吸收值为 0.5 的菌悬液。用该菌悬液浸泡经表面消毒后发芽的苜蓿种子（已去除种皮并经无菌水冲洗 4～5 遍）30min，先后将种子和剩余菌液加入无菌试管蛭石中，加盖棉塞，培养 8～10 天后去掉棉塞自然培养。每个菌株 3 个试管，每试管植入 5 粒种子作为重复，以无菌水代替菌液处理为对照，培养条件同前。接种 45 天后取出苜蓿植株测算单株根瘤数和结瘤率，将无结瘤能力的菌株判定为非根瘤菌或无效根瘤菌，本小节内容数据所涉及的根瘤菌菌株均已经过上述方法的鉴定。

（二）结果与分析

1. 不同品种种子各部位的根瘤菌数量及分布比例

11 个苜蓿品种种子的种皮内根瘤菌数量均高于种胚和子叶（表 7-2），但不同苜蓿品种间差异较大。天水苜蓿种胚（31.06cfu/粒）和种皮（770.66cfu/粒）内的根瘤菌数量显著高于其他品种（$P<0.05$）。甘农 1 号苜蓿（6.26cfu/粒）、甘谷苜蓿（10.86cfu/粒）及天水苜蓿（16.8cfu/粒）子叶中的根瘤菌数量高于其他品种。甘农 1 号苜蓿、苜蓿王及天水苜蓿种皮中的根瘤菌数量显著高于其他品种。种胚内，天水苜蓿（31cfu/粒）的根瘤菌数量显著高于其他品种，其他品种间差异不显著。11 个苜蓿品种种子中总根瘤菌数量最高的 4 个品种为甘农 1 号苜蓿、中兰 1 号苜蓿、甘谷苜蓿和天水苜蓿，且这 4 个品种均为国内品种。

表 7-2 根瘤菌在不同苜蓿品种种子各部位的分布及数量

品种名	种子各部位根瘤菌的数量（cfu/粒）		
	种胚	子叶	种皮
陇东苜蓿	0.32±0.1bB	0.8±0.07cB	44.66±16.02dA
游客苜蓿	0.21±0.12bB	4±0.02cB	30.66±6.42dA
阿尔冈金苜蓿	1±0.44bB	0.52±0.22cB	44.67±9.0dA
德福苜蓿	0.26±0.1bB	0.32±0.15cB	13.32±5.04dA
甘农 1 号苜蓿	0.46±0.3bB	6.26±1.92bcB	346.67±189.2bA
中兰 1 号苜蓿	4.52±2.34bB	1.06±0.7cB	193.32±12.98cA
金皇后苜蓿	0	0.26±0.01cB	12±4dA
三德利苜蓿	0	0	18.6±2.12dA
苜蓿王	0	0	19.8±17.05bA
甘谷苜蓿	5.32±1.7bB	10.86±1.0abA	62±27.02cdA
天水苜蓿	31.06±12.6aA	16.8±2.3aB	770.66±114.34aA

注：同列不同小写字母表示品种间差异显著，同行不同大写字母表示部位间差异显著（$P<0.05$，LSD 法）

表 7-3 表明，11 个品种储存 4～5 年的苜蓿种子各部位的根瘤菌分布趋势一致，平均 95.84% 的根瘤菌存在于种皮，仅有平均 1.69% 和 2.45% 的根瘤菌存在于种胚和子叶内。其中三德利苜蓿和苜蓿王两品种的根瘤菌仅在种皮内有分布。天水苜蓿（818.52cfu/粒）、

表 7-3　根瘤菌在不同苜蓿品种种子各部位的分布比例及数量

品种名	根瘤菌的分布比例（%）			总根瘤菌数（cfu/粒）
	种胚	子叶	种皮	
陇东苜蓿	0.73	1.74	97.52	45.78
游客苜蓿	0.85	1.27	97.87	31.32
阿尔冈金苜蓿	2.16	1.15	96.68	46.18
德福苜蓿	1.91	2.39	95.69	13.9
甘农 1 号苜蓿	0.13	1.77	98.09	353.38
中兰 1 号苜蓿	2.28	0.53	97.18	198.9
金皇后苜蓿	0	2.17	97.83	12.26
三德利苜蓿	0	0	100	0.86
苜蓿王	0	0	100	336.66
甘谷苜蓿	6.82	13.89	79.28	78.18
天水苜蓿	3.79	2.05	94.15	818.52

甘农 1 号苜蓿（353.38cfu/粒）和苜蓿王（336.66cfu/粒）种子的根瘤菌数量最高，比数量最低的金皇后苜蓿（12.26cfu/粒）分别高 66 倍、28 倍和 26 倍。

2. 不同品种种子各部位根瘤菌在内生菌菌落中的优势度

11 个品种种子种皮内的根瘤菌在可检出菌中的比例均超过 85.55%，在三德利苜蓿和天水苜蓿中甚至达到 100%（表 7-4）。三德利苜蓿的种胚中无任何菌类检出。除金皇后苜蓿和苜蓿王两种的种胚中无根瘤菌但有其他菌类存在外，剩余的 8 个品种种胚中根瘤菌所占比例均在 80.35% 以上，德福苜蓿和天水苜蓿种胚内的根瘤菌数量为 100%。子叶中，仅三德利苜蓿和苜蓿王两品种无根瘤菌检出，其他品种根瘤菌所占比例均在72.93% 以上，阿尔冈金苜蓿和德福苜蓿为 100%。

表 7-4　种子各部位根瘤菌占总可检出菌的比例

品种名	可检出菌中根瘤菌的比例（%）		
	种胚	子叶	种皮
陇东苜蓿	88.89	76.67	89.72
游客苜蓿	100	75	96.4
阿尔冈金苜蓿	90.27	100	94.27
德福苜蓿	100	100	85.55
甘农 1 号苜蓿	93.33	82.27	88.99
中兰 1 号苜蓿	80.35	90.48	92.59
金皇后苜蓿	0	83.33	98.51
三德利苜蓿	—	0	100
苜蓿王	0	0	91.37
甘谷苜蓿	87.72	98.68	91.37
天水苜蓿	100	72.93	100

注："0"表示无根瘤菌，但有其他菌检出，"—"表示无任何可培养菌种检出

3. 种子各部位及种子浸出液中根瘤菌的数量

陇东苜蓿和游客苜蓿两品种种子中（图 7-2），根瘤菌主要分布于种皮，陇东苜蓿种皮中根瘤菌数量分别是种胚和子叶的 44.5 倍和 65.9 倍，陇东苜蓿种子浸出液中根瘤菌数量与种胚及子叶中的根瘤菌数量有很大差异。游客苜蓿种子种皮和种子浸出液中的根瘤菌数量亦与种胚和子叶中的根瘤菌数量有较大差异。

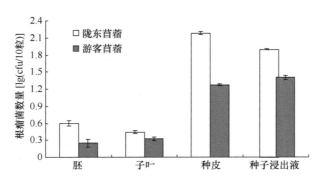

图 7-2　种子浸泡液及种子各部位的根瘤菌数量

陇东苜蓿和游客苜蓿两品种种子种皮浸出液的根瘤菌数量（图 7-3）与种子浸出液（图 7-2）的根瘤菌数量处于同一数量级，分别是种胚浸出液的 10 倍和 6.4 倍，说明种子浸出液中的根瘤菌绝大多数来自于种皮。

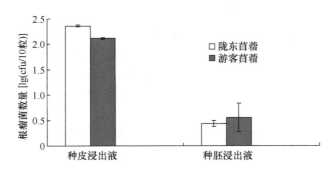

图 7-3　种子种皮浸出液及种胚浸出液的根瘤菌数量

4. 种子不同发育阶段根瘤菌的数量变化

陇东苜蓿和游客苜蓿两品种种子内的根瘤菌数量变化趋势一致（图 7-4），从受精胚珠到成熟种子，种子内的根瘤菌数量分别增高了 6.5 倍和 4.32 倍，而贮存 1 年种子的根瘤菌数量比刚收获的成熟种子增高 6.62 倍和 5.46 倍。苜蓿植株从开花到种子成熟约为 42 天（陈宝书，2001），因此相同时间内（以 42 天计）种子发育期（从胚珠受精到形成可收获种子）根瘤菌数的增殖倍数高于贮存 1 年的种子根瘤菌数的增殖倍数。但从数量上来看，两品种种子在贮存期间（1 年）所增加的根瘤菌数分别为根瘤菌总数量的 61.32%（陇东苜蓿）和 77.78%（游客苜蓿），说明种子中根瘤菌的快速增殖发生在种子的发育过程，而其数量的积累主要完成于种子的贮存阶段。

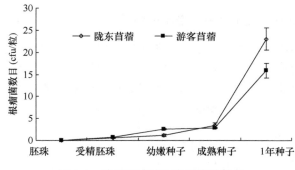

图 7-4 种子形成过程中根瘤菌数量

（三）小结

种子内部携带有一定数量内生根瘤菌，一个地区如果从未种植苜蓿或 5 年以上没有种植过苜蓿植物，则土壤中很难有与苜蓿植物相匹配的根瘤菌，更不会在该苜蓿植物的根部形成根瘤。因此，新区种植豆科植物必须接种与之相匹配的根瘤菌，或考虑种植既适应本地环境又携带有一定数量根瘤菌的苜蓿品种，这样才会显现出豆科植物固氮生长的优势。

苜蓿种子内生根瘤菌活性 1～5 年逐年提高，这可能与 1～5 年内种子生命力最强有关。5 年以后，随着种子年龄的增加，呼吸强度降低，播种质量下降，种子生命力降低，有可能致使种子内生根瘤菌的活性降低，关于其影响机理有待进一步研究。

苜蓿植株内根瘤菌的数量分布在空间和时间上具有异质性。空间分布上，根瘤菌数量随植株光合产物源—库的运输方向而有逐渐增大的趋势，即绝大部分的根瘤菌分布于植株的根系和荚果，其次阶段性地分布于作为运输部位的茎和花梗。在时间分布上，结荚期根、荚果的根瘤菌数量明显高于其他时期，花内各器官（不包括花梗）在授粉后根瘤菌数量迅速增加。随着花芽、花、幼嫩荚果和成熟种子的形成，植株地上部分根瘤菌的数量呈富集—降低—再增多的趋势。

表面灭菌的种子去除种皮并在无菌条件下发芽得到的苜蓿芽苗中，根瘤菌分布于子叶和茎，根内未检出任何菌落。经过表面灭菌但未剥去种皮的种子在无菌条件下发芽，芽苗的根内却发现含有大量的根瘤菌，可见后者幼根中存在的根瘤菌来自于种皮，这可以解释在无菌环境下，经表面消毒的苜蓿种子仍可结瘤的现象。由此可推论，自然状况下，苜蓿幼苗极可能存在一个接种自带根瘤菌的过程，即苜蓿种子在自然条件下发芽的过程中，种皮吸水破裂，其携带的根瘤菌随种皮的浸出液分布于胚根根际的土壤，在幼苗根内形成凯氏带（可阻碍细菌通过）之前侵入根系，完成自带根瘤菌的接种。这一过程在自然条件下将种子内的根瘤菌有效地分布于根际，有利于提高根瘤菌的竞争结瘤能力，并能在无适宜根瘤菌存在的土壤环境下将根瘤菌释放于土壤，从而形成适宜根系结瘤固氮的微环境。在根瘤菌的回接试验中也可通过去除种皮并用无菌水冲洗的方法消除种子自带根瘤菌对试验结果的影响。

花芽的根瘤菌来源有两种可能：一是来自土壤，即根际土壤中的根瘤菌在侵入根皮层，产生根瘤的同时进入输导组织，在花芽中富集；二是源于种子，即种子自身携带根瘤菌，随着植株的生长和发育在植株根和茎部不断繁殖，在花芽形成阶段通过与茎连通的输导组织富集于花芽。

种子根瘤菌有两种可能的来源途径：一是在花期，存在于花粉表面和子房壁组织的根瘤菌经由穿过子房壁和珠被的花粉管进入胚珠；二是在结荚期，根内的根瘤菌通过茎运输至子房壁，并通过子房壁与珠被联结的通道进入胚珠。

本研究获得：苜蓿种子中存在一定数量的根瘤菌。同一品种种子，贮藏年限 5 年之内，种子内生根瘤菌的数量随贮藏年限的增长而增加；5 年以后，随着贮藏年限的延长，种子内生根瘤菌的数量逐渐减少。国外品种的种子内生根瘤菌数量一般多于国内品种。

三、不同贮藏温度的种子内生根瘤菌变化特征

称取表 7-5 中每苜蓿品种纯净种子各 1g，分别在–10℃、–15℃和–20℃的条件下冰冻 48h，重复 3 次，根据上述方法再次进行根瘤菌分离和计数。

表 7-5　低温处理对苜蓿种子内生根瘤菌活性的影响（48h）

苜蓿品种	温度（存活情况）		
	–10℃	–15℃	–20℃
SL01	+	−	−
SF02	+	+	−
SS03	+	+	−
SL04	+	+	−
SJ05	+	−	−
SM06	+	−	−
SA07	+	+	−
SA08	+	−	−
SG09	+	+	−
SX10	+	+	−
SZ11	+	+	−
SL12	+	−	−
SC13	+	+	−
SR14	+	−	−
SG15	+	+	−
SY16	+	+	−
SL17	+	+	−
SD18	+	+	−
SD19	+	+	−
SL20	+	+	−
ST21	+	+	−
SZ22	+	+	−

供试苜蓿品种种子内生根瘤菌在–10℃条件下均能存活（表 7-5）；–15℃处理，部分种子内生根瘤菌不能存活；–20℃处理下所有供试苜蓿种子内生根瘤菌均不能存活，并且其他杂菌数量也很少。说明在–16～–20℃存在着苜蓿种子内生根瘤菌存活的一个低温临界点，低于此温度临界点，苜蓿种子内生根瘤菌生存受阻。

四、贮藏方法对不同接种处理的种子内生根瘤菌定植的影响

（一）材料与方法

1. 试验材料

苜蓿种子：草业生态系统教育部重点实验室（甘肃农业大学）兰州牧草实训基地生长 4 年的甘农 5 号苜蓿，在结荚期以主根轻微损伤浇灌、根部直接浇灌和加入 600mg/ml 苦参碱浇灌 3 种根部接种方法接种两种荧光标记根瘤菌 gn5f 和 12531f，同时根部浇灌无菌蒸馏水获得种子，室内风干 2 个月进行贮藏。

2. 含荧光标记根瘤菌种子的贮藏

于 2014 年 11 月初进行种子贮藏。采用铝箔纸（种子用双层铝箔纸密封包装）、信封+布袋（种子装于布袋内，外加信封袋）、信封袋 3 种包装方式，分别在 25℃、25℃硅胶干燥、–4℃和 4℃下贮藏 6 个月。

3. 种子内生根瘤菌数量的测定

随机挑选各处理种子 25 粒，重复 4 次，置于 50ml 无菌三角瓶内，碘伏（有效碘浓度为 2500mg/L）浸泡 3min，无菌蒸馏水冲洗 4 次，每次 1min。以上操作均在无菌操作台内进行，研磨和稀释涂抹法检测根瘤菌落数量。

（二）结果与分析

1. 贮藏方法对主根微破损接种 gn5f 和 12531f 获得的种子内生根瘤菌定植数量的影响

如表 7-6 所示，主根微破损接种 gn5f 时获得的种子，信封包装贮藏在–4℃时，内生根瘤菌定植数量达最高（25.54cfu/粒），显著高于信封+布袋和铝箔两种包装材料（$P<0.05$）。铝箔包装时，25℃硅胶干燥贮藏条件下定植数量（13.28cfu/粒）显著高于其他 3 种贮藏方法（$P<0.05$）。主根微破损接种 12531f 时获得的种子，铝箔包装贮藏在–4℃时，内生根瘤菌定植数量最高（14.98cfu/粒）。信封+布袋包装时，4℃干燥贮藏条件下定植数量（5.48cfu/粒）显著高于其他 3 种温度（$P<0.05$）。

表 7-6 贮藏方法对主根微破损接种获得的种子内生根瘤菌定植数量的影响（单位：cfu/粒）

温度	主根微破损接种 gn5f			主根微破损接种 12531f		
	信封	信封+布袋	铝箔	信封	信封+布袋	铝箔
25℃	15.18±2.09ABa	1.74±0.59Ab	4.32±0.95Cb	1.38±0.31Ab	3.70±0.33Bb	1.60±0.48Bb
25℃硅胶干燥	4.32±0.46Bb	5.34±2.21Ab	13.28±0.16Aa	0	0	12.89±0.41ABa
4℃	7.02±0.96ABa	3.28±1.39Aab	5.78±1.03Cab	1.58±0.70Ab	5.48±0.23Aab	4.94±0.29ABab
–4℃	25.54±5.87Aa	2.16±0.25Ab	8.68±0.21Bb	0.70±0.01ABb	2.76±0.05Cb	14.98±4.34Aab

注：表中数据为平均值±标准误，同列不同大写字母表示差异显著（$P<0.05$），同行不同小写字母表示差异显著（$P<0.05$），下同

2. 贮藏方法对根部浇灌接种gn5f和12531f获得的种子内生根瘤菌定植数量的影响

根部浇灌接种标记根瘤菌时，gn5f接种获得的种子信封包装（22.08cfu/粒）、12531f 接种获得的种子信封+布袋包装（40.84cfu/粒）并在25℃硅胶干燥条件下时内生根瘤菌 定植数量显著高于其他贮藏温度和包装材料（$P<0.05$）。以信封+布袋包装贮藏于–4℃ 时种子内gn5f定植数量（12.22cfu/粒）显著高于其他3个温度下定植的数量（$P<0.05$）。 铝箔包装时，在–4℃贮藏条件下gn5f定植数量最多（9.34cfu/粒）（表7-7）。以信封和铝 箔包装、25℃硅胶干燥贮藏时种子内定植的12531f数量显著高于其他3个温度（$P<0.05$），范围在1.28～19.64cfu/粒。

表7-7　贮藏方法对根部浇灌接种获得的种子内生根瘤菌定植数量的影响（单位：cfu/粒）

温度	根部浇灌接种 gn5f			根部浇灌接种 12531f		
	信封	信封+布袋	铝箔	信封	信封+布袋	铝箔
25℃	4.90±0.30Bab	0.72±0.25Bc	7.90±1.42Aa	8.28±0.90Ba	3.14±0.47Bbc	8.78±0.80Ba
25℃硅胶干燥	22.08±4.18Ab	0.70±0.10Bd	0	11.90±0.59Ac	40.84±2.06Aa	19.64±1.55Ab
4℃	5.44±0.18Bb	0.94±0.27Bc	0.44±0.0Bc	1.64±0.02Cc	5.48±1.64Bb	10.38±2.09Ba
–4℃	0	12.22±4.63Aa	9.34±1.50Aab	1.28±0.30Cbc	3.38±0.61Bbc	12.48±2.26Ba

3. 贮藏方法对添加苦参碱根部浇灌接种gn5f和12531f获得的种子内生根瘤菌定植 数量的影响

添加苦参碱根部浇灌接种标记根瘤菌（表7-8），gn5f接种获得的种子以铝箔包装并 贮藏在–4℃（25.00cfu/粒）、12531f接种获得的种子以铝箔包装贮藏于25℃硅胶干燥条 件（18.08cfu/粒）时定植数量显著高于其他贮藏温度和包装材料（$P<0.05$）。其中，以 信封包装、贮藏于25℃硅胶干燥条件时种子内gn5f定植数量（15.40cfu/粒）显著高于 其他3个贮藏方法（$P<0.05$）。以信封+布袋包装贮藏于25℃硅胶干燥条件时种子内gn5f 定植数量显著高于25℃时的定植数量（$P<0.05$）。信封+布袋包装时，4℃贮藏时种子内 定植的12531f数量（5.34cfu/粒）显著高于其他3个温度（$P<0.05$）。

表7-8　贮藏方法对添加苦参碱根部浇灌接种获得的种子内生根瘤菌定植数量的影响

（单位：cfu/粒）

温度	添加苦参碱根部浇灌接种 gn5f			添加苦参碱根部浇灌接种 12531f		
	信封	信封+布袋	铝箔	信封	信封+布袋	铝箔
25℃	2.26±0.47Bb	2.82±0.66Bb	2.30±0.52Bb	4.94±1.03Aa	2.74±0.52Bb	4.98±0.61Ca
25℃硅胶干燥	15.40±0.60Ab	7.66±1.54Ac	7.20±0.39Bc	0	0	18.08±0.28Aa
4℃	4.48±1.76Bab	5.22±0.82ABab	5.02±0.24Bab	3.42±0.13Ab	5.34±1.00Aab	7.40±0.72Ba
–4℃	2.38±0.24Bb	7.06±0.91Ab	25.00±7.42Aa	3.82±0.84Ab	2.10±0.82Cbc	8.54±0.84Bb

4. 贮藏方法对根部浇灌接种无菌蒸馏水获得的种子内生根瘤菌定植数量的影响

根部浇灌接种无菌蒸馏水获得的种子（表7-9），以铝箔包装并在25℃贮藏时内生根 瘤菌定植数量最多（10.42cfu/粒），显著高于其他贮藏温度和包装材料（$P<0.05$），4℃贮藏

时定植数量次之（6.48cfu/粒），其余两个温度下定植的根瘤菌数量无显著差异（$P>0.05$）。信封和信封+布袋在各处理温度下种子内生根瘤菌的定植数量范围在 1.20～5.32cfu/粒。

表 7-9　贮藏方法对无菌蒸馏水根部浇灌接种获得的种子内生根瘤菌定植数量的影响

（单位：cfu/粒）

温度	信封	信封+布袋	铝箔
25℃	4.80±0.74Ab	2.52±0.02Ac	10.42±0.82Aa
25℃硅胶干燥	2.34±0.47ABa	2.04±0.65Aa	3.36±0.07Ca
4℃	3.68±0.59ABa	5.32±1.92Aa	6.48±1.29Ba
–4℃	1.20±0.16Bb	2.94±0.01Aa	2.92±0.74Ca

（三）小结

以收获的含根瘤菌的紫花苜蓿种子为试验材料，在不同温度下采用不同的包装条件贮藏，25℃硅胶干燥和–4℃贮藏时种子内生根瘤菌数量高于 25℃和 4℃贮藏时，可能是因为添加硅胶后降低了种子含水量，使一些核酸、酶类的分解代谢和次生产物的积累变缓，此时的种子可为根瘤菌提供一定的养分和良好的生长环境，因此根瘤菌数量高于相同温度时未干燥的处理。在 4℃时种带部分杂菌生长受到抑制，而–4℃时则大部分杂菌的生长受到抑制，但根瘤菌则能正常生长，因此–4℃时种子内生根瘤菌定植数量多于 4℃时。三种包装材料中，信封可使种子与外界环境进行充分的氧气接触，进行自由呼吸；信封+布袋可使种子进行适度的呼吸和与外部环境间的水热交换；铝箔则隔离外界水汽和热量的效果较好，从而使种子处于相对干燥的环境。但因收获的种子含目标根瘤菌不同，所适宜的包装材料也不同。

本小节研究获得：接种 gn5f 获得的种子在贮藏时，以信封或是铝箔包装时种子内生根瘤菌定植数量多于信封+布袋，尤其是主根微破损接种获得的种子在–4℃信封贮藏时内生根瘤菌定植数量最多；接种 12531f 获得的种子以信封+布袋或是铝箔包装时种子内生根瘤菌定植数量多于信封包装，根部浇灌获得的种子在 25℃硅胶干燥以信封+布袋贮藏时内生根瘤菌定植数量最多。但因收获的种子含目标根瘤菌不同，所适宜的包装材料不同。含相同目标根瘤菌的种子以 25℃硅胶干燥和–4℃贮藏时种子内根瘤菌数量高于 25℃和 4℃贮藏时。

五、外源物质对苜蓿种子内生根瘤菌代际传递定植的调控

（一）材料与方法

通过研究 KH_2PO_4 和 FA 添加对标记根瘤菌在苜蓿体内的运移和定植及对根瘤和幼苗生长的影响，筛选出适宜标记根瘤菌内生和运移定植的最优苜蓿品种、根瘤菌株和 KH_2PO_4 或 FA 组合［具体结果见第六章第二节五、（二）的 6 和 7］，利用筛选出的最优组合，分别在花期和结荚期喷射接种添加 KH_2PO_4 和 FA 的标记根瘤菌液，收获种子后常温干燥保存 6 个月，检测种子中标记根瘤菌的数量。标记根瘤菌菌液制备、接种和检测方法同第六章第二节五、（一）的 2。

（二）结果与分析

如表 7-10 所示，花期接菌和结荚期接菌后收获的 WL343HQ 紫花苜蓿种子中均可检测到 3 株标记根瘤菌，其中花期 12531f+KH$_2$PO$_4$ 接种处理的苜蓿种子中标记根瘤菌定植数量最大，达到 22.69cfu/g，显著高于其他处理（P＜0.05）；gn5f+FA 接种处理可提高 gn5f 在种子内的定植数量，显著高出单独接种 gn5f 处理（166.58%）（P＜0.05）。结荚期 3436f+FA 接种处理的苜蓿种子中标记根瘤菌定植数量最多，达到 23.08cfu/g，显著高于其他处理（P＜0.05）。

表 7-10　KH$_2$PO$_4$ 和 FA 添加对苜蓿种子中标记根瘤菌定植数量的影响

处理	荧光标记根瘤菌数量（cfu/粒）	
	花期接菌	结荚期接菌
WCK	0	0
WwCK	0.77±0.38c	0
WwP	0	6.54±0.77b
WwH	4.04±0.19c	23.08±4.23a
WbCK	0	3.46±0.77b
WbP	22.69±3.5a	0
WbH	6.15±1.15bc	0
WgCK	4.04±1.35c	7.12±0.58b
WgP	0	0.58±0.19b
WgH	10.77±1.54b	5.38±1.54b
GCK	0	0
GwCK	0	0
GwP	27.69±2.31a	1.15±0.38a
GwH	1.35±0.58c	1.35±0.96a
GbCK	0	0
GbP	2.31±0.38c	0
GbH	0.58±0.19c	0
GgCK	1.54±0.38c	0
GgP	0	0
GgH	21.04±1.12b	4.62±1.15a

注：处理同表 6-18。同列不同小写字母表示差异显著（P＜0.05）

如表 7-10 所示，GCK 和未添加外源物质处理的甘农 5 号苜蓿种子中均未检测到标记根瘤菌。花期接菌的 3 株标记根瘤菌均可在苜蓿种子内定植，其中 3436f+KH$_2$PO$_4$ 接种处理苜蓿种子中标记根瘤菌定植数量最多，达到 27.69cfu/g，显著高于其他处理（P＜0.05）；gn5f+FA 接种处理可促进 gn5f 在种子内定植，定植数量显著高出单独接种 gn5f 处理（1266.23%）（P＜0.05）。结荚期接种 12531f 的苜蓿种子内未检测到标记根瘤菌；3436f +KH$_2$PO$_4$、3436f +FA 接种及 gn5f+FA 接种处理的苜蓿种子中可检测到标记根瘤菌。

（三）小结

花期和结荚期以外源物质添加的菌液涂抹花、荚果接种，可促进标记根瘤菌进入种子并在种子内定植。不同接种方法处理中收获的种子贮藏半年后，内部仍存在具有活性的标记根瘤菌，且添加适宜浓度 KH_2PO_4、FA 可使根瘤菌在种子内的定植数量显著提高，说明两种外源物质可有效地促进目标根瘤菌在苜蓿种子代际间的传递和定植。

本小节研究获得：外源物质添加可促进苜蓿种子内生根瘤菌在代际间的传递和定植，不同苜蓿品种和标记根瘤菌对外源物质的干预响应存在差异。对于 WL343HQ 紫花苜蓿，3436f+0.01% FA、12531f+50mg/L KH_2PO_4、gn5f+0.08% FA 接种处理均可显著提高其种子内的标记根瘤菌数量；对于甘农 5 号苜蓿，3436f+200mg/L KH_2PO_4、gn5f+0.02% FA 接种处理可显著提高其种子内标记根瘤菌数量，为获得带有大量目的根瘤菌的种子提供了理论依据。

第二节　内生根瘤菌苜蓿种子共生效应代际传递

一、苜蓿内生根瘤菌种子在次代植株营养生长期的传代结瘤能力

（一）材料与方法

1. 试验材料

种子来源：苗阳阳（2017）于 2014 年在草业生态系统教育部重点实验室（甘肃农业大学）兰州牧草实训基地内 4 年甘农 5 号苜蓿（*Medicago sativa* 'Gannong No.5'）田，通过结荚期以根部直接浇灌接种 CFP 标记根瘤菌株 *Ensifer meliloti* LZgn5f（gn5f）和 *E. meliloti* 12531f（12531f）获得分别含 gn5f 和 12531f 的甘农 5 号苜蓿种子（分别命名为 A.GN5+R.gn5f 和 A.GN5+R.12531f），室内风干 2 个月后进行贮藏（管博等，2010）。以无菌水浇灌苜蓿植株后收获的种子为对照（CK）。

gn5f 其原始菌株 *E. meliloti* LZgn5 为分离自甘农 5 号苜蓿种子的内源根瘤菌，快生型产酸根瘤菌；12531f 其原始菌株 *E. meliloti* 12531f 购自中国科学院微生物研究所生物保藏中心，分离自非本苜蓿植株体内的外源根瘤菌，慢生型产碱中华根瘤菌。gn5f 和 12531f 是通过三亲本杂交法构建的荧光标记根瘤菌。

培养基：YMA 刚果红培养基（1L）：0.5g $K_2HPO_4\cdot3H_2O$，0.2g $MgSO_4\cdot7H_2O$，0.1g NaCl，10g 甘露醇，1g 酵母粉，10ml 0.25g/100ml 刚果红溶液，1000ml 蒸馏水，调节 pH=7.0，固体培养基加琼脂 15g/L。

营养液：Hoagland 有氮营养液和 Hoagland 无氮营养液（Hoagland and Arnon，1938）。

2. 试验方法

（1）种子贮藏

分别将 A.GN5+R.gn5f 和 A.GN5+R.12531f 种子及 CK 种子于 2014 年 11 月至 2017 年 11 月进行预处理，具体方法为，采用信封包装，在（S1）25℃+自然湿度（相对湿度

为 45%）、（S2）25℃+硅胶干燥（每一个月更换一次硅胶，相对湿度 20%）、（S3）4℃+冰箱冷藏湿度（相对湿度 55%）和（S4）–4℃+冰箱冷冻湿度（相对湿度 50%）条件下贮藏（苗阳阳，2017）（贮藏冰箱为海尔 BCD-219D）。

（2）苜蓿植株的培育

严格控制生长条件与试验条件，区组内差异视为试验误差。分别选取贮藏后健康饱满、大小一致的 A.GN5+R.gn5f、A.GN5+R.12531f 种子和 CK 种子，在无菌操作台内碘伏消毒 2min 并用无菌水清洗 4 次后用无菌滤纸吸干水分。蛭石、细沙洗净烘干，灭菌（121℃，高温灭菌 26min）3 次后，蛭石∶细沙=1∶1 装入直径 30cm、高 30cm、容积 21L 的花盆内，花盆栽入土中 20cm 深。每盆播种 50 粒已消毒的种子，表面覆盖干沙 2cm 左右。每花盆内加 Hoagland 有氮营养液 1 次，发芽前浇无菌水补充水分。发芽后每 15 天浇 Hoagland 无氮营养液 1 次，期间浇无菌水补充水分。

（3）测定指标及方法

1）苜蓿内生根瘤菌种子次代植株体内荧光标记根瘤菌的检测。

每处理各重复随机取 3 株幼苗，分离根、茎、叶并分别称取 1g，置于无菌 50ml 三角瓶中，在超净工作台内用医用碘伏浸没各部分振荡消毒 2min 后，用无菌水冲洗 4 次直至冲洗液澄清透明无泡沫。将表面消毒的植物组织各面在固体培养基上放置 30min 后取出，培养基置于 28℃培养 48h，未长出菌落表明植物组织表面已彻底消毒（祁娟和师尚礼，2007），将消毒后的各个组织放到无菌研钵中，加无菌水 2ml，充分研磨后，将研磨液倒入 5ml 已灭菌的离心管中，4000r/min 离心 5min，吸取 0.2ml 上清液涂布于含刚果红的 YMA 固体培养基中（根部吸取上清液后，用无菌水配置成 10^{-1}、10^{-2}、10^{-3} 稀释液），28℃培养 48h（Hill and Roach，2009）。培养结束后，黑暗条件下用手提式紫外灯（波长 336nm）观察并记录发青色的荧光标记根瘤菌落数，换算出每克植物组织中荧光标记根瘤菌数量（苗阳阳等，2018）。

2）苜蓿内生根瘤菌种子次代植株结瘤指标的检测。

每个处理每个重复随机取 10 株幼苗（根系完整），蒸馏水冲洗根系周围细沙、蛭石，无菌滤纸吸干水分。

（a）单株结瘤数。

（b）单株根瘤重：使用已灭菌的手术刀，将每株幼苗的所有根瘤沿根瘤与根系连接处切下，放在滤纸上吸干表面水分后称重（冀玉良，2014）。

（c）根瘤直径：使用游标卡尺测量。

（d）根瘤等级：根据根瘤等级划分，参考 5 分值计分法，如表 7-11 所示。

表 7-11　根瘤等级划分

根瘤等级	划分依据
1 分	中空无内容物的死亡根瘤
2 分	横切面呈灰白色的无效根瘤
3 分	直径小于 0.5mm 的粉色根瘤
4 分	直径处于 0.5～1mm 的粉色根瘤
5 分	直径大于等于 1mm 的粉色根瘤

（e）固氮酶活性：采用乙炔还原法（苗阳阳等，2018）。切下根瘤，称取鲜重，放置于 8ml 安瓿瓶中，盖紧瓶塞并密封，使用微量注射器抽取 0.8ml 空气，并注入 0.8ml 乙炔气体，反应 2h。然后使用 100μl 微量注射器吸取 50μl 瓶内气体注入气相色谱仪（解宝等，2012）。

$$C_2H_4 \text{水平}\left[\mu mol/(g \cdot h)\right] = \frac{C \times hx \times V}{hs \times 1000 \times 22.4 \times t \times m} \times 10^6$$

式中，C 为标准 C_2H_4 浓度（nmol/mL）；hx 为样品峰面积；V 为反应气体体积（ml）；hs 为标准 C_2H_4 峰面积 22.4（乙烯的物质的量）；t 为反应时间（h）；m 为瘤重（g）。

3）生长指标。

每处理每个重复随机取苜蓿内生根瘤菌种子次代植株 4 株幼苗（根系完整），蒸馏水冲洗根系周围细沙、蛭石，无菌滤纸吸干水分。

分别测定单株叶片数（复叶）、株高、根长、地上生物量和地下生物量。地上和地下生物量测定方法为首先用天平称取地上鲜重；然后放于烘箱中 105℃烘 20min，随后80℃烘至恒重，称其干重。

4）数据处理。

数据结果采用 SPSS 20.0 进行方差分析，Duncan 法多重比较，利用 R 语言做相关性分析，Excel 2016 和 GraphPad Prism 8 制图。

（二）结果与分析

1. 贮藏方法对苜蓿内生根瘤菌种子次代植株苗期传代定植的影响

在不同贮藏处理下，次代植株各组织部位中可不同程度检测到 gn5f、12531f 根瘤菌（图 7-5），表明苜蓿种子内生根瘤菌可传代至次代植株中。

如图 7-5A 所示，gn5f 在 S1、S3、S4 贮藏处理的植株根部可检测到，且 S1 处理较 S3、S4 处理根瘤菌分别增加了 308.88%和 78.07%（$P<0.05$），S2 处理未检测到 gn5f。12531f 在 S1、S2、S4 处理的植株根部可检测到，且 S2 处理根部定植数量（560.63cfu/g）分别较 S1 和 S4 处理提高了 117.23%和 284.60%，差异显著（$P<0.05$）；S3 处理根部未检测到 12531f。CK 处理根部均未检测到 gn5f 和 12531f。

如图 7-5B 所示，gn5f 在 S1、S3、S4 处理植株茎部可检测到，S1 处理茎部定植数量最多（303.03cfu/g），分别较 S3、S4 处理提高 117.11%和 36.00%（$P<0.05$）。12531f 在 S1、S4 处理植株茎部可检测到，S1 处理的定植数量最大（36.13cfu/g），较 S4 处理提高 294.33%，差异显著（$P<0.05$）。标记根瘤菌 gn5f、12531f 在 CK 和 S2 处理植株茎部均未检测到。

如图 7-5C 所示，gn5f 在 S1、S2 处理植株叶部可检测到，S1 处理叶部定植数量最大（11.10cfu/g），较 S2 处理提高 127.46%，差异显著（$P<0.05$）。12531f 在 S2、S3、S4 处理植株叶部可检测到，S4 处理 12531f 定植数量（25.27cfu/g）较 S2、S3 处理增加了 15.77%和 410.50%（$P<0.05$），但 S1 处理未检测到 12531f。gn5f、12531f 在 CK 叶部均未检测到。

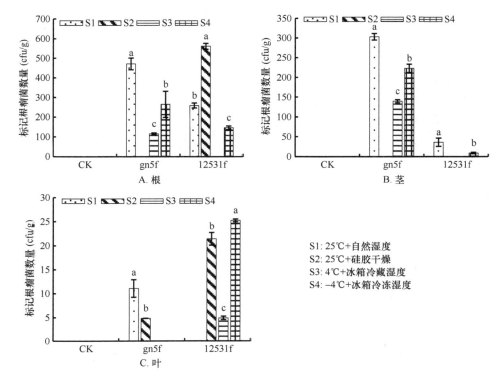

图 7-5　各贮藏方法的种子内生根瘤菌 gn5f、12531f 在次代植株苗期根、茎、叶内的定植数量

图内数据为平均值±标准误，不同小写字母表示同一菌株不同温度下的差异性显著（$P<0.05$）

根据以上结果，gn5f 在 S1 处理各部位数量均最高，12531f 在 S2 处理根部数量最高，两个菌株在次代植株中的内生部位和定植数量受到种子贮藏条件的影响；在各贮藏处理下，两个菌株在次代植株内生部位的定植数量呈根部＞茎部＞叶部，且各部位数量差异较大。

2. 贮藏方法对苜蓿内生根瘤菌种子次代植株苗期结瘤有效性的影响

各贮藏处理下（图 7-6），不同程度增加了 A.GN5+R.gn5f、A.GN5+R.12531f 次代植株的结瘤能力。

如图 7-6A 所示，S1 处理的 A.GN5+R.gn5f 次代植株单株结瘤数最高（12.33 个），较 CK 提高 37%；S3 贮藏处理单株结瘤数 8.67 个，较 CK 提高 8.38%；S2、S4 贮藏处理的单株结瘤数分别为 6.33 个、6 个，较 CK 分别减少了 34.53%、27.97%（$P<0.05$）。S2 处理的 A.GN5+R.12531f 次代植株单株结瘤数最高（13.33 个），较 CK 提高 37.85%（$P<0.05$）；S1、S4 处理的 A.GN5+R.12531f 植株单株结瘤数分别为 7 个、5 个，较 CK 分别减少了 2.22%、39.98%；S3 处理植株单株结瘤数为 10.67 个，高于 CK 33.38%（$P<0.05$）。

如图 7-6B 所示，S1 处理的 A.GN5+R.gn5f 次代植株单株有效根瘤重最高（0.1014g），较 CK 增加了 1183.54%（$P<0.05$）；S2 处理单株有效根瘤重为 0.0169g，较 CK 减少了 3.98%；S3、S4 处理单株有效根瘤重分别为 0.0376g、0.0145g，较 CK 分别增加了 353.01%、

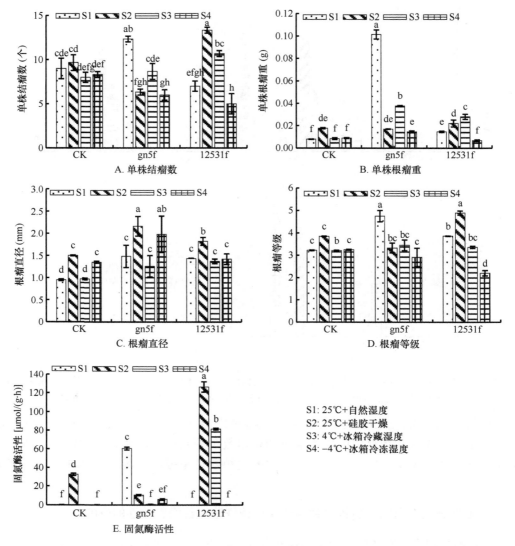

图 7-6 A.GN5+R.gn5f、A.GN5+R.12531f 在不同贮藏方法下次代植株苗期的
单株结瘤指标值和固氮酶活性

62.92%（$P<0.05$）。S3 处理的 A.GN5+R.12531f 次代植株单株有效根瘤重最大（0.028g），较 CK 增加了 237.35%（$P<0.05$）；S1、S2 处理单株有效根瘤重分别为 0.0145g、0.0220g，分别高于 CK 83.54%、25%。

如图 7-6C 所示，4 种贮藏处理下，A.GN5+R.gn5f、A.GN5+R.12531f 次代植株根瘤直径均高于 CK。S2 贮藏处理 A.GN5+R.gn5f、A.GN5+R.12531f 次代植株根瘤直径最大，分别为 2.16mm 和 1.82mm，较 CK 分别增加了 44% 和 21.33%（$P<0.05$）。

如图 7-6D 所示，S1 处理的 A.GN5+R.gn5f 次代植株根瘤等级最高（4.75），显著高于 CK 和同菌株其他贮藏处理（$P<0.05$）；S2、S4 处理根瘤等级分别为 3.33、2.91，较 CK 分别减少了 13.51%、10.46%；S3 处理根瘤等级为 3.45，高于 CK 7.48%。S2 处理

A.GN5+R.12531f 次代植株根瘤等级最大（4.89），较 CK 增加了 27.01%（$P<0.05$）；S1、S3 处理根瘤等级分别为 3.86、3.36，高于 CK 19.88%、4.67%；S4 处理根瘤等级为 2.20，较 CK 减少了 32.31%（$P<0.05$）。

如图 7-6E 所示，S1 处理的 A.GN5+R.gn5f 次代植株固氮酶活性最强[60.46μmol/(g·h)]，显著高于 CK（$P<0.05$）；S2 处理固氮酶活性较 CK 显著减少了 68.62%（$P<0.05$）；S3、S4 处理固氮酶活性不同程度提升，但与 CK 差异不显著（$P>0.05$）。S2 处理，A.GN5+R.12531f 次代植株的固氮酶活性最强，为 126.44μmol/(g·h)；S1、S4 处理固氮酶活性分别为 0.0343μmol/(g·h)、0.1621μmol/(g·h)，分别较 CK 减少了 86.38%、44.68%；S3 处理固氮酶活性为 81.67μmol/(g·h)，S3 处理的 CK 中未检测到固氮酶活性。

3. 贮藏方法对苜蓿内生根瘤菌种子的次代植株苗期生长效应的影响

如图 7-7A 所示，S1、S3 贮藏处理，A.GN5+R.gn5f 次代植株单株叶片数分别为 14.33 片和 11 片，较 CK 提高 38.72%、17.90%（$P<0.05$）；S2、S4 处理，单株叶片数与 CK 一样，分别为 11.33 片和 9.67 片。S2、S3 处理，A.GN5+R.12531f 次代植株单株叶片数分别为 16 和 11.67 片，分别高于 CK 41.22%和 25.08%（$P<0.05$）；S1、S4 处理，单株叶片数分别为 11.33 片和 11 片，分别高于 CK 9.67%和 13.75%。

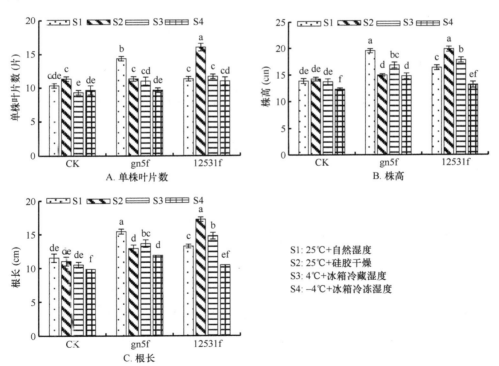

图 7-7　A.GN5+R.gn5f、A.GN5+R.12531f 在不同贮藏方法下次代植株苗期的单株叶片数、株高、根长

4 个贮藏处理下，A.GN5+R.gn5f、A.GN5+R.12531f 次代植株株高均高于 CK。S1 贮藏处理的 A.GN5+R.gn5f 次代植株株高最高（19.52cm），较 CK 增加了 40.63%（$P<0.05$）。S2 贮藏处理 A.GN5+R.12531f 次代植株株高最高（19.85cm），较 CK 增加了 39.40%

（$P<0.05$）。

4 个贮藏处理下，A.GN5+R.gn5f、A.GN5+R.12531f 次代植株根长均高于 CK。S1 贮藏处理 A.GN5+R.gn5f 次代植株根长最长（15.43cm），较 CK 增加了 33.82%（$P<0.05$）。S2 贮藏处理 A.GN5+R.12531f 次代植株根长最长（17.23cm），较 CK 增加了 36.04%（$P<0.05$）。

由图 7-8 可知，内生根瘤菌对次代植株苗期的生物量积累有不同程度的促进作用。S1 处理 A.GN5+R.gn5f 次代植株地上鲜重最高（0.4934g/株），较 CK 提高 68.11%（$P<0.05$）；S2 处理地上鲜重为 0.2871g/株，较 CK 减少了 3.63%；S3、S4 处理地上鲜重分别为 0.3612g/株、0.2837g/株，较 CK 分别提高 39.89%、9.71%。4 种贮藏处理下 A.GN5+R.12531f 地上鲜重均高于 CK，S2 处理地上鲜重最高（0.5135g/株），较 CK 提高了 72.37%（$P<0.05$）。

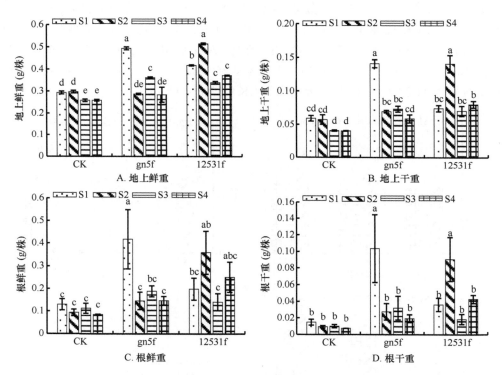

图 7-8　A.GN5+R.gn5f、A.GN5+R.12531f 在不同贮藏方法下次代植株苗期的生物量

4 个贮藏处理下，A.GN5+R.gn5f、A.GN5+R.12531f 次代植株地上干重均高于 CK。S1 处理 A.GN5+R.gn5f 次代植株地上干重最高（0.1405g/株），较 CK 增加了 137.73%（$P<0.05$）；S2 处理 A.GN5+R.12531f 次代植株地上干重最高（0.1399g/株），较 CK 增加了 144.58%（$P<0.05$）。

4 个贮藏处理下，A.GN5+R.gn5f、A.GN5+R.12531f 次代植株根鲜重均高于 CK。S1 贮藏处理 A.GN5+R.gn5f 次代植株根鲜重最高（0.4179g/株），较 CK 增加了 223.70%（$P<0.05$）；S2 贮藏处理 A.GN5+R.12531f 次代植株根鲜重最高，为 0.3587g/株，较 CK

增加了 284.05%（$P<0.05$）。

4 种贮藏处理下，A.GN5+R.gn5f 次代植株根干重均高于 CK，S1 处理根干重最高（0.1036g/株），较 CK 增加了 600.00%（$P<0.05$）；S2、S3、S4 处理根干重分别为 0.0276g/株、0.0321g/株、0.0194g/株，较 CK 分别增加了 196.77%、221.00%、162.16%。S2 贮藏处理 A.GN5+R.12531f 次代植株根干重最高（0.0904g），较 CK 增加了 872.04%（$P<0.05$）。

4. 苜蓿内生根瘤菌种子次代植株苗期结瘤和生长指标间的相关性分析

对不同贮藏条件下的次代植株根系结瘤有效性、生长效应进行相关性分析如图 7-9 所示，单株结瘤数与根瘤等级、固氮酶活性、单株叶片数、株高、根长呈极显著正相关（$P<0.01$），相关系数达到 70% 以上，与地上鲜重、地上干重呈显著正相关（$P<0.05$）；根瘤等级和固氮酶活性都与单株叶片数、株高、根长、地上干重呈极显著正相关（$P<0.01$）；单株叶片数和根长与单株根瘤重、根瘤直径不相关外，与其他 9 个指标间亦呈极显著正相关（$P<0.01$），相关系数达到 75% 以上；株高与根瘤直径不相关外，与单株根瘤重呈显著正相关（$P<0.05$），与其他 9 个指标间亦呈极显著正相关（$P<0.01$）；

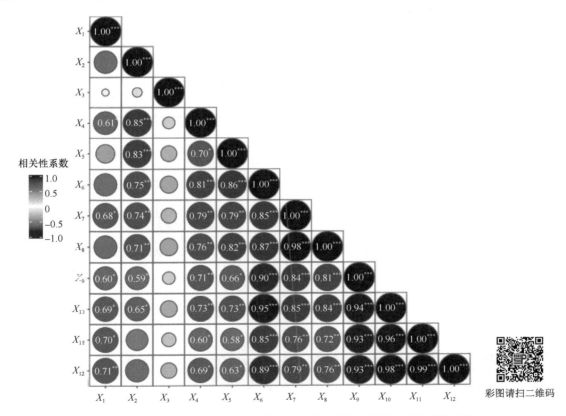

图 7-9　不同贮藏方法对次代植株苗期根系结瘤能力、幼苗生长能力的相关性分析

*表示显著相关（$P<0.05$）；**表示极显著相关（$P<0.01$）；X_1：单株根瘤重；X_2：单株结瘤数；X_3：根瘤直径；X_4：根瘤等级；X_5：固氮酶活性；X_6：单株叶片数；X_7：株高；X_8：根长；X_9：地上鲜重；X_{10}：地上干重；X_{11}：根鲜重；X_{12}：根干重；图 7-14 同

地上鲜重与单株叶片数、株高、根长、地上干重、根鲜干重呈极显著正相关（$P<0.01$），相关系数达到80%以上；在本试验中发现，根瘤直径与其他11个指标之间的相关性较低，需要在以后的试验中进一步验证。

5. 贮藏方法对苜蓿内生根瘤菌种子次代植株分枝期传代定植的影响

A.GN5+R.gn5f、A.GN5+R.12531f次代植株体内根瘤菌在分枝期传代定植情况如图7-10所示。各贮藏处理A.GN5+R.gn5f次代植株根部均可检测到gn5f（图7-10A），且在S4处理根部定植数量最大（3783.58cfu/g），较S1、S2、S3处理分别增加了316.51%、4.55%、19.20%。S2、S3、S4贮藏处理A.GN5+R.12531f次代植株根部可检测到12531f，且S2处理根部定植数量最大（2139.30cfu/g），分别较S3和S4提高了5566.74%和5113.99%，差异显著（$P<0.05$）；S1处理根部未检测到12531f。CK处理根部均未检测到gn5f和12531f。

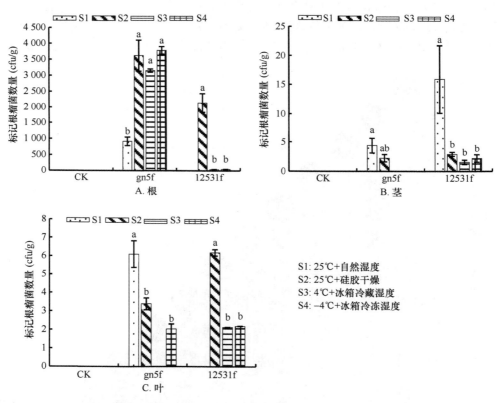

图7-10　各贮藏方法的种子内生根瘤菌gn5f、12531f在次代植株分枝期根、茎、叶内的定植数量

如图7-10B所示，gn5f仅在S1、S2贮藏处理A.GN5+R.gn5f次代植株的茎部可检测到，且S1处理茎部定植数量最大（4.41cfu/g），较S2增加了99.55%。12531f在4种贮藏处理A.GN5+R.12531f次代植株茎部均可检测到，S1处理定植数量最大（15.90cfu/g），较S2、S3、S4显著提高了444.52%、932.47%、616.21%（$P<0.05$）。在CK处理下茎部均未检测到gn5f、12531f。

如图 7-10C 所示，gn5f 在 S1、S2、S4 处理 A.GN5+R.gn5f 次代植株叶部均可检测到，且 S1 处理叶部定植数量最大（6.08cfu/g），较 S2、S4 处理增加了 79.88%、200.99%（$P<0.05$），但 S3 中未检测到。12531f 在 S2 贮藏处理的根瘤菌定植数量最大，为 6.16cfu/g，较 S3、S4 贮藏处理显著增加了 191.94%、183.87%（$P<0.05$），S1 贮藏处理未检测到 12531f。CK 处理根、茎、叶部均未检测到 gn5f 和 12531f。

6. 贮藏方法对苜蓿内生根瘤菌种子次代植株分枝期结瘤能力的影响

如图 7-11 所示，各贮藏处理下 gn5f、12531f 均有增加 A.GN5+R.gn5f、A.GN5+R.12531f 次代植株分枝期结瘤能力的趋势。4 个贮藏处理下，A.GN5+R.gn5f、A.GN5+R.12531f 单株结瘤数均高于 CK。S1 处理 A.GN5+R.gn5f 次代植株单株结瘤数最

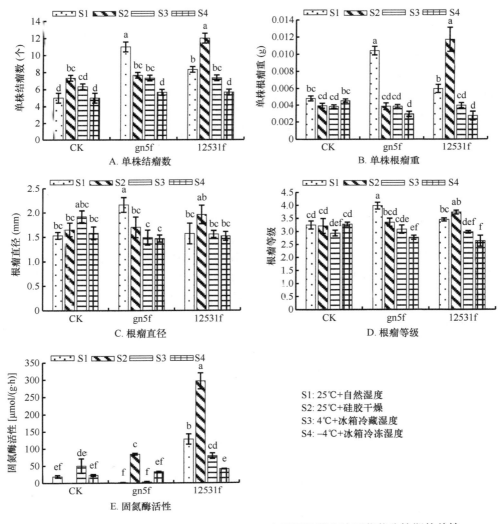

图 7-11　A.GN5+R.gn5f、A.GN5+R.12531f 在不同贮藏方法下苜蓿分枝期的单株
结瘤指标值和固氮酶活性

多（11 个），较 CK 增加了 120%（$P<0.05$）；S2、S3、S4 处理单株结瘤数分别为 7.67 个、7.34 个、5.67 个，较 CK 分别提高了 4.50%、15.77%、13.40%。A.GN5+R.12531f 次代植株单株结瘤数在 S2 处理最多（12 个），较 CK 显著增加了 63.49%（$P<0.05$）；S1、S3、S4 处理单株结瘤数分别为 8.34 个、7.34 个、5.67 个，较 CK 分别提高了 66.80%、15.77%、13.40%。

S1 处理 A.GN5+R.gn5f 次代植株单株根瘤重最大（0.0104g），较 CK 显著增加了 116.67%（$P<0.05$），S2、S4 处理单株根瘤重分别为 0.0038g、0.0029g，较 CK 分别减少了 2.56%、35.56%；S2 处理单株根瘤重和 CK 相同（0.0038g）。S1、S2、S3 处理的 A.GN5+R.12531f 次代植株单株根瘤重分别为 0.0059g、0.0117g、0.0039g，较 CK 分别提高了 22.92%、200%、2.63%；S4 处理植株单株根瘤重（0.0027g）较 CK 减少了 40%（$P<0.05$）。

S1 处理 A.GN5+R.gn5f 次代植株根瘤直径最大（2.16mm），较 CK 提高了 41.18%（$P<0.05$）；S2 处理根瘤直径（1.7mm）较 CK 提高了 3.03%；S3（1.49mm）、S4（1.47mm）处理根瘤直径分别较 CK 减少了 22.40%、6.96%。S1（1.57mm）、S2（1.96mm）处理 A.GN5+R.12531f 次代植株根瘤直径分别较 CK 增加了 2.61%、18.79%；S3（1.56mm）、S4（1.52mm）处理根瘤直径分别较 CK 减少了 18.75%、3.80%。

S1 处理 A.GN5+R.gn5f 次代植株根瘤等级最高（3.98），显著高于 CK 和同菌株其他贮藏处理（$P<0.05$）；S2（3.35）、S3（3.08）处理根瘤等级分别较 CK 增加了 4.36%、4.76%；S4 处理根瘤等级（2.76）较 CK 减少了 15.85%（$P<0.05$）。S2 贮藏处理 A.GN5+R.12531f 次代植株根瘤等级最高（3.73），显著高于 CK 16.20%（$P<0.05$）；S1、S3 处理根瘤等级较 CK 分别增加了 6.15%、0.60%；S4 处理根瘤等级较 CK 显著减少了 20.12%（$P<0.05$）。

4 种贮藏处理 A.GN5+R.gn5f、A.GN5+R.12531f 次代植株均可检测到固氮酶活性，S2 处理 A.GN5+R.gn5f［84.37μmol/(g·h)］、A.GN5+R.12531f［296.97μmol/(g·h)］次代植株固氮酶活性最强（$P<0.05$），CK 处理中未检测到固氮酶活性。

7. 贮藏方法对苜蓿内生根瘤菌种子的次代植株分枝期生长效应的影响

如图 7-12A 所示，S1 贮藏处理 A.GN5+R.gn5f 次代植株单株叶片数最大（24.67 片），较 CK 增加了 18.93%（$P<0.05$）；S2 处理单株叶片数和 CK 相同（21 片）；S3（21.34 片）、S4（20.67 片）处理单株叶片数分别较 CK 减少了 9.84%、17.32%。S1 贮藏处理 A.GN5+R.12531f 次代植株单株叶片数（21 片）较 CK 减少了 14.88%（$P<0.05$）；S2（30.34 片）、S3（24.67 片）、S4（25.67 片）处理单株叶片数分别较 CK 增加了 44.48%、4.22%、2.68%。

4 个贮藏处理下，A.GN5+R.gn5f、A.GN5+R.12531f 次代植株株高均高于 CK。A.GN5+R.gn5f 植株在 S1 处理株高最高（33.75cm），较 CK 增加了 35.92%（$P<0.05$）；S2、S3、S4 处理较 CK 分别增加了 3.75%、32.27%、5.29%。A.GN5+R.12531f 植株在 S2 处理株高最高（33.26cm），较 CK 增加了 31.41%（$P<0.05$）；S1、S3、S4 处理较 CK 分别增加了 14.18%、42.94%、9.62%。

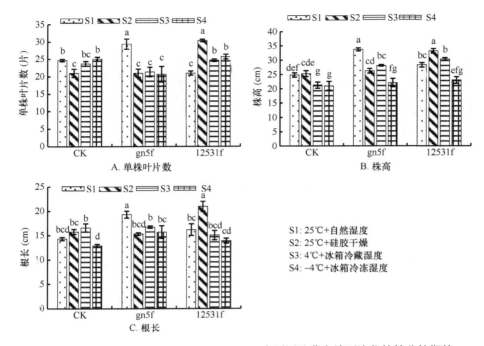

图 7-12　A.GN5+R.gn5f、A.GN5+R.12531f 在不同贮藏方法下次代植株分枝期的
单株叶片数、株高和根长

S1 贮藏处理 A.GN5+R.gn5f 次代植株根长最长（19.28cm），较 CK 增加了 34.73%（$P<0.05$）；S2 处理根长为 15.30cm，较 CK 减少了 2.86%；S3（16.70cm）、S4（15.67cm）贮藏处理根长分别较 CK 增加了 0.78%、21.76%。4 个贮藏处理下，A.GN5+R.12531f 植株根长均高于 CK，S2 处理根长最长（20.97cm），较 CK 增加了 33.14%（$P<0.05$）。

由图 7-13 可知，内生菌对生物量积累有一定促进作用。S1（0.5010g/株）、S2（0.4539g/株）贮藏处理 A.GN5+R.gn5f 次代植株地上鲜重分别较 CK 增加了 11.01%、5.49%；S3（0.3918g/株）、S4（0.3837g/株）处理地上鲜重分别较 CK 减少了 9.91%、12.91%。4 个贮藏处理下，A.GN5+R.12531f 次代植株地上鲜重均高于 CK，S2 处理地上鲜重最高（0.5045g/株），较 CK 增加了 17.24%（$P<0.05$）。

S1 贮藏处理 A.GN5+R.gn5f 次代植株地上干重最高（0.1482g/株），较 CK 增加了 34.36%（$P<0.05$）；S2 处理地上干重为 0.1259g，较 CK 增加了 19.11%；S3（0.0971g）、S4（0.0934g）处理地上干重分别较 CK 减少了 3.09%、6.13%。S1 贮藏处理 A.GN5+R.12531f 次代植株地上干重为 0.1052g，较 CK 减少了 4.62%；S2（0.1244g）、S3（0.1300g）、S4（0.1099g）处理地上干重分别较 CK 增加了 17.9%、29.74%、10.45%。

S1 处理 A.GN5+R.gn5f 次代植株根鲜重最重（0.5388g/株），较 CK 增加了 29.83%（$P<0.05$）；S2（0.4152g/株）、S3（0.4556g/株）处理根鲜重分别较 CK 减少了 6.47%、0.27%，S4 处理根鲜重为 0.4119g/株，较 CK 增加了 14.74%（$P<0.05$）。S2 处理 A.GN5+R.12531f 次代植株根鲜重最重（0.5055g/株），较 CK 增加了 13.88%（$P<0.05$）；S1（0.4337g/株）、S4（0.3699g/株）处理根鲜重分别较 CK 增加了 4.51%、3.04%；S3 处理根鲜重为 0.4390g，较 CK 减少了 3.90%。

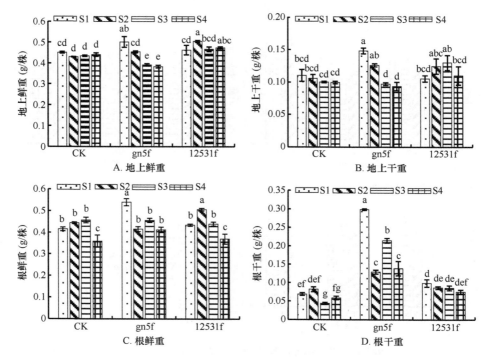

图 7-13　A.GN5+R.gn5f、A.GN5+R.12531f 在不同贮藏方法下次代植株分枝期的生物量

4 个贮藏处理下，A.GN5+R.gn5f、A.GN5+R.12531f 次代植株根干重均高于 CK。S1 处理 A.GN5+R.gn5f 次代植株根干重最重（0.2981g），较 CK 增加了 333.28%（$P<0.05$）。S1 处理 A.GN5+R.12531f 次代植株根干重最重（0.0861g），较 CK 增加了 5.00%（$P<0.05$）。

8. 苜蓿内生根瘤菌种子次代植株分枝期结瘤和生长指标间的相关性分析

对不同贮藏方法下种子的次代植株分枝期根系结瘤能力、植株生长能力进行相关性分析，如图 7-14 所示，单株根瘤重与单株结瘤数、根瘤直径、根瘤等级、单株叶片数、株高、根长、根鲜重呈极显著正相关（$P<0.01$），相关系数达到 75% 以上，与固氮酶活性、地上鲜重、地上干重呈显著正相关（$P<0.05$）；单株结瘤数与根瘤直径、根瘤等级、株高、根长、根鲜重呈极显著正相关（$P<0.01$），与固氮酶活性、地上鲜重、地上干重呈显著正相关（$P<0.05$）；根瘤直径与单株根瘤重、单株结瘤数、根长、根鲜重呈极显著正相关（$P<0.01$）；地上鲜重仅与单株叶片数、地上干重呈极显著正相关（$P<0.01$）。

（三）小结

1. 贮藏方法对苜蓿内生根瘤菌种子次代植株营养生长期传代能力的影响

水稻亲代种子内生菌可在植株生长发育过程中传到根、茎组织并最终传代至子代种子内，这说明种子内生菌可以进行垂直传代（张彩文，2017）。本研究中，不同贮藏条件的种子内生根瘤菌虽然均可以传代至营养生长期次代植株中，但两种菌株在根部定植数量高于茎、叶部，与芦云（2005）的研究结果一致。次代植株苗期，S1 贮藏处理下，

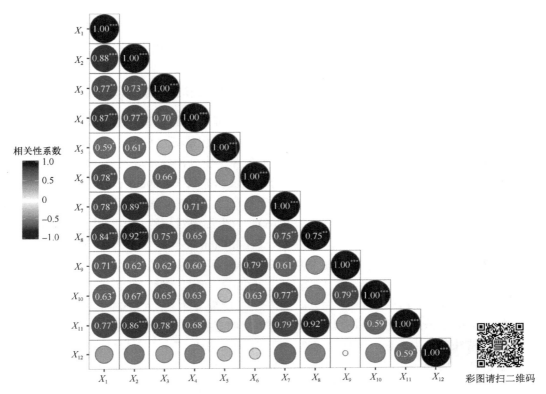

图 7-14　贮藏方法对种子次代植株分枝期根系结瘤能力、幼苗生长能力的相关性分析

根、茎、叶部 gn5f 定植数量显著高于其他贮藏处理；S2 贮藏处理下，根部 12531f 定植数量显著高于其他贮藏处理，个别贮藏条件下的次代植株苗期根、茎、叶部未检测到标记根瘤菌。次代植株分枝期，S1 贮藏处理，茎、叶部 gn5f 定植数量显著高于其他贮藏处理；S2 贮藏处理下，根、叶部 12531f 定植数量显著高于其他贮藏处理，这与张淑卿（2012）报道的根瘤菌自根向茎顶部存在运移通道、标记根瘤菌在运移通道中的分布是不连续的，且在部分通道组织内能且只能选择性允许标记菌通过但不能长期定植的结果相似。分枝期根部定植数量高于苗期，但茎、叶部定植数量低于苗期，可能是因为随着苜蓿植株的生长，在不同生育时期根系组织、茎内的筛管和髓部的结构空间发生变化所致（苗阳阳等，2018）。

　　本研究中，gn5f 和 12531f 在营养生长期次代植株中定植数量具有差异，gn5f 在 S1 贮藏条件传代到次代植株中的数量最多，12531f 在 S2 贮藏条件传代到次代植株中的数量最多。这可能是由于两种菌株来源不同，对于甘农 5 号苜蓿来说，gn5f 原始菌株 gn5 为内源、快生型根瘤菌，12531f 原始菌株 12531 为外源、慢生型根瘤菌，两种菌株的遗传性状差异较大；其次是种子贮藏方法不同导致内生根瘤菌在次代植株传代能力不同，温度影响了细菌的生理生化代谢途径。Hoch 和 Kirchman（1993）发现，微生物的生长速率与温度呈正相关，温度适宜时细菌繁殖快，更容易存活和顺利传代；温度过低则微生物生长出现逆境反应，数量较低。研究表明在 –16～20℃苜蓿种子内生根瘤菌存在着低温临界点，低于该温度，苜蓿种子内生根瘤菌生长受阻，–5℃下内生根瘤菌数量较少，本试验证实了以上结论。这可能是不同贮藏条件下的次代植株营养生长期内生根瘤菌数量差异较大的原因。

2. 贮藏方法对苜蓿内生根瘤菌种子次代植株营养生长期传代有效性的影响

接种根瘤菌可有效促进紫花苜蓿早结瘤，提高其品质和产量（罗彦昕，2020）。种子内生菌可以有效提高幼苗根长和苗高、生物量积累等（任安芝和高玉葆，2001）。种子在萌发的过程中，种子微生物会吸收水分并产生分泌物，这些分泌物吸引细菌在根际和幼苗中定植，直接或间接地促进植物的生长和健康（Truyens et al.，2015）。种子内生根瘤菌可在拟南芥中世代垂直传代，并通过产生 ACC 脱氨酶、铁载体、吲哚乙酸等增加拟南芥的生物量（Truyens et al.，2016）。内生细菌对植物与根际其他成分的相互作用起到了调节作用从而促进水稻幼苗生长（Hallmann et al.，1997）。本研究中，种子内生根瘤菌 gn5f、12531f 对次代植株的生长和生物量的积累有促进作用。苗期、分枝期 CK 处理的植株仍可结瘤（陈丹明等，2002），但结瘤数量少于 A.GN5+R.gn5f 和 A.GN5+R.12531f 次代植株。与 CK 相比，S1 贮藏条件下，A.GN5+R.gn5f 次代植株营养生长期的单株结瘤数、单株根瘤重、根瘤等级明显提高；S2 贮藏条件下，A.GN5+R.12531f 次代植株营养生长期的单株结瘤数、根瘤直径、根瘤等级、固氮酶活性也大幅提升。根瘤菌传代后依然可以增加苜蓿植株生物量，与 Xu 等（2014）的研究结果一致。

综上可知，适宜的贮藏条件对种子内生根瘤菌的传代能力和传代有效性均有一定的促进作用。本研究初步探索了贮藏方法对紫花苜蓿种子内生根瘤菌传代定植及对幼苗生长的影响，筛选出了对于不同内生根瘤菌种子的适宜贮藏条件，后续会探索贮藏条件对内生根瘤菌在田间生殖生长阶段体内定植的影响，为确定利于种子内生根瘤菌传代的适宜条件、是否可以继续传代至成熟种子提供依据。

本小节研究获得：①在 4 种贮藏条件下，苜蓿内生根瘤菌种子均有传代能力和传代有效性。②A.GN5+R.gn5f 在 S1 条件下贮藏，其种子内生根瘤菌 gn5f 可高效传代到次代植株营养生长期，并共生结瘤，固氮促生；A.GN5+R.12531f 在 S2 条件下贮藏，种子内生根瘤菌 12531f 可高效传代到次代植株营养生长期，并共生结瘤，固氮促生。③A.GN5+R.gn5f 在 S1 贮藏方法下，可提高次代植株营养生长期的单株结瘤数、单株根瘤重、根瘤等级、单株叶片数、株高、根长、地上鲜干重、根鲜干重；A.GN5+R.12531f 在 S2 贮藏方法下，可提高次代植株营养生长期单株结瘤数、根瘤直径、根瘤等级、固氮酶活性、单株叶片数、株高、根长、地上鲜重、根鲜重。

二、苜蓿内生根瘤菌种子在次代植株生殖生长期的传代结瘤能力

（一）材料与方法

1. 试验材料

种子来源、培养基和营养液同上一小节。

供试硼：购自兰州博域生物科技有限责任公司的硼酸（H_3BO_3），含量不少于 99.5%。

2. 试验方法

（1）外源物质硼的制备

将外源物质硼酸浓度设置为 1mg/L 和 100mg/L 置于已灭菌的三角瓶中，无菌操作台内紫外灯杀菌 1h 后无菌水溶解并用无菌滤膜（直径 0.22μm）过滤 3 次，然后按需要的浓度加入配置好的 TY 液体培养基中。

（2）苜蓿植株结荚期添加外源物硼扰动

苜蓿植株的培养方法同上一小节。将苜蓿植株根部四周沙子挖开深约 5cm 的坑，露出主根、侧根、毛根，将制备好的硼溶液 50ml/株均匀浇灌于根部，然后覆沙埋根。

100mg/L 硼溶液浇灌 A.GN5+R.gn5f 植株根部，1mg/L 硼溶液浇灌 A.GN5+R.12531f 植株根部。对照分别为 1mg/L、100mg/L 硼分别浇灌 CK 植株根部，记为 CK_1、CK_{100}。

3. 测定指标及方法

（1）苜蓿植株体内荧光标记根瘤菌的检测时期及检测组织

1）现蕾期：检测根、茎、叶。

2）花期：检测根、茎、叶、花（雌蕊、雄蕊、花梗、花瓣）。

（2）荧光标记根瘤菌的检测方法

1）取样。

分别于现蕾期、花期、结荚期取样，随机取自同一植株分离出 5～10cm 深层的毛根、茎、叶、花（雌蕊、雄蕊、花梗、花瓣）、荚果（荚果皮、幼嫩种子）。

2）平板数量检测。

根、茎、叶各称取 1g，10 朵花，10 个荚果皮，25 粒种子。方法同上一小节。

（3）固氮酶活性的检测方法

乙炔还原法，具体步骤方法同上一小节。

（二）结果与分析

1. 贮藏方法对苜蓿内生根瘤菌种子次代植株现蕾期传代定植能力的影响

现蕾期次代植株体内 gn5f、12531f 根瘤菌定植情况如图 7-15 所示。gn5f 在 S2、S4 贮藏处理的 A.GN5+R.gn5f 次代植株根部可检测到（图 7-15A），且 S4 处理根部定植数量最大（485.65cfu/g），较 S2 处理增加了 387.99%（$P<0.05$）；在 S1、S3 处理根部均未检测到 gn5f。4 个贮藏处理下均可在 A.GN5+R.12531f 次代植株根部检测到 12531f；S2 处理根部定植数量最大（150.83cfu/g），较 S1、S3、S4 处理分别增加了 205.82%、3048.85%、301.46%（$P<0.05$）。标记根瘤菌 gn5f、12531f 在 CK 贮藏处理植株根部未检测到。

次代植株现蕾期茎部标记根瘤菌定植情况如图 7-15B 所示，gn5f 仅在 S1 处理 A.GN5+R.gn5f 次代植株的茎部可检测到（5.97cfu/g），4 种贮藏处理下植株茎部均未检测到 12531f。标记根瘤菌 gn5f、12531f 在 CK 植株茎部未检测到。

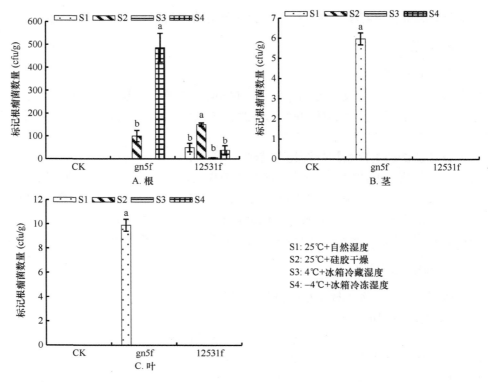

图 7-15 各贮藏方法的种子内生根瘤菌 gn5f、12531f 在次代植株现蕾期根、茎、叶内的定植数量

次代植株现蕾期叶部标记根瘤菌定植情况如图 7-15C 所示，gn5f 仅在 S1 贮藏处理的 A.GN5+R.gn5f 次代植株叶部可检测到（9.89cfu/g），4 种贮藏处理下 A.GN5+R.12531f 次代植株叶部均未检测到 12531f。CK 贮藏处理标记根瘤菌 gn5f、12531f 在次代植株根、茎、叶部均未检测到。

2. 贮藏方法对苜蓿内生根瘤菌种子次代植株现蕾期固氮酶活性的影响

S1、S2 贮藏处理 A.GN5+R.gn5f 次代植株固氮酶活性分别为 0.0332μmol/(g·h) 和 0.0041μmol/(g·h)，S1 贮藏处理较 S2 处理固氮酶活性增加了 709.76%（$P<0.05$）；S3、S4 贮藏处理未检测到固氮酶活性。S2 贮藏处理 A.GN5+R.12531f 次代植株固氮酶活性最强［0.0088μmol/(g·h)］，较 S1 贮藏处理增加了 4531.58%（$P<0.05$）；S3、S4 贮藏处理未检测到固氮酶活性（图 7-16）。

3. 贮藏方法对苜蓿内生根瘤菌种子次代植株花期营养器官传代定植能力的影响

次代植株花期营养器官内 gn5f、12531f 根瘤菌传代定植情况如图 7-17 所示。gn5f 在 S1、S4 贮藏处理的 A.GN5+R.gn5f 次代植株花期根部可检测到，且 S1 处理根部定植数量最大（66.20cfu/g），较 S4 处理增加 200.32%（$P<0.05$）；S2、S3 贮藏处理植株根部未检测到 gn5f。12531f 在 S2、S3、S4 贮藏处理的 A.GN5+R.12531f 次代植株根部可检测到；且 S2 处理根部定植数量最大（61.73cfu/g），显著高于 S3 和 S4（$P<0.05$），分别提高了 499.13% 和 165.39%。

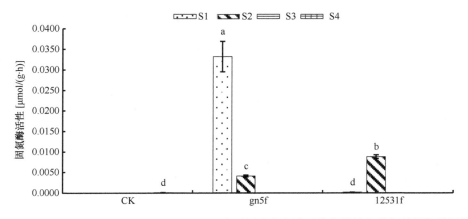

图 7-16　A.GN5+R.gn5f、A.GN5+R.12531f 在不同贮藏方法下次代植株现蕾期的固氮酶活性

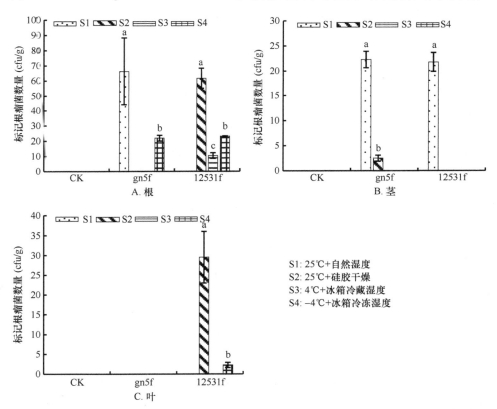

图 7-17　各贮藏方法的种子内生根瘤菌 gn5f、12531f 在次代植株花期营养器官内的定植数量

　　gn5f 在 S1 贮藏处理 A.GN5+R.gn5f 的次代植株茎部定植数量最大（22.28cfu/g），显著高于 S2 贮藏处理的 813.11%（$P<0.05$）；S3、S4 贮藏处理茎部均未检测到 gn5f。12531f 仅在 S1 贮藏处理 A.GN5+R.12531f 的次代植株茎部可检测到（21.75cfu/g）。

　　4 个贮藏处理植株叶部均未检测到 gn5f。12531f 在 S2、S4 贮藏处理的 A.GN5+R.12531f 次代植株叶部可检测到，且 S2 贮藏处理叶部定植数量最大（29.50cfu/g），较

S4 贮藏处理增加了 1222.87%（$P<0.05$）。CK 处理根、茎、叶部均未检测到 gn5f 和 12531f。

4. 贮藏方法对苜蓿内生根瘤菌种子次代植株花期繁殖器官传代定植能力的影响

次代植株花期繁殖器官内 gn5f、12531f 根瘤菌传代定植情况如图 7-18 所示。各贮藏处理下（图 7-18A），A.GN5+R.gn5f 次代植株雌蕊中均可检测到 gn5f，且 S1 贮藏处理雌蕊中定植数量最大（330.00cfu/g），较 S2、S3、S4 贮藏处理分别提高了 147.51%、350.02%、54.69%（$P<0.05$）。gn5f 在 S1、S2、S4 贮藏处理 A.GN5+R.gn5f 次代植株雄蕊中可检测到，且 S1 处理雄蕊中定植数量最大（170.00cfu/g），较 S2、S3 贮藏处理分别提高了 410.055、1175.32%（$P<0.05$）。gn5f 在 S1、S3 贮藏处理花梗中数量分别为 162.09cfu/g 和 33.33cfu/g。gn5f 在 S1、S4 贮藏处理花瓣中数量分别为 268.13cfu/g 和 100.00cfu/g，S1 贮藏处理较 S4 贮藏处理显著增加了 168.13%（$P<0.05$）。

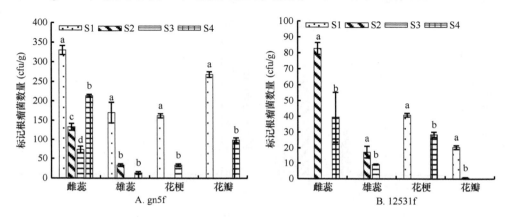

图 7-18　各贮藏方法的种子内生根瘤菌 gn5f、12531f 在次代植株花期繁殖器官内的定植数量

S2 贮藏处理 A.GN5+R.12531f 次代植株雌蕊中 12531f 定植数量最多（图 7-18B），为 82.67cfu/g，较 S4 处理增加了 109.82%（$P<0.05$）；S1、S3 处理未检测到标记根瘤菌。12531f 在 S2、S3 贮藏处理次代植株雄蕊中的数量分别为 17.37cfu/g 和 9.33cfu/g，S2 处理较 S3 处理增加了 86.17%。S1 处理花梗中 12531f 数量最多（40.80cfu/g），较 S4 处理增加了 44.02%（$P<0.05$），S2、S3 处理未检测到标记根瘤菌。12531f 在 S1、S2 贮藏处理植株花瓣中定植数量分别为 20.38cfu/g 和 0.70cfu/g。

5. 贮藏方法对苜蓿内生根瘤菌种子次代植株花期固氮酶活性的影响

如图 7-19 所示，S1 贮藏处理 A.GN5+R.gn5f 次代植株固氮酶活性最强 [0.0005μmol/(g·h)]，较 CK 增加了 2.47%；S2 处理固氮酶活性为 0.0003μmol/(g·h)，较 CK 增加了 75.16%（$P<0.05$）；S3、S4 处理未检测到固氮酶活性。S2 贮藏处理 A.GN5+R.12531f 次代植株固氮酶活性最强 [0.0014μmol/(g·h)]，较 CK 增加了 747.83%（$P<0.05$）；S1、S4 处理固氮酶活性分别为 0.0005μmol/(g·h)、0.0004μmol/(g·h)，较 CK 分别增加了 7.57%、65.26%；S3 处理固氮酶活性为 0.0007μmol/(g·h)。

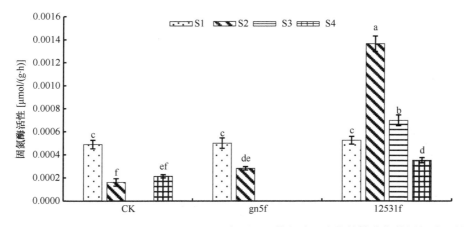

图 7-19　A.GN5+R.gn5f、A.GN5+R.12531f 在不同贮藏方法下次代植株花期的固氮酶活性

6. 贮藏方法与外源物质硼对苜蓿内生根瘤菌种子次代植株结荚期营养器官传代定植能力的影响

　　添加外源物质硼的次代植株结荚期营养器官内 gn5f、12531f 根瘤菌传代定植情况如图 7-20 所示。4 个贮藏处理下，添加硼和未添加的次代植株根部均可检测到标记根瘤菌 gn5f 和 12531f（图 7-20A）。S1 贮藏处理 A.GN5+R.gn5f 次代植株根部标记根瘤菌定植数量最多（6058.88cfu/g），显著高于 S2、S3、S4 处理（$P<0.05$）；添加硼的 A.GN5+R.gn5f 次代植株根部 gn5f 定植数量为 3748.87cfu/g，较 S2、S3、S4 贮藏处理分别增加了 402.19%、699.89%、636.38%（$P<0.05$）；S2、S3、S3 贮藏处理添加硼 A.GN5+R.gn5f 次代植株根部标记根瘤菌 gn5f 数量较未添加硼 A.GN5+R.gn5f 次代植株根部标记根瘤菌数量增加了 46.37%、88.49%、88.22%；S1 贮藏处理添加硼的 A.GN5+R.gn5f 次代植株根部定植数量较未添加硼的 A.GN5+R.gn5f 次代植株根部定植数量减少了 61.62%（$P<0.05$）。S2 贮藏处理 A.GN5+R.12531f 次代植株根部标记根瘤菌定植数量最多（15 166.38cfu/g），较 S1、S3、S4 分别增加了 207.82%、110.79%、245.56%（$P<0.05$）；S2 贮藏处理添加硼的 A.GN5+R.12531f 次代植株根部 12531f 定植数量为 4578.72cfu/g，较 S1、S3、S4 贮藏处理分别增加了 982.36%、55.75%、366.21%；4 个贮藏处理未添加硼的 A.GN5+R.12531f 次代植株根部 12531f 定植数量分别显著高于添加硼的 A.GN5+R.12531f 次代植株根部定植数量的 1065.69%、231.24%、144.75%、346.88%（$P<0.05$）。

　　S1 贮藏处理 A.GN5+R.gn5f 次代植株茎部标记根瘤菌定植数量最多（11.10cfu/g），较 S2 处理增加了 78.46%（$P<0.05$）（图 7-20B）；S3、S4 处理 A.GN5+R.gn5f 次代植株茎部未检测到标记根瘤菌 gn5f。S1 贮藏处理添加硼的 A.GN5+R.gn5f 次代植株茎部定植数量较未添加硼的 A.GN5+R.gn5f 次代植株减少了 354.92%（$P<0.05$）；S2、S3、S4 贮藏处理添加硼的 A.GN5+R.gn5f 次代植株茎部未检测到标记根瘤菌。4 种贮藏处理添加硼和未添加硼的 A.GN5+R.12531f 次代植株茎部均未检测到 12531f。gn5f、12531f 在 CK、CK_1、CK_{100} 植株茎部均未检测到。

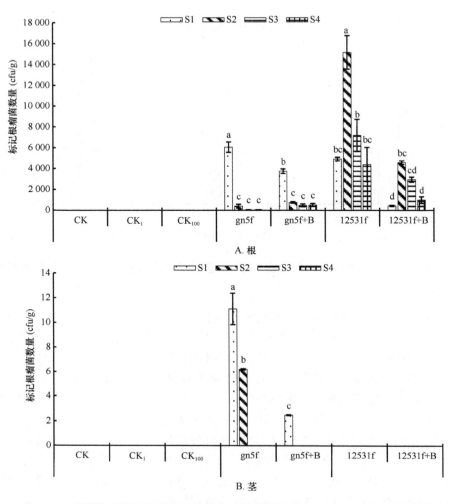

图 7-20 外源物质硼对各贮藏方法的种子内生根瘤菌 gn5f、12531f 在次代植株
结荚期营养器官内的定植数量

CK₁、CK₁₀₀ 分别表示 1mg/L、100mg/L 硼浇灌 CK 次代植株根部；gn5f+B 表示 100mg/L 硼溶液浇灌 A.GN5+ R.gn5f 次代
植株根部；12531f+B 表示 1mg/L 硼溶液浇灌 A.GN5+R.12531f 次代植株根部

各贮藏处理次代植株叶部均未检测到 gn5f、12531f。

7. 贮藏方法与外源物质硼对苜蓿内生根瘤菌种子次代植株结荚期繁殖器官传代定植能力的影响

添加外源物质硼的次代植株结荚期繁殖器官内 gn5f、12531f 根瘤菌传代定植情况如图 7-21 所示。S1 贮藏处理 A.GN5+R.gn5f 植株荚果皮中可检测到标记根瘤菌 gn5f（33.78cfu/荚），S2、S3、S4 贮藏处理荚果皮中未检测到 gn5f（图 7-21A）。S1 处理下添加硼的 A.GN5+R.gn5f 植株荚果皮中 gn5f 定植数量为 73.33cfu/荚，较未添加硼植株荚果皮中定植数量增加了 117.08%（$P<0.05$）；S2 处理添加硼的 A.GN5+R.gn5f 植株荚果皮中 gn5f 定植数量为 22.86cfu/荚，较 S1 处理减少了 68.83%（$P<0.05$）。S2 贮藏处理 A.GN5+R.12531f 植株荚果皮中标记根瘤菌 12531f 定植数量最多（147.33cfu/荚），较 S1、

S3 处理分别增加了 336.15%、365.20%（$P<0.05$）；S4 处理未检测到 12531f。添加硼的 A.GN5+R.12531f 植株在 S2（85cfu/荚）、S3（4.33cfu/荚）贮藏处理荚果皮中标记根瘤菌均低于未添加硼植株荚果皮中的数量。gn5f、12531f 在 CK、CK_1、CK_{100} 植株荚果皮中均未检测到。

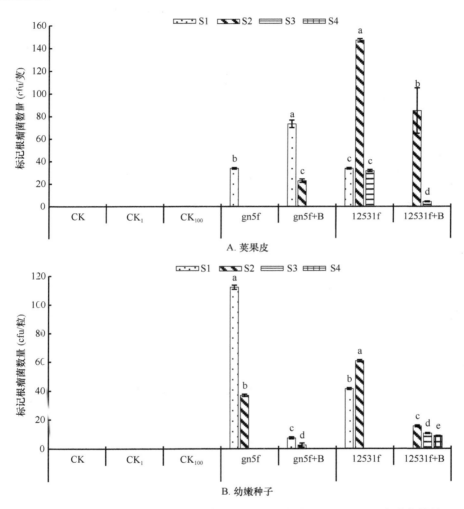

图 7-21　外源物质硼对各贮藏方法的种子内生根瘤菌 gn5f、12531f 在次代植株结荚期繁殖器官内的定植数量

S1 贮藏处理下 A.GN5+R.gn5f 植株的幼嫩种子中检测到标记根瘤菌 gn5f 最多（112.31cfu/粒），较 S2 处理增加了 205.48%（$P<0.05$）（图 7-21B）；S3、S4 处理 A.GN5+R.gn5f 植株幼嫩种子中未检测到标记根瘤菌。S1 贮藏处理下添加硼的 A.GN5+R.gn5f 植株幼嫩种子中检测到标记根瘤菌数量最多（7.45cfu/粒），较 S2 贮藏处理增加了 205.54%（$P<0.05$）。S1、S2 贮藏处理下 A.GN5+R.12531f 植株幼嫩种子中标记根瘤菌数量分别为 41.25cfu/粒和 60.69cfu/粒，S2 处理较 S1 处理标记根瘤菌数量增加了 47.16%（$P<0.05$）；S3、S4 处理 A.GN5+R.12531f 植株幼嫩种子中未检测到标记根瘤

菌。S2 处理下添加硼的 A.GN5+R.12531f 植株幼嫩种子中 12531f 定植数量最多（15.60cfu/粒），较 S3、S4 处理分别增加了 47.31%、76.07%（$P<0.05$），且显著低于未添加硼植株幼嫩种子中 12531f 的定植数量。

8. 贮藏方法与外源物质硼对苜蓿内生根瘤菌种子次代植株结荚期固氮酶活性的影响

4 个贮藏处理下（图 7-22），添加硼和未添加硼的 A.GN5+R.gn5f 次代植株均可检测到固氮酶活性，且 S1 贮藏处理下植株固氮酶活性最大，分别为 0.0059μmol/(g·h) 和 0.0079μmol/(g·h)，显著高于 CK 和同菌株其他处理（$P<0.05$）；S2、S3、S4 贮藏处理 A.GN5+R.gn5f 植株固氮酶活性较 CK 分别增加了 15.56%、210.65%、36.33%。S1、S2、S3、S4 贮藏处理添加硼的 A.GN5+R.gn5f 植株固氮酶活性较未添加硼植株分别增加了 34.51%、18.36%、794.27%、241.61%。4 种贮藏处理添加硼的 A.GN5+R.gn5f 植株固氮酶活性较 CK_{100} 分别增加了 5589.69%、473.47%、187.29%、557.57%（$P<0.05$）。

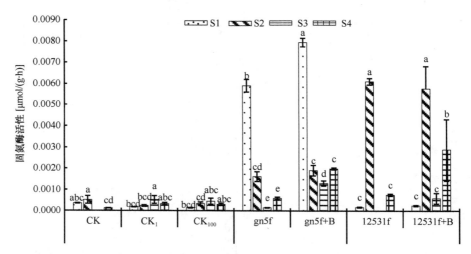

图 7-22　添加外源物质硼对 A.GN5+R.gn5f、A.GN5+R.12531f 在不同贮藏方法下次代植株结荚期固氮酶活性的影响

S2 贮藏处理下 A.GN5+R.12531f 植株固氮酶活性达到最大 [0.0061μmol/(g·h)]，较 CK 增加了 1076.98%（$P<0.05$），S1 贮藏处理植株固氮酶活性为 0.0002μmol/(g·h)，较 CK 减少了 54.27%；S3 贮藏处理 A.GN5+R.12531f 植株未检测到固氮酶活性；S4 贮藏处理植株固氮酶活性为 0.0007μmol/(g·h)，较 CK 增加了 528.83%（$P<0.05$）。S2 贮藏处理下添加硼的 A.GN5+R.12531f 植株固氮酶活性为 0.0056μmol/(g·h)，较 CK_1 增加了 34.06%（$P<0.05$）。

（三）小结

1. 苜蓿内生根瘤菌种子在次代植株生殖生长期传代能力的影响

内生细菌在不同生育时期植株体内的运移部位和定植数量是不恒定的（陈泽斌等，

2014）。本研究内生根瘤菌在次代植株现蕾期主要分布于根部，S1 贮藏处理仅在茎、叶部可检测到 gn5f，各贮藏处理未在茎、叶部检测到 12531f。花期 S1 贮藏处理 gn5f 可定植到根、茎部，叶部未检测到 gn5f，S2 贮藏处理根、叶部 12531f 定植数量显著高于其他贮藏处理。结荚期 S1 贮藏处理 gn5f 可大量定植于根、茎部，S2 贮藏处理 12531f 可大量定植到根部，茎部均未检测到标记根瘤菌；叶部未检测到 gn5f、12531f。在 S1、S2 贮藏处理雌蕊、雄蕊、荚果皮、幼嫩种子中 gn5f、12531f 定植数量高于 S3、S4 贮藏处理。这可能是由于植物进行生长和发育的过程中，各个部位的组织结构和生理条件会受到温度、光照、雨水、空气湿度等外界因素的影响，造成了内生菌在不同时期定植数量的不同（Mocali et al.，2003）。

研究报道黄瓜、豆类等大多数植物根部内生细菌定植数量最多，其次是茎和叶片，生殖器官花、果实、种子中最少（闫孟红等，2004；Royer et al.，2002），烟草（*Nicotiana tabacum*）内生细菌的数量随着生育期和器官的不同而不同，烟草内生细菌在根部定植数量最多（马冠华和肖崇刚，2004）。本试验证实了这一点，根部荧光标记根瘤菌定植数量高于茎、叶部，幼嫩种子较雌蕊中荧光标记根瘤菌定植数量低。结荚期定植数量较花期高，可能是苜蓿植株进入花期后体内代谢旺盛，增加了营养物质消耗，限制了内生细菌的生长繁殖，故内生根瘤菌定植数量降低，结荚期后，植株会积累更多的糖分，为内生根瘤菌提供充足的营养（高增贵等，2004）。

2. 贮藏方法与外源物质硼对内生根瘤菌种子次代植株结荚期传代根瘤菌数量的影响

微量元素对微生物的生长繁殖起着极其重要的作用，适宜浓度的微量元素会促进生长繁殖，过量或过少却会导致微生物的死亡。硼在植物、微生物及动物的生物学和生理过程及提高植物抗性、降低病害中具有重要作用。在豆科植物根瘤发育过程中，硼对于根瘤菌与豆科植物共生固氮是必需的，其可参与根瘤细胞壁和膜结构形成（Bolanos et al.，2001）、豆科植物-根瘤菌分子信号转导（Nieto et al.，2001）和共生体发育（Bolanos et al.，2001）等过程。添加硼可以减弱根瘤菌侵染苜蓿时遇到的防御反应，促进根瘤菌的侵入、运移和定植（苗阳阳等，2018）。苗阳阳（2017）和陈永岗（2020）研究表明硼可以促进菌株 gn5f 和 12531f 在苜蓿植株体内的定植，但苜蓿根部单独浇灌对内生根瘤菌的定植传代影响尚未可知。

于苜蓿次代植株结荚期将 100mg/L 和 1mg/L 硼分别浇灌到 A.GN5+R.gn5f、A.GN5+R.12531f 植株根部，发现添加外源物质硼的植株根、茎部标记根瘤菌定植数量均小于未添加硼的植株，S1 贮藏处理下 A.GN5+R.gn5f+B 次代植株荚果皮中的定植数量高于 A.GN5+R.gn5f 次代植株。添加硼对标记根瘤菌定植数量有促进作用，添加硼处理抑制了 gn5f、12531f 在幼嫩种子中的定植数量，这一研究结果与苗阳阳等（2018）结荚期适宜添加外源物质硼接种的结论有差异。这可能是因为①贮藏方法影响了菌株对硼的敏感程度；②硼通过影响植物细胞壁和细胞膜组分的合成和稳定（Goldbach et al.，2007），从而影响植株内生根瘤菌数量。

3. 贮藏方法与外源物质硼对苜蓿内生根瘤菌种子次代植株结荚期固氮酶活性的影响

硼元素在豆科植物根瘤的形成及根瘤菌固氮能力方面有非常重要的作用，可以通过提高硝酸还原酶活性，促进蛋白质合成及菌根生长，有助于增强固氮能力（祖艳群和林克惠，2000）。播种前微量元素硼拌种或浸种，可以刺激根瘤菌生长发育，提高结瘤量，增强根瘤固氮活性，从而提高作物产量（陈宝书等，1996；石晶波和黄惠琴，1992）。适量硼也可以提高杨梅（*Myrica rubra* Sieb. et Zucc.）的结瘤固氮能力，促进植株生长发育（何新华等，2008）。缺硼会严重影响大豆 nts382 和 Bragg 的固氮酶活性（江荣风等，1996），破坏根瘤结构，导致固氮酶活性下降。

研究发现外源物质硼干预的 A.GN5+R.gn5f 次代植株固氮酶活性显著高于未干预的 A.GN5+R.gn5f 次代植株，但硼干预的 A.GN5+R.12531f 次代植株固氮酶活性低于未干预的 A.GN5+R.12531f 次代植株，可能是因为菌株不同，硼对 A.GN5+R.gn5f 和 A.GN5+R.12531f 次代植株的影响不同。

本小节研究获得：①在 4 种贮藏条件下，苜蓿种子内生根瘤菌 gn5f、12531f 均可传代至次代植株生殖生长期各部位，S1、S2 贮藏条件分别有利于种子内生根瘤菌 gn5f、12531f 传代至次代植株幼嫩种子中。②次代植株在生殖生长期，A.GN5+R.gn5f 在 S1 贮藏条件下，可提高次代植株的固氮酶活性；A.GN5+R.12531f 在 S2 贮藏条件下，可提高次代植株的固氮酶活性。③结荚期外源物质硼抑制标记根瘤菌在植株体内的定植，但较 CK 不同程度促进了 A.GN5+R.gn5f+B、A.GN5+R.12531f+B 次代植株的固氮酶活性。

三、苜蓿内生根瘤菌种子次代植株的成熟种子接续内生与定植能力

（一）材料与方法

1. 试验材料

苜蓿种子：次代植株所收获的成熟种子、甘农 5 号苜蓿种子。

2. 试验方法

（1）成熟种子的贮藏

收获种子常温干燥保存 6 个月后检测根瘤菌数量和荧光标记根瘤菌 gn5f、12531f 数量。

（2）根瘤菌的回接试验

1）根瘤菌的分离、纯化与保存。

样品采集与制备：由于仅在 S2 贮藏条件下添加和未添加硼的 A.GN5+R.12531f 植株成熟种子中可检测到标记根瘤菌 12531f，在各贮藏条件下添加和未添加硼的 A.GN5+R.gn5f 植株成熟种子中均未检测到标记根瘤菌 gn5f，而 S1、S2 贮藏处理结荚期幼嫩种子中可检测到两种标记根瘤菌 gn5f 和 12531f。因此为保证试验的一致性，故从上一小节结荚期幼嫩种子中分离荧光标记根瘤菌作为回接菌株验证传代菌株的有效性。

根据本试验筛选出 A.GN5+R.gn5f 适宜 S1 贮藏、A.GN5+R.12531f 适宜 S2 贮藏，结荚期添加外源物质硼扰动后，A.GN5+R.gn5f+B 适宜 S1 贮藏、A.GN5+R.12531f+B 适宜 S2 贮藏的结果，分别选取这两个贮藏条件下的幼嫩种子 20 粒置于无菌三角瓶中，进行菌株分离。

分离及纯化：挑选手提式紫外灯（波长 336nm）下 YMA 培养基上荧光显著的单菌落，在 YMA 刚果红固体培养基上划线接种，28℃恒温培养 48h（霍平慧，2014），挑选正常生长且手提式紫外灯下荧光显著的单菌落，在 YMA 液体培养基中 180r/min、28℃摇床扩大培养 18h，用甘油保存于–80℃超低温冰箱（康文娟，2019）。

2）根瘤菌株回接。

种子处理和幼苗培育：选取健康饱满、大小一致的甘农 5 号苜蓿种子，消毒操作同第七章第二节一、（一）2.（3）。细沙洗净灭菌（121℃，高温灭菌 26min）3 次后，装入杯底扎有网孔的塑料杯（直径 8.5cm，高 12cm，500g/杯）放入水培盒中（长 31cm、宽 19cm、高 10.5cm）。每杯播种 40 粒已消毒的种子，表面覆盖干沙 2cm 左右。每花盆内加 Hoagland 有氮营养液 1 次，发芽前浇无菌水补充水分。发芽后每 15 天浇 Hoagland 无氮营养液 1 次，期间浇无菌水补充水分。

根瘤菌菌液制备和回接鉴定：将从 1）中提取到的荧光标记根瘤菌活化后转入 TY 液体培养基，160r/min，28℃摇床培养至光密度值（OD_{600nm} 值）≥0.5 时，10 000r/min 离心 10min，抛去上清液后用无菌水洗下菌体，摇匀打散后用无菌水配置成 OD_{600nm} 值为 0.5 的菌悬液（康文娟，2019）。待苜蓿幼苗长出真叶后，在无菌的条件下用 30ml 针管将菌液分别加入幼苗根部，每管 30ml，确保除幼苗根系以外其他部位不接触菌液。按表 7-12 设计试验处理，无菌水接种的为对照（CK_0），每处理重复 6 次，接种后第 45 天取样。

表 7-12　试验处理

分离根瘤菌株的宿主植物编号	适宜贮藏条件	接菌处理
CK_0		CK_0
gn5f	S1	gn5fo
gn5f+B	S2	gn5foB
12531f	S2	12531fo
12531f+B	S2	12531foB

3. 测定指标及方法

（1）苜蓿内生根瘤菌种子次代植株成熟种子内生根瘤菌的检测

随机挑选各处理种子 25 粒，重复 4 次，置于无菌三角瓶中。操作方法同前。

（2）根瘤菌株的回接

1）回接幼苗体内荧光标记根瘤菌的检测。

同第七章第二节二、（一）3。

2）回接幼苗结瘤能力和生长指标的检测。

同第七章第二节一、（一）2.（3）。

（二）结果与分析

1. 贮藏方法对苜蓿内生根瘤菌种子次代植株成熟种子定植的影响

成熟种子内生根瘤菌数量如图 7-23A 所示。S1、S2 贮藏处理的 A.GN5+R.gn5f 植株成熟种子中可检测到内生根瘤菌，且 S1 贮藏处理下根瘤菌较 S2 贮藏处理增加了 100%（$P<0.05$）；S3、S4 贮藏处理的 A.GN5+R.gn5f 植株成熟种子中未检测到根瘤菌。S1 贮藏处理添加硼的 A.GN5+R.gn5f 植株成熟种子中根瘤菌数量为 0.49cfu/粒，较 S1 贮藏处理未添加硼的植株增加了 182.35%（$P<0.05$）；S3、S4 贮藏处理添加硼的 A.GN5+R.gn5f 植株成熟种子中未检测到根瘤菌。

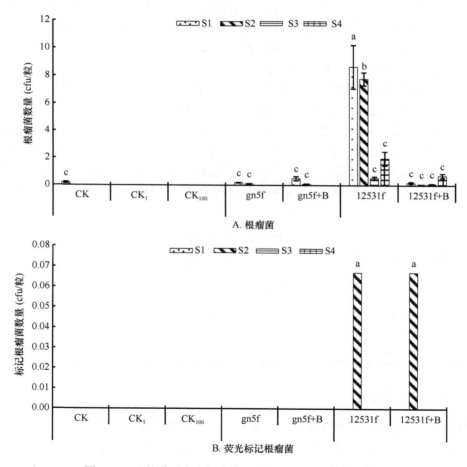

图 7-23　成熟种子内生根瘤菌、内生荧光标记根瘤菌数量

4 种贮藏处理的 A.GN5+R.12531f 植株成熟种子中均可检测到内生根瘤菌，且 S1 贮藏处理 A.GN5+R.12531f 植株成熟种子中根瘤菌数量最大（8.6cfu/粒），较 S2、S3、S4 贮藏处理分别增加了 11.25%、1586.27%、339.67%。S4 处理添加硼的 A.GN5+R.12531f

植株成熟种子中根瘤菌定植数量最高，为 0.1602cfu/粒。CK 中仅在 S1 处理可检测到内生根瘤菌。CK_1、CK_{100} 中均未检测到内生根瘤菌。

成熟种子内生荧光根瘤菌数量如图 7-23B 所示。4 种贮藏处理添加和未添加硼的 A.GN5+R.gn5f 植株成熟种子中均未检测到荧光标记根瘤菌 gn5f。仅在 S2 处理添加和未添加硼的 A.GN5+R.12531f 植株成熟种子中检测到荧光标记根瘤菌 12531f，数量分别为 0.11cfu/粒和 0.11cfu/粒。

2. 回接幼苗体内根瘤菌的检测

回接植株体内未标记根瘤菌、荧光标记根瘤菌数量如图 7-24A 所示。各贮藏处理种子的次代苜蓿植株体内均可检测到未标记根瘤菌，gn5fo 接种植株根部根瘤菌数量最多（2704.75cfu/g），较 CK_0 增加了 167.59%（$P<0.05$）；12531fo 接种植株根部根瘤菌数量

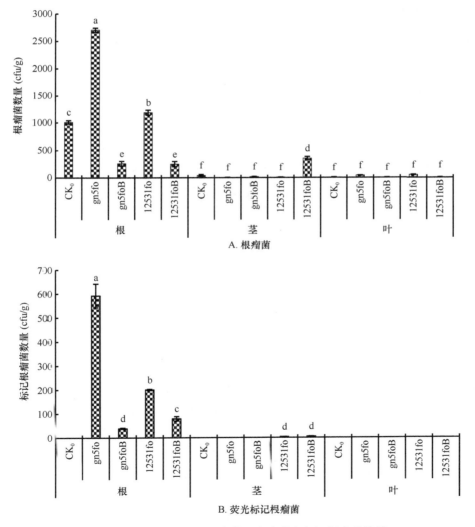

图 7-24　回接幼苗内生根瘤菌、内生荧光标记根瘤菌数量

为 1181.18cfu/g，较 CK_0 增加了 16.86%（$P<0.05$）；gn5foB、12531foB 接种植株根部根瘤菌数量分别为 257.18cfu/g、245.49cfu/g，较 CK_0 分别减少了 74.56%、75.71%（$P<0.05$）。12531foB 接种植株茎部根瘤菌数量最多（349.10cfu/g），显著高于其他菌株接种处理（$P<0.05$），gn5fo、gn5foB、12531fo 接种幼苗茎部根瘤菌数量较 CK_0 分别减少了 882.47%、121.77%、353.95%。gn5fo、12531fo 接种幼苗叶部根瘤菌数量较 CK_0 分别增加了 533.56%、703.63%。

根瘤菌株接种甘农 5 号苜蓿，植株体内可检测到荧光标记根瘤菌的存在（图 7-24B），gn5fo 接种植株根部标记根瘤菌数量最多（529.60cfu/g），较 gn5foB 接种标记根瘤菌定植数量增加了 1436.03%（$P<0.05$）；12531fo 接种植株根部标记根瘤菌数量为 200.71cfu/g，较 12531foB 接种标记根瘤菌定植数量增加了 153.19%（$P<0.05$）。仅在 12531fo、12531foB 接种植株茎部检测到少量荧光标记根瘤菌，分别为 2.99cfu/g、4.53cfu/g。各菌株接种植株叶部均未检测到荧光标记根瘤菌。

3. 回接不同传代根瘤菌株的甘农 5 号苜蓿幼苗结瘤能力

如表 7-13 所示，回接菌株可在不同程度上增加植株的结瘤能力。4 株根瘤菌中，菌株 gn5foB 接种植株的单株结瘤数（15.00 个）最多、根瘤直径（2.30mm）最大，分别较 CK_0 增加 73.01%、85.48%（$P<0.05$）；菌株 12531foB 接种植株的单株有效根瘤重（0.06g/株）最重、根瘤等级（4.26）最大，分别较 CK_0 增加了 50%、39.67%（$P<0.05$）。且菌株 gn5foB、12531foB 接种处理的各指标均分别高于 gn5fo、12531fo 菌株接种的植株。所有菌株接种对甘农 5 号苜蓿植株结瘤特性的提升效果与 CK_0 差异显著（$P<0.05$）。

表 7-13　接种不同根瘤菌株的甘农 5 号苜蓿幼苗结瘤指标

菌株	单株结瘤数	单株有效根瘤重（g/株）	根瘤直径（mm）	根瘤等级
CK_0	8.67±0.34c	0.04±0.01c	1.24±0.06c	3.05±0.16c
gn5fo	11.67±0.89b	0.04±0.01bc	1.93±0.09b	3.89±0.03b
gn5foB	15.00±0.58a	0.05±0.01b	2.3±0.08a	3.91±0.09b
12531fo	11.00±0.58b	0.04±0.01bc	1.85±0.07b	4.07±0.11ab
12531foB	14.34±0.89a	0.06±0.01a	2.24±0.09a	4.26±0.02a

4. 回接不同传代根瘤菌株的甘农 5 号苜蓿幼苗生长指标

如表 7-14 所示，所有菌株接种甘农 5 号苜蓿对植株单株叶片数、株高的促进作用均高于 CK_0，菌株 12531fo、12531foB 接种甘农 5 号苜蓿对植株根长促进作用明显高于 CK_0。其中，gn5foB 接种处理单株叶片数最多（26.84 片），显著高于 CK_0 50.45%（$P<0.05$）；12531fo 接种处理株高最高（37.34cm），显著高于 CK_0 54.17%（$P<0.05$）。

由图 7-25 可知，根瘤菌株接种甘农 5 号苜蓿，生物量较 CK_0 均得到不同程度提升，12531foB 接种对植株地上鲜重（0.68g/株）提升效果最强，是 CK_0（0.43g/株）的 1.58 倍，二者差异显著（$P<0.05$）；12531foB 接种对地上干重和根干重均有显著促进作用，地上干重（0.15g/株）和根干重（0.16g/株）分别较 CK_0 增加了 66.67%、45.45%（$P<0.05$）；

表 7-14　接种不同根瘤菌株的甘农 5 号苜蓿单株叶片数、株高、根长

菌株	单株叶片数	株高（cm）	根长（cm）
CK₀	17.84±1.84c	24.22±2.19b	16.00±0.58b
gn5fo	18.84±1.7bc	28.23±1.62b	15.00±1.16b
gn5foB	26.84±3.38ab	31.06±2.35ab	15.67±1.21b
12531fo	23.67±0.89abc	37.34±1.86a	17.34±0.67ab
12531foB	30.67±4.06a	35.89±2.32a	19.67±0.34a

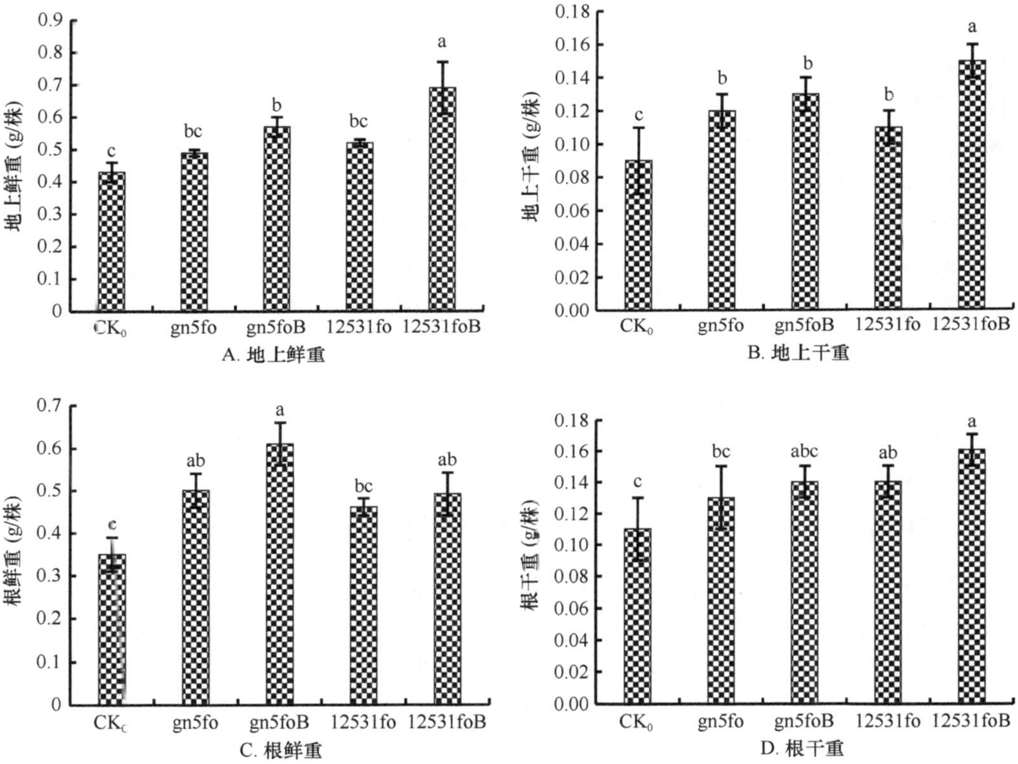

图 7-25　甘农 5 号苜蓿接种不同根瘤菌株的植株的生物量

gn5foB 接种对植株根鲜重（0.61g/株）提升效果最强，是 CK₀（0.35g/株）的 1.74 倍，二者差异显著（$P<0.05$）。表明菌株 gn5foB 和 12531foB 接种对甘农 5 号苜蓿生物量的促进作用最佳。

（三）小结

1. 贮藏方法对苜蓿内生根瘤菌种子次代植株成熟种子中根瘤菌定植的影响

内生菌可以在次代植株组织内定植，可以通过气孔、皮孔、伤口、侧根出现区及萌发的胚根进入植株组织内部并定植（Huang，1986），然后再一次进入新一代种子（赵霞，2019）。不同植物种子具有不同的内生细菌群落，子代种子内生细菌主要来源于其亲代种子（Walitang et al.，2018）；在禾本科植物中，垂直传代的内生菌可以与宿主植株互惠

共利（Saikkonen et al.，2010）；这些结果都支持了我们最初的假设，即内生根瘤菌可以在植株体内传代。

根瘤菌是一种能与宿主植物互利共生的有益内生菌（许建香，2004），它可以在苜蓿植株体内运移并定植到根、茎、叶及成熟种子中。课题组前期研究已发现，不同贮藏条件下的紫花苜蓿种子内生根瘤菌可以传代至营养生长期、生殖生长期各部位，表明种子内生根瘤菌可以在植株体内进行有效传代，但传代过程中内生菌可能会在植物任何生育期丢失（Afkhami and Rudgers，2008）。

研究发现，适宜的贮藏条件有利于种子内生根瘤菌传代至成熟种子中，但仅在 S2 贮藏处理可检测到荧光标记根瘤菌 12531f，而各贮藏处理的种子内生根瘤菌 gn5f 尚未传代至成熟种子中。这可能是由于种子成熟过程中淀粉的积累和水分的损失对荧光标记根瘤菌的定植产生了影响，还可能是标记根瘤菌已传代至成熟种子中，但荧光未表示出来。成熟种子中定植荧光根瘤菌少，暗示着植物对其种子内生菌存在选择作用。这是由于种子是受植物高度保护的封闭性器官（刘洋等，2011），其内生菌的种类、数量较其他器官要少。植物基因型、气候类型、地理位置等都能影响种子的内生菌群落结构。

苗阳阳（2017）在研究不同方法接种根瘤菌后获得的种子时发现，在适宜的温度贮藏条件下，接种荧光标记根瘤菌可增加苜蓿种子内生根瘤菌的定植数量。本试验将其收获的内生根瘤菌种子种植后，各生殖时期次代幼苗组织中可检测到大量荧光标记根瘤菌，且数量高于苗阳阳收获的种子内生菌数量。因此推测，成熟种子种下后，第三代植株中的荧光标记根瘤菌数量会再一次增殖，但具体情况还有待进一步研究。

2. 回接传代根瘤菌对甘农 5 号苜蓿植株结瘤和生长的影响

判断分离的菌株是否为根瘤菌、是否具有结瘤固氮的能力，通常都采用回接宿主植物鉴定其能否结瘤的方法（高山，2018）。一般利用接菌后豆科植物的茎秆干湿重、根瘤大小、根瘤数量、根瘤重及根瘤切面颜色等指标判断根瘤菌能否促进豆科植物生长（任惠等，2017）。回接到宿主植物上能形成根瘤并具有固氮能力的根瘤菌株在根瘤菌-豆科植物共生研究中具有重要意义（高山，2018）。本研究传代的根瘤菌株回接至甘农 5 号苜蓿后，可以增加幼苗的结瘤能力，与高山（2018）的研究结果一致。根瘤菌回接可以显著提高蚕豆的结瘤率、株高和分蘖数，且可以促进植株生长和增产（任金华等，2018）。Mastretta（2007）的研究证明回接种子内生菌的烟草可以提高其生物量，与本试验结果一致。

gn5fo 根瘤菌回接后，在根部定植数量多，可能是因为本研究中所使用的内源荧光标记根瘤菌 gn5fo 的菌株分离自同一生境相同品种植株的种子，因此植株体中已有的相当数量的内生根瘤菌种可能与 gn5fo 有亲缘关系。另外，内源菌已经适应了植物组织内的生活状态（Hardoim et al.，2012），虽然其在植物组织中的分布会受到内生根瘤菌群落的调节和竞争，但是它们与外部环境中的细菌对宿主植物中可用的空间和养分的竞争较少。

经回接鉴定，gn5fo 接种的植株根部定植根瘤菌、标记根瘤菌数量最大，gn5fo、12531fo 接种的植株根部定植数量显著高于 CK_0，但 gn5foB、12531foB 接种的植株根部根瘤菌定植数量显著低于 CK$_0$，说明外源物质硼的添加抑制了内生菌的定植，这一结果与苗阳阳（2017）、陈永岗（2020）的研究结果不一致。可能是因为二者是采用硼与根瘤菌一起接种于苜蓿，而本试验则是直接浇灌硼，硼没有直接接触根瘤菌，对内源根瘤菌的运移和定植促进效果不明显。

本小节研究获得：①S2 贮藏条件下，添加硼和未添加硼的 A.GN5+R.gn5f 次代植株荧光标记根瘤菌可传代至成熟种子中。②回接传代根瘤菌，幼苗根部依旧可检测到传代根瘤菌。③回接传代根瘤菌可提高苜蓿单株结瘤数、单株根瘤重、根瘤直径、根瘤等级，同时促进苜蓿幼苗生长，增加单株叶片数、株高、根长、地上鲜干重、根鲜干重。④传代的荧光标记根瘤菌回接后依旧具有很好的结瘤固氮能力。

四、内生根瘤菌种子次代植株全生育期的传代运移与定植

（一）试验方法

通过 gn5f、12531f 在各生育时期次代植株各组织内的运移部位与定植数量，筛选出适宜贮藏种子内生根瘤菌传代的条件为 A.GN5+R.gn5f 适宜 S1 贮藏；A.GN5+R.12531f 适宜 S2 贮藏。分别分析种子内生根瘤菌 gn5f、12531f 在适宜贮藏条件下，次代植株全生育期的传代运移部位与定植数量动态，结果如下。

（二）结果与分析

1. 苜蓿 A.GN5+R.gn5f、A.GN5+R.12531f 次代植株全生育期荧光标记根瘤菌的传代运移动态

如图 7-26A 所示，种子内生根瘤菌 gn5f 可以运移到 A.GN5+R.gn5f 次代植株各生育时期的各部位。苗期、分枝期 gn5f 可以运移至次代植株根、茎、叶中；现蕾期中 gn5f 运移至次代植株的茎、叶部；花期 gn5f 运移至次代植株的根、茎、雌蕊、雄蕊、花梗、花瓣中；结荚期 gn5f 可运移至次代植株根、茎、荚果皮和幼嫩种子中。

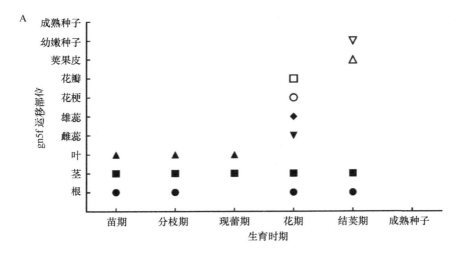

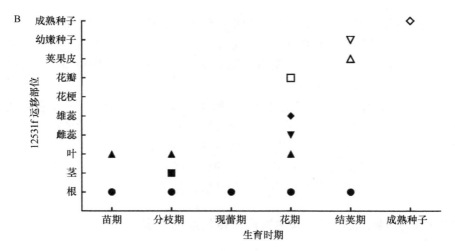

图 7-26　内生根瘤菌 gn5f、12531f 种子次代植株全生育期的传代运移部位

如图 7-26B 所示，种子内生根瘤菌 12531f 可以运移到 A.GN5+R.12531f 次代植株各生育时期的各部位。苗期 12531f 可以运移至次代植株根、叶中；分枝期 12531f 可以运移至次代植株根、茎、叶部；现蕾期 12531f 仅运移至根部；花期 12531f 可运移至根、叶、雌蕊、雄蕊、花瓣中；结荚期 12531f 可运移至根、荚果皮、幼嫩种子中最后运移至成熟种子中。

2. 苜蓿 A.GN5+R.gn5f、A.GN5+R.12531f 次代植株全生育期荧光标记根瘤菌的定植动态

内生根瘤菌 gn5f 在 A.GN5+R.gn5f 次代植株全生育期的定植数量动态如图 7-27 所示。苗期、分枝期、结荚期 gn5f 主要定植于根部，现蕾期 gn5f 主要定植到叶部，花期 gn5f 主要定植到雌蕊。

苗期 gn5f 定植数量在 A.GN5+R.gn5f 次代植株根—叶部呈递减趋势，茎、叶较根部分别下降了 35.70%、97.65%。gn5f 定植数量在分枝期呈先下降后上升的趋势，茎部较根部定植数量下降了 99.51%，叶部较茎部定植数量上升了 37.86%，叶部较根部定植数量下降了 99.33%。gn5f 定植数量在现蕾期呈上升趋势，根部未检测到标记根瘤菌，叶部较茎部定植数量上升了 65.63%。gn5f 定植数量在花期呈下降—上升—下降—上升的趋势，其中以叶部、雌蕊、花梗为拐点，叶部未检测到 gn5f，雌蕊中较根部定植数量上升了 79.94%，花梗较雌蕊中定植数量下降了 50.88%，花瓣较雌蕊中定植数量下降了 18.75%。结荚期 gn5f 定植数量呈先下降后上升的趋势，叶部未检测到标记根瘤菌，幼嫩种子中 gn5f 定植数量较根部下降了 98.15%。成熟种子中未检测到 gn5f。

由图 7-27 可以看出，各生育时期根部 gn5f 定植数量呈上升—下降—上升的趋势，现蕾期 gn5f 定植数量最低，结荚期 gn5f 定植数量最高。各生育时期茎部 gn5f 定植数量呈下降—上升—下降的趋势，苗期定植数量最高。各生育时期叶部 gn5f 定植数量呈先下降后上升的趋势，苗期定植数量最高，gn5f 未定植到花期、结荚期叶部。

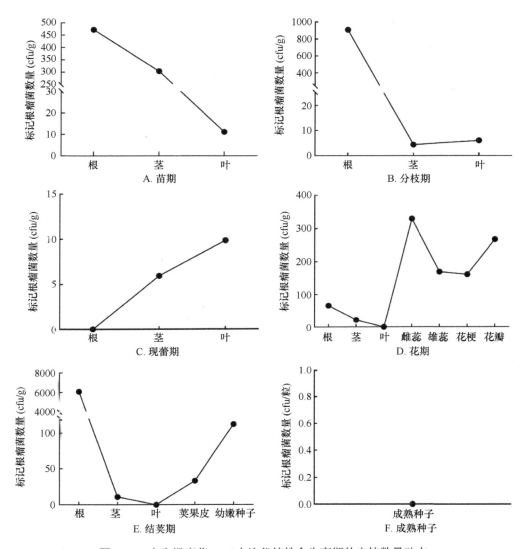

图 7-27　内生根瘤菌 gn5f 在次代植株全生育期的定植数量动态

内生根瘤菌 12531f 在 A.GN5+R.12531f 次代植株全生育期的定植数量动态如图 7-28 所示。苗期、分枝期、现蕾期、结荚期 12531f 主要定植于根部，花期 12531f 主要定植到雌蕊。

12531f 定植数量在苗期、分枝期呈先下降再上升的趋势，12531f 未定植到苗期茎部，叶部较根部定植数量下降了 96.18%；分枝期茎部较根部定植数量下降了 99.86%，叶部较茎部定植数量上升了 110.59%，叶部较根部定植数量下降了 99.71%。现蕾期 12531f 仅定植到根部。12531f 定植数量在花期呈下降—上升—下降的趋势，其中以茎部、雌蕊为拐点，12531f 未定植到茎、花梗中，雌蕊较根部定植数量上升了 33.92%，花瓣较雌蕊定植数量下降了 99.15%，花瓣较根部下降了 98.86%。12531f 定植数量在结荚期呈下降—上升—下降的趋势，12531f 未定植到茎、叶部，荚果皮较根部定植数量下降了 99.03%，幼嫩种子较根部定植数量下降了 99.59%。12531f 可定植到成熟种子中。

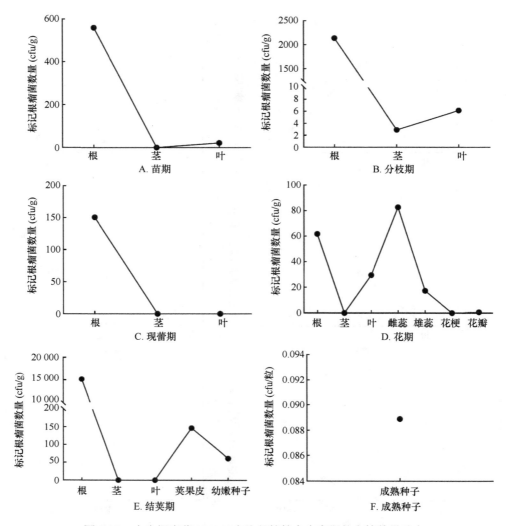

图 7-28　内生根瘤菌 12531f 在次代植株全生育期的定植数量动态

由图 7-28 可以看出，各生育时期根部 12531f 定植数量呈上升—下降—上升趋势，12531f 未定植到现蕾期叶部，结荚期根部定植数量最高。各生育时期 12531f 仅定植于分枝期茎部。各生育时期叶部 12531f 定植数量呈先下降后上升的趋势，苗期定植数量最高，12531f 未定植到现蕾期、结荚期叶部。

（三）小结

内生菌可在植株体内运移定植，但对某些特定部位具有偏好（龙良鲲和肖崇刚，2003）。植物不同部位微环境不同导致不同内生菌在植物不同器官和组织中占据不同的生态位。根瘤菌作为内生菌的一种可以随宿主的生长被运移到植物的营养器官或繁殖器官中（许建香，2004），但变化动态受宿主植物生长发育阶段的影响（Costa et al.，2012；Ren et al.，2015）。本试验中在全生育期均可检测到内生根瘤菌 gn5f、12531f，但各组织定植数量均不同，这一结果与周燚等（2012）研究结果一致，各菌株在不同生育时期的定植数量具有波动，表明各菌株对植株不同生育时期的适应性有差别。在不同生育阶段，随着紫花苜蓿生育期的延长，内生根瘤菌数量变化呈"高—低—高"的趋势，即从苗期—花蕾植株内生根瘤菌总量呈下降趋势，至结荚期数量增加，这一点与罗明等（2007）的研究结果一致。已有的研究发现，内生细菌的定植数量与植物品种、基因型、组织器官、生长时期和环境条件等相关（Schulz et al.，1999；Pamela and Joheph，2002），本试验的研究结果证实了前人的研究结果。

张淑卿等（2009b）研究发现苜蓿植株内生根瘤菌绝大部分存在于植株根系，本研究中内生根瘤菌 gn5f、12531f 主要分布于现蕾期根部，与以上研究结果一致（Royer et al.，2002）。叶内生菌与叶表附生菌可以组成叶际微生物，从而响应植物的蒸腾作用、光合作用、叶部病虫害入侵等，造成叶内生菌数量减少（Liu et al.，2017）。本试验中 gn5f 可在苗期、分枝期、现蕾期叶部检测到，花期、结荚期尚未检测到 gn5f，12531f 可在苗期、分枝期、花期叶部检测到，现蕾期、结荚期尚未检测到 12531f。在花期和结荚期，内生根瘤菌 gn5f、12531f 可以定植到繁殖器官中，但各部位定植数量不同。这一结果和苗阳阳（2017）、张运婷（2020）对内生根瘤菌在苜蓿植株体内运移及定植的研究结果一致。

本小节研究获得：①种子内生根瘤菌 gn5f、12531f 可以运移到次代植株生育期的各组织部位。②gn5f 在全生育期主要定植部位：苗期、分枝期、结荚期主要定植于根部，现蕾期主要定植到叶部，花期主要定植到雌蕊。12531f 在全生育期主要定植部位：苗期、分枝期、现蕾期、结荚期主要定植于根部，花期主要定植到雌蕊。③成熟种子中荧光标记根瘤菌 gn5f、12531f 定植数量较苗期中定植数量降低。④创造了两个苜蓿内生根瘤菌种子"共生体"固氮效应稳定持续传代的新品系（新种质），分别为 A.GN5+R.gn5f 和 A.GN5+R.12531f。

参 考 文 献

鲍士旦. 2008. 土壤农化分析. 北京: 中国农业出版社: 264-268.

曹燕珍, 胡正嘉, 黄诚金, 等. 1986. 快生型根瘤菌的研究 I: 快生型大豆根瘤菌的分离及其生理生化性状. 华中农业大学学报, 5(2): 149-156.

常慧萍, 曹媛媛, 马忠友, 等. 2009. LuxAB 标记的 N2106-L 在小麦根圈的定植动态. 中国微生态学杂志, 21(3): 213-216.

陈宝书. 2011. 牧草饲料作物栽培学. 北京: 中国农业出版社: 214-216.

陈宝书, 张鹏基, 陈建纲. 1996. 红豆草种子的微量元素浸种试验. 青海草业, 5(2): 22-24.

陈丹明, 曾昭海, 隋新华, 等. 2002. 紫花苜蓿共生根瘤菌的筛选. 草业科学, 19(6): 27-31.

陈力玉. 2013. 基于三亲本杂交的荧光标记根瘤菌的构建及其稳定性检测研究. 甘肃农业大学博士学位论文.

陈利云, 张丽静, 周志宇. 2008. 耐盐根瘤菌对紫花苜蓿接种效果的研究. 草业学报, 17(5): 43-47.

陈怡平, 崔瑛, 任兆玉. 2006. 微波处理菘蓝种子的子叶发育与生物光子辐射的相关性. 红外与毫米波学报, 25(4): 275-278.

陈永岗. 2020. 硼对根瘤菌胞外多糖和吲哚乙酸分泌的调控研究. 甘肃农业大学硕士学位论文.

陈泽斌, 夏振远, 雷丽萍, 等. 2014. 云南烟草内生细菌菌群密度及分布特征. 西南农业学报, 27(2): 682-687.

成绍鑫. 2007. 腐植酸类物质概论. 北京: 化学工业出版社.

程飞飞, 高龙, 江龙飞, 等. 2013. 禾本科植物内生真菌研究 16: 内生真菌 *Neotyphodium sinicum* 对宿主鹅观草生长的影响. 南京农业大学学报, 36(1): 52-58.

迟峰. 2006. 根瘤菌在植物内的迁移运动及其与植物相互作用的蛋白质组学研究. 中国科学院研究生院(植物研究所)博士学位论文.

崔慧琳. 2018. 结球甘蓝 YL-1 遗传转化体系的建立及花色基因 *BolC.cpc-1* 的功能验证. 安徽农业大学硕士学位论文.

戴溦, 施定基, 张卉, 等. 2001. 人表皮生长因子(hEGF)基因在蓝藻中的表达. 植物学报, 43(12): 1260-1264.

邓墨渊, 王伯初, 杨再昌, 等. 2006. 分子生物学技术在植物内生菌分类鉴定中的应用. 氨基酸和生物资源, 28(3): 9-14.

董钻. 2000. 大豆生产生理. 北京: 中国农业出版社: 128-134.

冯月红, 姚拓, 龙瑞军. 2003. 土壤解磷菌研究进展. 草原与草坪, (1): 3-7.

高山. 2018. 大豆种质资源的结瘤性状鉴定及不同大豆生态区土著根瘤菌的分离鉴定. 东北农业大学硕士学位论文.

高同国, 姜峰, 李召虎, 等. 2009. 微生物降解褐煤产生的黄腐酸对玉米幼苗生长的影响. 腐植酸, (1): 14-18.

高增贵, 庄敬华, 陈捷, 等. 2004. 玉米根系内生细菌种群及动态分析. 应用生态学报, (8): 1344-1348.

耿华珠, 吴永敷, 曹致中, 等. 1995. 中国苜蓿. 北京: 中国农业出版社: 38-39.

管博, 周道玮, 田雨, 等. 2010. 盐碱及变温条件对花苜蓿种子发芽的影响. 中国草地学报, 32(1): 58-63.

郭先武. 1998. 根瘤菌的结瘤基因与结瘤因子. 生物技术通报, 4: 16-21.

郭永明, 陈晓丽, 余晶, 等. 2015. 致病性大肠杆菌绿色荧光蛋白标记. 川北医学院学报, 30(5): 583-585.

韩瑞宏, 毛凯. 2003. 我国牧草种带真菌做了初步的检测. 草业科学, 20(5): 23-25.

韩颖, 赵寿经, 杨瑜, 等. 2016. 玉米陈化关键酶基因 *Zmlox-2* 的 RNA 干扰载体的构建. 华南理工大学学报(自然科学版), 3(44): 136-140.

韩玉竹, 李阳春, 刘晓静, 等. 2009. 黄腐酸对紫花苜蓿种子活力的影响. 种子, 28(7): 50-52,57.

郝凤, 刘晓静, 齐敏兴, 等. 2015. 磷水平和接根瘤菌对紫花苜蓿根系形态特征和根瘤固氮特性的影响. 草地学报, 23(4): 818-822.

何红, 邱思鑫, 蔡学清, 等. 2004. 辣椒内生细菌 BS-1 和 BS-2 在植物体内的定殖及鉴定. 微生物学报, 44(1): 13-18.

何新华, 潘鸿, 李峰, 等. 2008. 喷硼对杨梅植株生长及结瘤固氮的影响. 浙江林学院学报, (6): 689-691.

回振龙, 李自龙, 刘文瑜, 等. 2013. 黄腐酸浸种对 pEG 模拟干旱胁迫下紫花苜蓿种子萌发及幼苗生长的影响. 西北植物学报, 33(8): 1621-1629.

惠文森. 2012. 贮藏时间和温度对藜种子萌发的影响. 西北民族大学学报(自然科学版), 33(1): 23-25+34.

霍春芳, 张东艳, 刘进荣, 等. 2020. 稀土对芽孢菌的抑菌机理研究. 化学学报, 60(6): 1065-1071.

霍平慧. 2014. 耐抑菌剂根瘤菌筛选及耐药菌株制备菌剂抑杂菌效果研究. 甘肃农业大学博士学位论文.

霍平慧, 李剑峰, 师尚礼, 等. 2011. 盐胁迫对超干处理苜蓿种子萌发及幼苗生长的影响. 草原与草坪, 31(1): 13-18.

霍平慧, 李剑峰, 师尚礼, 等. 2014. 碱性盐胁迫对超干贮藏苜蓿种子幼苗生长及抗性的影响. 中国农业科学, 47(13): 2643-2651.

冀玉良. 2014. 刺槐根瘤菌对桔梗的促生作用研究. 江西农业学报, 26(5): 72-75.

江荣风, 吴静, 王贺, 等. 1996. 硼对大豆结瘤和固氮作用的影响——Ⅱ.对根瘤结构和固氮酶活性的影响. 植物营养与肥料学报, (4): 347-351.

江晓峰, 景新明, 郑光华. 2001. 含水量对种子储藏寿命的影响. 植物学报, 43(6): 551-557.

姜峰. 2012. 细菌 *Bacillus* sp. Y7 和 *Pseudomonas* sp. G6 降解褐煤特性及降解产物性质研究. 中国农业大学博士学位论文.

金洪, 李造哲, 吴永敷, 等. 1999. 敖汉苜蓿授粉受精及胚胎发育过程的研究(英文). 中国草地, (6): 2-9.

靖孝元, 莫熙穆. 1994. 蚂蝗属根瘤菌生物学特性研究. 华南师范大学学报, (4): 25-30.

康金华, 关桂兰, 沈艳芳. 1996. 苜蓿根瘤菌耐盐碱性试验. 干旱区研究, 13(3): 74-77.

康文娟. 2019 紫花苜蓿根瘤菌生物型划分及其转录组学分析. 甘肃农业大学博士学位论文.

柯春亮, 戴嘉欣, 周登博, 等. 2017. 利用 T-RFLP 技术在施用解磷菌剂土壤中微生物群落多样性分析. 安徽农业大学学报, 44(3): 471-477.

孔祥辉, 张海英. 1999. 低温冷冻真空干燥处理对韭菜种子的贮存效应. 长江蔬菜, (3): 3-5.

李爱江, 张敏, 辛莉. 2007. 发酵生产过程中发酵条件对微生物生长的影响. 农技服务, 24(4): 124, 126.

李春杰, 王彦荣, 朱廷恒, 等. 2002. 紫花苜蓿种子对逆境贮藏条件的反应. 应用生态学报, (8): 957-961.

李阜棣, 胡正嘉. 2000. 微生物学. 第五版. 北京: 中国农业出版社: 222-223.

李富宽. 2004. 施磷和接种根瘤菌对紫花苜蓿生长及品质影响的研究. 南京农业大学硕士学位论文.

李宏宇, 鲁国东, 王明海. 2003. 稻瘟病菌微波诱发突变体的分析. 菌物系统, 22(4): 639-644.

李剑峰, 师尚礼, 张淑卿, 等. 2009a. 酸性环境中亚铁离子对紫花苜蓿 WL525 早期生长和生理的影响. 草业学报, 18(5): 10-17.

李剑峰, 师尚礼, 张淑卿. 2010. 环境酸度对紫花苜蓿早期生长和生理的影响. 草业学报, 19(2): 47-54.

李剑峰, 张淑卿, 师尚礼, 等. 2009b. 苜蓿内生根瘤菌分布部位与数量变化动态. 中国生态农业学报, 17(6): 1200-1205.

李剑峰, 张淑卿, 师尚礼, 等. 2009c. 微波诱变选育耐药高效溶磷苜蓿根瘤菌. 原子能科学技术, 43(12): 1071-1076.

李剑峰, 张淑卿, 师尚礼, 等. 2015. 几种外源物质对内生根瘤菌侵染苜蓿芽苗并在植株体内运移的影响. 草地学报, 23(6): 1259-1264.

李剑峰, 张淑卿, 师尚礼. 2009d. 微波诱变选育高产生长素及耐药性根瘤菌株. 核农学报, 23(6): 981-985.

李晶, 任卫波, 郭慧琴, 等. 2012. 农杆菌介导的 smtl 富硒基因转化紫花苜蓿研究. 草业科学, 8(29): 1224-1228.

李强, 刘军, 周东坡, 等. 2006. 植物内生菌的开发与研究进展. 生物技术通报, 3: 33-37.

李永青. 2017. 常见牧草 DNA 条形码通用序列筛选及数据库建立. 甘肃农业大学硕士学位论文.

梁新乐, 陈敏, 张虹. 2007. ^{60}Coγ 射线诱变筛选阿维拉霉素高产菌株及培养基优化. 核农学报, 21(5): 451-455.

林梦倩, 薛陶, 胡帅栋, 等. 2014. 杂交水稻种子大小、粒重对其活力影响的初步分析. 种子, 33(9): 46-50.

林启美, 王华, 赵小蓉, 等. 2001. 一些细菌和真菌的解磷能力及其机理初探. 微生物学通报, 28(2): 26-30.

林稚兰, 黄秀梨. 2000. 现代微生物学与实验技术. 北京: 科学出版社.

凌瑶, 张小平, 周俊初, 等. 2008. 用荧光酶基因(CFP)标记法研究菜豆根瘤菌的竞争性和有效性. 中国土壤与肥料, (1): 73-77.

刘保平, 周俊初. 2006. 根瘤菌剂研究. 湖北农业科学, 45(1): 57-61.

刘崇彬, 张天伦, 王敏强. 2002. 提高豆科作物根瘤固氮能力的措施. 河南农业科学, 31(5): 39-39.

刘慧媛, 辛正, 王永明. 2006. 稀土元素抑菌喷剂抗菌效果观察. 中国消毒学杂志, (6): 528-529.

刘洋, 左山, 邹媛媛, 等. 2011. 杂交玉米农大 108 及其亲本种子内生细菌群落的多样性. 中国农业科学, 44(23): 4763-4771.

刘迎雪, 赵滢, 张宝香, 等. 2020. 植物内生细菌来源及生物学功能研究进展. 特产研究, 42(4): 60-67.

龙良鲲, 肖崇刚. 2003. 内生细菌 01-144 在番茄根茎内定殖的初步研究. 微生物学通报, 30(5): 53-56.

龙锡, 严希, 洪佳丽, 等. 2016. 植物种子内生菌的研究进展. 浙江农业科学, 57(8): 1319-1324.

卢镇岳, 杨新芳, 冯永君. 2006. 植物内生细菌的分离、分类、定殖与应用. 生命科学, 18(1): 90-94.

芦云. 2005. 新疆哈密瓜内生细菌的种群、分布动态及其抗菌作用研究. 新疆农业大学硕士学位论文.

吕学斌, 孙亚凯, 张毅民. 2007. 几株高效溶磷菌株对不同磷源溶磷活力的比较. 农业工程学报, 23(5): 195-197.

栾白, 高同国, 姜峰, 等. 2010. 微生物降解褐煤产生的黄腐酸对大豆种子萌发及主要抗氧化酶活性的影响. 大豆科学, 29(4): 607-610.

罗明, 卢云, 陈金焕, 等. 2007. 哈密瓜内生细菌菌群密度及分布动态. 干旱区研究, (1): 28-33.

罗彦昕. 2020. 紫花苜蓿根瘤菌接种效果研究. 防护林科技, (6): 19-21.

马冠华, 肖崇刚. 2004. 烟草内生细菌菌群动态研究. 微生物学杂志, 24(4): 7-11.

马玲珑. 2015. 大麦成熟胚离体培养条件的优化及 HgNHX1 基因表达载体的构建和遗传转化. 甘肃农业大学硕士学位论文.

苗淑杰, 乔云发, 韩晓增. 2006. 大豆结瘤固氮对磷素的需求. 土壤与作物, 22(4): 276-278.

苗阳阳. 2017. 外源物质对苜蓿内生根瘤菌运移定殖的影响研究. 甘肃农业大学博士论文学位.

苗阳阳, 周彤, 师尚礼, 等. 2018. 贮藏方法对紫花苜蓿种子内生根瘤菌定殖的影响. 草原与草坪, 38(2): 13-18.

莫才清, 周俊初. 1992. Bradyhizobium japanicum 基因工程大豆根瘤菌 HN32 中外源质粒 pHN32 增效作用的验证. 华中农业大学学报, 11(4): 364-368.

聂延富. 1988. 植物激素与生理活性物质诱发根瘤的机制、理论探讨. 自然杂志, 11(12): 889-893.

潘明, 周永进. 2008. 微波技术选育啤酒酵母菌种的探讨. 中国酿造, 11: 78-80.

蒲小明, 林壁润, 胡美英. 2008. 星形孢菌素产生菌的选育研究. 核农学报, 22(3): 276-279.

祁娟, 师尚礼. 2007. 苜蓿种子内生根瘤菌抗逆能力评价与筛选. 草地学报, 15(2): 137-141.

瞿先中, 程涛, 蒋士盛, 等. 2006. 连续流动分析法测定烟草中的蛋白质. 烟草科技, (1): 41-42.

任安芝, 高玉葆. 2001. 植物内生真菌———一类应用前景广阔的资源微生物. 微生物学通报, (6): 90-93.

申靖, 陶文文, 陈昌, 等. 2009. 禾本科植物内生真菌研究 9——Epichloë yangzii 的种传特性及其在宿主体内的分布. 草业科学, 26(6): 146-151.

师尚礼, 曹致中, 赵桂琴. 2007. 苜蓿根瘤菌有效性及其影响因子分析. 草地学报, 15(3): 221-226.

师尚礼, 张淑卿, 李剑峰, 等. 2015. 苜蓿根瘤菌. 北京: 科学出版社.

施邑屏. 1982. 温度与微生物. 微生物学通报, (6): 291-294.

石德成, 赵可夫. 1997. NaCl 和 Na$_2$CO$_3$ 对星星草生长及营养液中主要矿质元素存在状态的影响. 草业学报, (2): 52-62.

石晶波, 黄惠琴, 施晓钟. 1992. 微量元素对夏大豆根瘤固氮活性及其产量的影响. 上海农业科技, (2): 36-37.

史巧娟. 2001. 绿色荧光蛋白基因(GFP)在华癸中生根瘤菌与紫云英共生固氮作用研究中的应用. 华中农业大学博士学位论文.

宋诗铎, 张同海, 祁伟, 等. 1993. 应用电激法在大肠杆菌中导入外源性 DNA. 生物工程学报, 9(3): 237-240.

孙冬梅, 杨谦, 宋金柱. 2005. 铈对黄绿木霉菌拮抗大豆菌核病菌能力的影响. 稀土, 26(6): 65-69.

孙彦, 郭校民, 周禾, 等. 2012. 白颖苔草热激转录因子(HSF1)真核表达载体的构建. 草业科学, 4(29): 544-548.

谭志远, 彭桂香, 徐培智, 等. 2009. 普通野生稻(Oryza rufipogon)内生固氮菌多样性及高固氮酶活性. 科学通报, 54: 1885-1893.

汤晖, 隋新华, 陈文新. 2006. 一株耐碱根瘤菌的筛选与鉴定. 农业生物技术科学, 22(8): 74-76.

汤晓, 朱建华. 2010. 银杏产黄酮内生菌的分离培养研究. 宁波职业技术学院学报, 14(2): 96-101.

童琳, 曹红亭, 张爽, 等. 2019. 菌株传代及葡萄糖浓度对回复突变实验的影响. 食品安全质量检测学报, 10(18): 6042-6046.

王金华, 聂中良, 徐玉巧, 等. 2018. 根瘤菌回接对蚕豆生长及抗根腐病能力的影响. 西南林业大学学报(自然科学), 38(4): 94-99.

王丽娜. 2013. 杨树 PtPEPCK1 调控碳氮平衡的分子机理研究. 东北林业大学博士学位论文.

王莲芬. 1990. 层次分析引论. 北京: 中国人民大学出版社.

王鹏. 2010. 中慢生天山根瘤菌胞外多糖在共生过程中的功能研究. 南京农业大学博士学位论文.

王萍, 殷春燕, 盈磊. 2007. 不同方法转化大肠杆菌和农杆菌转化效率的研究. 淮海工学院学报(自然科学版), 2(16): 56-58.

王清湖, 秦娥月. 1996. 接种根瘤菌和施磷肥对蚕豆共生固氮及产量的影响. 甘肃科学学报, (4): 16-19.

王伟, 宛涛, 蔡萍, 等. 2012. 2 种豆科牧草种子超干贮藏适宜条件的探索. 内蒙古草业, 24(1): 33-36.

王卫卫. 2003. 陕甘黄土高原根瘤菌豆科植物共生体结构及固氮作用研究. 西北大学博士学位论文.

王卫卫, 胡正海, 关桂兰, 等. 2002. 甘肃、宁夏部分地区根瘤菌资源及其共生固氮特性. 自然资源学报, (1): 48-54.

王琰, 张树振, 王玉祥, 等. 2017. 温度对和田大叶苜蓿种子萌发的影响. 草食家畜, (6): 38-42.

王友保, 张莉, 刘惠. 2007. 铜对狗牙根生长及活性氧清除系统的影响. 草业学报, 16(1): 52-57.

王志伟, 纪燕玲, 陈永敢. 2015. 植物内生菌研究及其科学意义. 微生物学通报, 42(2): 349-363.

韦革宏, 曹鹏, 龚明福, 等. 2005. 中国帕米尔高原豆科植物根瘤菌多样性研究. 西北植物学报, (9): 1811-1815

魏宝东, 王利艳, 于思雯, 等. 2014. 植物激素对纳塔尔链霉菌发酵产纳他霉素的影响. 食品科学, 35(11): 185-189.

魏榕. 2016. 9 型猪链球菌在小鼠体内的传代适应及比较基因组学研究. 湖南农业大学硕士学位论文.

吴建明, 李杨瑞, 王爱勤, 等. 2010. 赤霉素处理对甘蔗节间伸长及产质量的影响. 中国糖料, (4): 24-26.

吴瑛, 席琳乔. 2007. 燕麦根际固氮菌分泌 IAA 的动态变化研究. 安徽农业科学, (15): 4424-4425, 4441.

伍惠, 钟喆栋, 樊伟, 等. 2017. 8 株优良大豆根瘤菌与不同地区 27 个大豆主栽品种的匹配性研究. 大豆科学, 36(3): 405-418.

谢从鸣. 2001. 580 株细菌对氨苄青霉素耐药性分析. 福建医药杂志, 23(4): 176-177.

解宝, 陈果, 杜金鸿, 等. 2012. 氮与 pH 互作对菊苣 4 项生理指标的影响. 草业科学, 29(4): 571-576.

邢达, 周俊初, 于彦华, 等. 1999. 利用激光共聚焦扫描显微镜的绿色荧光蛋白荧光成像. 光学报告, (10): 1439-1440.

邢力梅. 2019. 贮藏温度和含水量对大豆种子的影响. 农民致富之友,(8): 146.

邢志国. 2007. 一株具抑菌活性的中华稻蝗内生菌 SDLH-II 发酵条件优化研究. 山西大学硕士学位论文.

熊鑫. 2015. 苦参碱对番茄生长发育的影响. 西北农林科技大学硕士学位论文.

徐亚军, 赵龙飞. 2008. 根瘤菌胞外多糖的结构与功能研究进展. 饮料工业, 11(12): 7-9.

许建香. 2004. 芸豆高效根瘤菌的筛选及分子标记. 中国农业大学博士学位论文.

许原原. 2016. 黄腐酸提高苜蓿产量及促进 *Sinorhizobium meliloti* 与苜蓿结瘤固氮的作用机理. 中国农业大学博士学位论文.

许原原, 李宝珍, 李旭军, 等. 2014. 接种根瘤菌和施加黄腐酸促进紫花苜蓿生长结瘤提高产量. 全国微生物肥料生产技术研讨会.

许原原, 袁红莉. 2013. 褐煤黄腐酸对高盐条件下苜蓿中华根瘤菌 Rm1021 结瘤的影响. 第十六次全国环境微生物学学术研讨会.

闫孟红, 蔡正求, 韩继刚, 等. 2004. 植物内生细菌在防治植物病害中的应用研究. 生物技术通报, (3): 8-12,22.

杨春平. 2008. 卫矛科植物内生菌的分离及其农药生物活性研究. 西北农林科技大学博士学位论文.

杨国平, 孟文茂, 娄无忌, 等. 1993. Tn5-Mob 系统诱导耐盐基因转移. 遗传, 15(4): 34-37.

杨杰, 张智红, 骆清铭. 2010. 荧光蛋白研究进展. 生物物理学报, 26(11): 1025-1035.

杨雪云, 赵博光, 巨云为. 2008. 苦参碱和氧化苦参碱的抑菌活性及增效作用. 南京林业大学学报(自然科学版), 32(2): 79-82.

姚领爱, 胡之璧, 王莉莉, 等. 2010. 植物内生菌与宿主关系研究进展. 生态环境学报, 19(7): 1750-1754.

姚拓. 2002. 饲用燕麦和小麦根际促生菌特性研究及其生物菌肥的初步研制. 甘肃农业大学博士学位论文.

姚玉波. 2012. 大豆根瘤固氮特性与影响因素的研究. 东北农业大学博士学位论文.

于洪柱, 朴庆林, 王洪君, 等. 2007. 紫花苜蓿种子的生物学研究. 吉林畜牧兽医, (5): 26-28.

于萍, 刁桂荣. 2008. 西红柿叶面喷施黄腐酸效果试验. 现代农业, (6): 22-23.

袁保红, 杜青平, 邓祖军. 2007. 小连翘内生真菌种群分布及其抗菌性研究. 广东药学院校报, 23(3): 307-311.

张爱军, 张彩芳, 王秀青, 等. 2011. 苦参碱和氧化苦参碱体外抑菌浓度研究. 宁夏医科大学学报, 33(9): 855-856.

张彩文. 2017. 不同基因型水稻内生细菌的群落结构及传播途径初探. 中国农业科学院硕士学位论文.

张丹. 2016. 紫花苜蓿内生菌的分离鉴定及特性分析. 哈尔滨师范大学硕士学位论文.

张昊, 杨清香, 朱孔方, 等. 2008. 抗生素对小麦根际优势微生物生长的影响. 河南师范大学学报(自然科学版), 36(5): 114-118.

张雷鸣, 任伟超, 刘秀波, 等. 2014. 药用植物人参内生菌研究. 西部中医药, 27(5): 129-131.

张丽辉, 蒋远玲, 张学凡, 等. 2016. 变温与采后贮藏时间协同作用对紫花苜蓿种子萌发的影响. 江苏农业科学, 44(8): 313-316.

张淑卿. 2012. 根瘤菌在苜蓿植株体内的运移及影响因素. 甘肃农业大学博士学位论文.

张淑卿, 李剑峰, 师尚礼, 等. 2009a. 内生根瘤菌在苜蓿芽苗与种子内的数量及优势度. 中国草地学报, 31(5): 90-95.

张淑卿, 李剑峰, 师尚礼. 2009b. 苜蓿繁殖器官发育过程与内生根瘤菌侵染数量的关系. 江苏农业学报, 25(5): 997-1001.

张小甫, 师尚礼, 南丽丽, 等. 2009. 甘肃不同生态区域苜蓿根瘤菌表型多样性分析. 甘肃农业大学学报, 44(3): 106-111.

张晓欢，崔文璟，周哲敏，等. 2016. 高分子量腈水合酶在大肠杆菌中的表达策略及重组菌的细胞催化. 植物学通报, 43(10): 2121-2128.

张晓勇，林壁润，高向阳. 2008. 氮离子束注入诱变筛选万隆霉素高产菌株的研究. 核农学报, 22(6): 766-769.

张玉发. 1994. 几种豆科牧草根瘤菌的分离与接种试验. 草业科学, (2): 26-28.

张远兵，刘爱荣，张雪平. 2005. 不同贮藏方法及激素、稀土等对牡丹种子发芽及幼苗生长的影响. 种子, 24(8): 16-20.

张运婷. 2020. 外源磷酸二氢钾和黄腐酸对紫花苜蓿根瘤菌侵染、运移及定殖的影响. 甘肃农业大学硕士学位论文.

赵霞. 2019. 水稻种子内生细菌多样性分析及核心微生物组的界定. 中国农业科学院硕士学位论文.

郑伟. 2014. 苦参碱在土壤和水体环境中的行为及其对土壤微生物的影响. 西北农林科技大学硕士学位论文.

郑有坤，刘凯，熊子君，等. 2014. 药用植物内生放线菌多样性及天然活性物质研究进展. 中草药, 45(14): 2089-2099.

周俊初，张克强. 1990. 大肠杆菌质粒在人工试验条件下转移的研究. 武汉大学学报(生物工程专刊), 8(10): 45-48.

周可，邓波，洪鹤，等. 2014. 3 种外源培养基材料对苜蓿根瘤菌活性的影响. 草地学报, (6): 1288-1294.

周燚，杨廷宪，杨佩，等. 2012. 利用棉花不同生育期的拮抗内生菌协同控制棉黄萎病研究. 安徽农业科学, 40(13): 7722-7725, 7762.

朱京涛，曹霞，王学东. 2009. 生物黄腐酸对番茄幼苗发育及产量品质的影响. 安徽农业科学, 37(3): 964-965,968.

朱京涛，卢彦琦，张国辉，等. 2003. 新型黄腐酸环保肥料在樱桃番茄上的应用. 腐植酸, (3): 34-37.

宗会，刘娥娥，郭振飞，等. 2000. $Ca^{2+} \cdot CaM$ 信使系统与水稻幼苗抗逆性研究初报. 华南农业大学学报, 21(1): 63-65, 67.

邹琦. 1995. 植物生理生化实验指导. 北京: 中国农业出版社.

祖艳群，林克惠. 2000. 硼在植物体中的作用及对作物产量和品质的影响. 云南农业大学学报, 15(4): 359-363.

左玉萍，贾敬肖，杨一心. 1996. 混合稀土抗菌活性测定及与抗生素联用效果. 稀土, (4): 34-36.

Abreu I, Cerda M E, de Nanclares M J, et al. 2012. Boron deficiency affects rhizobia cell surfacepolysaccharides important for suppression of plant defense mechanisms during legume recognition and for development of nitrogen-fixing symbiosis. Plant and Soil, 361(1-2): 385-395.

Adam E, Bernhart M, Müller H, et al. 2018. The *Cucurbita pepo* seed microbiome: genotype-specific composition and implications for breeding. Plant Soil, 422(1-2): 35-49.

Afkhami M E, Rudgers J A. 2008. Symbiosis lost: imperfect vertical transmission of fungal endophytes in grasses. The American Naturalist, 172(3): 405-416.

Ágota D, Szilárd K, Anikó G, et al. 2017. NAD1 controls defense-like responses in *Medicago truncatula* symbiotic nitrogen fixing nodules following rhizobial colonization in a bacA-independent manner. Genes, 8(12): 387-408.

Ahmed Z I, Ansar M, Tariq M, et al. 2008. Effect of different *Rhizobium inoculation* methods on performance of lentil in pothowar region. International Journal of Agriculture & Biology, 10: 81-84.

Ambika M B, Ratering S, Rusch V, et al. 2016. Bacterial microbiota associated with flower pollen is influenced by pollination type, and shows a high degree of diversity and species‐specificity. Environmental Microbiology, 18(12): 5161-5174.

Anderson F, Carolina Q M, Teixeira L P, et al. 2008. Diversity of endophytic bacteria from *Eucalyptus* species seeds and colonization of seedlings by *Pantoea agglomerans*. FEMS Microbiology Letters, 287(1): 8-14.

Aserse A A, Räsänen L A, Aseffa F, et al. 2013. Diversity of sporadic symbionts and nonsymbiotic endophytic bacteria isolated from nodules of woody, shrub, and food legumes in Ethiopia. Applied Microbiology and Biotechnology, 97(23): 10117-10134.

Barbara S, Christensen B. 2005. The endophytic continuum. Mycological Research, 109(6): 661-686.

Barloy-Hubler F, Chéron A, Hellégouarch A, et al. 2004. Smc01944, a secreted peroxidase induced by oxidative stresses in *Sinorhizobium meliloti* 1021. Microbiology, 150(Pt 3): 657-664.

Becker A, Puhler A. 1998. Production of exopolysaccharides. *In*: Spaink H, Konodorosi A, Hooykaas P J J. The Rhizobiaceae. Dordrecht, Boston: Kluwer Academic Publishers: 97-118.

Berrabah F, Bourcy M, Eschstruth A, et al. 2014. A nonRD receptor-like kinase prevents nodule early senescence and defense-like reactions during symbiosis. The New Phytologist, 203(4): 1305-1314.

Berrabah F, Ratet P, Gourion B. 2019. Legume nodule: massive infection in the absence of defense induction. Molecular Plant Microbe Interactions, 32(1): 35-44.

Bewley J D. 1997. Seed germination and dormancy. The Plant Cell, 9(7): 1055-1066.

Bolaños L, Brewin N J, Bonilla I. 1996. Effects of boron on *Rhizobium*-legume cell surface interactions and nodule development. Plant Physiology, 110(4): 1249-1256.

Bolanos L, Cebrián A, Redondo-Nieto M, et al. 2001. Lectin-like glycoprotein psNLEC-1 is notcorrectly glycosylated and targeted in boron-deficient pea nodules. Molecularplant-Microbe Interactions, 14(5): 663-670.

Boscari A, Giudice J D, Ferrarini A, et al. 2013. Expression dynamics of the *Medicago truncatula* transcriptome during the symbiotic interaction with *Sinorhizobium meliloti*: which role for nitric oxide? Plant Physiol, 161(1): 425-439.

Bourcy M, Brocard L, Pislariu C I, et al. 2013. *Medicago truncatula* DNF2 is a PI-PLC-XD-containing protein required for bacteroid persistence and prevention of nodule early senescence and defense-like reactions. New Phytologist, 197(4): 1250-1261.

Busset N, de Felice A, Chaintreuil C, et al. 2016. The LPS *O*-antigen in photosynthetic bradyrhizobium strains is dispensable for the establishment of a successful symbiosis with aeschynomene legumes. PLoS One, 11(2): e0148884.

Buttner D, He S Y. 2009. Type III protein secretion in plant pathogenic bacteria. Plant Physiology, 150(4): 1656-1664.

Cabrera M L, Beare M H. 1993. Alkaline persulfate oxidation for determining total nitrogen in microbial biomass extracts. Soil Sci Soc Am J, 57: 1007-1012.

Calheiros A S, Junior L, de Andrade M, et al. 2015. Symbiotic effectiveness and competitiveness of calopo rhizobial isolates in an *Argissolo vermelho-amarelo* under three vegetation covers in the dry forest zone of pernambuco. Revista Brasileira de Ciência do Solo, 39(2): 367-376.

Canellas L P, Olivares F L, Aguiar N O, et al. 2015. Humic and fulvic acids as biostimulants in horticulture. Scientia Horticulturae, 196: 15-27.

Cao Y, Halane M K, Gassmann W, et al. 2017. The role of plant innate immunity in the legume-rhizobium symbiosis. Annual Review of Plant Biology, 68(1): 535-561.

Capanoglu E. 2010. The potential of priming in food production. Trends Food Sci Tech, 21(8): 399-407.

Capitani G, De Biase D, Aurizi C, et al. 2003. Crystal structure and functional analysis of *Escherichia coli* glutamate decarboxylase. Embo Journal, 22(16): 4027-4037.

Carlson R W, Scott Forsberg L, Muszyński A, et al. 2010. Lipopolysaccharides in *Rhizobium*-legume symbioses. Sub-cellular Biochemistry, 53: 339-386.

Chandra R, Pareek R P. 1985. Role of host genotype in effectiveness and competitiveness of chickpea(*Cicer arietenum* L.)*Rhizobium*. Tropical Agriculture, 62: 90-94.

Checcucci A, DiCenzo G C, Bazzicalupo M, et al. 2017. Trade, diplomacy, and warfare: the quest for elite rhizobia inoculant strains. Frontiers in Microbiology, 8: 2207.

Chen Y, Clapp C E, Magen H. 2004. Mechanisms of plant growth stimulation by humic substances: the role of organo-iron complexes. Soil Science & Plant Nutrition, 50(7): 1089-1095.

Chi F, Shen S H, Cheng H P, et al. 2005. Ascending migration of endophytic rhizobia, from roots to leaves, inside rice plants and assessment of benefits to rice growth physiology. Applied and Environmental

Microbiology, 71(11): 7271-7278.

Colebatch G, Desbrosses G, Ott T, et al. 2004. Global changes in transcription orchestrate metabolic differentiation during symbiotic nitrogen fixation in *Lotus japonicus*. Plant J, 39(4): 487-512.

Coleman S T, Fang T K, Rovinsky S A, et al. 2001. Expression of a glutamate decarboxylase homologue is required for normal oxidative stress tolerance in *Saccharomyces cerevisiae*. Journal of Biological Chemistry, 276(1): 244-250.

Cooper J E. 2004. Multiple responses of rhizobia to flavonoids during legume root infection. Advances in Botanical Research, 41(41): 1-62.

Cooper J E. 2007. Early interactions between legumes and rhizobia: disclosing complexity in a molecular dialogue. J Appl Microbiol, 103(5): 1355-1365.

Costa L, Queiroz M, Borges A C, et al. 2012. Isolation and characterization of endophytic bacteria isolated from the leaves of the common bean(*Phaseolus vulgaris*). Brazilian Journal of Microbiology, 43(4): 1562-1575.

Couce A, Blazquez J. 2009. Side effects of antibiotics on genetic variability. FEMS Microbiology Reviews, 33: 531-538.

Cregan P B, Keyser H H, Sadowsky M J. 1989. Soybean genotype restricting nodulation of previously unrestricted serocluster 123 bradyrhizobia. Crop Sci., 29(2): 307-312.

Crook M B, Lindsay D P, Biggs M B, et al. 2012. Rhizobial plasmids that cause impaired symbiotic nitrogen fixation and enhanced host invasion. Molecular Plant-Microbe Interactions, 25(8): 1026-1033.

da Silva V S G, De Rosália, Stamford N P, et al. 2018. Symbiotic efficiency of native rhizobia in legume tree *Leucaena leucocephala* derived from several soil classes of Brazilian Northeast region. Australian Journal of Crop Science, 12(3): 478.

Dai W J, Zeng Y, Xie Z P, et al. 2008. Symbiosis-promoting and deleterious effects of NopT, a Novel Type 3 effector of *Rhizobium* sp. strain NGR234. Journal of Bacteriology, 190(14): 5101-5110.

Damiani I, Pauly N, Puppo A, et al. 2016. Reactive oxygen species and nitric oxide control early steps of the legume - *Rhizobium* symbiotic interaction. Front Plant Sci, 7: 454.

David J M, Raizada M N, Gilbert M T P. 2011. Conservation and diversity of seed associated endophytes in zea across boundaries of evolution, ethnography and ecology. PLoS One, 6(6): e20396.

De Felipe M R, Fernández-pascual M M, Pozuelo J M. 1987. Effects of the herbicides Lindex and Simazine on chloroplasts and nodule development, nodule activity and grain yield in *Lupinus albus* L. Plant Soil, 101: 99-105.

Delille D, Perret E. 1989. Influence of temperature on the growth potential of southern polar marine acteria. Microbiology Ecology, 18: 117-123.

Dewey C N, Li B. 2011. RSEM: accurate transcript quantification from RNA-Seq data with or without a reference genome. BMC Bioinformatics, 12(1): 323-323.

Dong W, Zhu Y, Chang H, et al. 2021. An SHR-SCR module specifies legume cortical cell fate to enable nodulation. Nature, 589: 586-590. https: //doi.org/10.1038/s41586-020-3016-z.

Dreyfuss M S, Chipley J R. 1980. Comparison of effects of sublethal microwave radiation and conventional heating on the metabolic activity of *Staphylococcus aureus*. Applied and Environmental Microbiology, 39: 13-16.

Dunn M F. 2015. Key roles of microsymbiont amino acid metabolism in rhizobia-legume interactions. Crit Rev Microbiol, 41(4): 411-451.

Ewald P W. 2010. Transmission modes and evolution of the parasitism-mutualism continuum. Annals of the New York Academy of Sciences, 503(1): 295-306.

Fages J. 1992. An industrial view of *Azospirillum inoculants*: formulation and application technology. Symbiosis, 13: 15-26.

Fiore S D, Gallo M D E L. 1995. Endophytic bacteria: their possible role in the host plant. *In*: Fendrik I. Azospirillum VI and Related Mi Cro-organisms. Berlin: Springer Veflag: 169-187.

Foo E, Ross J J, Jones W T, et al. 2013. Plant hormones in arbuscular mycorrhizal symbioses: an emerging role for gibberellins. Annals of Botany, 111(5): 769-779.

Fortuna M A, Zaman L, Ofria C, et al. 2017. The genotype-phenotype map of an evolving digital organism. PLoS Computational Biology, 13(2): e1005414.

Fraysse N, Couderc F, Poinsot V. 2003. Surface polysaccharide involvement in establishing the *Rhizobium*-legume symbiosis. European Journal of Biochemistry, 270(7): 1365-1380.

Fuentes-Ramirez L E, Jimenez-Salgado T, Abarca-Ocampo I R, et al. 1993. Acetobacter diazotrophicus, an indoleacetic acid producing bacterium isolated from sugarcane cultivates of Mexico. Plant and Soil, 154(2): 145-150.

Fujikawa H, Ushioda H, Kudo Y. 1992. Kinetics of *Escherichia coli* destruction by microwave irradiation. Applied and Environmental Microbiology, 58: 920-924.

Gage D J. 2004. Infection and invasion of roots by symbiotic, nitrogen-fixing rhizobia during nodulation of temperate legumes. Microbiol Mo Biol Rev, 68(2): 280-300.

Gagne-Bourgue F, Aliferis K A, Seguin P, et al. 2012. Isolation and characterization of indigenous endophytic bacteria associated with leaves of switchgrass (*Panicum virgatum* L.) cultivars. Journal of Applied Microbiology, 114(3): 836-853.

Gallego-Giraldo L, Bhattarai K, Pislariu C I, et al. 2014. Lignin modification leads to increased nodule numbers in alfalfa. Plant Physiology, 164(3): 1139-1150.

Gamir J, Darwiche R, Hof P V, et al. 2017. The sterol-binding activity of PATHOGENESIS-RELATED PROTEIN 1 reveals the mode of action of an antimicrobial protein. Plant Journal, 89(3): 502-509.

Garcia-Seco D, Zhang Y, Gutierrez-Mañero F J, et al. 2015. Application of *Pseudomonas fluorescens* to blackberry under field conditions improves fruit quality by modifying flavonoid metabolism. PLoS One, 10(11): e0142639.

George M G, Julia A B, Timothy G. L. 1986. Bergey's Manual of Determinative Bacteriology. London: Springer: 355-397.

Gilbert L, Alhagdow M, Nunes-Nesi A, et al. 2009. GDP-d-mannose 3,5-epimerase(GME)plays a key role at the intersection of ascorbate and non-cellulosic cell-wall biosynthesis in tomato. Plant Journal, 60(3): 499-508.

Girardin A, Wang T, Ding Y, et al. 2019. LCO receptors involved in arbuscular mycorrhiza are functional for rhizobia perception in legumes. Current Biology, 29(24): 4249-4259.

Glickmann E, Dessaux Y. 1995. A critical examination of the specificity of the salkowski reagent for indolic compounds produced by phytopathogenic bacteria. Applied and Environmental Microbiology, 2: 793-796.

Gnat S, Wójcik M, Wdowiak-Wróbel S, et al. 2014. Phenotypic characterization of *Astragalus glycyphyllos* symbionts and their phylogeny based on the 16S rDNA sequences and RFLP of 16S rRNA gene. Antonie van Leeuwenhoek, 105(6): 1033-1048.

Goldbach H E, Huang L, Wimmer M A. 2007. Boron Functions in Plants and Animals: Recent Advances in Boron Research and Open Questions. Advances in plant and Animal Boron Nutrition. Berlin: Springer Netherlands.

Grabherr M G, Haas B J, Yassour M, et al. 2011. Trinity: reconstructing a full-length transcriptome without a genome from RNA-Seq data. Nat Biotechnol, 29(7): 644-652.

Gutierrez-Zmaora M, Martinez-Romero E. 2001. Natural endophytic association between *Rhizobium* etli and maize(*Zea mays*). Journal of Biotechnology, 91(2-3): 117-126.

Haag A F, Baloban M, Sani M, et al. 2011. Protection of *Sinorhizobium* against host cysteine-rich antimicrobial peptides is critical for symbiosis. PLoS Biology, 9(10): e1001169.

Hallmann J, Mahaffee W F, Kloepper J W, et al. 1997. Bacterial endophytes in agricultural crops. Canadian Journal of Microbiology, 43(10): 895-914.

Halter T, Imkampe J, Mazzotta S, et al. 2014. The leucine-rich repeat receptor kinase BIR2 is a negative regulator of BAK1 in plant immunity. Curr Biol, 24(2): 134-143.

Ham T H, Chu S H, Han S J, et al. 2012. γ-Aminobutyric acid metabolism in plant under environment stressses. The Korean Journal of Crop Science, 57(2): 144-150.

Hara S, Hashidoko Y, Desyatkin R V, et al. 2009. High rate of N$_2$ fixation by east Siberian cryophilic soil bacteria as determined by measuring acetylene reduction in nitrogen-poor medium solidified with gellan gum. Applied and Environmental Microbiology, 75: 2811-2819.

Hardoim P R, Hardoim C C P, Van O L S, et al. 2012. Dynamics of seed-borne rice endophytes on early plant growth stages. PLoS One, 7(2): e30438.

Hardoim P R, van Overbeek L S. 2008. Properties of bacterial endophytes and their proposed role in plant growth. Trends in Microbiology, 16: 463-471.

Hashidoko Y, Tada M, Osaki M, et al. 2002. Soft gel medium solidified with gellan gum for preliminary screening for rootassociatng, free living nitrogen-fixing bacteria inhabiting the rhizoplane of plants. Biosci Biotechnol Biochem, 66: 2259-2263.

Hijaz F, Nehela Y, Killiny N. 2018. Application of gamma-aminobutyric acid increased the level of phytohormones in *Citrus sinensis*. Planta, 248(4): 909-918.

Hill N S, Roach P K. 2009. Endophyte survival during seed storage: endophyte-host interactions and heritability. Crop Science, 49(4): 1425-1430.

Hoagland D, Arnon D I. 1938. The water culture method for growing plants without soil. California Agricultural Experiment Station Bulletin, 1: 1-39.

Hoch M, Kirchman D L. 1993. Seasonal and inter- annual variability in bacterial production and biomass in a temperate estuary. Marine Ecology Progress Series, 98: 283-295.

Huang B R, Gao H W. 2000. Root physiological characteristics associated with drought resistance in tall fescue cultivars. Crop Science, (40): 196-203.

Huang J. 1986. Ultrastructure of bacterial penetration in plants. Annual Review of Phytopathology, 24(24): 141-157.

Hubbard K E, Nishimura N, Hitomi K, et al. 2010. Early abscisic acid signal transduction mechanisms: newly discovered components and newly emerging questions. Genes and Development, 24(16): 1695-1708.

Hurse L S, Date R A. 1992. Competitiveness of indigenous strains of *Bradyrhizobium* on *Desmodium intortum* cv Greenleaf in three soils of South East Queensland. Soil Biology and Biochemistry, 24(1): 41-50.

Hurtado M D, Carmona S, Delgado A. 2008. Automated modification of the molybdenum blue colorimetric method for phosphorus determination in soil extracts. Communications in Soil Science and plant Analysis, 39: 2250-2257.

Illmer P, Schinner F. 1992. Solubilization of inorganic phosphates by microorganisms isolated from forest soils. Soil Biology and Biochemistry, 24: 389-395.

Islam M S, Kawasaki H, Nakagawa Y, et al. 2007. *Labrys okinawensis* sp. nov. and *Labrys miyagiensis* sp. nov., budding bacteria isolated from rhizosphere habitats in Japan, emended descriptions of the genus *Labrys* and *Labrys monachus*. International Journal of Systematic and Evolutionary Microbiology, 57: 552-557

Jardinaud M F, Boivin S, Rodde N, et al. 2016. A laser dissection-RNAseq analysis highlights the activation of cytokinin pathways by nod factors in the *Medicago truncatula* root epidermis. Plant Physiology, 171(3): 2256-2276.

Jennifer L F, Zac J V. 2004. Dependency of cotton leaf nitrogen, chlorophyll, and reflectance on nitrogen and potassium availability.Agronomy Journal, 96: 63-69.

Jiang Y W, Huang B R. 2001. Drought and heat stress injury to two cool-season turfgrasses in relation to antioxidant metabolism and lipid peroxidation. Crop Science, (41): 436-442.

Jiménez-Guerrero I, Acosta-Jurado S, Cerro P D, et al. 2017. Transcriptomic studies of the effect of nod gene-inducing molecules in rhizobia: different weapons, one purpose. Genes, 9(1): 1.

Jones K M, Kobayashi H, Davies B W, et al. 2007. How rhizobial symbionts invade plants: the *Sinorhizobium-Medicago* model. Nature Reviews Microbiology, 5(8): 619-633.

Jordan D C. 1984. Genus I. *Rhizobium. In*: Holt J G, Krieg N R. Bergey's Manual of Systematic Bacteriology. London: Williams & Wilkins Co, 1: 235-242.

Junker R R, Keller A. 2015. Microhabitat heterogeneity across leaves and flower organs promotes bacterial diversity. Fems Microbiology Ecology, 91(9): fiv097.

Kaga H, Mano H, Tanaka F, et al. 2009. Rice seeds as sources of endophytic bacteria. Microbes and Environments, 24(2): 154-162.

Kannenberg E L, Brewin N J. 1994. Host-plant invasion by *Rhizobium*: the role of cell-surface components. Trends in Microbiology, 2(8): 277-283.

Kannenberg E L, Reuhs B L, Forsberg L S, et al. 1998. Lipopolysaccharides and K-antigens: their structures, biosynthesis, and functions. *In*: Spaink H, Kondorosi A, Hooykaas P J. The Rhizobiaceae. Dordrecht, Boston: Kluwer Academic Publishers, 160: 119-154.

Karlowsky J A, Hoban D J, Zelenitsky S A, et al. 1997. Altered *denA* and *anr* gene expression in aminoglycoside adaptive resistance in *Pseudomonas aeruginosa*. Journal Antimicrob Chemother, 40(4): 71-79.

Kawaharada Y, Kelly S, Nielsen M W. et al. 2015. Receptor-mediated exopolysaccharide perception controls bacterial infection. Nature, 523(7560): 308-312.

Kawasaki H, Kretsinger R H. 2017. Structural and functional diversity of EF-hand proteins: evolutionary perspectives. Protein Science, 26(10): 1898-1920.

Khush G S, Manila I R I, Bennett J. 1992. Nodulation and nitrogen fixation in rice: potential and prospects. Journal of Guilin Institute of Tourism, 11(4): 233-240.

Knoblauch C, Jirgensen B B. 1999. Effect of temperature on sulphate reduction, growth rate and growth yield in five psychrophilic sulphate-reducing bacteria from Arctic sediments. Environmental Microbiology, 1(5): 457-467.

Kumar D S, Hyde K D. 2004. Biodiversity and tissue-specificity of endophytic fungi in *Tripterygium wilfordii*. Fungal Diversity, 17: 69-90.

Kumar R, Chandra R. 2008. Influence of pGpR and pSB on *Rhizobium leguminosarum* bv. *viciae* strain competition and symbiotic performance in Lentil. World Journal of Agricultural Sciences, 4: 297-301.

Langfelder P, Steve H. 2008. WGCNA: an R package for weighted correlation network analysis. BMC Bioinformatics, 9(1): 559.

Lee A, Hirsch A M. 2006. Signals and responses: choreographing the complex interaction between legumes and alpha-and beta-rhizobia. Plant Signaling & Behavior, 1(4): 161-168.

Leite J, Fischer D, Rouws L F M, et al. 2017. Cowpea nodules harbor non-rhizobial bacterial communities that are shaped by soil type rather than plant genotype. Frontiers in Plant Science, 7: 2064.

Li H, Yao W, Fu Y, et al. 2015. *De novo* assembly and discovery of genes that are involved in drought tolerance in Tibetan *Sophora moorcroftiana*. PLoS One, 10(1): e111054.

Li J F, Zhang S Q, Shi S L, et al. 2011b. Four materials as carriers for phosphate dissolving *Rhizobium* sp. inoculants. Advanced Materials Research, 156-157: 919-928.

Li J F, Zhang S Q, Shi S L, et al. 2011c. Mutational approach for N_2-fixing and p-solubilizing mutant strains of *Klebsiella pneumoniae* RSN19 by microwave mutagenesis. World Journal of Microbiology and Biotechnology, 27(6): 1481-1489.

Li J H, Wang E T, Chen W F, et al. 2008. Genetic diversity and potential for promotion of plant growth detected in nodule endophytic bacteria of soybean grown in Heilongjiang province of China. Soil Biology and Biochemistry, 40(1): 238-246.

Li L, Sinkko H, Montonen L, et al. 2012. Biogeography of symbiotic and other endophytic bacteria isolated from medicinal *Glycyrrhiza* species in China. FEMS Microbiology Ecology, 79(1): 46-68.

Li M, Alexander M. 1988. Co-inoculation with antibiotic producing bacteria to increase colonization and nodulation by rhizobia. Plant Soil, 108: 211-219.

Lievens S, Goormachtig S, Den Herder J, et al. 2005. Gibberellins are involved in nodulation of *Sesbania rostrata*. Plant Physiology, 139(3): 1366-1379.

Lindström K, Mousavi S A. 2019. Effectiveness of nitrogen fixation in rhizobia. Microbial Biotechnology, 13(5): 1314-1335.

Lipa P, Vinardell J-M, Kopcińska J, et al. 2018. Mutation in the *pssZ* gene negatively impacts exopolysaccharide synthesis, surface properties, and symbiosis of *Rhizobium leguminosarum* bv. *trifolii* with clover. Genes, 9: 369.

Liu H W, Carvalhais L C, Mark C, et al. 2017. Inner plant values: diversity, colonization and benefits from endophytic bacteria. Frontiers in Microbiology, 8: 2552.

Liu J, Wang E T, Chen W X. 2010. Mixture of endophytic *Agrobacterium* and *Sinorhizobium meliloti* strains could induce nonspecific nodulation on some woody legumes. Archives of Microbiology, 192(3): 229-234.

Liu J, Yang S, Zheng Q, et al. 2014. Identification of a dominant gene in *Medicago truncatula* that restricts nodulation by *Sinorhizobium meliloti* strain Rm41. BMC Plant Biology, 14(1): 167.

Liu M, Shi J, Lu C. 2013. Identification of stress-responsive genes in *Ammopiptanthus mongolicus* using ESTs generated from cold-and drought-stressed seedlings. BMC Plant Biology, 13(1): 88.

Liu P, Liu Y, Lu Z X, et al. 2004. Study on biological effect of La^{3+} on *Escherichia coli* by atomic forcemicros-copy. Journal of Inorganic Biochemistry, 98: 68-72.

Liu Y P, Zheng P, Sun Z H, et al. 2008. *Economical succinic* acid production from cane molasses by *Actinobacillus succinogenes*. Bioresource Technology, 99(6): 1736-1742.

Liu Y, Zuo S, Xu L, et al. 2012. Study on diversity of endophytic bacterial communities in seeds of hybrid maize and their parental lines. Archives of Microbiology, 194(12): 1001-1012.

Lorenzo F D, Palmigiano A, Duda K A, et al. 2017. Structure of the lipopolysaccharide from the *Bradyrhizobium* sp. ORS285 *rfaL* mutant strain. Chemistry Open, 6(4): 541-553.

Lorite M J, Estrella M J, Escaray F J, et al. 2018. The rhizobia-lotus symbioses: deeply specific and widely diverse. Frontiers in Microbiology, 9: 2055.

Ltaief B, Sifi B, Gtari M, et al. 2007. Phenotypic and molecular characterization of chickpea rhizobia isolated from different areas of Tunisia. Canadian Journal of Microbiology, 53(3): 427-434.

Mabood F Souleimanov A, Khan W, et al. 2006. Jasmonates induce Nod factor production by *Bradyrhizobium japonicum*. Plant Physiology and Biochemistry(Paris), 44(11-12): 759-765.

Marek-Kozaczuk M, Wdowiak-Wróbel S, Kalita M, et al. 2017. Host-dependent symbiotic efficiency of *Rhizobium leguminosarum* bv. *trifolii* strains isolated from nodules of *Trifolium rubens*. Antonie van Leeuwenhoek, 110(12): 1729-1744.

Marie C, Deakin W J, Viprey V, et al. 2003. Characterization of Nops, nodulation outer proteins, secreted via the type III secretion system of NGR234. Molecular plant-Microbe Interactions, 16(9): 743-751.

Maróti G, Kondorosi É. 2014. Nitrogen-fixing *Rhizobium*-legume symbiosis: are polyploidy and host peptide-governed symbiont differentiation general principles of endosymbiosis? Front Microbiol, 5: 326.

Mastretta, C. 2007. The potential role of plant-associated bacteria in metal uptake and metal translocation in *Nicotiana tabacum*. phD Thesis. Hasselt University, Diepenbeek, Belgium.

Matz M V, Fradkov A F, Labas Y A, et al. 1999. Fluorescent proteins from nonbiolumnescent Anthozoa species. Nat Biotechnol, 17(10): 969-973.

McCully M E. 2001. Niches for bacterial endophytes in crop plants: a plant biologist's view. Australian Journal of Plant Physiology, 28(9): 983-990.

Mendis H C, Madzima T F, Queiroux C, et al. 2016. Function of succinoglycan polysaccharide in *Sinorhizobium meliloti* host plant invasion depends on succinylation, not molecular weight. mBio, 7(3): e00606-e00616.

Mengoni A, Pini F, Huang L N, et al. 2009. Plant-by-plant variations of bacterial communities associated with leaves of the nickel hyperaccumulator *Alyssum bertolonii* Desv. Microbial Ecology, 58(3): 660-667.

Miao Y Y, Shi S L, Zhang J G, et al. 2018. Migration, colonization and seedling growth of rhizobia with matrine treatment in alfalfa(*Medicago sativa* L.). Acta Agriculturae Scandinavica, Section B–plant Soil Science, 68(1): 26-38.

Miliute I, Buzaite O, Baniulis D, et al. 2015. Bacterial endophytes in agricultural crops and their role in stress tolerance: a review. Zemdirbyste-Agriculture, 102(4): 465-478.

Miller K J, Kennedy E P, Reinhold V N. 1986. Osmotic adaptation by Gram-negative bacteria: possible role for periplasmic oligosaccharides. Science, 231(4733): 48-51.

Miller S H, Elliot R M, Sullivan J T, et al. 2007. Host-specific regulation of symbiotic nitrogen fixation in *Rhizobium leguminosarum* biovar trifolii. Microbiology, 153(9): 3184-3195.

Minoru K, Michihiro A, Susumu G, et al. 2007. KEGG for linking genomes to life and the environment. Nucleic Acids Research, 36(suppl_1): 480-484.

Mithöfer A. 2002. Suppression of plant defence in rhizobia-legume symbiosis. Trends in Plant Science, 7(10): 440-444.

Mocali S, Bertelli E, Cello F D, et al. 2003. Fluctuation of bacteria isolated from elm tissues during different seasons and from different plant organs. Research in Microbiology, 154(2): 105-114.

Montiel J, Downie J A, Farkas A, et al. 2017. Morphotype of bacteroids in different legumes correlates with the number and type of symbiotic NCR peptides. Proceedings of the National Academy of Sciences of the United States of America, 114(19): 5041-5046.

Nallu S, Silverstein K A T, Zhou P, et al. 2014. Patterns of divergence of a large family of nodule cysteine-rich peptides in accessions of *Medicago truncatula*. Plant J, 78(4): 697-705.

Nambiarp T C, Ma S W, Lyer V N. 1990. Limiting an insect infestation of nitrogen fixing root nodules of the pigeonpea(*Cajanus cajan*)by engineering the expression of an entomocidal gene in its root nodules. Appl Environ Microbiol, 56: 2866-2869.

Nardi S, Pizzeghello D, Muscolo A, et al. 2002. Physiological effects of humic substances on higherplants. Soil Biology & Biochemistry, 34(11): 1527-1536.

Nelson E B. 2018. The seed microbiome: origins, interactions, and impacts. Plant & Soil, 422: 7-34.

Nieto M P, Rivilla R, Hamdaoui H A, et al. 2001. Research note: boron deficiency affects early infection events in the pea-*Rhizobium symbiotic* interaction. Functional Plant Biology, 28(8): 819-823.

Okon Y, Vanderleyden J. 1997. Root-associative *Azosprillum* species can stimulate plants. ASM News Applied and Environmental Microbiology, 63(7): 366-370.

Olsen P E, Rice W A, Bordeleau L M, et al. 1994a. Analysis and regulation of legume inoculants in Canada: the need for an increase in standards. Plant Soil, 161: 127-134.

Paau A S. 1988. Formulations usefu in applying beneficial microorganisms to seeds. Trends Biotechnol, 6: 276-279.

Pamela D A, Joheph W K. 2002. Effect of host genotype on indigenous bacterial endophytes of cotton(*Gossypium hirsutum* L.). Plant and Soil, 240(1): 181-189.

Pandey R P, Rai P, Singh P K, et al. 2018. Molecular aspects of symbiotic association between legumes and rhizobia. Trends in Biosciences, 11(17): 2651-2655.

Park S Y, Fung P, Nishimura N, et al. 2009. Abscisic acid inhibits type 2C protein phosphatases via the PYR/PYL family of START proteins. Science, 324(5930): 1068-1701.

Pavlo A, Leonid O, Iryna Z, et al. 2011. Endophytic bacteria enhancing growth and disease resistance of potato (*Solanum tuberosum* L.). Biological Control, 56(1): 43-49.

Pilet P E, Chollet R. 1970. Sur le dosage colorimetrique de l'acide indolylacetique. CR Acad Sci Ser D, 271: 1675-1678.

Powell A F, Doyle J J. 2017. Non-additive transcriptomic responses to inoculation with rhizobia in a young allopolyploid compared with its diploid progenitors. Genes, 8(12): 357.

Price P A, Tanner H R, Dillon B A, et al. 2015. Rhizobial peptidase HrrP cleaves host-encoded signaling peptides and mediates symbiotic compatibility. Proceedings of the National Academy of Sciences, 112(49): 15244-15249.

Primo E D, Cossovich S, Nievas F, et al. 2019. Exopolysaccharide production in *Ensifer meliloti* laboratory and native strains and their effects on alfalfa inoculation. Archives of Microbiology, 202: (11): 3.

Qi T, Song S, Ren Q, et al. 2011. The jasmonate-ZIM-domain proteins interact with the WD-Repeat/bHLH/MYB complexes to regulate jasmonate-mediated anthocyanin accumulation and trichome initiation in *Arabidopsis thaliana*. Plant Cell, 23(5): 1795-1814.

Redondo F J, Peña T C, Morcillo C N, et al. 2009. Overexpression of flavodoxin in bacteroids induces changes in antioxidant metabolism leading to delayed senescence and starch accumulation in alfalfa root nodules. American Society of plant Biologists, 149: 1166-1178.

Redondo-Nieto M, Pulido L, Reguera M, et al. 2007. Developmentally regulated membraneglycoproteins sharing antigenicity with rhamnogalacturonan II are not detected in nodulatedboron deficient *Pisum sativum*. Plant Cell and Environment, 30(11): 1436-1443.

Redondo-Nieto M, Rivilla R, El-Hamdaoui A, et al. 2001. Boron deficiency affects early infection events in the pea *Rhizobium* symbiotic interaction. Australian Journal of Plant Physiology, 28: 819-823.

Redondo-Nieto M, Wilmot A, El-Hamdaoui A, et al. 2003. Relationship between boron and calcium in the N_2-fixing legume-rhizobia symbiosis. Plant Cell and Environment, 26(11): 1905-1915.

Reguera M, Espí A, Bolaños L, et al. 2009. Endoreduplication before cell differentiation fails in borondeficient-legume nodules. Is boron involved in signaling during cell cycle regulation. New Phytologist, 183(1): 8-12.

Reguera M, Wimmer M, Bustos P, et al. 2010. Ligands of boron in *Pisum sativum* nodules are involved in regulation of oxygen concentration and rhizobial infection. Plant Cell and Environment, 33(6): 1039-1048.

Remirez F. 1993. Acetobacter diazotrophicus, an IAA producing bacterium isolated from sugar canecultivates of Mexico. Plant and Soil, 154(2): 145-150.

Ren G, Zhang H, Lin X, et al. 2015. Response of leaf endophytic bacterial community to elevated CO_2 at different growth stages of rice plant. Frontiers in Microbiology, 6: 855.

Rinaudi L V, González J E. 2009. The low-molecular-weight fraction of exopolysaccharide II from *Sinorhizobium meliloti* is a crucial determinant of biofilm formation. Journal of Bacteriology, 191(23): 7216-7224.

Roberts E H. 1976. The germination of seeds. Phytochemistry, 15(7): 1190-1190.

Rodrigo H P, Dini A F, Barbara R H, et al. 2011. Rice root-associated bacteria: insights into community structures across 10 cultivars. Fems Microbiology Ecology, 77(1): 154-164.

Rogers E D, Jackson T, Moussaleff A, et al. 2012. Cell type-specific transcriptional profiling: implications for metabolite profiling. Plant Journal for Cell & Molecular Biology, 70(1): 5-17.

Rohlf F J. 2005. NTSYS-pc: Numerical taxonomy and multivariate analysis system, Version 2.2. ExeterSoftware: Setauket, NewYork.

Roughley R J, Vincent J M. 1967. Growth and survival of *Rhizobium* spp. in peat culture . Journal of Applied Bacteriology, 30: 362-376.

Rouhrazi K, Khodakaramian G. 2015. Phenotypic and genotypic diversity of root-nodulating bacteria isolated from chickpea(*Cicer arietinum* L.)in Iran. Annals of Microbiology, 65(4): 2219-2227.

Roux B, Rodde N, Jardinaud M F, et al. 2014. An integrated analysis of plant and bacterial gene expression in symbiotic root nodules using laser-capture microdissection coupled to RNA sequencing. The Plant Journal, 77(6): 817-837.

Roy P, Achom M, Wilkinson H, et al. 2020. Symbiotic outcome modified by the diversification from 7 to over 700 nodule specific cysteine-rich peptides. Genes, 11: 348.

Roy S, Liu W, Nandety R S, et al. 2019. Celebrating 20 years of genetic discoveries in legume nodulation and symbiotic nitrogen fixation. The Plant Cell, 32(1): 15-41.

Royer V, Fraichard S, Bouhin H. 2002. A novel putative insect chitinase with multiple catalytic domains: hormonal regulation during metamorphosi. The Biochemical Journal, 366(3): 921-928.

Rudrappa T, Biedrzycki M L, Bsis H P. 2008. Causes and consequences of plant-associated biofilms. FEMS Microbiology Ecology, 64: 153-166.

Rutter M, Nedwell D B. 1994. Influence of changing temperature on growth rate and competition between two psychrotolerant Antarctic bacteria: competition and survival in non-steady-state temperature environments. Applied and Environmental Microbiology, 60(6): 1993-2002.

Saad M M, Staehelin C, Broughton W J, et al. 2008. Protein-protein interactions within type III secretion system-dependent pili of *Rhizobium* sp. strain NGR234. Journal of Bacteriology, 190(2): 750-754.

Saikkonen K, Saari S, Helander M. 2010. Defensive mutualism between plants and endophytic fungi. Fungal Diversity, 41(1): 101-113.

Sambrook J E, Maniatis T E, Fritsch E F. 1989. Molecular cloning: a laboratory manual. Cold Spring Harbor Laboratories.

Santner A, Calderon-Villalobos L, Estelle M. 2009. Plant hormones are versatile chemical regulators of plant growth. Nature Chemical Biology, 5(5): 301-307.

Santos R, Herouart D, Puppo A, et al. 2000. Critical protective role of bacterial superoxide dismutase in *Rhizobium*-legume symbiosis. Molecular Microbiology, 38(4): 750-759.

Schulz B, Römmert A, Dammann U, et al. 1999. The endophyte-host interaction: a balanced antagonism. Mycological Research, 103(10): 1275-1283.

Schumpp O, Deakin W J. 2010. How inefficient rhizobia prolong their existence within nodules. Trends in Plant Science, 15(4): 189-195.

Selvakumar G, Kundu S, Gupta A D, et al. 2008. Isolation and characterization of non-rhizobial plant growth promoting bacteria from nodules of kudzu(*Pueraria thunbergiana*)and their effect on wheat seedling growth. Current Microbiology, 56: 134-139.

Shade A, Jacques M A, Barret M. 2017. Ecological patterns of seed microbiome diversity, transmission, and assembly. Current Opinion in Microbiology, 37: 15.

Shimumura O, Johnson F H, Saiga Y. 1962. Extraction purification and properties of aequorin, a bioluminesecent protein from the luminous hydromedusan, Aequorea. Cell Comp Physiol, 59: 223-240.

Silipo A, Leone M R, Erbs G, et al. 2011. A unique bicyclic monosaccharide from the *Bradyrhizobium* lipopolysaccharide and its role in the molecular interaction with plants. Angew Chem Int Edit, 50(52): 12610-12612.

Silipo A, Vitiello G, Gully D, et al. 2014. Covalently linked hopanoid-lipid A improves outer-membrane resistance of a *Bradyrhizobium* symbiont of legumes. Nature Communications, 5: 5106.

Silva C, Kan F L, Martínez-Romero E. 2007. Population genetic structure of *Sinorhizobium meliloti* and *S. medicae* isolated from nodules of *Medicago* spp. in Mexico. FEMS Microbiology Ecology, 60(3): 477-489.

Silva C, Vinuesa P, Eguiarte L E, et al. 2005. *Rhizobium gallicum* sensu lato, a widely distributed bacterial symbiont of diverse legumes. Molecular Ecology, 14(13): 4033-4050.

Silva P I, Martins A M, Gourea E G, et al. 2013. Development and validation of microsatellite markers for *Brachiaria ruziziensis* obtained by partial genome assembly of Illumina single-end reads. BMC Genomics, 14(1): 17.

Simsek S, Ojanen-Reuhs T, Stephens S B, et al. 2007. Strain-ecotype specificity in *Sinorhizobium meliloti-Medicago truncatula* symbiosis is correlated to succinoglycan oligosaccharide structure. Journal of Bacteriology, 189(21): 7733-7740.

Sinclair T R, Rufty T W, Lewis R S. 2019. Increasing photosynthesis: unlikely solution for world food problem. Trends in Plant Science, 24(11): 1032-1039.

Singh J, Vohra R M, Sahoo D K. 2004. Enhanced production of alkaline protease by *Bacillus sphaericus* using fed batch culture. Process Biochem, 39: 1093-1101.

Sinharoy S, Torres-Jerez I, Bandyopadhyay K, et al. 2013. The C_2H_2 transcription factor REGULATOR OF SYMBIOSOME DIFFERENTIATION represses transcription of the secretory pathway gene *VAMp721a* and promotes symbiosome development in *Medicago truncatula*. Plant Cell, 25(9): 3584-3601.

Somasegaran P, Hoben H J. 1985. Methods in Legume-*Rhizobium* Technology Paia. USA: Springer, New York: 7-29.

Somasegaran P, Hoben H J. 1994. Handbook for Rhizobia: Methods in Legume-Rhizobia Technology. New York: Springer Verlag: 6.

Sorroche F, Bogino P, Russo D M, et al. 2018. Cell autoaggregation, biofilm formation, and plant attachment in a *Sinorhizobium meliloti* lpsB mutant. Mol Plant Microbe Interact, 31: 1075-1082.

Soto M J, Domínguez-Ferreras A, Pérez-Mendoza D, et al. 2009. Mutualism versus pathogenesis: the give and-take in plant-bacteria interactions. Cellular Microbiology, 11(3): 381-388.

Stepanova A N, Yun J, Robles L M, et al. 2011. The *Arabidopsis* YUCCA1 flavin monooxygenase functions in the indole-3-pyruvic acid branch of auxin biosynthesis. Plant Cell, 23(11): 3961-3973.

Stieger P A, Feller U. 1994. Senescence and protein remobilisation in leaves of maturing wheat plants grown on waterlogged soil. Plant and Soil, 166: 173-179.

Suzaki T, Yano K, Ito M, et al. 2012. Positive and negative regulation of cortical cell division during root nodule development in *Lotus japonicus* is accompanied by auxin response. Development, 139(21): 3997-4006.

Tahir M M, Khurshid M, Khan M Z, et al. 2011. Lignite-derived humic acid effect on growth of wheat plants in different soils. Pedosphere, 21(1): 124-131.

Thakuria D, Talukdar N C, Goswami C, et al. 2004. Characterization and screening of bacteria fromrhizosphere of rice grown in acidic soils of Assam. Current Science, 86(7): 978-985.

Tian Y, Liu W, Cai J, et al. 2013. The nodulation factor hydrolase of *Medicago truncatula*: characterization of an enzyme specifically cleaving rhizobial nodulation signals. Plant Physiology, 163(3): 1179-1190.

Tisi A, Angelini R, Cona A. 2008. Wound healing in plants: cooperation of copper amine oxidase and flavin-containing polyamine oxidase. Plant Signaling & Behavior, 3(3): 204-206.

Tóth K, Stacey G. 2015. Does plant immunity play a critical role during initiation of the legume-rhizobium symbiosis? Front Plant Sci, 6: 401.

Truyens S, Beckers B, Thijs S, et al. 2016. Cadmium-induced and trans-generational changes in the cultivable and total seed endophytic community of *Arabidopsis thaliana*. Plant Biology, 18(3): 376-381.

Truyens S, Weyens N, Cuypers A, et al. 2015. Bacterial seed endophytes: genera, vertical transmission and interaction with plants. Environmental Microbiology Reports, 7(1): 40-50.

Udvardi M, Poole P S. 2013. Transport and metabolism in legume-rhizobia symbioses. Annual Review of Plant Biology, 64: 781-805.

van de Velde W, Zehrov G, Szatmari A, et al. 2010. Plant peptides govern terminal differentiation of bacteria in symbiosis. Science, 327(5969): 1122-1126.

Vanessa C H, Patrick M, Anderson K E, et al. 2014. The bacterial communities associated with honey bee(*Apis mellifera*)foragers. PLoS One, 9(4): e95056.

Vásquez A, Olofsson T C. 2009. The lactic acid bacteria involved in the production of bee pollen and bee bread. Journal of Apicultural Research, 48(3): 189-195.

Vertucci C W, Roos E E, Crane J. 1994. The oretical basis of protocols for seed storage Ⅲ. optimum moisture contents for pea seeds stored at different temperatures. Annals of Botany, 74(5): 531-540.

Vincent J M. 1974. Root-nodule symbiosis with *Rhizobium*. *In*: Quispel A. The Biology of Nitrogen Fixation. Amsterdam: North Holland publishing Co: 266-341.

Walitang D I, Chan-Gi K, Sunyoung J, et al. 2018. Conservation and transmission of seed bacterial endophytes across generations following crossbreeding and repeated inbreeding of rice at different geographic locations. Microbiologyopen, 8(3): e00662.

Walter R W, Paau A S. 1993. Microbial inoculant production and formulation. *In*: Metting F B Jr. Soil Microbial Ecology. New York: Marcel Dekker Inc.: 579-594.

Wang C, Yu H X, Luo L, et al. 2016. NODULES WITH ACTIVATED DEFENSE 1 is required for maintenance of rhizobial endosymbiosis in *Medicago truncatula*. New Phytologist, 212(1): 176-191.

Wang D. 2002. Dynamics of soil water and temperature in aboveground sand cultures used for screening plant salt tolerance. Soil Science Society of America Journal, 66: 1484-1491.

Wang Q, Yang S, Liu J, et al. 2017. Host-secreted antimicrobial peptide enforces symbiotic selectivity in *Medicago truncatula*. Proceedings of the National Academy of Sciences of the United States of America, 114(26): 6854-6859.

Wang Y R, Hampton J G. 1991. Seed vigour and storage in Grasslands pawera red clover. Plant Varieties & Seeds, 4(2): 61-66.

Welt B A, Tong C H, Rossen J L, et al. 1994. Effect of microwave radiation on inactivation of *Clostridium sporogenes*(pA 3679)spores. Applied and Environmental Microbiology, 60: 482-488.

Wielbo J, Marek-Kozaczuk M, Mazur A, et al. 2010. Genetic and metabolic divergence within a *Rhizobium leguminosarum* bv. *trifolii* population recovered from clover nodules. Applied and Environmental Microbiology, 76(14): 4593-4600.

Wielbo J, Mazur A, Król J, et al. 2004. Complexity of phenotypes and symbiotic behaviour of *Rhizobium leguminosarum* biovar *trifolii* exopolysaccharide mutants. Archives of Microbiology, 182(4): 331-336.

Wielbo J. 2011. The structure and metabolic diversity of population of pea microsymbionts isolated from root nodules. British Microbiology Research Journal, 1(3): 55-69.

Wielbo J. 2012. Rhizobial communities in symbiosis with legumes: genetic diversity, competition and interactions with host plants. Open Life Sciences, 7(3): 363-372.

Wilson K J, Sessitsch A, Corbo J C, et al. 1995. Beta-glucuronidase (GUS) transposons for ecological and genetic studiesof rhizobia and other gram-negative bacteria. Microbiology, 141(7): 1691-1705.

Wu T D, Nacu S. 2010. Fast and SNP-tolerant detection of complex variants and splicing in short reads. Bioinformatics, 26(7): 873-881.

Wu Z J, Li X H, Liu Z W, et al. 2016. Transcriptome-wide identification of *Camellia sinensis* WRKY transcription factors in response to temperature stress. Molecular Genetics and Genomics, 291(1): 255-269.

Xu M, Sheng J, Chen L, et al. 2014. Bacterial community compositions of tomato (*Lycopersicum esculentum* Mill.) seeds and plant growth promoting activity of ACC deaminase producing *Bacillus subtilis* (HYT-12-1) on tomato seedlings. World Journal of Microbiology & Biotechnology, 30(3): 835.

Yang C, Ye Z. 2013. Trichomes as models for studying plant cell differentiation. Cellular & Molecular Life Sciences, 70(11): 1937-1948.

Yang S, Wang Q, Fedorova E. 2017. Microsymbiont discrimination mediated by a host-secreted peptide in *Medicago truncatula*. Proceedings of the National Academy of Sciences of the United States of America, 114(26): 6848.

Yang T B, Poovaiah B W. 2000. Molecular and biochemical evidence for the involvement of Calcium/Calmodulin in auxin action. Journal of Biological Chemistry, 275(5): 3137-3143.

Yang Y, Dou S. 2002. Effects of fulvic acid from weathering coal on the growth of maize seedlings. Journal of Jilin Agricultural University, 24(5): 78-80.

Yanni Y G, Rizk R Y, EI-Fatthah F A, et al. 2001. The beneficial plant growth-promoting association of *Rhizobium leguminosarum* bv. *trifolii* with rice roots. Australia Journal of Plant Physiology. 28(9): 845-870.

Younis M A M, Hezayen F F, Nour-Eldein M A, et al. 2010. Optimization of cultivation medium and growth conditions for *Bacillus subtilis* KO strain isolated from sugar cane molasses. American Eurasian J Agric and Environ Sci, 7(1): 31-37.

Yu H, Bao H, Zhang Z, et al. 2019. Immune signaling pathway during terminal bacteroid differentiation in nodules. Trends Plant Sci, 24(4): 299-302.

Zaied K A, Kosba Z A, Nassef M A, et al. 2009. Induction of *Rhizobium* inoculants harboring salicylic acid gene. Australian Journal of Basic and Applied Sciences, 3(2): 1386-1411.

Zaspel I, Ulrich A. 2000. Phylogenetic diversity of rhizobial strains nodulating *Robinia pseudoacacia* L. Microbiology, 146(11): 2997-3005.

Zhang J M, Xing S J, Sang M P, et al. 2010. Effect of humic acid on poplar physiology and biochemistry properties and growth under different water level. Journal of Soil & Water Conservation, 24(6): 200-203.

Zhang L J, Wang T T, Wen X M, et al. 2007. Effect of matrine on HeLa cell adhesion and migration. European Journal of Pharmacology, 563(1/3): 69-76.

Zhang L, Gu L K, Ringler P, et al. 2015. Three WRKY transcription factors additively repress abscisic acid and gibberellin signaling in aleurone cells. Plant Science An International Journal of Experimental Plant Biology, 236: 214-222.

Zhang Y, Aono T, Poole P, et al. 2012. NAD(P)+-malic enzyme mutants of *Sinorhizobium* sp. strain NGR234, but not *Azorhizobium caulinodans* ORS571, maintain symbiotic N_2 fixation capabilities. Appl Environ Microbiol, 78(8): 2803-2812.

Zimmer M. 2002. Green fluorescent protein(GFP): applications, structure, and related photophysical behavior. Chem Rev, 102(3): 759-781.

Zipfel C. Oldroyd G E D. 2017. Plant signalling in symbiosis and immunity. Nature, 543(7645): 328-336.

Zong H, Liu E E, Guo Z F, et al. 2000. Preliminary report on relationship between Ca^{2+}, CaM messenger system and stress resistance of rice seedling. J South China Agric Univ, 21(1): 64-67.